(2-19a)　$\cos x \cos y = \dfrac{1}{2}\{\cos(x+y)+\cos(x-y)\}$

(2-19b)　$x=y$ のとき
$\cos^2 x = \dfrac{1}{2}(\cos 2x+1)$

(2-20)　$\sin 2x = 2\sin x \cos x$

(2-21)　$\cos 2x = \cos^2 x - \sin^2 x = 2\cos^2 x - 1$

(2-22)　$\sin 3x = 3\sin x - 4\sin^3 x$

(2-23)　$\cos 3x = 4\cos^3 x - 3\cos x$

(2-24)　$\sin(z/2) = \pm\sqrt{(1-\cos z)/2}$

(2-25)　$\cos(z/2) = \pm\sqrt{(1+\cos z)/2}$

(2-26)　$A\sin x \pm B\cos x$
$= \sqrt{A^2+B^2}\sin\{x \pm \tan^{-1}(B/A)\}$

(2-27)　$A\cos x \pm B\sin x$
$= \sqrt{A^2+B^2}\cos\{x \mp \tan^{-1}(B/A)\}$

(2-28)　$\sin z = a\,(|a|\le 1),\quad z = n\pi+(-1)^n\sin^{-1}a$

(2-29)　$\cos z = a\,(|a|\le 1),\quad z = 2n\pi\pm\cos^{-1}a$

(2-30)　$\tan z = a,\quad z = n\pi+\tan^{-1}a$

(2-31)　$\dfrac{d}{dz}\cos az = -a\sin az$

(2-32)　$\dfrac{d}{dz}\sin az = a\cos az$

(2-33)　$\int \sin ax\,dx = -\dfrac{1}{a}\cos ax$

(2-34)　$\int \cos ax\,dx = \dfrac{1}{a}\sin ax$

（3）双曲線関数

(3-1)　$\sinh z = \dfrac{e^z-e^{-z}}{2} = -\sinh(-z)$

(3-2)　$\cosh z = \dfrac{e^z+e^{-z}}{2} = \cosh(-z)$

(3-3)　$\sinh jx = j\sin x,\quad (\sin jx = \sinh x)$

(3-4)　$\cosh jx = \cos x,\quad (\cos jx = \cosh x)$

(3-5)　$\cosh^2 z - \sinh^2 z = 1$

(3-6)　$1-\tanh^2 z = \dfrac{1}{\cosh^2 z}$

(3-7)　$\sinh(mj\pi) = 0,\quad \cosh(mj\pi) = (-1)^m$

(3-8)　$\tanh(mj\pi) = 0$

(3-9)　$\sinh(x+mj\pi) = (-1)^m\sinh x$

(3-10)　$\cosh(x+mj\pi) = (-1)^m\cosh x$

(3-11)　$\tanh(x+mj\pi) = \tanh x$

(3-12)　$\sinh(2m+1)j\dfrac{\pi}{2} = \pm j$

(3-13)　$\cosh(2m+1)j\dfrac{\pi}{2} = 0$

(3-14)　$\sinh\left(j\dfrac{\pi}{2}\pm x\right) = j\cosh x$

(3-15)　$\cosh\left(j\dfrac{\pi}{2}\pm x\right) = \pm j\sinh x$

(3-16)　$\tanh\left(j\dfrac{\pi}{2}\pm x\right) = \pm\coth x$

(3-17a)　$\sinh(x\pm y)$
$= \sinh x\cosh y \pm \cosh x\sinh y$

(3-17b)　$x=y$ のとき
$\sinh 2x = \sinh x\cosh x + \cosh x\sinh x$

(3-18a)　$\cosh(x\pm y)$
$= \cosh x\cosh y \pm \sinh x\sinh y$

(3-18b)　$x=y$ のとき
$\cosh 2x = \cosh^2 x + \sinh^2 x$

(3-19)　$\tanh(x\pm y) = \dfrac{\tanh x\pm\tanh y}{1\pm\tanh x\tanh y}$
$= \dfrac{\sinh 2x\pm\sinh 2y}{\cosh 2x+\cosh 2y}$

(3-20)　$\sinh x\pm\sinh y$
$= 2\sinh\dfrac{x\pm y}{2}\cosh\dfrac{x\mp y}{2}$

(3-21)　$\cosh x+\cosh y$
$= 2\cosh\dfrac{x+y}{2}\cosh\dfrac{x-y}{2}$

(3-22)　$\cosh x-\cosh y$
$= 2\sinh\dfrac{x+y}{2}\sinh\dfrac{x-y}{2}$

(3-23a)　$\sinh x\sinh y$
$= \dfrac{1}{2}\{\cosh(x+y)-\cosh(x-y)\}$

(3-23b)　$x=y$ のとき
$\sinh^2 x = \dfrac{1}{2}(\cosh 2x-1)$

(3-24)　$\sinh x\cosh y$
$= \dfrac{1}{2}\{\sinh(x+y)+\sinh(x-y)\}$

(3-25a)　$\cosh x\cosh y$
$= \dfrac{1}{2}\{\cosh(x+y)+\cosh(x-y)\}$

(3-25b)　$x=y$ のとき
$\cosh^2 x = \dfrac{1}{2}(\cosh 2x+1)$

(3-26)　$\sinh(z/2) = \pm\sqrt{(\cosh z-1)/2}$

(3-27)　$\cosh(z/2) = \sqrt{(\cosh z+1)/2}$

(3-28)　$\tanh(z/2)$
$= \pm\sqrt{(\cosh z-1)/(\sinh z+1)}$

(3-29)　$\dfrac{d}{dz}\sinh z = \cosh z$

(3-30)　$\dfrac{d}{dz}\cosh z = \sinh z$

(3-31)　$\int \sinh az\,dz = \dfrac{1}{a}\cosh az$

(3-32)　$\int \cosh az\,dz = \dfrac{1}{a}\sinh az$

大学課程 **電気回路(2)**
(第3版)

尾崎 弘 著

オーム社

本書を発行するにあたって，内容に誤りのないようできる限りの注意を払いましたが，本書の内容を適用した結果生じたこと，また，適用できなかった結果について，著者，出版社とも一切の責任を負いませんのでご了承ください．

本書は，「著作権法」によって，著作権等の権利が保護されている著作物です．本書の複製権・翻訳権・上映権・譲渡権・公衆送信権（送信可能化権を含む）は著作権者が保有しています．本書の全部または一部につき，無断で転載，複写複製，電子的装置への入力等をされると，著作権等の権利侵害となる場合があります．また，代行業者等の第三者によるスキャンやデジタル化は，たとえ個人や家庭内での利用であっても著作権法上認められておりませんので，ご注意ください．

本書の無断複写は，著作権法上の制限事項を除き，禁じられています．本書の複写複製を希望される場合は，そのつど事前に下記へ連絡して許諾を得てください．

出版者著作権管理機構
（電話 03-5244-5088，FAX 03-5244-5089，e-mail: info@jcopy.or.jp）

JCOPY <出版者著作権管理機構 委託出版物>

は　し　が　き

　本書の第1版は，今は亡き恩師，当時（1968年）愛媛大学学長の，大阪大学名誉教授熊谷三郎先生のもとに3名の編者，すなわち名古屋大学　榊原米一郎教授，九州大学　大野克郎教授並びに，私（大阪大学　尾崎弘）と，執筆者，前記3名並びに，名古屋大学　内山晋教授，大阪大学　手塚慶一教授並びに，児玉慎三教授らが執筆し，発刊されたものである．

　第1巻は大野教授が一人で執筆し，第2巻は尾崎以下4名で執筆した．ただし，第1版では三相交流回路は第2巻に入っていた．

　第2版は，1980年に発行された．改良された点は以下のとおりである．第1巻と第2巻の分量（頁数）に大差があったため，多相交流回路を三相交流回路として第1巻から第2巻に移し，大野教授が執筆し，第1巻は大野教授の単著とした．

　第2巻は，複数の執筆者の執筆であったため，各章の連絡が悪いという欠陥があったので，児玉教授執筆の非線形回路を除く全体を，尾崎が全面的に改訂し，統一的なものとした．また，頁数が増加したため，付録の非線形回路の一部を削除した．

　今回の第3版においては，第1巻を大野教授と，九州大学　西哲生教授との共著とし，第2巻は，付録の非線形回路を削除し，尾崎の単著として，再度の全面的改訂を行った．

　幸いに，本書は好評を博し，発行以来ほぼ毎年，増刷を重ねることができた．これはひとえに読者の皆様はじめ，本書を教科書として採用して下さった教授各位によるものと，ここに深く感謝いたします．

2000年1月

尾　崎　　弘

第三版に当たって

　本書は，第1巻とともに回路理論の大学教科書乃至は参考書として充実したものとするため，さらなる改良を加えた．改良や変更した箇所を箇条書きにすると以下のとおりである．

　（1）　従来理論抜きで述べていた"周期関数のフーリエ変換"を，[形式3]のフーリエ変換として代数的に定義した．すなわち，Formal Definition（正式な定義）を与え，理論的基礎付けを行った．これによって，従来，L_1 に属さないからフーリエ変換ができないとされてきた関数の中にも，[形式3]の変換が可能なものがあり，そのような関数にまでフーリエ変換の応用が可能となった．

　（2）　第7章に，回路網構成理論の一端として，Brune の構成法を加えた．これは初版に掲載されていたもので，2版でこれを割愛したとき，二，三の方から残念がられたものである．今回これを復活し，回路網構成理論の一端を示した．

　（3）　分量が多くなって，限られた時間内で講義できないと思われる部分を，活字を一回り小さくした．

　（4）　付録に入っていた"非線形回路"を割愛した．それは次のようなことからである．すなわち，非線形回路までは，とても講義できないであろうし，第2巻の分量が多くなりすぎたことからである．なお，非線形問題を勉強されるなら，わずか12ページの説明では少な過ぎるから，非線形問題専門の書物を参照されたほうがよいと考える．

2000年1月

尾　崎　　弘

目　　次

第1章　フーリエ変換による回路解析（波形とスペクトル）

1・1　周期関数とフーリエ展開，スペクトル……………………………………1
1・2　特殊な波形を持つ波のフーリエ展開……………………………………6
1・3　周期関数波電源を加えた場合の定常解…………………………………10
1・4　電力工学とひずみ波………………………………………………………14
1・5　非周期関数とフーリエ変換………………………………………………16
1・6　非周期波形入力に対する回路計算………………………………………24
1・7　波形とスペクトル，時間域表示と周波数域表示………………………25
1・8　フーリエ展開による回路解析，インピーダンスの定義………………30
1・9　重ね合わせの理，フーリエ変換法並びに拡張フェーザ法……………33
1・10　第1章の補遺その1．標本化定理（サンプリング定理）………………35
1・11　第1章の補遺その2．離散フーリエ変換，高速フーリエ変換…………38
　　　演習問題………………………………………………………………………40
　　　参考文献………………………………………………………………………41
　　　演習問題略解…………………………………………………………………41

第2章　分布定数回路

2・1　分布定数回路と集中定数回路……………………………………………43
2・2　分布定数回路の例と平面波………………………………………………45
2・3　伝搬方程式（電信方程式）………………………………………………46
2・4　基本解，伝搬定数と特性インピーダンス………………………………49
2・5　境界条件，境界条件による解の決定……………………………………56
2・6　反射現象と定在波…………………………………………………………61

2・7 インピーダンス整合,無反射終端……………………………………67
2・8 有限長線路の固有振動と共振……………………………………69
2・9 二端子対網としての取扱い……………………………………74
2・10 スミス図表……………………………………………………77
2・11 第2章の補遺：境界条件による解の決定………………………84
　　演習問題……………………………………………………………87
　　参考文献……………………………………………………………87
　　演習問題略解………………………………………………………87

第3章　基本的回路の過渡現象

3・1 定数係数線形微分方程式の解法………………………………89
3・2 RC 直列回路……………………………………………………92
3・3 RL 直列回路……………………………………………………97
3・4 時定数……………………………………………………………101
3・5 断続部を持つ RL 直列回路……………………………………102
3・6 RLC 直列回路…………………………………………………104
3・7 一般的な回路（相互誘導を持つ結合回路）……………………111
3・8 初期値の決定, その他解法に対する注意………………………113
3・9 基本的回路のパルス特性………………………………………119
　　演習問題……………………………………………………………127
　　演習問題略解………………………………………………………129

第4章　ラプラス変換による解析

4・1 ラプラス変換……………………………………………………133
4・2 ラプラス変換に関する公式……………………………………138
4・3 初期条件を考慮した等価回路による直接解法…………………147
4・4 ラプラス変換による一般的な回路網の解析……………………149
4・5 繰り返す波形のラプラス変換…………………………………151
4・6 ラプラス変換によるイミタンスの定義…………………………153

4・7　ヘビサイドと演算子法 ……………………………………154
付録　ラプラス変換表 ……………………………………………155
　　演 習 問 題 ……………………………………………………160
　　参 考 文 献 ……………………………………………………162
　　演習問題略解 …………………………………………………163

第5章　分布定数回路の過渡現象

5・1　分布 $RLCG$ 回路の過渡現象の取扱い …………………………169
5・2　無損失線路 ……………………………………………………172
5・3　無ひずみ線路 …………………………………………………177
5・4　反射と自由振動 ………………………………………………179
5・5　分布 RC 回路と同軸ケーブル ………………………………187
5・6　一般的な分布定数回路 ………………………………………192
　　演 習 問 題 ……………………………………………………193
　　参 考 文 献 ……………………………………………………193
　　演習問題略解 …………………………………………………194

第6章　時間関数による過渡解析

6・1　回路の周波数域表示と時間域表示，数理モデル ……………197
6・2　インディシアルアドミタンスとインパルス応答 ……………197
6・3　時間関数による過渡解析 ……………………………………199
6・4　応用例：分布 RC 回路並びに同軸ケーブルに
　　　正弦波電圧を加えた場合 ……………………………………203

第7章　複素周波数変数を用いる回路理論（回路網理論概説）

7・1　イミタンス関数と複素関数 …………………………………207
7・2　一端子対イミタンスと正実関数 ……………………………208
7・3　正実関数の性質 ………………………………………………211
7・4　LC, RC, RL 回路（網） ………………………………221

7・5　定抵抗回路 ……………………………………………………238
7・6　二端子対網と正実行列 ………………………………………239
7・7　対称二端子対網 ………………………………………………241
7・8　ブルーンによる一端子対網の構成法 ………………………254
　　　演 習 問 題 ……………………………………………………259
　　　参 考 文 献 ……………………………………………………263
　　　演習問題略解 ……………………………………………………264

付録　複素関数論概説 ……………………………………………………269

索　　引 ……………………………………………………………………283

大学課程　電気回路 (1) (第3版) の内容

第1章　抵 抗 回 路	第7章　回路の方程式
第2章　回路素子とその性質	第8章　回路に関する諸定理
第3章　正弦波と複素数	第9章　二端子対網とその基本的表現法
第4章　交流回路と記号的計算法	
第5章　直並列回路	第10章　二端子対網の伝送的性質
第6章　相互インダクタンスと変成器 (変圧器)	第11章　能動及び非相反二端子対網
	第12章　三相交流回路

第2巻の用語と記述

　一般に，学術書においては，その用語はすべて学術用語でなければならない．ただし学術用語とは，適切かつ正確に定義された用語のことである．定義の確定していない用語を用いた文章は，確定した内容を表現し得ない．

　しかしながら，初めて学ぶ人に対して最初の学術用語を定義する際は，周知と思われる用語を用いざるを得ない．第1巻においては，初めて回路理論を学ぶ人を対象としていること，慣用句を説明し，かつ使用せざるを得ないことなどを考慮した記述がなされている．

　第2巻においては，すでに第1巻を学んだ人を対象と考え，用語並びに記述の仕方を学術的（academic）なものとした．その二，三について述べよう．

〔1〕 **用語について**

（i）　**起電力**：慣用句で，電圧源の電圧の意味に用いられ，電流源の電流は起電力といわない．第2巻では，この用語は用いない．第2巻ではこれを電圧源の電圧，電源の電圧，あるいは簡単に電源電圧という．電流源の場合は電流源の電流または電源の電流という（起電力は"電気を起こす能力"であるから，電圧源と電流源の両者を指す，とすべきである．起電力という用語ができた頃，電流源という概念がまだなかったものと思われる）．

（ii）　**電源**：電源とは，第1巻の図4・7で表される回路素子をいう．電圧源並びに電流源をそれぞれ**順序対***($e(t), Z(j\omega)$) または ($e(t), Z(s)$)，並びに ($j(t), Y(j\omega)$) または ($j(t), Y(s)$) のように表す．ただし $e(t)$ と $j(t)$ は時間 t の関数であり，$Z(s)$ と $Y(s)$ は複素周波数変数 s の関数（正実関数）である．第1巻の図2・5並びに図2・6のように，内部インピーダンス（内部アドミタン

---

*　n個の概念よりなる系 ($A_1, A_2, \cdots, A_n$) を **n組**（n-tuple）という．$n=2$の場合，すなわち2組を**順序対**という．

ス）を持たない電源を，理想電圧源（理想電流源）という．誤解を生じるおそれのない限り，理想電圧源（理想電流源）を単に電圧源（電流源）という．なお，電源を，力学系との対比を考えて，**外力**ともいう．

（iii）　**交流**：かつては alternating current を交番電流，alternating voltage を交番電圧といったが，現在では交番電流を交流，交番電圧を交流電圧といっている．また，交流というと正弦波交流を指す場合が多い．第1巻では正弦波交流しか扱わなかったから，交流といえば正弦波であった．第2巻では，交流とは周期関数 $(f(t), T)$ のことと定義するが，この言葉は用いない．

（iv）　**直流回路，交流回路，非正弦波交流回路**：直流回路とは抵抗回路を指し，これを直流の理想電圧源によって励振したときの応答計算を直流回路計算といっている．同様に，交流回路並びに交流回路計算とは，抵抗，コイル，カパシタを含む集中定数回路と，この回路を正弦波電源によって励振した場合の応答計算とを指している．励振する電源の波形が非正弦波周期関数の場合は非正弦波交流回路といっている．これら三つの用語は適切な学術用語ではなく，第2巻には用いない．

〔2〕　$e^{j\omega t}$ とフェーザ*

第1章に述べるように，任意の波形 $f(t)$ は次のように複素フーリエ級数またはフーリエ積分に展開される．

$$f(t) = \sum_{-\infty}^{\infty} c_n e^{jn\omega_0 t} = \frac{1}{\sqrt{2\pi}} \sum_{-\infty}^{\infty} \int_{-\infty}^{\infty} c_n \delta(\omega - n\omega_0) e^{j\omega t} d\omega$$

$$f(t) = \frac{1}{\sqrt{2\pi}} \int_{-\infty}^{\infty} F(\omega) e^{j\omega t} d\omega$$

すなわち，$e^{j\omega t}$ はフーリエ展開の成分で，強制振動（微分方程式の特解）を扱う場合，$e^{j\omega t}$ に対する特解から $f(t)$ に対する特解が，重ね合わせにより計算される．第2巻では，$e^{j\omega t}$ を基本解と呼ぶ．実際，$e^{j\omega t}$ は波動方程式における変数 t に関する基本解である．これは，いわゆるフェーザに当たるが，従来のフェーザではない．従来のフェーザは，たとえば $(E_1 e^{j\omega_1 t} + E_2 e^{j\omega_2 t} + e(t))$ の三つ

---

* 私は早くから，フェーザ法を廃止せよと叫び続けてきた．線形物理系は線形微分方程式（波動方程式を含む）の解法に基づいて解析されるべきである．

の電源の中，二つ以上を一つの回路に加えた場合，取扱い得ない．なお，フェーザ法に関しては，第1巻1・9節〔3〕項を参照されたい．

〔3〕 **インピーダンス並びにインピーダンス整合**（1・8, 7・1, 2・7 節参照）

表題の二つの用語の定義は，電力回路と情報回路（信号伝送回路）とでは相異なる．まず，電力回路と情報回路について簡単な考察をしながら述べよう．

（a） **電力回路の場合**

電力回路では，電圧電流は正弦波で，周波数が 50 Hz か 60 Hz で固定している．換言すると，そのスペクトルは輝線スペクトルである．この角周波数を ω_0 とすると，回路のインピーダンスはフェーザによって定義され，$Z(j\omega_0)$ と一定である（関数ではない）．インピーダンスマッチングは，できるだけ多くの電力を，電源から負荷に引き出すことであり，第1巻に述べられているように，電源のインピーダンス $Z_0(j\omega_0)$ と，負荷のインピーダンス $Z_r(j\omega_0)$ の間に

$$Z_0(j\omega_0) = \overline{Z_r(j\omega_0)}$$

なる関係があることである．

（b） **情報回路の場合**

一方，情報回路においては，伝送すべき信号には必ず周波数帯域がある．例えば，電話では 0～4 000 Hz，テレビジョンでは 6 MHz の帯域がある．インピーダンスは周波数の関数である．フーリエ変換並びにラプラス変換によるインピーダンスの定義が，それぞれ，1・8 節並びに 7・1 節に述べられているから，参照されたい．

次に，インピーダンス整合について述べる．情報回路では，信号の波形がひずまないことが大事である．そのためには，伝送路や機器の接続点で反射がないことが必要である．インピーダンス整合並びに無反射終端については，2・7 節を参照されたい．

第1章 フーリエ変換による回路解析
（波形とスペクトル）

　1巻では，電源*の波形が一定値（直流）または正弦波（正弦波交流）である場合の回路の応答の計算について述べてきた．しかし，① 電子・通信・情報工学では，情報を電圧・電流による電気信号として伝送するが，純粋な正弦波は情報を表現することができないので，その振幅，位相または周波数を，情報に対応して変化させる必要がある（これを**変調**という）．また，パルス回路や論理回路ではパルス波や方形波の電圧や電流を取り扱っている．② 電力工学においては，電圧や電流の波形が正弦波であることが理想であるが，何らかの原因で，例えば純粋な正弦波は発生し難いとか，非線形の装置や素子による波形のひずみのため正弦波からひずんだ波形の電圧や電流を扱わざるを得ない．

　本章では，一般に波**は種々の正弦波の和または積分によって表されることを示し，波というものは時間関数として波形 $f(t)$ で表し得るし，スペクトル $F(\omega)$ として周波数の関数としても表し得ることを示し，信号波（情報を表現している波）やひずみ波の取扱いについて述べる．

1・1 周期関数とフーリエ展開，スペクトル

〔1〕 周期関数とフーリエ展開

関数 $f(t)$ が***，正の定数 T に関し

$$f(t \pm T) = f(t) \tag{1・1}$$

---

* 本書で"電源"というときは，電圧源の場合なら電圧を表す時間関数 $e(t)$ と内部インピーダンスを表す周波数の関数 $Z(j\omega)$ の 2 組（ $e(t), Z(j\omega)$ ）のことをいう．この 2 組を電源の**数理モデル** (mathematical model) ということにし，発振器や発電機を電源の**具体モデル**と呼ぶことにしよう．単に"電源の波形"というときは，$e(t)$ の形のことをいうものとする．また，"電源の周波数"というときは，$e(t) = E e^{j\omega_0 t}$ であるときの ω_0（または $f_0 = \omega_0/2\pi$）を指す．電源以外の事項についても，それが主として数理モデルを指していることに注意されたい．
** 正弦波 $\sin \omega t$ は波である．本章の前半で扱う周期関数も波なら，後半で扱う非周期関数も波である．したがって，本書において，我々が波について考察するとき，波の数理モデルとして $f(t), f(x)$，$f(t, x)$ などの関数を用いているのである．本章では，$f(t)$ で表される波を扱い，次章では下記の $f(t, x)$, $f_1(x) \cdot f_2(t)$ を扱う．
  (i) x 方向の平面波の進行波，例：$\sin(\omega t - \beta x)$
  (ii) 平面波の定在波（または一次元の振動），例：$(\sin \alpha x) \sin \omega t$
*** $f(t)$ の t は時間変数と限らないが，本書では主に時間変数の場合を扱う．

なる性質を持つとき，$f(t)$ を**周期関数**（periodic function），T をその**周期**（period）という．周期関数を**交流**（alternating current）という人もいるが適切な用語ではない．正弦関数 $\sin t$ は最も簡単な周期関数で，その周期は 2π である．周期関数は，その周期内だけを考察すれば十分で，前後は周期内の繰返しとみることができる．周期関数をその周期とともに明記する際は，順序対（2組）$(f(t), T)$ で表そう．

周期関数 $(f(t), T)$ は，然るべき条件*のもとで，次のように展開される．

[**形式 1**] 複素フーリエ級数

$$f(t) = \sum_{n=-\infty}^{\infty} c_n e^{jn\omega_0 t}, \quad c_0 = a_0, \quad \underset{(n \neq 0)}{c_{\pm n}} = (a_n \mp jb_n)/2 \qquad (1\cdot 2)$$

[**形式 2**] $\left. \begin{array}{l} f(t) = a_0 + \sum_{n=1}^{\infty} (a_n \cos n\omega_0 t + b_n \sin n\omega_0 t), \quad \omega_0 = 2\pi/T \\ a_0 = c_0, \quad a_n = c_n + c_{-n}, \quad b_n = -(c_n - c_{-n})/(2j) \end{array} \right\} \quad (1\cdot 3)$

[**形式 3**]

$\left. \begin{array}{l} \text{(a)} \quad f(t) = A_0 + \sum_{n=1}^{\infty} A_n \cos(n\omega_0 t - \phi_n) \\ \text{(b)} \quad f(t) = A_0 + \sum_{n=1}^{\infty} A_n \sin(n\omega_0 t + \varphi_n) \\ \quad A_0 = a_0, \ A_n = \sqrt{a_n^2 + b_n^2}, \ \phi_n = \tan^{-1}(b_n/a_n), \ \varphi_n = \tan^{-1}(a_n/b_n) \end{array} \right\}$
$$(1\cdot 4)$$

式 $(1\cdot 2) \sim (1\cdot 4)$ を，周期関数 $(f(t), T)$ の**フーリエ級数**（Fourier series）または**フーリエ展開**（Fourier expansion）ともいう．$\{a_n, b_n\}_{n=0}^{\infty}$** などを $(f(t), T)$ の**フーリエ係数**という．なお，$\{A_n\}_{n=0}^{\infty}$ を**スペクトル**（仏 spectre, 英 spectrum, 複数は spectra）というが，これについては 1·7 節 [4] 項並びにその末

---

* 条件は下記のとおりであるが，厳密な理論は数学の専門書を参照されたい．
  (i) $f(t)$ は 1 価関数で区間 $[0, T]$ $L_2(0, T)$ に属する．ただし，L_2 に属するとは，次の条件を満たすことで，これを $f(t) \in L_2(0, T)$ と書き表す．
  $$\int_0^T |f(t)|^2 dt = K < \infty \qquad (1\cdot 5)$$
  (ii) $f(t)$ の不連続点はその数が無限でもよいが，その測度は 0 である．
  (iii) $f(t)$ は不連続点では，その前後の平均値をとる．
    実用上の問題では，離散フーリエ変換を考えるから，L_2 に属するか否かは考える必要がない．
** $\{a_n, b_n\}_{n=0}^{\infty}$ は $\{a_0, a_1, b_1, a_2, b_2, \cdots\}$ の意．以下では単に $\{a_n, b_n\}$ とした．

尾の〔注〕を参照されたい．

理論的な取扱いには［形式1］が便利である．［形式1］から公式
$$e^{\pm jn\omega t} = \cos n\omega t \pm j \sin n\omega t \tag{1・6}$$
によって［形式2］が容易に求められる．なお，係数 c_n は 例題 1・1 に示されているように，簡単に計算される．

〔2〕 **固有関数列の話***

有限の長さの無損失線路（5・4節に述べる），導波管，空胴の振動などの電気的振動や，弦や膜などの機械的振動を取り扱う場合には，一～三次元波動方程式を解いて基本解を求め，境界条件から**固有関数**と呼ばれる関数の列 $\{\phi_m\} = \{\phi_0, \phi_1, \phi_2, \cdots\}$ が決まり，これによって初期値として与えられる関数 $f(x)$ を
$$f(x) = \sum_{m=0}^{\infty} a_m \phi_m \tag{1・7}$$
と展開して解析することが多い．フーリエ級数は，無損失線路や弦の振動など一次元波動方程式で表される系の場合の固有関数で，その $\{\phi_m\}$ は次のようである．

［形式1］の場合： $\phi_0 = 1$, $\quad \phi_{2m-1} = e^{jm\omega_0 t}$, $\quad \phi_{2m} = e^{-jm\omega_0 t}$

［形式2］の場合： $\phi_0 = 1$, $\quad \phi_{2m-1} = \sin m\omega_0 t$, $\quad \phi_{2m} = \cos m\omega_0 t$

このような $\{\phi_m\}$ は，区間 $[a, b] \triangleq \{x \mid a \leq x \leq b\}$ で**，次の性質を持っている．

$m \neq n$ のとき
$$\int_a^b \phi_m(x) \overline{\phi}_n(x) dx = 0 \tag{1・8a}$$

$m = n$ のとき
$$\int_a^b \phi_m(x) \overline{\phi}_m(x) dx = k_m > 0 \tag{1・8b}$$

なお，$k_m = 1$ でないときは，$\{\phi'_m\} = \{\phi_m / \sqrt{k_m}\}$ を考えると，$k_m = 1$ とすることができる．展開係数 a_m は以下のように計算される．この $\{\phi'_m\}$ を**正規直交関数列**という．

式 (1・7) のように展開されたものとして，両辺に $\overline{\phi}_m$ を乗じて，$[a, b]$ で積分する．ただし，式 (1・7) の添字は混同しないように μ とした．
$$\int_a^b f(x) \overline{\phi}_m(x) dx = \sum_{\mu=0}^{\infty} a_\mu \int_a^b \phi_\mu \overline{\phi}_m dx = a_m \cdot k_m \tag{1・9}$$
右辺は，式 (1・8) が成立しているので，$a_m \cdot k_m$ だけとなる．これから
$$a_m = \frac{1}{k_m} \int_a^b f(x) \overline{\phi}_m(x) dx \tag{1・10}$$
となる．［形式2］，［形式3］の展開係数も上と同様にして計算される．

例題 1・1 ［形式1］のフーリエ係数 c_n を求めてみよう．

〔解〕 $\phi_m = e^{jm\omega_0 t}$ に対して，$\overline{\phi}_m = e^{-jm\omega_0 t}$ であり，式 (1・8) は次のように成立する．

---

* 理論抜きで述べてある．厳密な理論は専門書を参照されたい．
** $[a, b] \triangleq \{x \mid a \leq x \leq b\}$ の $\triangleq$ は "…と置くと"，"…と定義する" の意に用いる．

$m \neq n$, $\quad \int_0^T \phi_m \bar{\phi}_n dt = \int_0^T e^{jm\omega_0 t} e^{-jn\omega_0 t} dt = \frac{T}{2\pi} \int_0^{2\pi} e^{j(m-n)\theta} d\theta = 0$, $\quad T = \frac{2\pi}{\omega_0}$

$$\int_0^T \phi_m \bar{\phi}_m dt = \int_0^T e^{jm\omega_0 t - jm\omega_0 t} dt = \frac{T}{2\pi} \int_0^{2\pi} 1 \cdot d\theta = T$$

したがって, 式 (1・8) から c_n は次のように計算される.

$$c_0 = \frac{1}{T} \int_0^T f(t) dt, \qquad c_{\pm m} = \frac{1}{T} \int_0^T f(t) e^{\mp jm\omega_0 t} dt \tag{1・11}$$

〔3〕 フーリエ係数の計算

[形式 1] の展開係数 c_n の計算法は, 式 (1・11) のとおりで, これから係数, a_0, a_n, b_n や A_n, ϕ_n, φ_n が計算されるが, ここでは $f(t)$ から直接 a_0, a_n, b_n を計算する式を求めてみよう. [形式 2] の展開に対する直交関数列 $\{\phi_m\}$ は実係数の関数であって, すぐ前の〔2〕項に示したように

$$\{1, \cos \omega_0 t, \sin \omega_0 t, \cos 2\omega_0 t, \sin 2\omega_0 t, \cdots\cdots\} \tag{1・12}*$$

である. また, 式 (1・8) に相当する式は, 次のとおりである.

$m \neq n$ の場合 (公式より)

$$\left. \begin{aligned} \int_0^T \cos m\omega_0 t \cos n\omega_0 t dt &= \frac{T}{2\pi} \int_0^{2\pi} \cos m\theta \cos n\theta d\theta = 0 \\ \int_0^T \sin m\omega_0 t \sin n\omega_0 t dt &= \frac{T}{2\pi} \int_0^{2\pi} \sin m\theta \sin n\theta d\theta = 0 \\ \int_0^T \sin m\omega_0 t \cos n\omega_0 t dt &= \frac{T}{2\pi} \int_0^{2\pi} \sin m\theta \cos n\theta d\theta = 0 \end{aligned} \right\} \tag{1・13}$$

$m = n \neq 0$ の場合

$$\left. \begin{aligned} \int_0^T (\cos m\omega_0 t)^2 dt &= \frac{T}{2\pi} \int_0^{2\pi} \frac{1}{2}(1 + \cos 2m\theta) d\theta \\ &= \frac{T}{2\pi} \cdot \frac{1}{2} \cdot 2\pi = \frac{T}{2} \\ \int_0^T (\sin m\omega_0 t)^2 dt &= \frac{T}{2\pi} \int_0^{2\pi} (1 - \cos^2 m\theta) d\theta = \frac{T}{2} \end{aligned} \right\} \tag{1・14}$$

そこで, $f(t)$ が [形式 2] のように展開されたものと仮定し, その両辺に $\cos m\omega_0 t$ (ただし $m \neq 0$) を乗じて 0 から T まで積分すると

$$\int_0^T f(t) \cos m\omega_0 t dt$$

---

* この関数列を正規化するのは容易である. すなわち, 式 (1・8b) の k_m は次のようである.
 $\quad k_0 = T, \qquad k_m = 2T \quad (m = 1, 2, \cdots)$

$$= a_0 \int_0^T (\cos m\omega_0 t)^2 dt + \sum_{n=1}^{\infty} a_n \int_0^T (\cos n\omega_0 t \cos m\omega_0 t) \, dt$$
$$+ \sum_{n=1}^{\infty} b_n \int_0^T (\sin n\omega_0 t \cos m\omega_0 t) \, dt \tag{1・15}$$

となるが,式 (1・13) と (1・14) より,上の式の右辺は $a_m T/2$ だけとなり

$$\frac{a_m T}{2} = \int_0^T f(t) \cos m\omega_0 t \, dt \tag{1・16}$$

となる.これから(以下,前の式の添字 m は n に置き換える)

$$a_n = \frac{2}{T} \int_0^T f(t) \cos n\omega_0 t \, dt \tag{1・17}$$

同様にして,b_n の計算式は次のようになる.

$$b_n = \frac{2}{T} \int_0^T f(t) \sin n\omega_0 t \, dt \tag{1・18}$$

また,直流分 a_0 の計算式は,次のとおりである.

$$\int_0^T f(t) \, dt = a_0 \int_0^T dt + \sum_{n=1}^{\infty} \int_0^T (a_n \cos n\omega_0 t + b_n \sin n\omega_0 t) \, dt$$
$$= a_0 T \tag{1・19}$$

$$\therefore \quad a_0 = \frac{1}{T} \int_0^T f(t) \, dt \tag{1・20}$$

なお,$\{A_n, \phi_n\}$, $\{A_n, \varphi_n\}$ は $\{a_n, b_n\}$ から次のようにして求められる.

$$A_0 = a_0, \quad A_n = \sqrt{a_n^2 + b_n^2}, \quad \phi_n = \tan^{-1}\left(\frac{b_n}{a_n}\right), \quad \varphi_n = \tan^{-1}\left(\frac{a_n}{b_n}\right) \tag{1・21}$$

例題 1・2 図 1・1(a) に示すのこぎり波電圧 $e(t)$ をフーリエ級数に展開し,そのスペクトルを示せ.

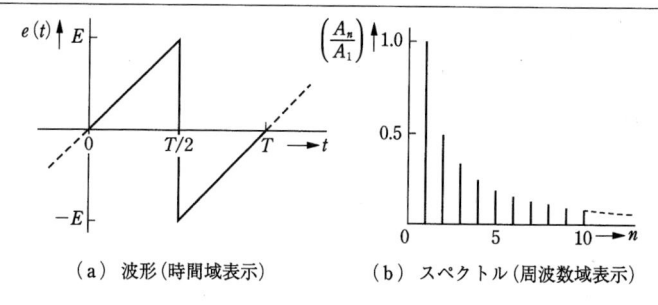

(a) 波形(時間域表示)　　(b) スペクトル(周波数域表示)

図 1・1　のこぎり波とそのスペクトル

〔解〕 図1・1(a) の電圧 $e(t)$ を式で表すと

$$e(t)=\left(\frac{2E}{T}\right)(t-nT), \quad \left(n-\frac{1}{2}\right)T<t<\left(n+\frac{1}{2}\right)T \quad (n=0, \pm 1, \pm 2, \cdots)$$

となる．$e(t)$ は，$e(-t)=-e(t)$ なる性質を持つ．すなわち，奇関数である．1・2節に述べるように，奇関数の場合は $a_0=0$ で $a_n=0$ である．b_n は式 (1・18) より

$$\begin{aligned}
b_n &= \frac{2}{T}\int_0^T e(t)\sin n\omega_0 t\, dt \\
&= \frac{2}{T}\left\{\int_0^{T/2}\left(\frac{2E}{T}\right)t\sin\left(\frac{2n\pi}{T}t\right)dt + \int_{T/2}^T\left(\frac{2E}{T}\right)(t-T)\sin\left(\frac{2n\pi}{T}t\right)dt\right\} \\
&= \frac{2}{T}\int_{-T/2}^{T/2}\left(\frac{2E}{T}\right)t\sin\left(\frac{2n\pi}{T}t\right)dt = \frac{2}{T}\left[\left(\frac{2E}{T}t\right)\left(-\frac{T}{2n\pi}\right)\cos\left(\frac{2n\pi}{T}t\right)\right]_{-T/2}^{T/2} \\
&\quad + \frac{2E}{n\pi T}\int_{-T/2}^{T/2}\cos\left(\frac{2n\pi}{T}t\right)dt, \quad \text{(部分積分，後見返し数学公式II (4-9) 参照)} \\
&= (-1)^{n+1}\left(\frac{2E}{n\pi}\right)
\end{aligned}$$

となる．したがって $e(t)$ は，次のように展開される．

$$e(t)=\left(\frac{2E}{\pi}\right)\sum_{n=1}^{\infty}\frac{(-1)^{n+1}}{n}\sin\left(\frac{2\pi n}{T}t\right)$$

このスペクトルは，$A_n=|b_n|=(2E/\pi)/n$ となるので，図1・1(b) に示すようになる．

〔4〕 **基本波と高調波**

これまで述べてきたように，周期を T とする波形 $f(t)$ は，次のように展開される（[形式3] の (a)）．

$$f(t)=A_0+\sum_{n=1}^{\infty}A_n\cos(n\omega_0 t-\phi_n), \quad \omega_0=\frac{2\pi}{T} \tag{1・22}$$

区間 $0\leq t\leq T$ の外でも，このままの式が成立することは明らかである．この式は，$f(t)$ という波が，直流分に当たる A_0 と，角周波数が $\omega_0, 2\omega_0, 3\omega_0, \cdots$ の正弦波の重なったものとみなし得ることを示している．A_0 を除く最も低い周波数の波は，角周波数 ω_0 の正弦波で，これを**基本波** (fundamental (wave)) という．$f(t)$ が音波を表す場合は，これが**基本音**である．$2\omega_0, 3\omega_0, \cdots$ の正弦波を，それぞれ**第2（高）調波** (second harmonic)，**第3調波**などといい，まとめて**高調波** (higher harmonics) という．音波の場合には，これらを**倍音**といっている．

1・2 特殊な波形を持つ波のフーリエ展開

〔1〕 **偶関数並びに奇関数の波**

周期関数 $(f(t), T)$ が，図1・2に示されているように，**偶関数**となる場合，

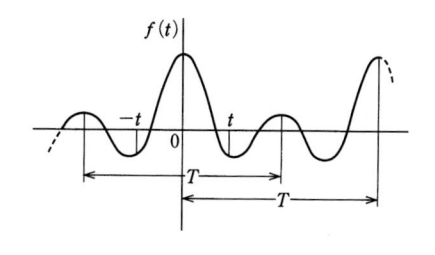

図 1・2　偶関数波，$f(-t)=f(t)$ 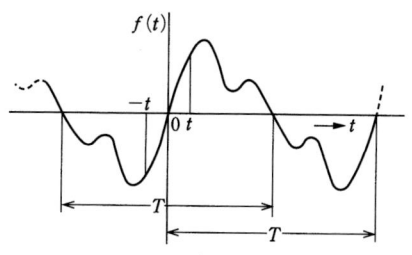　　　図 1・3　奇関数波，$f(-t)=-f(t)$

すなわち
$$f(-t)=f(t) \tag{1・23}$$
なる性質を持つ場合を考えるに，そのフーリエ展開を式 (1・2) とすると
$$f(\pm t)=a_0+\sum_{n=1}^{\infty}(a_n\cos n\omega_0 t \pm b_n\sin n\omega_0 t) \tag{1・24}$$
であるから，$f(t)$ が偶関数の条件を満たすためには
$$b_n=0 \quad (n=1,2,3,\cdots) \tag{1・25}$$
とならなければならない．この場合のフーリエ係数は，次のように計算される．
$$\left.\begin{array}{l} a_0=\dfrac{2}{T}\displaystyle\int_0^{T/2}f(t)dt,\quad a_n=\dfrac{4}{T}\displaystyle\int_0^{T/2}f(t)\cos n\omega_0 t dt \\ b_n=0 \quad (n=1,2,3,\cdots) \end{array}\right\} \tag{1・26}$$

［形式 1］については $c_n=c_{-n}$ が偶関数の条件である．

次に，$f(t)$ が**図 1・3**に示されているような**奇関数**の場合，すなわち
$$f(-t)=-f(t) \tag{1・27}$$
なる性質を持つ場合を考える．この場合，フーリエ係数は（式 (1・24) 参照）
$$a_0=0,\quad a_n=0 \quad (n=1,2,3,\cdots) \tag{1・28}$$
とならなければならない．そうして，フーリエ係数は，次のように計算される．
$$\left.\begin{array}{l} b_n=\dfrac{4}{T}\displaystyle\int_0^{T/2}f(t)\sin n\omega_0 t dt \\ a_0=0,\quad a_n=0 \quad (n=1,2,3,\cdots) \end{array}\right\} \tag{1・29}$$

［形式 1］については，$c_0=0$，$c_n=-c_{-n}$ が奇関数の条件である．

〔2〕**正 負 対 称 波**

周期関数 ($f(t)$, T) が**図 1・4**に示されているように

$$f(t) = -f\left(t + \frac{T}{2}\right)$$
$$= -f\left(t + \frac{\pi}{\omega_0}\right) \quad (1\cdot 30)$$
$$\omega_0 = \frac{2\pi}{T}$$

図1・4 正負対称波

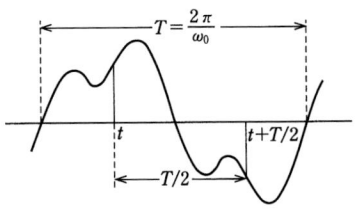

なる性質を持つとき，**正負対称波**という．この関数のフーリエ展開を式 (1・2) の形とすると

$$-f\left(t + \frac{\pi}{\omega_0}\right) = -a_0 - \sum_{n=1}^{\infty} \left(a_n \cos\left(n\omega_0\left(t + \frac{\pi}{\omega_0}\right)\right) + b_n \sin\left(n\omega_0\left(t + \frac{\pi}{\omega_0}\right)\right)\right)$$
$$= -a_0 - \sum_{n=1}^{\infty} \left(a_n \cos(n\omega_0 t + n\pi) + b_n \sin(n\omega_0 t + n\pi)\right)$$
$$(1\cdot 31)$$

となるから，式 (1・30) が成立するためには

$$a_0 = 0, \quad a_{2m} = 0, \quad b_{2m} = 0 \quad (m = 1, 2, 3, \cdots) \quad (1\cdot 32)$$

とならなければならない．すなわち，正負対称波は直流分と偶数調波を含まない．

なお，式 (1・32) に示されている係数以外のフーリエ係数の計算に当たっては，0 から T まで積分する必要はなく，0 から $T/2$ まで積分し，その結果を2倍すればよろしい．結局，まとめると次のようになる．

$$\left. \begin{array}{l} a_0 = 0, \quad a_{2m} = 0, \quad b_{2m} = 0 \\ a_{2m-1} = \dfrac{4}{T} \displaystyle\int_0^{T/2} f(t)\cos(2m-1)\omega_0 t\, dt \\ b_{2m-1} = \dfrac{4}{T} \displaystyle\int_0^{T/2} f(t)\sin(2m-1)\omega_0 t\, dt \\ (m = 1, 2, 3, \cdots) \end{array} \right\} \quad (1\cdot 33)$$

例題 1・3 正負対称波の場合 [形式1] の係数 c_n はどうなるか．

[解] 章末の演習問題参照．

例題 1・4 図1・5 に示されている方形波 $f_1(t)$ をフーリエ展開しよう．

[解] この波は奇関数でかつ，正負対称波である．したがって

$$a_0 = 0, \quad a_n = 0 \quad (n = 1, 2, 3, \cdots) \quad (1\cdot 34)$$

1・2 特殊な波形を持つ波のフーリエ展開

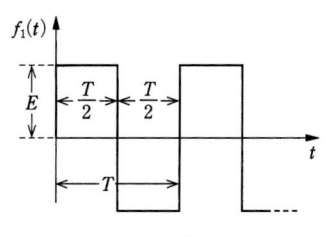

図 1・5 方形波

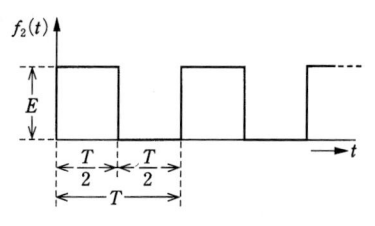

図 1・6 直流分を含む方形波

$$b_{2m}=0$$

$$b_{2m-1}=\frac{4}{T}\int_0^{T/2} f(t)\sin(2m-1)\omega_0 t\, dt$$

$$=\frac{4}{T}\int_0^{T/2} E\sin(2m-1)\omega_0 t\, dt$$

$$=\frac{4E}{T\omega_0}\cdot\frac{1}{2m-1}\left[-\cos(2m-1)\omega_0 t\right]_0^{T/2}$$

$$=\frac{4E}{\pi}\cdot\frac{1}{2m-1} \quad (m=1,2,3,\cdots) \tag{1・35}$$

となり,$f_1(t)$ は次のように展開される.

$$f_1(t)=\frac{4E}{\pi}\left(\sin\omega_0 t+\frac{1}{3}\sin 3\omega_0 t+\frac{1}{5}\sin 5\omega_0 t+\cdots\right) \tag{1・36}$$

なお,**図 1・6** に示されている波形 $f_2(t)$ は,前記の方形波に直流分 $a_0=E$ を重畳した後,全体を 2 で割ったものである.したがって,これは次のように展開される.

$$f_2(t)=E\left\{\frac{1}{2}+\frac{2}{\pi}\left(\sin\omega_0 t+\frac{1}{3}\sin 3\omega_0 t+\cdots\right)\right\} \tag{1・37}$$

> **例題 1・5** 正弦波 $E\sin\omega t$ に対し,$|E\sin\omega t|$ を**全波整流波**という.これをフーリエ展開してみよう.

〔解〕 **図 1・7** に示されている $|\sin\omega t|$ を見て分かるように,$\sin\omega t$ の周期を T_a とすると,全波整流波の周期 T と基本波の角周波数 ω_0 は,それぞれ次のようになる.

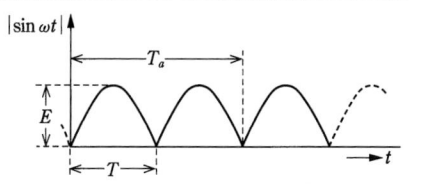

$$\left.\begin{array}{l} T=\dfrac{T_a}{2} \\ \omega_0=2\omega \\ \omega=\dfrac{2\pi}{T_a}=\dfrac{\pi}{T} \end{array}\right\} \tag{1・38}$$

図 1・7 全波整流波

また,全波整流波は偶関数波であるから

$$b_n=0 \quad (n=1,2,\cdots) \tag{1・39}$$

となる.a_0 と a_n は式 (1・26) を用いて,次のように計算される.

$$a_0 = \frac{2E}{T}\int_0^{T/2}|\sin\omega t|dt = \frac{2E}{T}\int_0^{T/2}\sin\left(\frac{\omega_0 t}{2}\right)dt$$

$$= \frac{2E}{T}\left[\frac{-2}{\omega_0}\cos\left(\frac{\omega_0 t}{2}\right)\right]_0^{T/2} = \frac{2E}{T}\cdot\frac{2}{\omega_0} = \frac{2E}{\pi} \qquad (1\cdot 40)$$

$$a_n = \frac{4E}{T}\int_0^{T/2}|\sin\omega t|\cos n\omega_0 t\,dt = \frac{4E}{T}\int_0^{T/2}\sin\left(\frac{\omega_0 t}{2}\right)\cos n\omega_0 t\,dt$$

$$= \frac{2E}{T}\int_0^{T/2}\left\{\sin\left(n+\frac{1}{2}\right)\omega_0 t - \sin\left(n-\frac{1}{2}\right)\omega_0 t\right\}dt$$

(前見返し数学公式 I (2-18))

$$= \frac{2E}{T}\left\{\left[\frac{-1}{(n+1/2)(2\pi/T)}\cos\left(n+\frac{1}{2}\right)\left(\frac{2\pi}{T}\right)t\right]_0^{T/2}\right.$$
$$\left. -\left[\frac{-1}{(n-1/2)(2\pi/T)}\cos\left(n-\frac{1}{2}\right)\left(\frac{2\pi}{T}\right)t\right]_0^{T/2}\right\}$$

(前見返し数学公式 I (2-33))

$$= \frac{2E}{T}\cdot\left(\frac{T}{2\pi}\right)\left\{\frac{-1}{n+1/2}(-1) - \frac{-1}{n-1/2}(-1)\right\} = \frac{E}{\pi}\left(\frac{1}{n+1/2} - \frac{1}{n-1/2}\right)$$

$$= \frac{E}{\pi}\cdot\frac{-4}{(2n-1)(2n+1)} \qquad (1\cdot 41)$$

結局，$|\sin\omega t|$ のフーリエ展開は次のようになる．

$$E|\sin\omega t| = \frac{E}{\pi}\left(2 - \frac{4}{1\cdot 3}\cos\omega_0 t - \frac{4}{3\cdot 5}\cos 2\omega_0 t - \cdots\right)$$

$$= \frac{E}{\pi}\left(2 - \frac{4}{1\cdot 3}\cos 2\omega t - \frac{4}{3\cdot 5}\cos 4\omega t - \cdots\right) \qquad (1\cdot 42)$$

$\omega_0 = 2\omega$

〔3〕 **フーリエ展開の例**

表 1・1 には，二，三の波形のフーリエ展開が示されている．表中に書かれている時間域表示と周波数域表示については後に説明する．

1・3 周期関数波電源を加えた場合の定常解

本節では，回路素子は線形であるが，電源が周期関数波（非正弦波交流）である場合に，その定常解を求める問題について述べよう．正弦波交流の場合の定常解は，$e^{j\omega t}$ による解から容易に求めることができた．以下に示すように，周期関数波電源に対する定常解も，ほぼ同様に求めることができる．

さて，周期関数波の電圧 $e(t)$ や電流 $i(t)$ は，フーリエ展開すると，次のように書き表すことができる．

$$e(t) = \sum_{n=-\infty}^{\infty}c_n e^{jn\omega_0 t} = E_0 + \sum_{n=1}^{\infty}E_n\cos(n\omega_0 t - \phi_n) \qquad (1\cdot 43)$$

1・3 周期関数波電源を加えた場合の定常解

表 1・1 いろいろの非正弦波周期波形とそのフーリエ級数

波　形（時間域表示）		フーリエ級数（周波数域表示） （形式 1 と 3）
（方形波）	$e(t)=1$ $nT<t<(2n+1)T/2$ $e(t)=-1$ $(2n+1)T/2<t<(n+1)T$	$\left(e(t)=\sum_{n=-\infty}^{\infty}c_n e^{j\omega_0 t}, \text{以下同じ, 略}\right)$ $c_{\pm 2n}=0,\ c_{\pm(2n-1)}=\mp\dfrac{2j}{\pi(2n-1)}$ $(\omega_0=2\pi/T, \text{以下同じ, 略})$ $e(t)=\dfrac{4}{\pi}\sum_{n=1}^{\infty}\dfrac{\sin(2n-1)\omega_0 t}{(2n-1)}$
（三角波）	$e(t)=1-\dfrac{2}{\pi}(t-nT)$ $nT<t<(2n+1)T/2$ $e(t)=-1+\dfrac{4}{T}\{t-(2n+1)T/2\}$ $(2n+1)T/2<t<2(n+1)T/2$	$c_{\pm 2n}=0,\ c_{\pm(2n-1)}=\dfrac{4}{\pi^2(2n-1)^2}$ $e(t)=\dfrac{8}{\pi^2}\sum_{n=1}^{\infty}\dfrac{\cos(2n-1)\omega_0 t}{(2n-1)^2}$
（台形波）	$e(t)=(t-nT)/\tau$ $nT-\tau\leq t<nT+\tau$ $e(t)=1$ $n+\tau<t<(2n+1)T/2-\tau$ $e(t)=-\{t-(2n+1)T/2\}/\tau$ $(2n+1)T/2-\tau<t<$ $(2n+1)T/2+\tau$ $e(t)=-1$ $(2n+1)T/2+\tau<t<$ $(2n+1)T/2-\tau$	$c_{\pm 2n}=0$ $c_{\pm(2n-1)}=\pm j\dfrac{2}{\pi\tau\omega}\dfrac{\sin(2n-1)\tau}{(2n-1)^2}$ $e(t)=\dfrac{4}{\pi\tau\omega}\sum_{n=1}^{\infty}\dfrac{\sin(2n-1)\tau}{(2n-1)^2}$ $\times\sin(2n-1)\omega_0 t$
（半波整流）	$e(t)=\sin\omega_0 t,\ (\omega_0=2\pi/T)$ $nT\leq t\leq(2n+1)T/2$ $e(t)=0$ $(2n+1)T/2<t<(n+1)T$	$c_0=\dfrac{1}{\pi},\ c_{\pm 1}=\mp\dfrac{j}{4}$ $c_{\pm(2n-1)}=0,\ c_{\pm 2n}=\pm\dfrac{1}{\pi(4n^2-1)}$ $n>1$ $e(t)=\dfrac{1}{\pi}+\dfrac{1}{2}\sin\omega_0 t$ $-\dfrac{2}{\pi}\sum_{n=1}^{\infty}\dfrac{\cos 2n\omega_0 t}{4n^2-1}$
（全波整流）	$(\omega_0=2\pi/T=2\omega,\ \omega=2\pi/Ta)$ $(Ta=2T)$ $e(t)=|\sin\omega t|$	$c_0=\dfrac{2}{\pi},\ c_{\pm n}=\pm\dfrac{1}{\pi(4n^2-1)}$ $n\geq 1$ $e(t)=\dfrac{2}{\pi}-\dfrac{4}{\pi}\sum_{n=1}^{\infty}\dfrac{\cos n\omega_0 t}{4n^2-1}$
（パルス波）	$e(t)=1$ $nT<t<nT+\tau$ $e(t)=0$ $nT+\tau<t<(n+1)T$	$c_0=\dfrac{\tau}{2\pi}$ $c_{\pm n}=\dfrac{1}{2\pi}\left(\dfrac{\sin n\tau}{n}\mp j\dfrac{\cos n\tau}{n}\right)$ $e(t)=\dfrac{\tau}{T}+\dfrac{1}{\pi}\sum_{n=1}^{\infty}\dfrac{1-\cos n\omega_0\tau}{n}$ $\times\sin n\omega_0 t$ $+\dfrac{1}{\pi}\sum_{n=1}^{\infty}\dfrac{\sin n\omega_0\tau}{n}$ $\times\cos n\omega_0 t$

$$i(t) = \sum_{n=-\infty}^{\infty} c_n' e^{jn\omega_0 t} = I_0 + \sum_{n=1}^{\infty} I_n \cos(n\omega_0 t - \phi_n - \theta_n) \quad (1\cdot 44)$$

直流分の E_0 や I_0 は 0 であることが多い．これらが 0 でなければ，直流分も同時に計算すればよく，それは容易なことである．

式 (1·43) は，任意の周期波形の電圧源 $e(t)$ は，その基本角周波数を ω_0 とするとき，直流成分と $\omega_0, 2\omega_0, 3\omega_0, \cdots$ の角周波数を持つ正弦波電圧源の和として表し得ることを示している．これを図示すると，**図 1·8**(b)のようになる．さて，重ね合わせの理によると，電圧源 $e(t)$ がある線形回路に加えられたときに，その回路に流れる電流は，正弦波電源 $E_1, E_2, \cdots$ がそれぞれ単独にこの回路に加えられたとき，回路内を流れる電流 $I_1, I_2, \cdots$ の代数和となる．ただし，各回路素子の示すインピーダンスは，$E_1(\omega_0)$ に関するものが $Z(j\omega_0)$ であるのに対し，$E_n(n\omega_0)$ に関しては $Z(jn\omega_0)$ となることに注意さえすればよい．すなわち

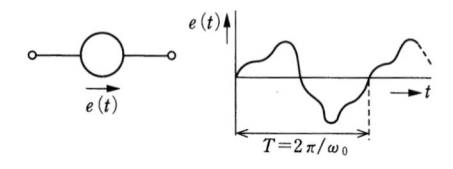

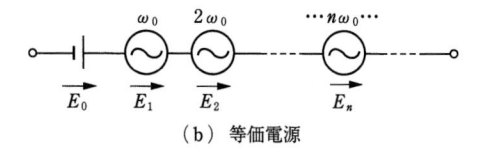

$$E_1 = I_1 Z(j\omega_0), \quad E_2 = I_2 Z(j2\omega_0), \quad \cdots\cdots, \quad E_n = I_n Z(jn\omega_0) \quad (1\cdot 45)$$

したがって，全電流は次の式によって求められる．

$$I = \mathrm{Re}\left[\sum_{n=0}^{\infty} I_n e^{j(n\omega_0 t - \phi_n)}\right] = \mathrm{Re}\left[\sum_{n=0}^{\infty} \left(\frac{E_n e^{j(n\omega_0 t - \phi_n)}}{Z(jn\omega_0)}\right)\right] \quad (1\cdot 46)$$

または

$$i = \sum_{n=-\infty}^{\infty} \left(\frac{c_n e^{jn\omega_0 t}}{Z(jn\omega_0)}\right) \quad (1\cdot 47)$$

例題 1·6 図 1·9(a) に示す CR 直列回路に，同図(b) に示す方形波電圧源 $e(t)$ を加えたとき
 (ⅰ) 回路電流 $i(t)$ および容量 C にかかる電圧 $v(t)$ を，本節の方法で求めよ．
 (ⅱ) 回路に微分方程式を解く方法によって，$v(t)$ の定常解を求めよ．
 (ⅲ) (ⅰ) と(ⅱ)の結果をグラフに描いて比較せよ．ただし，$E = 1\,\mathrm{V}$, $R = 10^3\,\Omega$, $\omega_0 C = 10^{-3}\,\Omega$ とせよ．

1・3 周期関数波電源を加えた場合の定常解

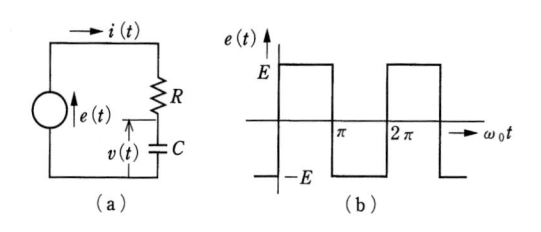

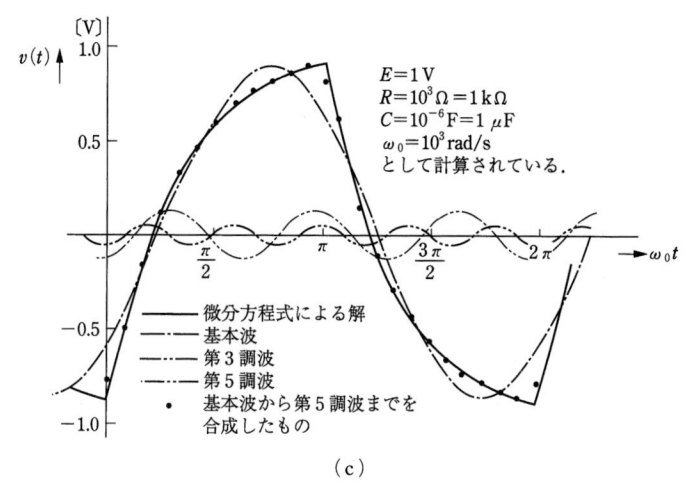

図 1・9 CR 直列回路 (a) に，方形波 (b) を加えたときに容量 C にかかる電圧 $v(t)$ とそのフーリエ成分 (c)

〔**解**〕（ⅰ）表 1・1 に示すように，$e(t)$ は次のようにフーリエ展開される．

$$e(t)=\left(\frac{4E}{\pi}\right)\sum_{n=1}^{\infty}\frac{\sin(2n-1)\omega_0 t}{2n-1} \tag{1・48}$$

また，回路のインピーダンスは

$$Z\{j(2n-1)\omega_0\}=R+\frac{1}{j(2n-1)\omega_0 C}=\frac{j(2n-1)\omega_0 CR+1}{j(2n-1)\omega_0 C} \tag{1・49}$$

したがって式 (1・47) より

$$I=\sum_{n=1}^{\infty}I_{2n-1}=\sum_{n=1}^{\infty}\frac{j\omega_0 C}{1+j(2n-1)\omega_0 CR}\cdot\frac{4}{\pi}E \tag{1・50}$$

C にかかる電圧を V と書き表すと

$$V=\sum_{n=1}^{\infty}\frac{I_{2n-1}}{j(2n-1)\omega_0 C}=\frac{4E}{\pi}\sum_{n=1}^{\infty}\frac{1}{(2n-1)\{1+j(2n-1)\omega_0 CR\}} \tag{1・51}$$

を得る．これらを瞬時値の形で書き直すと次のようになる．

$$i(t)=\frac{4E}{\pi}\sum_{n=1}^{\infty}\frac{\omega_0 C}{\sqrt{1+(2n-1)^2\omega_0^2 C^2 R^2}}\sin\left\{(2n-1)\omega_0 t+\varphi_{2n-1}+\frac{\pi}{2}\right\} \tag{1・52}$$

$$v(t) = \frac{4E}{\pi} \sum_{n=1}^{\infty} \frac{1}{(2n-1)\sqrt{1+(2n-1)^2 \omega_0^2 C^2 R^2}} \sin\{(2n-1)\omega_0 t + \varphi_{2n-1}\} \quad (1 \cdot 53)$$

ただし，$\tan\varphi_{2n-1} = -(2n-1)\omega_0 CR$

 (ⅱ) この問題の微分方程式は

$$R\frac{dq}{dt} + \frac{1}{C}q = \begin{cases} E & (2n\pi < \omega_0 t < (2n+1)\pi) \\ -E & ((2n+1)\pi < \omega_0 t < 2(n+1)\pi) \end{cases} \quad (1 \cdot 54)$$

まず，$t=0$ で $q(0) = CE_0$ として解を求めるとき，$0 < \omega_0 t < \pi$ に対して

$$v_1(t) = \frac{q(t)}{C} = E - (E - E_0)e^{-t/(CR)} \quad (1 \cdot 55)$$

$\pi < \omega_0 t < 2\pi$ では，上の式で $t = \pi/\omega_0 = T/2$ と置いた値を初期値とするとき

$$v_2(t) = \frac{q(t)}{C} = -E + \{2Ee^{-T/(2CR)} - (E - E_0)\}e^{-t/(CR)} \quad (1 \cdot 56)$$

となる．定常解という条件から，$v_2(T) = v_1(0)$ となるよう E_0 を定めると

$$\left.\begin{array}{l} v_1(t) = E\left\{1 - \dfrac{2(1-e^{-T/(2CR)})}{1-e^{-T/(CR)}} e^{-t/(CR)}\right\} \quad (0 \leq \omega_0 t \leq \pi) \\[2mm] v_2(t) = -E\left\{1 - \dfrac{2(1-e^{T/(2CR)})}{1-e^{-T/CR}} e^{-\{1/(CR)\}(t-T/2)}\right\} \quad (\pi \leq \omega_0 t \leq 2\pi) \end{array}\right\} \quad (1 \cdot 57)$$

 (ⅲ) 図 1·9(c) 参照．

1・4 電力工学とひずみ波

電力工学においては，電圧・電流の波形が正弦波であることを理想としているが，純粋な正弦波は発生し得ないし，何らかの原因，例えば，変圧器（変成器）や発電機に用いられている鉄心の非線形性に基づいて**ひずみ（歪）**を生じるものである．このように，正弦波から多少ひずんだ波形の波を電力業界では**ひずみ波*** と呼んでいる．本節では，ひずみ波の取扱いについて述べる．

〔1〕 実 効 値

ひずみ波に対し，実効値が次のように定義される．すなわち電圧・電流の瞬時値を e, i とするとき

$$E_e = \sqrt{\frac{1}{T}\int_0^T e^2 dt}, \quad I_e = \sqrt{\frac{1}{T}\int_0^T i^2 dt} \quad (1 \cdot 58)$$

いま，$e(t)$ と $i(t)$ が，それぞれ式 (1·43) 並びに (1·44) のように表されていて，直流分 E_0 と I_0 がともに 0 であるとすると

---

* 周期関数をすべてひずみ波と呼んでいる書物をときたま見かける．このような用語法は正弦波しか考える必要のない電力業界内に限るべきである．

1・4 電力工学とひずみ波

$$\int_0^T e^2 dt = \int_0^T \left[\sum_{n=1}^{\infty} \sqrt{2} E_{ne} \sin(n\omega_0 t + \varphi_n)\right]^2 dt \qquad (1・59)$$

式 (1・13), (1・14) の公式を考慮すると

$$\frac{1}{T}\int_0^T e^2 dt = \sum_{n=1}^{\infty} \frac{1}{T}\int_0^T \left[\sqrt{2} E_{ne} \sin(n\omega_0 t + \varphi_n)\right]^2 dt \qquad (1・60)$$

$$= \sum_{n=1}^{\infty} E_{ne}^2 \qquad (1・61)$$

$$\therefore \left. \begin{array}{l} E_e = \sqrt{E_{1e}^2 + E_{2e}^2 + E_{3e}^2 + \cdots} \\ I_e = \sqrt{I_{1e}^2 + I_{2e}^2 + I_{3e}^2 + \cdots} \end{array} \right\} \qquad (1・62)$$

これらの式，特に式 (1・61) を見ると，基本波はじめ各高調波は，それぞれ独立に回路に対して作用していること，換言すると，重ね合わせの理（重畳の理）が成り立っていることが知られる．

ひずみ波が，どの程度正弦波から変形しているかを知る一つの目安として，**ひずみ率**（distortion factor）k が定義されている．

$$k = \frac{\text{高調波の実効値}}{\text{基本波の実効値}} = \frac{\sqrt{E_{2e}^2 + E_{3e}^2 + \cdots}}{E_{1e}} \qquad (1・63)$$

電力系に見られるひずみ波では，偶数高調波はほとんど含まれないのが普通で，k は基本波と第3調波の実効値の比でほぼ定められる．一方，整流回路では，基本波が直流分となった式 (1・63) と類似の式によって，**リップル率**（ripple factor）r が定義される．

$$r = \frac{\sqrt{E_{1e}^2 + E_{2e}^2 + \cdots}}{E_0} \qquad (1・64)$$

このほかにも，ひずみ波を特徴づける諸量に次のようなものがある．

$$\textbf{波形率}(\text{form factor}) = \frac{\textbf{実効値}}{\textbf{平均値}}$$

$$\textbf{波高率}(\text{peak factor}) = \frac{\textbf{最大値}}{\textbf{実効値}}$$

〔2〕 電　　力

一般に電気回路内で消費される電力の瞬時値 p は，第1巻式 (2・15) で示したように，$p = ei$ として定義される．したがって，1周期にわたっての p の平均値を示す電力 P は，次のように各調波成分の和で表される．

$$P = \frac{1}{T}\int_0^T eidt = E_0 I_0 + \sum_{n=1}^{\infty} E_{ne} I_{ne} \cos\theta_n \qquad (1\cdot 65)$$

すなわちひずみ波の電力は，各調波電力の代数和である．正弦波の皮相電力に対応して，ひずみ波では，実効電圧と実効電流の積が，皮相電力と呼ばれる．そして電力と皮相電力の比で，力率が定義される．

$$\text{皮相電力} = E_e I_e = \sqrt{\sum_{n=1}^{\infty} E_{ne}^2} \cdot \sqrt{\sum_{n=1}^{\infty} I_{ne}^2} \qquad (1\cdot 66)$$

$$\text{力率} = \sum_{n=1}^{\infty} E_{ne} I_{ne} \cos\theta_n \Big/ \sqrt{\sum_{n=1}^{\infty} E_{ne}^2} \cdot \sqrt{\sum_{n=1}^{\infty} I_{ne}^2} \qquad (1\cdot 67)$$

〔3〕 等 価 正 弦 波

これまでに示したひずみ波の計算法はやや複雑である．ひずみ率の小さなひずみ波では，これを等価正弦波に置き換えて，正弦波の取扱いをすることがある．この等価正弦波とは，ひずみ波の基本波と同じ周期を持ち，ひずみ波の実効値と同じ実効値を持つ正弦波をいう．等価正弦波の電圧と電流の間の位相差は，その電力がひずみ波の電力と等しくなるよう，式 (1・66) により定義される．

1・5 非周期関数とフーリエ変換

前節までに示されているように，周期関数 $(f(t), T)$ はフーリエ級数に展開され，基本波 $\omega_0 = 2\pi/T$，高調波 $2\omega_0, 3\omega_0, \cdots$ の和として表され，非正弦波交流は角周波数が $\omega_0, 2\omega_0, 3\omega_0, \cdots$ の正弦波の重ね合わせと考えることができ，第1巻に述べられている正弦波交流電源による回路の計算法が，非正弦波交流電源の場合にも適用されることが知られた．本節では，さらに一般的な場合，すなわち非周期関数もフーリエ展開の拡張ともいうべきフーリエ積分によって，種々の正弦波の積分として表されることを示し，非周期関数の電源による回路の計算法を示す．

〔1〕 フーリエ級数からフーリエ積分へ

T を周期とする関数，すなわち

$$f(t+nT) = f(t) \quad (n\text{ は整数})$$

は，フーリエ級数に展開して次のように表される（前掲の [形式1]）．

1・5 非周期関数とフーリエ変換

$$f(t) = \sum_{n=-\infty}^{\infty} c_n e^{j\{(2n\pi)/T\}t} \tag{1・68}$$

$$c_n = \frac{1}{T}\int_{-T/2}^{T/2} f(\tau) e^{-j\{(2n\pi)/T\}\tau} d\tau \tag{1・69}$$

式 (1・69) を式 (1・68) に代入すると

$$f(t) = \sum_{n=-\infty}^{\infty} e^{j(2n\pi t)/T} \frac{1}{T}\int_{-T/2}^{T/2} f(\tau) e^{-j\{(2n\pi)/T\}\tau} d\tau \tag{1・70}$$

ところで，周期 T が $T \to \infty$ となった場合を考えると，これはもはや周期関数ではなく非周期関数である．いま

$$\frac{2\pi}{T} = \Delta\omega \tag{1・71}$$

と置くと，式 (1・70) は次のようになる．

$$f(t) = \frac{1}{2\pi}\sum_{n=-\infty}^{\infty} \Delta\omega \int_{-T/2}^{T/2} f(\tau) e^{-jn\Delta\omega(\tau-t)} d\tau \tag{1・72}$$

一般に，積分 $\int \phi(u) du$ は

$$\int_{-\infty}^{\infty} \phi(u) du = \lim_{\Delta u \to 0} \sum_{n=-\infty}^{\infty} \phi(n\Delta u) \Delta u \tag{1・73}$$

であるから，$T \to \infty$ すなわち $\Delta\omega \to 0$ とすると式 (1・72) は次のようになる．

$$f(t) = \frac{1}{2\pi}\int_{-\infty}^{\infty} d\omega \int_{-\infty}^{\infty} f(\tau) e^{-j\omega(\tau-t)} d\tau \tag{1・74}$$

そこで $f(t)$ の**フーリエ変換** (Fourier transform) $\mathcal{F}\{f(t)\}$，並びに**フーリエ逆変換** $\mathcal{F}^{-1}\{F(j\omega)\}$ を次のように定義する*．

---

* 数学的に厳密には，$f(t)$ が与えられて式 (1・75)（式 (1・75 a) と式 (1・75 b) の両者をまとめたもの）より $F(\omega)$ が求まるためには，次のことが必要である．
  (i) $f(t)$ 及び $f'(t)$ が断片的に連続である．
  (ii) 不連続点では算術平均値をとるものとする．このため，式 (1・76) を次のように表すほうがよい．
  $$\frac{(f(t^{+0}) + f(t^{-0}))}{2} = \frac{1}{\sqrt{2\pi}}\int_{-\infty}^{\infty} F(\omega) e^{j\omega t} d\omega$$
  (iii) $\int_{-\infty}^{\infty} |f(t)| dt$ が有限確定値をとる．したがって $f(\pm\infty) = 0$．これを $f(t) \in L_1(-\infty, \infty)$ と表す．ただし，$f \notin L_1$ でも $F(j\omega)$ が定義されることがある．これらに関しては，専門の数学書を参照されたい．
  (iv) 実用上の問題では，離散フーリエ変換 (1・11 節〔2〕項参照) を用いるから，上記の問題は生じない．

[形式1]　$\mathcal{F}[f(t)] = F(j\omega) = \dfrac{1}{\sqrt{2\pi}} \displaystyle\int_{-\infty}^{\infty} f(t)\, e^{-j\omega t} dt$ （1・75a）

$\mathcal{F}^{-1}[F(j\omega)] = f(t) = \dfrac{1}{\sqrt{2\pi}} \displaystyle\int_{-\infty}^{\infty} F(j\omega)\, e^{j\omega t} d\omega$ （1・76a）

なお，[形式2] の変換として下記のようにも定義されている．

[形式2]　$\mathcal{F}_2[f(t)] = F_2(j\omega) = \displaystyle\int_{-\infty}^{\infty} f(t)\, e^{-j\omega t} dt$ （1・75b）

$\mathcal{F}_2^{-1}[F_2(j\omega)] = f(t) = \dfrac{1}{2\pi} \displaystyle\int_{-\infty}^{\infty} F_2(j\omega)\, e^{j\omega t} d\omega$ （1・76b）

〔注〕 [形式2] の変換は，後述のラプラス変換と関連が深い．

$F(j\omega)$ を $f(t)$ の**スペクトル**（前掲）または，**周波数スペクトル** (frequency spectrum) という．なお，$F(j\omega)$ は実数となることが多いので，これを $F(\omega)$ とも書き表す．

ここでさらに [形式1] よりも広義で，より有用な [形式3] のフーリエ変換を定義する．いま，フーリエ変換 $F(j\omega)$ が何らかの方法によって求められたとする．この $F(j\omega)$ から $f(t)$ が $\mathcal{F}^{-1}[F(j\omega)] = f(t)$ として求められるが，逆に $\mathcal{F}[f(t)]$ から $F(j\omega)$ が式 (1・75) によっては求められない場合がある．このような場合でも，[形式3] の変換並びに逆変換を定義することができる．まずその必要性を述べよう．

〔注〕 [形式3] のフーリエ変換の必要性　　フーリエ変換と同逆変換は，よく似た形をしている．それゆえ，公式が双対になっていることが多い．表1・2 を見ると，公式 (3a) と同 (3b)，公式 (4a) と同 (4b)，等々は双対になっている．公式 (3a) と同 (3b) の対を例にとって考察しよう．公式 (3a) において，(f, a, t) を，それぞれ，$(F, b, j\omega)$ で置き換えると，公式 (3a) の $(f(at), F(ja)/|a|)$ が公式 (3b) の $(F(j\omega), f(t/b)/|b|)$ となる．この場合，両公式とも式 (1・75)（式 (1・75a) と式 (1・75b) の両者をまとめたもの．以下も同じ）並びに式 (1・76) を満足し，それによって両公式の真が確められる．

一方，この両公式の関係と全く同じ関係にあるのが公式 (10a) と同 (10b)* である．公式 (10a) は式 (1・75) 並びに (1・76) を満たし，その真が確められるが，公式 (10b) のほうは，式 (1・76) は

$\mathcal{F}^{-1}[\delta(\omega - \omega_0)] = \dfrac{e^{j\omega_0 t}}{\sqrt{2\pi}}$ （1・S・1）

として成立するが，式 (1・75) のほうは，$\mathcal{F}[e^{j\omega_0 t}/\sqrt{2\pi}]$ の $e^{j\omega_0 t}$ が，$e^{j\omega_0 t} \notin L_1$ であるから，成立しない．したがって $e^{j\omega_0 t}/\sqrt{2\pi}$ の [形式1] のフーリエ変換は存在しない．このような場合でも [形式3] のフーリエ変換は存在し，実用上有用であるし，また理論を統一的に述べることにも役立つ．

[形式3] のフーリエ変換と同逆変換*　　いま，スペクトル $F(j\omega)$（以下，

---

* 数学辞典にも，公式表には一部 [形式3] の変換は掲載されているが，その理論的基礎づけは書かれていない．

$F_3(j\omega)$ と書き表す）が何らかの方法によって先に知られているとする．すなわち，

$$f(t)=\frac{1}{\sqrt{2\pi}}\int_{-\infty}^{\infty}F_3(j\omega)e^{j\omega t}d\omega \tag{1・76c}$$

このとき，先に逆変換 $\mathcal{F}_3^{-1}$ を下記のように定義する．

$$\mathcal{F}_3^{-1}[F_3(j\omega)]=\frac{1}{\sqrt{2\pi}}\int_{-\infty}^{\infty}F_3(j\omega)e^{j\omega t}d\omega=f(t) \tag{1・76d}$$

$\mathcal{F}_3$ は，**線形作用素**（linear operator）$\mathcal{F}_3^{-1}$ の逆の線形作用素として

$$\mathcal{F}_3\mathcal{F}_3^{-1}=1 \quad \rightarrow \quad \mathcal{F}_3=[\mathcal{F}_3^{-1}]^{-1}$$

のように定義する．そうすると，上の式 (1・76c) の両辺に，左から $\mathcal{F}_3$ を作用させると，

$$\mathcal{F}_3\mathcal{F}_3^{-1}[F_3(j\omega)]=\mathcal{F}_3[f(t)]$$

$$\therefore \quad F_3(j\omega)=\mathcal{F}_3[f(t)], \quad \because \quad \mathcal{F}_3\mathcal{F}_3^{-1}=1$$

（参考　上の式より，$f(t)=\mathcal{F}_3^{-1}[F_3(j\omega)]$ ）

［形式1］と［形式3］を比較してみると，前者では式 (1・75) と式 (1・76) の両式が成立しなければならないが，後者では，式 (1・76) だけが成立すればよく，それだけ制約が緩く，［形式3］のほうが［形式1］より広義である．

〔2〕 **フーリエ変換の公式**

$f(t)$ と $g(t)$ のフーリエ変換をそれぞれ $F(j\omega)$，$G(j\omega)$ とすると，表1・2のような諸公式が得られる．

ラプラス変換 $\mathcal{L}[f(t)]=\int_{-\infty}^{\infty}f(t)e^{-st}dt=F(s)$，$s=\delta+j\omega$ と［形式2］のフーリエ変換 $\mathcal{F}_2[f(t)]=F_2(j\omega)=\int_{-\infty}^{\infty}f(t)e^{-j\omega t}dt$ との関係（注意：［形式1］の変換は $F(j\omega)=(1/\sqrt{2\pi})F_2(j\omega)$）

$-a \leq t < 0$ で $f(t)=0$ なら

$$F_2(j\omega)=\sqrt{2\pi}F(j\omega)=\mathcal{L}(s)|_{s=j\omega}$$

ただし，$\mathcal{L}(s)$ が存在しても，$F_2(j\omega)=\sqrt{2\pi}F(j\omega)$ が存在するとは限らないことに注意を要する．

表1・2の公式を，いくつか導いてみよう．

表 1・2　フーリエ変換・同逆変換表

$$\mathcal{F}[f(t)] = F(j\omega) = \frac{1}{\sqrt{2\pi}} \int_{-\infty}^{\infty} f(t) e^{-j\omega t} dt,$$
$$\mathcal{F}^{-1}[F(j\omega)] = f(t) = \frac{1}{\sqrt{2\pi}} \int_{-\infty}^{\infty} F(j\omega) e^{j\omega t} d\omega$$

($\mathcal{F}[\ ]$ と $\mathcal{F}^{-1}[\ ]$ は, t と ω に関し双対であるから, 双対な組を $\{$ で結んである)

$f(t) = \mathcal{F}^{-1}[F(j\omega)]$	$F(j\omega) = \mathcal{F}[f(t)]$
(1)　　$af(t) + bg(t)$　　（線形性）	$aF(j\omega) + bG(j\omega)$
(2)　　$f(-t)$	$F(-j\omega)$
(3a)　$\{\ f(at)$　　　　　　$(a \in \mathbf{R})$	$F(j\omega/a)/|a|$
(3b)　$\{\ f(t/b)/|b|$　　　$(b \in \mathbf{R})$	$F(bj\omega)$
(4a)　$\{\ f(t-\tau)$　　　　$(\tau > 0)$	$\{\ F(j\omega) e^{-j\omega\tau}$
(4b)　$\{\ f(t) e^{j\omega_0 t}$　　　$(\omega_0 \in \mathbf{R})$	$\{\ F(j(\omega - \omega_0))$
(5a)　$\{\ d^n f(t)/dt^n$　　$(n \in \mathbf{N})$	$\{\ (j\omega)^n F(j\omega)$
(5b)　$\{\ t^n f(t)$	$\{\ (-1)^n d^n F(j\omega)/d(j\omega)^n$
(6)　　$\int_{-\infty}^{t} f(\tau) d\tau\ h(t)$　（ただし, $h(t)$ は変換可能とは限らない）	$\dfrac{F(j\omega)}{j\omega}$　（ただし, $h(t)$ が F 変換可能なときに限る）
たたみ込み（英 folding, 独 Faltung）	
(7a)　$\{\ \int_{-\infty}^{\infty} f(\tau) g(t-\tau) d\tau$	$\{\ \sqrt{2\pi} F(j\omega) G(j\omega)$
(7b)　$\{\ f(t) g(t)$	$\{\ \dfrac{1}{\sqrt{2\pi}} \int_{-\infty}^{\infty} F(j\alpha) G(j\omega - j\alpha) d\alpha$

以下の公式中＊印のついたものは，[形式 3] のフーリエ変換，すなわち，
$$\mathcal{F}_3^{-1}[F(j\omega)] = \frac{1}{\sqrt{2\pi}} \int_{-\infty}^{\infty} F(j\omega) e^{j\omega t} d\omega = f(t),\quad \mathcal{F}_3 \mathcal{F}_3^{-1} = 1,\quad \mathcal{F}_3 = (\mathcal{F}_3^{-1})^{-1}$$

(8a)　　$\{\ \delta(t)$　　　　　$(u_0(t))$	$\{\ 1/\sqrt{2\pi},$
(8b)＊　$\{\ \dfrac{1}{\sqrt{2\pi}}$　（下の (9)＊ で $P(t) = \dfrac{1}{\sqrt{2\pi}}$ の場合）	$\{\ \delta(\omega) = u_0(\omega)$
(9)＊　多項式 $P(t) = a_n t^n + a_{n-1} t^{n-1} + \cdots + a_0$	$\sqrt{2\pi} P(jd/d\omega) \delta(\omega)$
(10a)　$\{\ \delta(t-\tau)$　　　$(\tau \in \mathbf{R})$	$\{\ e^{-j\omega\tau}/\sqrt{2\pi}$
(10b)＊ $\{\ e^{j\omega_0 t}/\sqrt{2\pi}$　　$(\omega_0 \in \mathbf{R})$	$\{\ \delta(\omega - \omega_0)$
フーリエ級数 $e^{j\omega_0 t},\ \cos\omega_0 t,\ \sin\omega_0 t,\ \sum c_n e^{jn\omega_0 t}$	
(10c)＊ (10b)＊ より　$e^{j\omega_0 t}$	$\sqrt{2\pi} \delta(\omega - \omega_0)$
(11)＊　$\cos\omega_0 t$　　　$(\omega_0 \in \mathbf{R})$	$\sqrt{\dfrac{\pi}{2}} \{\delta(\omega - \omega_0) + \delta(\omega + \omega_0)\}$
(12)＊　$\sin\omega_0 t$　　　$(\omega_0 \in \mathbf{R})$	$\dfrac{1}{j} \sqrt{\dfrac{\pi}{2}} \{\delta(\omega - \omega_0) - \delta(\omega + \omega_0)\}$
(13)＊　$\sum_{n=-\infty}^{\infty} c_n e^{jn\omega_0 t}$　　$(\omega_0 \in \mathbf{R})$	$\sqrt{2\pi} \sum_{n=-\infty}^{\infty} c_n \delta(\omega - n\omega_0)$
(14)　　$f(t) = \begin{cases} e^{-at} & (t>0) \\ 0 & (t \leq 0) \end{cases}$　$(a>0)$	$\dfrac{1}{\sqrt{2\pi}} \dfrac{1}{a+j\omega}$
(15)　　$e^{t^2/a}$　　　$(a>0)$	$\sqrt{\dfrac{a}{2}} e^{-a\omega^2/4}$
(16)　　$\arctan(t/a)$　$(a \in \mathbf{R},\ a \neq 0)$	$-(\sqrt{2\pi}/2) j \mathrm{sgn} a\, (e^{-|a||\omega|}/\omega)$
(17)　　$\sin(at/t)$　　$(a \in \mathbf{R})$	$\begin{cases} \sqrt{2\pi} & (|\omega| < |a|) \\ 0 & (|\omega| > |a|) \end{cases}$
サンプリングパルス	
(18)　　$\sum_{n=-\infty}^{\infty} \delta(t-nT) = \dfrac{1}{T} \sum_{n=-\infty}^{\infty} e^{jn\omega_0 t}$　$\left(\omega_0 = \dfrac{2\pi}{T}\right)$	$\dfrac{1}{T} \sum \delta(\omega - \omega_0)$　$\left(\omega_0 = \dfrac{2\pi}{T}\right)$

1・5 非周期関数とフーリエ変換

(4a) $\mathcal{F}[f(t-\tau)] = F(j\omega) e^{-j\omega\tau}$

$$\mathcal{F}[f(t-\tau)] = \frac{1}{\sqrt{2\pi}} \int_{-\infty}^{\infty} f(t-\tau) e^{-j\omega t} dt$$

$t - \tau \triangleq t_1, \rightarrow t = t_1 + \tau, \rightarrow dt = dt_1$

$$\mathcal{F}[f(t-\tau)] = \frac{1}{\sqrt{2\pi}} \int_{-\infty}^{\infty} f(t_1) e^{-j\omega(t_1+\tau)} dt_1$$

$$= e^{-j\omega\tau} \frac{1}{\sqrt{2\pi}} \int_{-\infty}^{\infty} f(t_1) e^{-j\omega t_1} dt_1$$

$$= e^{-j\omega\tau} F(j\omega)$$

(4b) $\mathcal{F}[f(t) e^{j\omega_0 t}] = F(j(\omega - \omega_0))$

$$\mathcal{F}[f(t) e^{j\omega_0 t}] = \frac{1}{\sqrt{2\pi}} \int_{-\infty}^{\infty} f(t) e^{j\omega_0 t} e^{-j\omega t} dt$$

$$= \frac{1}{\sqrt{2\pi}} \int_{-\infty}^{\infty} f(t) e^{-j(\omega-\omega_0)t} dt$$

$$= F(j(\omega - \omega_0))$$

(5a) $\mathcal{F}[df/dt] = j\omega F(j\omega)$

$$\mathcal{F}\left[\frac{df}{dt}\right] = \frac{1}{\sqrt{2\pi}} \int_{-\infty}^{\infty} \left(\frac{df}{dt}\right) e^{j\omega t} dt$$

部分積分の公式(後見返し数学公式II (4-9) より,(f と g を交換))

$$\int g\left(\frac{df}{dx}\right) dx = g \cdot f - \int f \frac{dg}{dx} dx \qquad (後見返し数学公式II (4-9))$$

を用いると,

$$\mathcal{F}\left[\frac{df}{dt}\right] = \frac{1}{\sqrt{2\pi}} \left[[e^{j\omega t} f(t)]_{-\infty}^{\infty} - \int_{-\infty}^{\infty} f(t)(-j\omega) e^{-j\omega t} d\omega \right]$$

$f(t)$ はフーリエ変換可能と仮定しているから, $f(\pm\infty) = 0$

$$\therefore \mathcal{F}\left[\frac{df}{dt}\right] = \frac{j\omega}{\sqrt{2\pi}} \int_{-\infty}^{\infty} f(t) e^{-j\omega t} d\omega$$

$$= j\omega F(j\omega)$$

(5b) $\mathcal{F}[tf(t)] = (-1) dF(j\omega)/d(j\omega)$

ちょっとずるいが,右辺から左辺を導こう.読者は以下の逆もたどられよ.

$$(-1)\frac{dF(j\omega)}{d(j\omega)} = (-1)\frac{d}{d(j\omega)}\left(\frac{1}{\sqrt{2\pi}} \int_{-\infty}^{\infty} f(t) e^{-j\omega t} dt\right)$$

$$= (-1)\frac{1}{\sqrt{2\pi}} \int_{-\infty}^{\infty} (-t) f(t) e^{-j\omega t} dt$$

$$= \mathcal{F}[tf(t)]$$

(6) $\mathcal{F}\left[\int_{-\infty}^{t} f(\tau) d\tau\right] = F(j\omega)/(j\omega)$ (ただし,$\mathcal{F}\left[\int_{-\infty}^{t} f(\tau) d\tau\right]$ は存在するとは限らない.)

$$\mathcal{F}\left[\int_{-\infty}^{t} f(\tau) d\tau\right] = \frac{1}{\sqrt{2\pi}} \int_{-\infty}^{\infty} \int_{-\infty}^{t} f(\tau) d\tau e^{-j\omega t} dt$$

部分積分の公式 $\int f(dg/dx) dx = f \cdot g - \int (gdf/dx) dx$ を用いることより

$$\mathcal{F}\left[\int_{-\infty}^{t} f(\tau)\,d\tau\right] = \frac{1}{\sqrt{2\pi}}\left[\int_{-\infty}^{t} f(\tau)\,d\tau \frac{e^{-j\omega t}}{-j\omega}\right]_{-\infty}^{\infty} + \frac{1}{\sqrt{2\pi}(j\omega)}\int_{-\infty}^{\infty} f(\tau) e^{-j\omega t} dt$$

$\int_{\infty}^{t} f(\tau)\,d\tau \triangleq p(t)$ がフーリエ変換可能なためには，

$$p(\pm\infty) = 0$$

でなければならない．よって，上の式の右辺第1項は0である．第2項は

$$\left(\frac{1}{j\omega}\right)\frac{1}{\sqrt{2\pi}}\int_{-\infty}^{\infty} f(\tau) e^{-j\omega t} dt = \frac{1}{j\omega} F(j\omega)$$

(7a) $\quad \mathcal{F}\left[\int_{-\infty}^{\infty} f(\tau) g(t-\tau)\,d\tau\right] = \sqrt{2\pi}\, F(j\omega)\, G(j\omega)$

$$\mathcal{F}\left[\int_{-\infty}^{\infty} f(\tau) g(t-\tau)\,d\tau\right] = \frac{1}{\sqrt{2\pi}}\int_{-\infty}^{\infty}\left[\int_{-\infty}^{\infty} f(\tau) g(t-\tau)\,d\tau\right] e^{j\omega t} dt$$

$$= \frac{\sqrt{2\pi}}{\sqrt{2\pi}}\int_{-\infty}^{\infty} f(\tau)\left\{\frac{1}{\sqrt{2\pi}}\int_{-\infty}^{\infty} g(t-\tau) e^{-j\omega t} dt\right\} d\tau$$

$$= \int_{-\infty}^{\infty} f(\tau)\{G(j\omega) e^{-j\omega\tau}\} d\tau \quad (\text{表}1\cdot2\text{の公式 (4a) より})$$

$$= G(j\omega)\int_{-\infty}^{\infty} f_1(\tau) e^{-j\omega\tau} d\tau$$

$$= \sqrt{2\pi}\, G(j\omega)\, F(j\omega)$$

(7b) $\quad \mathcal{F}[f(t)g(t)] = \dfrac{1}{\sqrt{2\pi}}\int_{-\infty}^{\infty} F(j\alpha)\, G(j\omega - j\alpha)\, d\alpha$

$$\mathcal{F}[f(t)g(t)] = \frac{1}{\sqrt{2\pi}}\int_{-\infty}^{\infty}\left(\frac{1}{\sqrt{2\pi}}\int_{-\infty}^{\infty} F(j\alpha) e^{j\alpha t} d\alpha\right) g(t) e^{-j\omega t} dt$$

$$= \frac{1}{\sqrt{2\pi}}\int_{-\infty}^{\infty} F(j\alpha)\left[\frac{1}{\sqrt{2\pi}}\int_{-\infty}^{\infty}(g(t) e^{j\alpha t}) e^{-j\omega t}\right] d\alpha$$

公式 (4b) の $\mathcal{F}[g(t) e^{j\alpha t}] = G(j\omega - j\alpha)$ を用いると，

$$\mathcal{F}[f(t)g(t)] = \frac{1}{\sqrt{2\pi}}\int F(j\alpha)\mathcal{F}[g(t) e^{j\alpha t}] d\alpha$$

$$= \frac{1}{\sqrt{2\pi}}\int F(j\alpha)\, G(j\omega - j\alpha)\, d\alpha$$

公式 (8)〜(13) については前述の［形式3］のフーリエ変換と同逆変換を参照．少し飛ばして公式 (14) に移ろう．

(14) $\quad f(t) = \begin{cases} e^{-at} & (t > 0) \\ 0 & (t \leq 0), \end{cases} \quad \mathcal{F}[f(t)] = \dfrac{1}{\sqrt{2\pi}}\dfrac{1}{a + j\omega}$

$$\mathcal{F}[f(t)] = \frac{1}{\sqrt{2\pi}}\int_{-\infty}^{\infty} e^{-at} e^{-j\omega t} dt$$

$$= \frac{1}{\sqrt{2\pi}}\int_{0}^{\infty} e^{-(j\omega + a)t} dt$$

$$= \frac{1}{\sqrt{2\pi}}\left[\frac{e^{-(j\omega + a)t}}{-(j\omega + a)}\right]_{0}^{\infty}$$

$$= \frac{1}{\sqrt{2\pi}}\left[0 - \frac{1}{-(a + j\omega)}\right]$$

$$= \frac{1}{\sqrt{2\pi}}\frac{1}{a + j\omega}$$

1・5 非周期関数とフーリエ変換

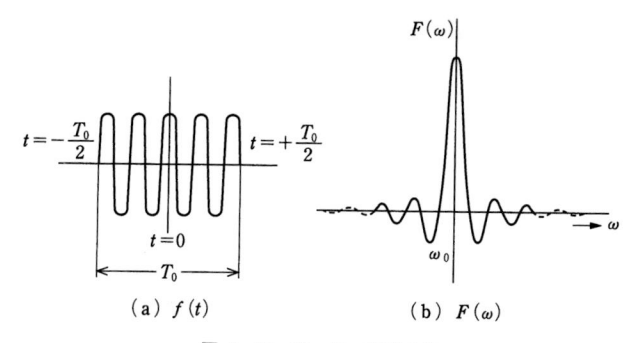

図 1・10 (a) $f(t)$ (b) $F(\omega)$

図 1・10 フーリエ変換の例

〔3〕 **物 理 的 意 味**

次に，$F(\omega)$ の物理的意味を考えよう．例として**図 1・10**(a) に示すように正弦波を有限の長さに切った波，すなわち

$$\left.\begin{array}{l}|t|>\dfrac{T_0}{2} \text{ のとき } f(t)=0 \\ |t|<\dfrac{T_0}{2} \text{ のとき } f(t)=\cos\omega_0 t\end{array}\right\} \qquad (1\cdot 77)$$

を考えよう．この関数のスペクトルを求めてみると，次のようになる．

$$F(\omega)=\sqrt{\dfrac{2}{\pi}}\int_0^{T_0/2}\cos\omega_0 t\cos\omega t dt \quad (\text{後見返しの数学公式 II (6-23)})$$

$$=\sqrt{\dfrac{2}{\pi}}\left\{\dfrac{\sin(\omega_0-\omega)T_0/2}{2(\omega_0-\omega)}+\dfrac{\sin(\omega+\omega_0)T_0/2}{2(\omega_0+\omega)}\right\} \qquad (1\cdot 78)$$

したがって，$f(t)$ は

$$f(t)=\dfrac{1}{\pi}\int_{-\infty}^{\infty}\left\{\dfrac{\sin(\omega_0-\omega)T_0/2}{2(\omega_0-\omega)}+\dfrac{\sin(\omega+\omega_0)T_0/2}{2(\omega_0+\omega)}\right\}\cos\omega t d\omega$$

図 1・10(b) は $F(\omega)$ を示す．ここで

$$f(t)=\int_{-\infty}^{\infty}\dfrac{F(\omega)}{\sqrt{2\pi}}\cos\omega t d\omega\fallingdotseq\sum_{n=-\infty}^{\infty}\dfrac{F(n\varDelta\omega)}{\sqrt{2\pi}}\varDelta\omega\cdot\cos n\varDelta\omega t \qquad (1\cdot 79)$$

と表してみると，この式は次のような意味を持つと解釈される．すなわち，$f(t)$ は種々の正弦波の集まりで，$\omega=\omega_i=n\varDelta\omega$ の付近の波の振幅は

$$\dfrac{F(\omega_i)}{\sqrt{2\pi}}\varDelta\omega \qquad (1\cdot 80)$$

である．図 1・10(b) を見ると，ω_0 の付近の周波数が多く，ω_0 から離れていくに

従って少なくなっている．T_0 を大にするほどスペクトルは ω_0 の付近で大で，ω_0 から遠ざかるに従って小になる．$T_0 \to \infty$ の極限では $F(\omega)$ は $\omega = \omega_0$ 以外で0 となり，$\omega = \omega_0$ における単位インパルス（関数）となる．すなわち，$\omega = \omega_0$ なる角周波数の正弦波となるのである．

1・6　非周期波形入力に対する回路計算

フーリエ変換による回路解析は1・8節〔1〕項に述べるが，それは下記のようにも解釈できる．

いま，正弦波電圧 $Ee^{j\omega t}$ を加えたときの応答電流の定常値を $Ie^{j\omega t}$ とし

$$I(j\omega) = \frac{E}{Z(j\omega)}, \quad (Z(j\omega) \text{ は インピーダンス（定義1・2）}) \quad (1\cdot 81)$$

とする．一方，加える信号電圧が任意波形 $e(t)$ であったとし，そのフーリエ変換を $E(j\omega)$ とする．すなわち

$$E(j\omega) = \frac{1}{\sqrt{2\pi}} \int_{-\infty}^{\infty} e(t) e^{-j\omega t} dt \quad (1\cdot 82)$$

$$e(t) = \frac{1}{\sqrt{2\pi}} \int_{-\infty}^{\infty} E(j\omega) e^{j\omega t} d\omega \quad (1\cdot 83)$$

電圧が $E(j\omega) e^{j\omega t}$ なら電流は式（1・81）より

$$I(j\omega) e^{j\omega t} = \frac{E(j\omega)}{Z(j\omega)} e^{j\omega t} \quad (1\cdot 84)$$

となるのであるから，このような正弦波の集まりである式（1・83）の電圧 $e(t)$ に対しては，重ね合わせの理（重畳の理）* より，電流は次のように計算される．

$$i(t) = \frac{1}{\sqrt{2\pi}} \int_{-\infty}^{\infty} \frac{E(j\omega)}{Z(j\omega)} e^{j\omega t} d\omega = \frac{1}{\sqrt{2\pi}} \int_{-\infty}^{\infty} I(j\omega) e^{j\omega t} d\omega \quad (1\cdot 85)$$

例　題 1・7　伝送路の無ひずみ条件　　半無限長伝送路の送端に $E_1 = f_1(t)$ なる電圧を加えたとき，ある点に現れる電圧（または電流）を $E_2 = f_2(t)$ とするとき

$$f_2(t) = K f_1(t - \tau) \quad (K > 0, \ \tau > 0) \quad (1\cdot 86)$$

なる関係が成立するとき，この伝送路は**無ひずみ**であるという．K は普通1より小で，減衰を表し，τ は時間遅れを表す．このように，伝送路が無ひずみになるために，伝達関数の満たすべき条件を求めてみよう．

---

* 1・9節参照．

〔解〕 与えられた伝送路の伝達関数（E_1 が正弦波のときの $E_2/E_1 = T(j\omega)$）を
$$T(j\omega) = e^{-\alpha(\omega) - j\beta(\omega)} \tag{1·87}$$
としよう．$\alpha(\omega)$ は減衰量，$\beta(\omega)$ は位相量といわれる．入力のフーリエ変換を $F_1(j\omega)$ とすると
$$f_1(t) = \frac{1}{\sqrt{2\pi}} \int_{-\infty}^{\infty} F_1(j\omega) e^{j\omega t} d\omega \tag{1·88}$$
そうすると，$f_2(t)$ は式 (1·85) を用いると次のように計算される．
$$f_2(t) = \frac{1}{\sqrt{2\pi}} \int_{-\infty}^{\infty} F_1(j\omega) e^{j\omega t} e^{-\alpha(\omega) - j\beta(\omega)} d\omega \tag{1·89}$$
式 (1·88) の $f_1(t)$ と式 (1·89) の $f_2(t)$ が式 (1·86) を満たすことから
$$\int_{-\infty}^{\infty} F_1(j\omega) e^{j\omega t - \alpha(\omega) - j\beta(\omega)} d\omega = K \int_{-\infty}^{\infty} F_1(j\omega) e^{j\omega(t-\tau)} d\omega$$
これから
$$\int_{-\infty}^{\infty} F_1(j\omega) e^{j\omega t} \{e^{-\alpha(\omega) - j\beta(\omega)} - K e^{-j\omega\tau}\} d\omega = 0$$
この式が $F_1(j\omega)$ や t に無関係に成立するためには
$$e^{-\alpha(\omega) - j\beta(\omega)} - K e^{-j\omega\tau} = 0$$
$$\therefore \quad \alpha(\omega) = \log \frac{1}{K} \triangleq K', \quad \beta(\omega) = \omega\tau \quad \text{あるいは} \quad \frac{d\beta(\omega)}{d\omega} = \tau \tag{1·90}$$
すなわち，減衰量 $\alpha(\omega)$ 並びに位相量の微分 $d\beta(\omega)/d\omega$ が周波数に無関係に一定であることが無ひずみの条件である．

1·7 波形とスペクトル，時間域表示と周波数域表示

本節では，波形とスペクトルの関係についての理解を深めるために，特殊な波形とそのスペクトル，周期関数のスペクトルなどについて考察し，波というものは時間の関数として表すこともできるし，周波数の関数としても表し得ることを示す．前者を波の**時間域表示**，後者を**周波数域表示**という．

〔1〕 **単位インパルス関数と単位ステップ関数**

二つの特殊な関数について述べよう．これらは後章にも必要である．

（**a**） **単位インパルス関数**（単位衝撃関数，unit impulse function 図 **1·11** (a) に示されているようなパルスにおいて，面積 $h \cdot a$ を $ha = 1$ に保ちつつ，$h \to \infty$，$a = 1/h \to 0$ とした極限の関数を $u_0(t)$ または $\delta(t)$ と表し，**単位インパルス（関数）**または **Dirac のデルタ関数**という．$u_0(t - t_0)$ とすると，このインパルスが $t = t_0$ の地点に移ることになる．$u_0(t)$ の積分は定義から次のようになる．

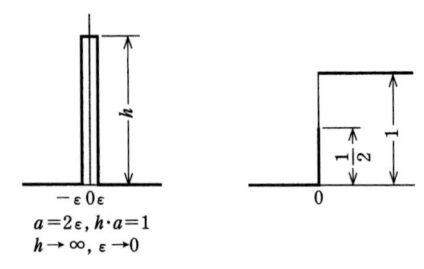

(a) 単位インパルス
$u_0(t)\,(\delta(t))$

(b) 単位ステップ
$u(t)$

図 1・11 単位関数 $u_0(t)(\delta(t))$ と $u(t)(u_{-1}(t))$

$$\int_{-\infty}^{\infty} u_0(t)\,dt = \int_{-\varepsilon}^{\varepsilon} u_0(t)\,dt = 1 \quad (\text{ただし，}\varepsilon>0) \qquad (1\cdot 91)$$

(b) **単位インパルスの図示と棒グラフ**　　単位インパルスは幅が 0 で高さが無限大であるから，そのままの形で図示できない．本書では $a\cdot u_0(t-t_0)$ のように，係数 a の乗じられている単位インパルス $u_0(t-t_0)$ は**図 1・12**(a) のように，$t=t_0$ なる位置に，係数 a に相当する高さの棒線を引いた棒グラフで表すことにする．逆に，同図 (b) のように，$t=t_1, t_2, \cdots, t_n$ なる点に，それぞれ高さ $a_1, a_2, \cdots, a_n$ の棒線を持つ棒グラフは，次のような関数を図示したものであると考えることができる．

$$f(t) = \sum_{i=1}^{n} \{a_i u_0(t-t_i)\}$$

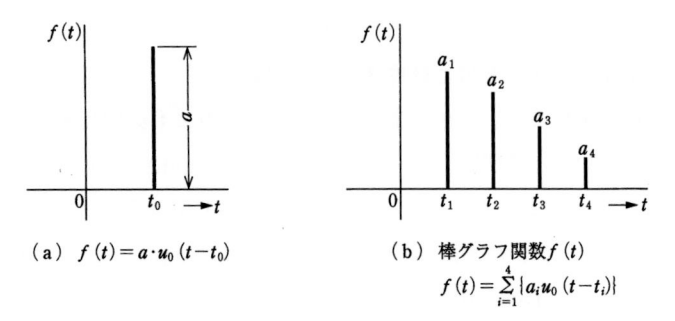

(a) $f(t) = a\cdot u_0(t-t_0)$

(b) 棒グラフ関数 $f(t)$
$f(t) = \sum_{i=1}^{4} \{a_i u_0(t-t_i)\}$

図 1・12　インパルスの図示と棒グラフ

(c) **単位ステップ関数**（unit step function）　図1・11(b)に示されているように，$t \leq -0$ で $f(t)=0$, $t=0$ で $f(t)=1/2$, $t \geq +0$ で $f(t)=1$ である関数を考え，これを $u_{-1}(t)$ または $u(t)$ と表し，**単位ステップ（関数）**または**単位階段関数**という．ただし，ここでの $+0$ と -0 は次の意味とする．

$t=+0 : t>0$ から $t \to 0$ とした極限

$t=-0 : t<0$ から $t \to 0$ とした極限

$u_0(t)$ と $u_{-1}(t)$ には，次のような関係があると考える．

$$\int_{-\infty}^{t} u_0(\tau)\,d\tau = \int_{-\varepsilon}^{t} u_0(\tau)\,d\tau = u_{-1}(t), \quad \frac{du_{-1}(t)}{dt} = u_0(t) \quad (1\cdot 92)$$

$u_{-1}(t)$ の添字 -1 は，$u_0(t)$ を1回積分したという意味である．同様に $u_{-2}(t)$ や $u_1(t)$ も定義されているが，本書では取り扱わない．$u_{-1}(t)$ は，単に $u(t)$ と表すことがある．$u_{-1}(t)$ はまた，**1** とも表される．

〔2〕　**単位インパルスのフーリエ変換**

単位インパルス $u_0(t)$ （または $\delta(t)$) のフーリエ変換を $U_0(j\omega)$ （または $\varDelta(j\omega)$）と表し，これを求めてみよう．

$$U_0(j\omega) = \frac{1}{\sqrt{2\pi}} \int_{-\infty}^{\infty} u_0(t) e^{-j\omega t} dt = \frac{1}{\sqrt{2\pi}} \int_{-\varepsilon}^{\varepsilon} u_0(t) e^{-j\omega t} dt \quad (1\cdot 93)$$

$\varepsilon \to 0$ で，$u_0(t) e^{j\omega t} \to u_0(t) e^{j\omega 0} = u_0(t) \cdot 1$ と考えられるから

$$U_0(j\omega) = \frac{1}{\sqrt{2\pi}} \int_{-\varepsilon}^{\varepsilon} u_0(t) dt = \frac{1}{\sqrt{2\pi}} \quad (1\cdot 94)$$

となる．これらを図示したものが**図1・13**である．これから，$u_0(t)$ はあらゆる周波数の波を等量に含むことが知られる．かなり幅の狭いインパルスも，近似的に上のような周波数の波を持つものと察知される．

(a) 単位インパルス $u_0(t)$　　　(b) $u_0(t)$ のスペクトル $U_0(j\omega)$

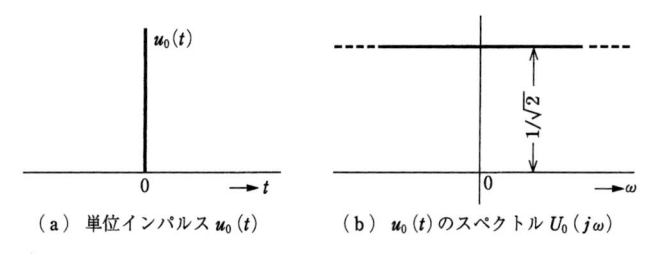

図 1・13　$u_0(t)$ とそのスペクトル $U_0(j\omega)$

(a) 標本化パルスと標本化
(b) 左の図(a)の波形スペクトル

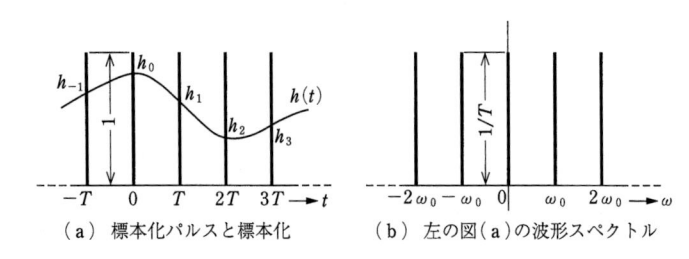

図 1・14 標本化パルス $\sum_{n=-\infty}^{\infty} u_0(t-nT)$ とそのスペクトル

次に，**図1・14**(a) に示されているように，単位インパルスが周期 T で繰り返される関数（**標本化パルス**）とそのフーリエ展開を，[形式1] で求めてみよう．

$$f(t) = \sum_{n=-\infty}^{\infty} u_0(t-nT) \tag{1・95}$$

$$c_n = \frac{1}{T}\int_{-T/2}^{T/2} f(t) e^{-jn\omega_0 t} dt = \frac{1}{T}\int_{-T/2}^{T/2} u_0(t) e^{-jn\omega_0 t} dt$$

$$= \frac{1}{T} \tag{1・96}$$

$$\therefore\quad f(t) = \frac{1}{T}\sum_{n=-\infty}^{\infty} e^{jn\omega_0 t}, \qquad \omega_0 = \frac{2\pi}{T} \tag{1・97}$$

このフーリエ係数をグラフに表したものが図1・14(b) である．図(b) と図(a) は同じ形をしている．したがって，図(b) が ω の関数 $F_1(\omega)$ を表す棒グラフと見ると，$F_1(\omega)$ は次のようになると考えられる．

$$F_1(\omega) = \frac{1}{T}\sum_{n=-\infty}^{\infty} u_0(\omega - n\omega_0) \tag{1・98}$$

ある信号 $h(t)$ に標本化パルスを乗じることを，$h(t)$ を**標本化する**という（図1・14参照）．$h(t)$ を標本化した関数 $h^*(t)$ は次のようになる．

$$h^*(t) = h(t)\sum_{n=-\infty}^{\infty} u_0(t-nT) = \sum_{n=-\infty}^{\infty} h_n u_0(t-nT)$$

（ただし，$h_n = h(nT)$）

〔3〕 **周期関数のフーリエ変換とスペクトル***

周期関数 $(f(t), T)$ は，非周期関数の中の特殊なものと見ることができる．そこで，周期関数のフーリエ変換というものを考えてみよう．$f(t)$ のフーリエ

---

* 本項に述べられている周期関数のフーリエ変換とスペクトルは，著者が始めて下記書物に発表したものである．尾崎弘著：過渡現象論, pp. 89～90, 共立出版 (1982年4月).

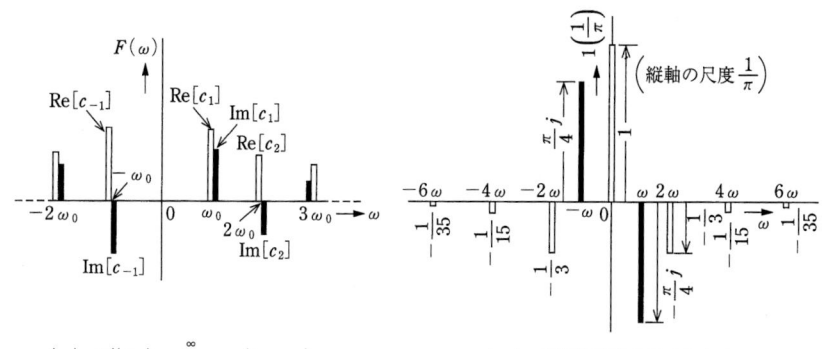

(a) $F'(j\omega) = \sum_{n=-\infty}^{\infty} c_n u_0(t-n\omega_0)$ (b) 半波整流波のスペクトル

図 1·15 周期関数のスペクトル（輝線スペクトル）

展開を［形式1］で次のようであるとする．

$$f(t) = \sum_{n=-\infty}^{\infty} c_n e^{jn\omega_0 t}, \qquad \omega_0 = \frac{2n}{T} \qquad (1 \cdot 99)$$

フーリエ係数 $c_n = \operatorname{Re} c_n + j\operatorname{Im} c_n$ を棒グラフに表したものが**図1·15**である．図では $\operatorname{Re} c_n$ と $\operatorname{Im} c_n$ をそれぞれ白と黒の棒で示してある．$\operatorname{Re} c_{\pm n}$, $\operatorname{Im} c_{\pm n}$ には

$$\operatorname{Re} c_n = \operatorname{Re} c_{-n} = \frac{a_n}{2}$$

$$\operatorname{Im} c_n = -\operatorname{Im} c_{-n} = \frac{b_n}{2}$$

$$c_0 = a_0$$

の関係があることは，この章の冒頭に述べたとおりである．ただし，a_0, a_n, b_n は［形式1］のフーリエ係数である．

この図が ω の関数 $F'(\omega)$ を表している棒グラフと見ると，$F'(\omega)$ は次のように表される．

$$F'(\omega) = \sum_{n=-\infty}^{\infty} c_n u_0(\omega - n\omega_0) \quad \left(\text{または } \sum_{n=-\infty}^{\infty} c_n u_0(j\omega - nj\omega_0)\right)$$

$$(1 \cdot 100)$$

そこで，**周期関数 $f(t)$ の［形式3］のフーリエ変換 $F(\omega)$ を定義する**．

$$F(\omega) = \sqrt{2\pi} F'(\omega) = \sqrt{2\pi} \sum_{n=-\infty}^{\infty} c_n u_0(\omega - n\omega_0) \qquad (1 \cdot 101)$$

そうすると，$F(\omega)$ のフーリエ逆変換は，以下に示すように，$f(t)$ となる．

$$\frac{1}{\sqrt{2\pi}}\int_{-\infty}^{\infty}F(\omega)\,e^{j\omega t}d\omega=\int_{-\infty}^{\infty}\sum_{n=-\infty}^{\infty}c_n u_0(\omega-n\omega_0)\,e^{j\omega t}d\omega \qquad (1\cdot102)$$

$u_0(\omega-n\omega_0)$ は, $\omega=n\omega_0$ なる点以外では 0 であるから, $e^{j\omega t}$ は $e^{jn\omega_0 t}$ と考え

$$\int_{-\infty}^{\infty}u_0(\omega-n\omega_0)\,e^{j\omega t}d\omega=\int_{-\infty}^{\infty}u_0(\omega-n\omega_0)\,d\omega\cdot e^{jn\omega_0 t}=e^{jn\omega_0 t}$$

とすることができ, 式 (1・102) は次のようになる.

$$\frac{1}{\sqrt{2\pi}}\int_{-\infty}^{\infty}F(\omega)\,e^{j\omega t}d\omega=\sum_{n=-\infty}^{\infty}c_n e^{jn\omega_0 t}=f(t) \qquad (1\cdot103)$$

これから, 周期関数の [形式 3] のフーリエ変換, すなわちスペクトルを式 (1・101) で定義することの妥当性が察知されよう.

〔4〕 **波形とスペクトル, 時間域表示と周波数域表示**

一つの波 $f(t)$ があって, そのフーリエ変換を $F(\omega)$ (式 (1・101) 並びに (1・75) 参照) とすると, $f(t)$ と $F(\omega)$ は, 一方から他方が一義的に求められる. すなわち, 波は $f(t)$ によっても表されるが, $F(\omega)$ によっても表される. $f(t)$ を**波形**と呼び, $F(\omega)$ を**スペクトル**と呼ぶことにしよう. また, $f(t)$ を波の**時間域表示**, $F(\omega)$ を波の**周波数域表示**と呼んで差し支えないであろう.

〔注〕 [形式 2] の係数 A_0, A_1, A_2, …をスペクトルということについて　この係数の集合を $\{A_i\}$ と表そう. $\{A_i\}$ のこともスペクトルといわれるが, この場合は, 波形 $f(t)$ と $\{A_i\}$ は一対一対応しない. 元来, [形式 2] の展開では, $\{A_i\}$ のほかに位相 $\{\phi_i\}$ が現れており, $\{A_i\}$ と $\{\phi_i\}$ の両者で初めて [形式 2] が決まり, $f(t)$ も一義的に決まる. しからば, $\{A_i\}$ は何を意味するであろうか. $\{\phi_i\}$ を無視して, $\{A_i\}$ だけが同じである波 f_1, f_2, …の集合を $\{f_i(t)\}$ と表す. これは, $\{A_i\}$ が相等しいという関係 (同値関係) が成り立つ波の**同値類** (equivalence class) である. そうすると, $\{A_i\}$ と $\{f_i\}$ は一対一対応する. したがって, $\{A_i\}$ は同値類 $\{f_i(t)\}$ の周波数域表示である.

> **例題** $1\cdot8$　図 1・1(b) に示されている棒グラフを, 変数 n の関数 $f(n)$ を表すとみたときの, $f(n)$ を求めよ.

〔解〕　$f(n)=\sum_{i=1}^{\infty}\left(\dfrac{1}{i}u(n-i)\right)$

1・8　フーリエ展開による回路解析, インピーダンスの定義

回路解析の主な方法に二つがある. その一つはフーリエ展開 (フーリエ級数展開とフーリエ積分表示) による方法で, 他の一つはラプラス (Laplace) 変換による方法である. 本節では, 前者による強制振動解析並びにインピーダンスの定

義について述べる．自由振動は過渡現象論として後述する．

なお，本節のため，3・1節を一読されることが望ましい．

[1] フーリエ変換による回路解析

例として LCR 直列回路を考え，外力（電源）を $e(t)$ とすると

$$L\frac{di}{dt}+Ri+\frac{1}{C}\int idt=e(t) \tag{1・104}$$

上の式をフーリエ変換する．$i(t)$ 並びに $e(t)$ のフーリエ変換をそれぞれ $I(j\omega)$ 並びに $E(j\omega)$ とすると，微分演算子 d/dt 並びに積分演算子 $\int dt$ の変換は，それぞれ $j\omega$ 並びに $1/j\omega$ となり（表1・2の公式 (5a) 参照），式 (1・104) の変換は次のようになる．

$$j\omega LI(j\omega)+RI(j\omega)+\frac{I(j\omega)}{j\omega C}=E(j\omega) \tag{1・105}$$

$$\therefore \quad I(j\omega)=\frac{E(j\omega)}{Z(j\omega)}, \qquad Z(j\omega)=j\omega L+R+\frac{1}{j\omega C} \tag{1・106}$$

$$\therefore \quad i(t)=\frac{1}{\sqrt{2\pi}}\int_{-\infty}^{\infty}\frac{E(j\omega)}{Z(j\omega)}e^{j\omega t}d\omega \tag{1・107}$$

[インピーダンスの定義1・1]　電圧 $e(t)$ と電流 $i(t)$ のフーリエ変換の比 $Z(j\omega)=E(j\omega)/I(j\omega)$ をインピーダンスという．

図1・16に示されているように，電圧源 V_1 と V_2 によって励振されている二端子対網を，第1巻第9章，式 (9・1) のように Y 行列表示すると

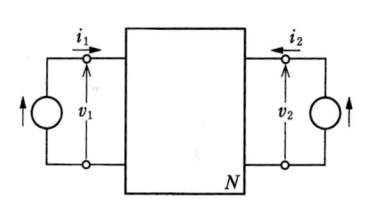

図1・16　電圧源により励振される回路 N_1

$$\left.\begin{array}{l} I_1(j\omega)=y_{11}(j\omega)V_1(j\omega)+y_{12}(j\omega)V_2(j\omega) \\ I_2(j\omega)=y_{21}(j\omega)V_1(j\omega)+y_{22}(j\omega)V_2(j\omega) \end{array}\right\} \tag{1・108}$$

この式の $I_i(j\omega)$，$V_i(j\omega)$ などは，第1巻の場合と異なりいずれも $i_i(t)$，$v_i(t)$ などのフーリエ変換である*．いま，例として $v_1(t)$ が周期関数，$v_2(t)$ はスペクトルが $V_2(j\omega)$ の非周期関数とすると

---

* 第1巻ではインピーダンスをフェーザで定義しているから，v_1 と v_2 がともに同じ周波数の正弦波である場合しか扱っていない．

$$\left.\begin{aligned}v_1(t) &= \sum_{n=-\infty}^{\infty} c_n e^{jn\omega_0 t} \\ &= \frac{1}{\sqrt{2\pi}} \int_{-\infty}^{\infty} \sqrt{2\pi} \sum_{n=-\infty}^{\infty} c_n \cdot u_0(\omega - n\omega_0) e^{j\omega t} d\omega \\ v_2(t) &= \frac{1}{\sqrt{2\pi}} \int_{-\infty}^{\infty} V_2(j\omega) e^{j\omega t} d\omega \end{aligned}\right\} \quad (1\cdot109\text{a})$$

$$\left.\begin{aligned}i(t) = \frac{1}{\sqrt{2\pi}} \int \Big\{ &\sqrt{2\pi} \sum_{n=-\infty}^{\infty} y_{11}(nj\omega) (c_n \cdot u_0(\omega - n\omega_0)) \\ &+ y_{12}(nj\omega) V_2(j\omega) \Big\} e^{j\omega t} d\omega \end{aligned}\right\} \quad (1\cdot110\text{a})$$

式 (1·108) のもう一つの解釈は次に述べるとおりである．

〔2〕 $e(t)=e^{j\omega t}$ による解の重ね合わせによる方法

外力が $e(t)=e^{j\omega t}$ であるときの解法は3·1節〔2〕(b)項に述べるように，$i(t)=Ie^{j\omega t}$ と仮定して元式に代入することから得られる．式 (1·104) に $i=Ie^{j\omega t}$ を代入する．このとき微分演算子 d/dt は $j\omega$ で，積分演算子 $\int dt$ は $1/j\omega$ で置き換えられることに注意すると

$$\left(j\omega L + R + \frac{1}{j\omega C}\right) I e^{j\omega t} = e^{j\omega t} \quad (1\cdot111)$$

$$\therefore \quad Ie^{j\omega t} = \frac{e^{j\omega t}}{Z(j\omega)}, \quad Z(j\omega) = j\omega L + R + \frac{1}{j\omega C} \quad (1\cdot112)$$

〔インピーダンスの定義1·2〕 上記の $Z(j\omega)$ は前記のインピーダンスの定義1·1と一致する．したがってこれをインピーダンスと定義してもよい．

$e^{j\omega t}$ に対する応答が分かれば，重ね合わせによって，周期関数なら1·3節のように，非周期関数なら1·6節のようにして応答が計算される．

二端子対網を式 (1·108) のように Y 行列表示したときの $I(j\omega)$ や $V(j\omega)$ は，$e^{j\omega t}$ に対する値であると考えることもできる．例えば，$v_1(t)$ が周期関数，$v_2(t)$ はスペクトルが $V_2(j\omega)$ の非周期関数とすると

$$v_1(t) = \sum_{n=-\infty}^{\infty} c_n e^{jn\omega_0 t}, \quad v_2(t) = \frac{1}{\sqrt{2\pi}} \int_{-\infty}^{\infty} V_2(j\omega) e^{j\omega t} d\omega \quad (1\cdot109\text{b})$$

$i_1(t)$ は下記のように求められる．

$$\left.\begin{aligned}i_1(t) &= i_{11}(t) + i_{12}(t) \\ i_{11}(t) &= \sum_{n=-\infty}^{\infty} y_{11}(nj\omega_0) c_n e^{jn\omega_0 t} \\ i_{12}(t) &= \frac{1}{\sqrt{2\pi}} \int_{-\infty}^{\infty} y_{12}(j\omega) V_2(j\omega) e^{j\omega t} d\omega \end{aligned}\right\} \quad (1\cdot110\text{b})$$

〔注〕 $v_1(t)$ を式 (1·109a) の右辺 (2行目) のように，フーリエ積分で表すと，$i_1(t)$ は式 (1·110a) と一致する．

1・9 重ね合わせの理, フーリエ変換法並びに拡張フェーザ法

線形微分方程式群によって表される物理系を線形物理系という.線形回路は線形物理系の一つである.線形物理系においては,**重ね合わせの理**(superposition law)が成り立つ.

〔1〕 **重ね合わせの理(1). 一つの微分方程式で表される系**

LCR 直列回路を例にあげて述べる.

$$L\frac{di}{dt}+Ri+\frac{1}{C}\int i\,dt = e_1(t)+e_2(t) \qquad (1\cdot 113\text{a})$$

この式は実数の定数を係数に持つ微分方程式であることに注意されたい.

さて,次の三つの場合の解を,それぞれ,i_0, i_1 並びに i_2 とする.

$$L\frac{di_0}{dt}+Ri_0+\frac{1}{C}\int i_0\,dt = 0 \qquad (\text{自由振動}) \qquad (1\cdot 113\text{b})$$

$$L\frac{di_1}{dt}+Ri_1+\frac{1}{C}\int i_1\,dt = e_1(t) \qquad (e_1 \text{による強制振動}) \qquad (1\cdot 113\text{c})$$

$$L\frac{di_2}{dt}+Ri_2+\frac{1}{C}\int i_2\,dt = e_2(t) \qquad (e_2 \text{による強制振動}) \qquad (1\cdot 113\text{d})$$

上の三つの式 (1・113b)〜(1・113d) を重ね合わせる(辺々相加える)と式(1・113a)となる.ただし

$$i = i_0+i_1+i_3 \qquad (1\cdot 114)$$

これから次のことが知られる.すなわち,この回路に $e_1(t)+e_2(t)$ を印加した場合の応答は,自由振動 i_0 と,$e_1(t)$ 並びに $e_2(t)$ による強制振動項 $i_1(t)$ 並びに $i_2(t)$ の和となる.これを重ね合わせの理という.

〔2〕 **重ね合わせの理 (2). 連立微分方程式によって表される系**

例として二端子対網を表す連立微分方程式を考える.

$$\begin{bmatrix} Z_{11}(p) & Z_{12}(p) \\ Z_{21}(p) & Z_{22}(p) \end{bmatrix} \begin{bmatrix} i_1(t) \\ i_2(t) \end{bmatrix} = \begin{bmatrix} e_1(t) \\ e_2(t) \end{bmatrix} \qquad (1\cdot 115\text{a})$$

ただし,$Z_{ij}(p) = L_{ij}p + R_{ij} + \left(\dfrac{1}{c_{ij}}\right)p^{-1}$

p は微分演算子 $\dfrac{d}{dt}$, p^{-1} は積分演算子 $\int dt$

この式の解は,下記の三つの式の解の重ね合わせとなることは明らかである.

$$\begin{bmatrix} Z_{11} & Z_{12} \\ Z_{21} & Z_{22} \end{bmatrix} \begin{bmatrix} i_{10} \\ i_{20} \end{bmatrix} = \begin{bmatrix} 0 \\ 0 \end{bmatrix} \quad \text{(自由振動)} \tag{1・115b}$$

$$\begin{bmatrix} Z_{11} & Z_{12} \\ Z_{21} & Z_{22} \end{bmatrix} \begin{bmatrix} i_{11} \\ i_{21} \end{bmatrix} = \begin{bmatrix} e_1 \\ 0 \end{bmatrix} \tag{1・115c}$$

$$\begin{bmatrix} Z_{11} & Z_{12} \\ Z_{21} & Z_{22} \end{bmatrix} \begin{bmatrix} i_{12} \\ i_{22} \end{bmatrix} = \begin{bmatrix} 0 \\ e_2 \end{bmatrix} \tag{1・115d}$$

解は上の三つの重ね合わせで

$$\begin{bmatrix} i_1 \\ i_2 \end{bmatrix} = \begin{bmatrix} i_{10} \\ i_{20} \end{bmatrix} + \begin{bmatrix} i_{11} \\ i_{21} \end{bmatrix} + \begin{bmatrix} i_{12} \\ i_{22} \end{bmatrix} \tag{1・116}$$

〔3〕 **基本解 $e^{j\omega t}$ とフーリエ展開法並びに拡張フェーザ法**

指数関数 $e^{j\omega t}$ が定数係数微分方程式を解くに当たって重要な役割を演じることは前節1・8に述べたとおりである (3・1節〔2〕項も参照). また, 波動方程式において, 変数 t に対する基本解は常に $e^{j\omega t}$ である. 従って t に関する一般解はフーリエ展開によって求められる. 以下 $e^{j\omega t}$ を線形微分方程式の基本解と呼ぶ.

〔注〕 波動方程式の t に関する基本解は常に $e^{j\omega t}$ であるが, 他の変数の基本解は常に指数関数とは限らない. 例えば, 円筒座標では θ, z 並びに t に関する基本解は, いずれも指数関数で, それぞれ $e^{jn\theta}$, e^{jhz} 並びに $e^{j\omega t}$ となるが, r に関する基本解はベッセル関数となる. したがって, θ, z 並びに t に関しては, いずれもフーリエ展開となるが, r 方向に対してはベッセル展開が用いられる.

次にいわゆるフェーザ法について述べよう. いま, 外力を $e(t)$, 応答を $i(t)$ とし, 両者とも実部と虚部に分けて次のようであったとする.

$$e(t) = e_r(t) + je_i(t) \tag{1・117a}$$

$$i(t) = i_r(t) + je_i(t) \tag{1・117b}$$

再び LCR 回路を例にとると,

$$L\frac{d(i_r + ji_i)}{dt} + R(i_r + ji_i) + \frac{1}{C}\int (i_r + ji_i)\,dt = e_r(t) + je_i(t) \tag{1・118}$$

上の式の両辺を実部と虚部に分け, 両者それぞれ相等しいと置くと

$$L\frac{di_r}{dt} + Ri_r + \frac{1}{C}\int i_r dt = e_r(t) \tag{1・119a}$$

$$j\left(L\frac{di_i}{dt} + Ri_i + \frac{1}{C}\int i_i dt = j(e_i(t))\right) \tag{1・119b}$$

上の三つの式から次のことがいえる．

"外力 $e_r(t)$ に対する応答 $i_r(t)$，（または $e_i(t)$ に対する応答 $i_i(t)$）を求めるには（換言すると，式 (1·119a) 並びに式 (1·119b) を解くには），式 (1·118) を解いて $e(t)$ に対する応答 $i(t)=i_r(t)+ji_i(t)$ を求め，その実部 $i_r(t)$（虚部 $i_i(t)$）をとればよい"（これは重ね合わせの理の応用例である）*．

上の結果の応用として，$e(t)$ が $E_m e^{j\omega t}$ の場合を考える．すなわち，

$$e(t)=E_m e^{j\omega t}=E_m\cos\omega t+jE_m\sin\omega t \qquad (1\cdot 120)$$

この場合，上記の理論を適用すると，$E_m\cos\omega t$ または $E_m\sin\omega t$ に対する応答を求めるには，まず，式 (1·118) より $E_m e^{j\omega t}$ に対する応答を求める．これは容易なことで，$i(t)=I_m[e^{j\omega t}]$ として式 (1·118) に代入することより

$$\left(j\omega L+R+\frac{1}{j\omega C}\right)I_m e^{j\omega t}=E_m e^{j\omega t} \qquad (1\cdot 121\text{a})$$

$$I_m e^{j\omega t}=\frac{E_m e^{j\omega t}}{Z(j\omega)},\qquad Z(j\omega)=j\omega L+R+\frac{1}{j\omega C} \qquad (1\cdot 121\text{b})$$

これから，$E_m\cos\omega t$ 並びに $E_m\sin\omega t$ に対する応答 $i_r(t)$ 並びに $i_i(t)$ は

$$i_r(t)=\operatorname{Re}\left[\frac{E_m e^{j\omega t}}{Z(j\omega)}\right],\qquad i_i(t)=\operatorname{Im}\left[\frac{E_m e^{j\omega t}}{Z(j\omega)}\right] \qquad (1\cdot 122)$$

として求められる．この方法が拡張フェーザ法である．

1·10　第1章の補遺その1．標本化定理（サンプリング定理）

フーリエ積分を用いて，表題に示した**標本化定理**（**サンプリング定理**，sampling theorem）を証明しよう．この定理は，パルス通信の基礎となる重要な定理である．

〔注〕 例えば，人間の耳の可聴範囲は 10〜20 000 Hz である．したがって，音楽を伝送する場合でも，この周波数帯域の波までを送ればよい．すなわち，可聴周波の帯域幅は 20 kHz である．普通の会話となると，その帯域はかなり狭く，電話では 4 000 Hz までを送っている．テレビジョンでは 6 MHz の帯域幅を持っている．

要するに，情報はそれぞれ有限の周波数帯域幅を持っている．

〔1〕 **周波数域における標本化定理**

上記のように，信号のスペクトルの分布する範囲すなわち帯域幅は有限の大きさである．こ

---

* このように，式 (1·118) のような式において，実部と虚部に分けて，それぞれが相等しいと置けるのは，この式が線形微分方程式で，かつ，係数がすべて実数（いまの場合，係数は，L，R，$1/C$ 並びに M などで，いずれも実数）であるからである．

のような信号 $h(t)$ に対して次の定理がある.

> **定理 1・1** 時間関数 $h(t)$ が, f_{m0}〔Hz〕以上の周波数を含まないとき, $T \leq 1/(2f_m)$ ($f_m \geq f_{m0}$) ごとの点における $h(t)$ の値が分かれば, $h(t)$ は完全に決定する.

定理の内容を図によって説明すると, **図1・17** には横軸に時間 t, 縦軸に $h(t)$ をとったものである. もし, $t=1/(2f_m), 2\times1/(2f_m), 3\times1/(2f_m),$ …における $h(t)$ の値 $h_1, h_2, h_3,$ … が分かったとし, かつ, $h(t)$ は f_m 以上の周波数を持たないことがあらかじめ分かっていれば, $h_1, h_2,$ … の値から関数 $h(t)$ が完全に決定されるというのである.

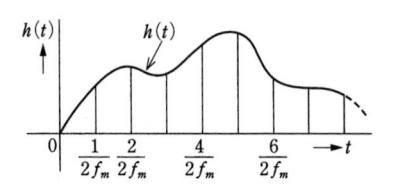

図 1・17 時間域における標本化定理

〔証明〕 $h(t)$ のスペクトルを $H(\omega)$ とすると,

$$h(t) = \frac{1}{\sqrt{2\pi}} \int_{-\infty}^{\infty} H(\omega) e^{j\omega t} d\omega = \frac{1}{\sqrt{2\pi}} \int_{-2\pi f_m}^{2\pi f_m} H(\omega) e^{j\omega t} d\omega \tag{1・123}$$

上式の第2項が第3項のようになるのは, 仮定より $h(t)$ のスペクトル $H(\omega)$ は $2\pi f_m$ 以上及び $-2\pi f_m$ 以下の ω では 0 であるからである.

上式で,

$$t \triangleq \frac{n}{2f_m} \tag{1・124}$$

と置くと,

$$h\left(\frac{n}{2f_m}\right) = \frac{1}{\sqrt{2\pi}} \int_{-2\pi f_m}^{2\pi f_m} H(\omega) e^{j\omega\{n/(2f_m)\}} d\omega \tag{1・125}$$

上式の左辺は n を正の整数とすると, 図1・17に示した h_n に当たる. すなわち,

$$h_n = \frac{1}{\sqrt{2\pi}} \int_{-2\pi f_m}^{2\pi f_m} H(\omega) e^{j\omega\{n/(2f_m)\}} d\omega \tag{1・126}$$

さて, $H(\omega)$ が**図1・18**のようであるとし, **図1・19**のように, $4\pi f_m$ を周期とし, 1周期の間では $H(\omega)$ の $-2\pi f_m$ から $2\pi f_m$ までの値と同じであるようなスペクトルを $H'(\omega)$ とする. $H'(\omega)$ のフーリエ展開を求めてみると次のようになる.

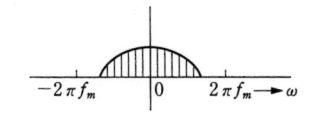

図 1・18 $-2\pi f_m \leq \omega \leq 2\pi f_m$ なる範囲だけ 0 でないスペクトル $H(\omega)$

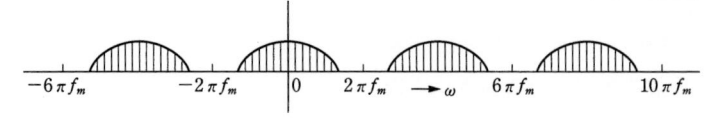

図 1・19 $-2\pi f_m \leq \omega \leq 2\pi f_m$ では $H(\omega)$ と一致する周期関数 $H'(\omega)$

$$H'(\omega) = \sum_{n=-\infty}^{\infty} c_n e^{-j\{2\pi n\omega/(4\pi f_m)\}} = \sum_{n=-\infty}^{\infty} c_n e^{-j\omega\{n/(2f_m)\}} \tag{1・127}$$

ただし，

$$c_n = \frac{1}{4\pi f_m} \int_{-2\pi f_m}^{2\pi f_m} H(\omega) e^{j\omega\{n/(2f_m)\}} d\omega \qquad (n=0, \pm 1, \pm 2, \cdots) \tag{1・128}$$

$-2\pi f_m \leq \omega \leq 2\pi f_m$ では $H(\omega) = H'(\omega)$ \hfill (1・129)

式 (1・126) の右辺と，式 (1・128) の右辺を比較することより，

$$c_n = \frac{h_n}{2\sqrt{2}f_m} \qquad (n=0, \pm 1, \pm 2, \cdots) \tag{1・130}$$

これらの関係式から，本定理は次のように証明される．h_n ($n=0, \pm 1, \pm 2, \cdots$) が分かれば，式 (1・130) より c_n ($n=0, \pm 1, \pm 2, \cdots$) が決まり，これを式 (1・127) に代入すると $H'(\omega)$ が決定する．$H(\omega)$ は式 (1・129) より，$-2\pi f_m \leq \omega \leq 2\pi f_m$ 内で $H'(\omega)$ と等しく，他の ω の値では 0 であるから，$H'(\omega)$ から $H(\omega)$ が決定する．$H(\omega)$ からフーリエ逆変換より $h(t)$ が決定する．

〔証明終り〕

定理の証明は上のとおりであるが，以下 $h(t)$ を h_n で表してみよう．式 (1・130)，式 (1・127) 並びに式 (1・129) より，

$$\left.\begin{array}{l} \omega < -2\pi f_m, \quad \omega > 2\pi f_m \text{ で } H(\omega) = 0 \\ -2\pi f_m \leq \omega \leq 2\pi f_m \text{ で } H(\omega) = \dfrac{1}{2\sqrt{2}\pi f_m} \sum_{n=-\infty}^{\infty} h_n e^{-j\omega\{n/(2f_m)\}} \\ h_n = h\left(\dfrac{n}{2f_m}\right) \qquad (n=0, \pm 1, \pm 2, \cdots) \end{array}\right\} \tag{1・131}$$

したがって $h(t)$ は上の $H(\omega)$ のフーリエ逆変換として次のように表される．

$$\begin{aligned} h(t) &= \frac{1}{2\pi} \int_{-2\pi f_m}^{2\pi f_m} \frac{1}{2f_m} \left[\sum_{n=-\infty}^{\infty} h_n e^{-j\omega\{n/(2f_m)\}}\right] e^{j\omega t} d\omega \\ &= \frac{1}{4\pi f_m} \sum_{n=-\infty}^{\infty} h_n \int_{-2\pi f_m}^{2\pi f_m} e^{j\omega\{t - n/(2f_m)\}} d\omega \end{aligned} \tag{1・132}$$

さて，

$$\begin{aligned} \int_{-2\pi f_m}^{2\pi f_m} e^{j\omega(t-n/2f_m)} d\omega &= \left[\frac{e^{j\omega\{t-n/(2f_m)\}}}{j\{t-n/(2f_m)\}}\right]_{-2\pi f_m}^{2\pi f_m} \\ &= \frac{2\sin(2\pi f_m t - n\pi)}{t - n/(2f_m)} \end{aligned} \tag{1・133}$$

であるから，

$$h(t) = \frac{2}{4\pi f_m} \sum_{n=-\infty}^{\infty} h_n \frac{\sin(2\pi f_m t - n\pi)}{t - n/(2f_m)} = \sum_{n=-\infty}^{\infty} h_n \frac{\sin(\omega_m t - n\pi)}{\omega_m t - n\pi} \tag{1・134}$$

$\omega_n \triangleq 2\pi f_m$

$$h_n = h\left(\frac{n}{2f_m}\right) \qquad (n=0, \pm 1, \pm 2, \cdots)$$

式 (1・134) より明らかなように，h_n が与えられると，$h(t)$ が一義的に決定する．

[**応用**] 帯域幅の決まった信号を，本定理によって決まる周期のパルスでサンプリングすると，信号帯域外の波（雑音に当たる）を減衰させる（雑音除去効果）．

〔2〕 **時間域における標本化定理**

今度は，$h(t)$ が図1・20に示されているように，$T_1 \leq t \leq T_2$ の範囲ではある値をとり，それ以外では0であるような場合を考える．スペクトル $H(\omega)$ は，

$$H(j\omega) = \frac{1}{\sqrt{2\pi}} \int_{T_1}^{T_2} h(t) e^{-j\omega t} dt \qquad (1 \cdot 135)$$

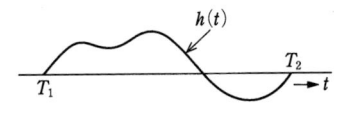

図1・20　$T_1 \leq t \leq T_2$ 以外では0である関数

となる．

次に，〔1〕項で，$H'(\omega)$ を考えたと同様に，$T_1 \leq t \leq T_2$ では $h(t)$ に一致し，$T = T_2 - T_1$ を周期とする関数 $h'(t)$ を考え，これをフーリエ級数に展開すると，

$$\left. \begin{array}{l} h'(t) = \sum_{n=-\infty}^{\infty} D_n e^{j(2\pi n/T)t} \\ \text{ただし，} D_n = \frac{1}{T} \int_{T_1}^{T_2} h(t) e^{-j(2\pi n/T)t} dt \\ \qquad = \frac{\sqrt{2\pi}}{T} H_n \\ H_n = H\left(\frac{2\pi n}{T}\right), \quad T = T_2 - T_1 \\ \qquad (n = 0, \pm 1, \pm 2, \cdots) \end{array} \right\} \qquad (1 \cdot 136)$$

これらの関係式から，次のことが知られる．すなわち関数 $H(\omega)$ の $\omega_0 = 2\pi/T$ おきの値 $H_n = H(2\pi n/T)$ $(n = 0, \pm 1, \pm 2, \cdots)$ が分かれば，式 (1・136) より $h'(t)$ が決定し，$h(t)$ は，$T_1 \leq t \leq T_2$ 以外では0で，この範囲では $h'(t)$ と一致するから，$h'(t)$ より決定される．$h(t)$ から $H(\omega)$ が決まる．結局，次の定理が得られる．

> **定理1・2** $H(\omega)$ を時間関数 $h(t)$ の周波数スペクトルであるとし，$h(t)$ は $T_1 \leq t \leq T_2$ 以外では0であるような関数であるとすると，$H(\omega)$ の $2\pi/(T_2 - T_1)$ ごとの値 $H_n = H(2\pi/n(T_2 - T_1))$ $(n = 0, \pm 1, \pm 2, \cdots)$ が分かれば，$H(\omega)$ は一義的に決定する．

これを**周波数域における標本化定理**という．

〔注〕**パルス通信におけるパルスの繰返し周波数の決定**　パルス通信を行う場合，パルスの繰返し周波数をいかに選ぶかは，定理1・1より決まってくる．すなわち，信号のスペクトルに含まれる最高周波数を f_m とすると，パルスの繰返し周波数は，$2f_m$ より大に選べばよい．

1・11　第1章の補遺その2．離散フーリエ変換，高速フーリエ変換

〔1〕 **フーリエ変換の計算**

実際問題において，関数 $e(t)$ のフーリエ変換を計算することは，積分域が区間 $[-\infty, \infty]$ であるから，困難である．そこで $e(t)$ を標本化し，標本点を有限個にして計算を行う．このようにした変換を**離散フーリエ変換**（DFT: Discrete Fourier Transform）という．以下これについて略記しよう．

1·11 第1章の補遺その2. 離散フーリエ変換, 高速フーリエ変換

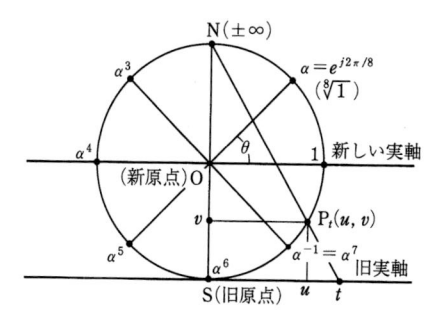

図 1·21 実軸（旧）の単位円への写像.
$\alpha = \sqrt[8]{1} = e^{j2\pi/8}$, $\alpha^{-1} = e^{-j2\pi/8}$, t の写像 $P_t(u, v)$,
$u = \dfrac{4t}{t^2+4}$, $v = \dfrac{2t^2}{t^2+4}$, $x = \dfrac{2u}{(2-v)}$

$e(t)$ を標本化パルス $\sum_{n \in \pm N_0} u_0(t-nT)$, $(N_0 = \{0, \pm1, \pm2, \cdots\})$ によって標本化すると,

$$e^*(t) = \sum_{n \in \pm N_0} e(nT) u_0(t-nT) \tag{1·137}$$

$T=1$ と置き, $e^*(t)$ を［形式2］のフーリエ変換すると,

$$E^*(\omega) = \Sigma e(n) e^{jn\omega} \tag{1·138}$$

区間 $[-\infty, \infty]$ を等間隔に分けても無限個の点となり, やはり計算不能である. そこで, **図 1·21**のように, 実軸（旧実軸）上に単位円を置き, 実軸上の点 t と, 円の頂点 N（北極の N）とを結ぶ直線と円周との交点を $P_t(u, v)$ として, 実軸を単位円周に単写する. そうすると, t の無限遠点 $\pm\infty$ は N に写像され, 区間 $[-\infty, \infty]$ は単位円周という有限の区間に写像される. t と点 P_t の座標 (u, v) の関係は次のとおりである.

$$u = \frac{4t}{t^2+4}, \qquad v = \frac{2t^2}{t^2+4}, \qquad t = \frac{2u}{2-v} \qquad (\text{演習問題 1·4 参照})$$

新しく原点を円の中心に移し, 円周を N 等分すると, それらの点は1の N 乗根となる. 主値を α とすると,

$$\sqrt[N]{1} = \alpha = e^{j\theta_0}, \qquad \theta_0 = \frac{2\pi}{N} \qquad (\text{図では } N=8) \tag{1·139}$$

いま, ω_k を

$$\omega_k \triangleq 2k\theta_0 \qquad (k = N_s, \ N_s = \{0, 1, 2, \cdots, N-1\}) \tag{1·140}$$

とすると, $E^*(\omega)$ は（以下 $E^*(\omega)$ を $E^*(\omega_k)$ と表す）

$$E^*(\omega_k) = \sum_{n \in N_s} e(n)(\alpha^{-1})^{nk} \qquad (k \in N_s, \ N_s \triangleq \{0, 1, 2, \cdots, N-1\}) \tag{1·141}$$

$N=4$ の場合について, 分かりやすいように行列表示すると次のようになる.

$$\begin{bmatrix} E(\omega_0) \\ E(\omega_1) \\ E(\omega_2) \\ E(\omega_3) \end{bmatrix} = \begin{bmatrix} 1 & 1 & 1 & 1 \\ 1 & (\alpha^{-1})^1 & (\alpha^{-1})^2 & (\alpha^{-1})^3 \\ 1 & (\alpha^{-1})^2 & (\alpha^{-1})^4 & (\alpha^{-1})^6 \\ 1 & (\alpha^{-1})^3 & (\alpha^{-1})^6 & (\alpha^{-1})^9 \end{bmatrix} \begin{bmatrix} e(0) \\ e(1) \\ e(2) \\ e(3) \end{bmatrix} \tag{1·142}$$

$((\alpha^{-1})^4 = 1$ であることに注意）

興味深いことに，これは多相交流回路解析に用いられる**対称座標法**と同形である．

〔注〕 図1·21を用いて述べた"区間 $[-\infty, \infty]$ を単位円周という有限区間に写像し，それを等分して離散化する"という DFT の理解の仕方は本書の独創である．DFT の従来の説明の仕方は，後述の文献 (1), (2), (3) を参照されたい．

〔2〕 離散フーリエ逆変換（IDFT：Inverse DFT）

$E(\omega_a)$ が与えられ，それから $e(n)$ を求めること，すなわち，**離散フーリエ逆変換**（IDFT：Inverse Discrete Fourier Transform）を求めるには前記の式 (1·142) の行列の逆行列を求めればよい．

$$e(n) = \frac{1}{N} \sum_{k \in N_s} E(\omega_k)(a)^{nk} \qquad (n \in N_s) \qquad (1·143)$$

$$\begin{bmatrix} e(0) \\ e(1) \\ e(2) \\ e(3) \end{bmatrix} = \frac{1}{4} \begin{bmatrix} 1 & 1 & 1 & 1 \\ 1 & \alpha & \alpha^2 & \alpha^3 \\ 1 & \alpha^2 & \alpha^4 & \alpha^6 \\ 1 & \alpha^3 & \alpha^6 & \alpha^9 \end{bmatrix} \begin{bmatrix} E(\omega_0) \\ E(\omega_1) \\ E(\omega_2) \\ E(\omega_3) \end{bmatrix}$$

$\alpha^4 = 1$

〔3〕 高速フーリエ変換（FFT：Fast FT）

DFT をまともに計算すると，N^2 に比例する計算回数を要する（これを $O(n^2)$ と表し，big-oh of n squared と読む．n^2 のオーダといってもよい）．これを $O(n \log n)$ にした計算法を**高速フーリエ変換**（FFT：Fast Fourier Transform）という．詳細は後述の文献(3)を参照されたい．

演 習 問 題

(1·1) 表1·1に示す波形のフーリエ級数を，実際に計算して確かめよ（対称波，奇関数波，偶関数波を調べよ）．

(1·2) ［形式1］のフーリエ級数に対し，(a) 偶関数，(b) 奇関数，(c) 正負対称波，の場合の条件を求めよ．

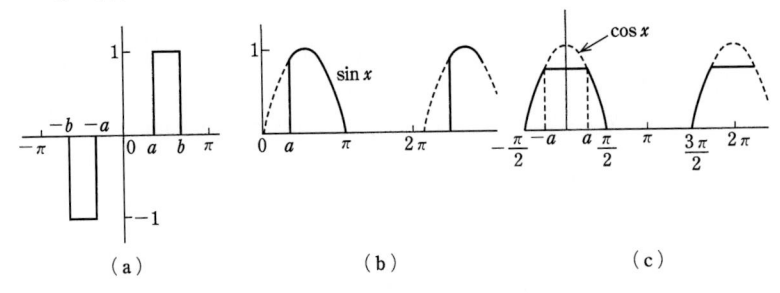

図 P1·3

(1·3) 図 P1·3 に示す各波形を，フーリエ級数に展開せよ．

演習問題略解

(1・4) 先に離散フーリエ変換に関連して述べた"実軸を単位円周に単写する問題"について，改めて図 **P1・4** において，単位円上の点 $P=(u,v)$ と，直線上の点 x との関係を述べよ．換言すると，x が与えられたとき，P の座標 (u,v) はどうなるか．逆に (u,v) が先に与えられると，x はどうなるか．

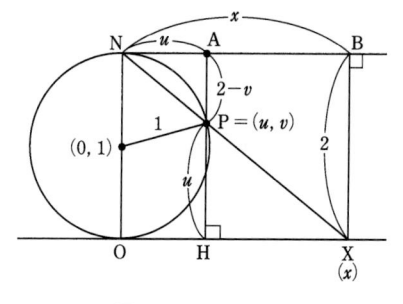

図 P1・4
△ANP∽△BNX
∴ $\dfrac{u}{x} = \dfrac{2-v}{2}$

(1・5) 表 1・1 の公式 (14)
$$f(t) = \begin{cases} e^{-at} & (t>0) \\ 0 & (t\le 0) \end{cases} \quad (a>0)$$
$$\mathscr{F}[f(t)] = \frac{1}{\sqrt{2\pi}} \frac{1}{a+j\omega}$$
を説明せよ．

参 考 文 献

(1) 尾崎，谷口：画像処理，第 2 版，pp. 124~140，共立出版 (1988)．
(2) V. Oppenheim and R. W. Schafea : Digital Signal Processing, Prentice-Hall (1975).
(3) A. V. Aho, J. E. Hopcroft and J. D. Ullmann : The Design and Analysis of Computer Algorithmus, Addison-Wesley (1974).

演習問題略解

(1・2) (a) 偶関数 $c_n = c_{-n}$
(b) 奇関数 $c_0 = 0,\ c_n = -c_{-n}$
(c) 正負対称波 $c_0 = 0,\ c_{2m} = 0$

(1・3) (a) $\dfrac{4}{\pi} \sum_{n=1}^{\infty} \dfrac{1}{n} \sin\dfrac{n(b-a)}{2} \sin\dfrac{n(a+b)}{2} \sin nx$

(b) $\dfrac{1}{2\pi}(1+\cos a) - \dfrac{1}{4\pi}(1-\cos 2a)\cos x - \dfrac{1}{4\pi}(2a-\sin 2a)\sin x$

$+ \dfrac{1}{2\pi}\sum_{n=2}^{\infty} \left\{ \dfrac{\cos(n+1)a + (-1)^n}{n+1} - \dfrac{\cos(n-1)a + (-1)^n}{n-1} \right\} \cos nx$

$+ \dfrac{1}{2\pi}\sum_{n=2}^{\infty} \left\{ \dfrac{\sin(n+1)a}{n+1} - \dfrac{\sin(n-1)a}{n-1} \right\} \sin nx$

(c) $\dfrac{1}{\pi}(1-\sin a + a\cos a) + \dfrac{1}{\pi}\left(\pi - a - \dfrac{1}{2}\sin a\right)\cos x$

$+ \dfrac{2}{\pi}\sum_{n=2}^{\infty} \left[\dfrac{\cos a \sin na}{n} + \dfrac{1}{n^2-1}\sin(n-1)\dfrac{\pi}{2} \right.$

$\left. - \dfrac{\sin(n+1)a}{2(n+1)} - \dfrac{\sin(n-1)a}{2(n-1)} \right] \cos nx$

(1・4) NB∥OX, AH⊥OX, BX⊥OX とする.
△NAP と△NBX は相似形であるから,(u, v) が与えられると x は,
$$\frac{x}{u}=\frac{2}{2-v}, \quad x=\frac{2u}{2-v} \tag{1}$$
また,円の方程式から
$$u^2+(v-1)^2=1 \tag{2}$$
(u, v) が与えられると,x は式 (1) より求められる.逆に x が先に与えられたとし,これから u と v を求めよう.式 (1) より
$$u=\left(\frac{2-v}{2}\right)x=\frac{(2-v)x}{2} \tag{3}$$
これを式 (1) に代入すると,
$$\frac{(2-v)^2x^2}{4}+(v-1)^2=1$$
$(v-1)^2=v^2-2v+1$ であるから,
$$\frac{(2-v)^2x^2}{4}-v(2-v)=0$$
$$\frac{(2-v)x^2}{4}=v, \rightarrow (2-v)x^2-4v=0$$
$$v(x^2+4)=2x^2, \rightarrow v=\frac{2x^2}{x^2+4} \tag{4}$$
この v を式 (1) に代入することより,
$$u=\frac{(2-v)x}{2}=\left(2-\frac{2x^2}{x^2+4}\right)\frac{x}{2}$$
$$=\left(1-\frac{x^2}{x^2+4}\right)x=\frac{4x}{x^2+4} \tag{5}$$
結局,x が与えられると u と v は
$$u=\frac{4x}{x^2+4}, \quad v=\frac{2x^2}{x^2+4} \tag{6}$$

(1・5) $f(t)=\begin{cases} e^{-at} & (t>0) \\ 0 & (t\leq 0) \end{cases} \quad (a>0)$

$$\mathcal{F}[f(t)]=\frac{1}{\sqrt{2\pi}}\int_{-\infty}^{\infty}f(t)e^{-j\omega t}dt=\frac{1}{\sqrt{2\pi}}\int_0^{\infty}e^{-(a+j\omega)t}dt=\frac{1}{\sqrt{2\pi}}\left[\frac{e^{-(a+j\omega)t}}{-(a+j\omega)}\right]$$
$$=\frac{1}{\sqrt{2\pi}}\left[0-\frac{1}{-(a+j\omega)}\right]=\frac{1}{\sqrt{2\pi}}\frac{1}{a+j\omega}$$

第2章　分布定数回路

　これまでは電圧や電流が $v(t)$, $i(t)$ のように，時間だけの関数で位置の関数でないと考えてきた．しかし，周波数が高くなって，伝送路など寸法が波長に比べて無視できなくなってくると，電圧や電流を時間と位置の両者の関数と考えなければならなくなる．また，電波（光を含む）や音波が空中を伝搬する場合，空気は伝送路と考えることができ，空間の各地点における電波や音波の振幅や位相は，いずれも時間と位置の両者の関数と考えなければならない．

　このように電圧や電流などが，時間と位置の両者の関数と考えなければならない回路は，電圧や電流などの波の進行方向に微小な回路素子が分布した近似等価回路を考えることができるので，これを**分布定数回路**という．これに対して，前章までに扱った回路を**集中定数回路**という．

　イミタンス*の立場からいうと，それが有理関数になるか否かに従い，それぞれ集中定数回路並びに分布定数回路という．

　本章では，分布定数回路について，電源（主として正弦波電源）が加えられ，平面波**として伝搬する場合の定常現象の解析について述べる．

　一般に，電波や音波などは三次元波動方程式（後述）によって表現され，これから，直角座標なら $f(t,x,y,z)$ の形をとるが，f が y と z に無関係の場合，$f(t,x)$ を平面波という．換言すると，一次元波動方程式で表される回路，すなわち，一次元分布定数回路における現象が平面波である．本章では一次元分布定数回路について，波の伝搬，反射，有限長線路（アンテナ，弦など）の固有振動などについて，その解析法を述べる．

2・1　分布定数回路と集中定数回路

〔1〕　**回路の寸法と波の波長の立場から**（回路が先に与えられた場合）

　前章までの回路解析においては，回路の寸法というものを考えることなく，電圧・電流を $v(t)$, $i(t)$ のように時間だけの関数として扱ってきた．しかし，回路の寸法に対して電圧・電流の周波数が高くなり，波長が短くなると，電圧・電

---

*　インピーダンスとアドミタンスを総称していう．ここでのイミタンスは後述のラプラス変換によって定義されたものである．
**　波 $f(t,x,y,z)$ が，y と z に無関係であるとき，この波 $f(t,x)$ を x 方向の**平面波**という．

流を時間と位置の関数と考えなければならなくなる．このような回路を**分布定数回路** (distributed constant circuit) という．電圧・電流が x 方向の平面波となるような分布定数回路，例えば直線の有線伝送路は，**図2·1**のように，微小な回路素子が，波の伝搬方向に分布している等価回路を考えることができる．

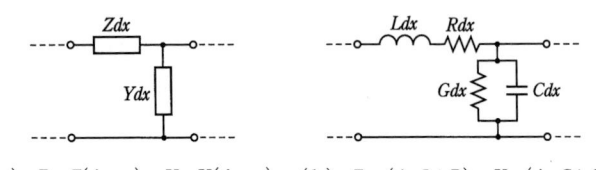

(a) $Z=Z(j\omega, x)$, $Y=Y(j\omega, x)$ (b) $Z=(j\omega L+R)$, $Y=(j\omega C+G)$

図 2·1 平面波を対象とした分布定数回路素子

分布定数回路の場合とは逆に，回路の寸法に対して電圧・電流の周波数が低く，回路の寸法が電圧・電流の波長に対して無視できる回路を，**集中定数回路** (lumped-constant circuit) という．

導線上の電圧・電流や空中の電波の速度は近似的に

$c = 3 \times 10^8$ m/s

であるから，周波数 $f=\omega/2\pi$ 〔Hz〕の波の波長 λ は次のようになる．

$$\lambda = \frac{c}{f} = \frac{3 \times 10^8}{f} \quad \text{〔m〕}$$

したがって，10 cm の導線も 10 GHz の波（波長 3 cm）に対しては，分布定数回路と考えなければならない．また，音の空中における速度は近似的に

$c_s = 340$ m/s

であるから，可聴周波（20～20 000 Hz）の音に対して，数 m の空気の層は，分布定数回路と考えられる．

〔2〕 **イミタンス関数の立場から**（イミタンスが先に与えられた場合）

集中定数回路のイミタンスは有理関数*になる．これに対し，分布定数回路のイミタンスは，特別の場合を除き，有理関数にならない．回路が**図2·2**のように**ブラックボックス** (black box) で与えられ，内部が分からないが，イミタンス

---

* 有理関数とは，分数の形で表され，分母・分子とも多項式となる関数である．$\sqrt{x^2+1}$ などを**無理関数**，$\sinh x$ や e^x などを**超越関数**という．

Z が与えられた場合，Z が有理関数であるか否かによって，それぞれ集中定数回路並びに分布定数回路とする．

〔**注意**〕 無損失の半無限長線路のように，そのインピーダンスが純抵抗 R_0 となる場合は，回路が先に示されているなら〔1〕項の立場から分布定数回路である．しかし，例えば $R_0=100\,\Omega$ の回路といえば，$100\,\Omega$ のインピーダンスを持つすべての回路の集合（同値類）を指し，それは有理関数であるから，〔2〕項の立場から，集中定数回路である．実際，インピーダンス $100\,\Omega$ の回路というと，それは一つの抵抗器か，半無限長無損失線路か，あるいは両者の混合回路であるかもしれない．

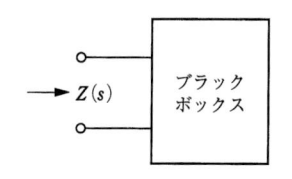

図 2・2 ブラックボックスで表された回路

2・2 分布定数回路の例と平面波

〔1〕 **有 線 伝 送 路**

（a） **電力用伝送線*** 　　**送電線**と呼ばれる．三相三線式電力線，三相電力ケーブル，単相二線式電力線などがある．

（b） **通信用伝送線***

（ⅰ） 二線式伝送線：2本の線を平行または雑音や**漏話**（cross talk）を防ぐため，より合わせた線がある．高周波用の短い平行な2線を**レッヘル線**（Lecher, 1888）という．

（ⅱ） 市内，市外多対ケーブル：近距離電話局間に用いられる．

（ⅲ） 同軸ケーブル：利用帯域幅が広く，6 MHz，12 MHz などの帯域のものがある．主に長距離通信用に用いられる．

（ⅳ） 光ケーブル：数百 GHz 程度の帯域幅を持つ．最近の通信用ケーブルはほとんどこの光ケーブルに代わりつつある．

（ⅴ） 導波管：電波の通る道として用いられ，これは有線伝送線と考えられる．

〔2〕 **無 線 伝 送 路**

電波が空間を伝搬する場合，空間は伝送路である．音波が空中や水中を伝搬する場合，空気や水は音に対する伝送路である．

〔3〕 **機械的分布定数回路**

ピアノ線，すなわち弦は，1次元の機械的分布定数回路である．

＊ 電気工学ハンド・ブック（電気学会編），電子通信ハンドブック（電子情報通信学会編）を参照．

〔4〕**平　面　波**

　進行方向に垂直な面内では変化のない波を**平面波**という．進行方向を x とすると，平面波は $f(t,x)$ と表され，y，z には無関係となる．同じ位相（同じ性質）の面を波面という．波面が平面の波が平面波である．

　（**a**）　**有線伝送路**　　電線に沿って電流が流れれば，それに垂直な波面を持つ平面波の電磁波が進行すると考えられるが，そこまで考える必要はない．電圧・電流が平面波の方程式によって表されることを理解すればよろしい．

　また，電波が導波管内を進行する場合，光が光ケーブルを通る場合，音が管（伝声管）の中を通る場合など，いずれも平面波である．

　（**b**）　**無線伝送路**　　例えば，送信機から放射されている電波は，送信機の近くでは球面波に近いと考えられるが，かなり離れた地点では平面波として近似しても差し支えない．音源から離れた地点における音波も同様に平面波として近似される．

2・3　伝搬方程式（電信方程式）

〔1〕　平行二線伝送線の伝搬方程式と分布 $RLCG$ 回路

　図 2・3(a) に示すように，線路上に十分接近した 2 点 P，Q（その座標をそれぞれ x，$x+\Delta x$ とする）をとると，この 2 点間の区間に，図 2・3(b) に示すような等価回路を考えることができる．そこで，R 並びに L は，単位長当たりの抵抗並びにインダクタンスであり，C 並びに G は，線間の単位長当たりの容量並びに漏れコンダクタンスであって，これらを線路の**一次定数**という．この図 (b) に示す回路において，電圧並びに電流の間を関係づける方程式は，次のようになる．

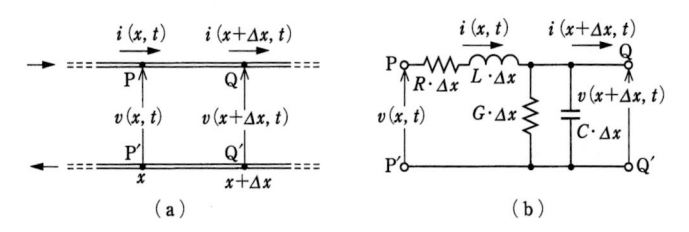

図 2・3　平行二線伝送線とその等価回路

2・3 伝搬方程式（電信方程式）

$$(R \cdot \Delta x) i(x,t) + (L \cdot \Delta x) \frac{\partial i(x,t)}{\partial t}$$
$$= v(x,t) - v(x+\Delta x, t) \tag{2・1}$$

$$(G \cdot \Delta x) v(x+\Delta x, t) + (C \cdot \Delta x) \frac{\partial v(x+\Delta x, t)}{\partial t}$$
$$= i(x,t) - i(x+\Delta x, t) \tag{2・2}$$

両辺を Δx で割り, $\Delta x \to 0$ の極限をとることにより次のような偏微分方程式が得られる.

$$-\frac{\partial v}{\partial x} = Ri + L\frac{\partial i}{\partial t} \tag{2・3}$$

$$-\frac{\partial i}{\partial x} = Gv + C\frac{\partial v}{\partial t} \tag{2・4}$$

式 (2・3) を x で偏微分し, 式 (2・4) をこれに代入して i を消去すると,

$$\frac{\partial^2 v}{\partial x^2} = LC\frac{\partial^2 v}{\partial t^2} + (GL+RC)\frac{\partial v}{\partial t} + RGv \tag{2・5}$$

同様にして, 電流についても同じ形の偏微分方程式

$$\frac{\partial^2 i}{\partial x^2} = LC\frac{\partial^2 i}{\partial t^2} + (GL+RC)\frac{\partial i}{\partial t} + RGi \tag{2・6}$$

が得られる. これらの両式は古くから**電信方程式** (telegraphic equation) と呼ばれている. 図2・3(b) のように, R, L, C, G が分布していると考えた回路を**分布 $RLCG$ 回路**と呼ぶことにしよう.

〔2〕 波動方程式について

（**a**） **波動方程式**　　電信方程式は, R と G が小さいとき波動を表す式となり, **一次元の波動方程式**あるいは**平面波の方程式**という. 三次元の場合は, 式 (2・5) の左辺が $\Delta \phi$ (または $\nabla^2 \phi$) となる. $\Delta \phi$ は直角座標（円筒座標）ならば次の形をとる.

$$\frac{\partial^2 \phi}{\partial x^2} + \frac{\partial^2 \phi}{\partial y^2} + \frac{\partial^2 \phi}{\partial z^2} \quad \left(\frac{\partial^2 \phi}{\partial r^2} + \frac{1}{r}\frac{\partial \phi}{\partial r} + \frac{1}{r^2}\frac{\partial^2 \phi}{\partial \theta^2} + \frac{\partial^2 \phi}{\partial z^2}\right)$$

（**b**） **分布 RC 回路の式, 分散の方程式**　　式 (2・6) において
$$L=0, \quad G=0$$
と近似される場合, この回路を**分布 RC 回路**といい, 式 (2・6) は次のようになる.

$$\frac{\partial^2 v}{\partial x^2} = RC\frac{\partial v}{\partial t} \tag{2・7}$$

これは波動ではなく, **分散** (diffusion) の式で, 熱伝導の式と同じである.

（**c**） **平面電磁波, 平面音波**　　電波（光を含む）や音波の場合も平面波の場合は同じ形と

なり，損失が少なく，R と G に相当する量が小である．空中を音波が伝搬する場合，式 (2・3) 並びに式 (2・4) は次のようになる．

$$-\frac{\partial p}{\partial x}=\rho\frac{\partial v}{\partial t},\qquad -\frac{\partial v}{\partial x}=\frac{1}{\chi}\frac{\partial p}{\partial t} \qquad (2\cdot 8)$$

ただし，p：音圧，v：粒子速度，ρ：実効密度，χ：実効体積弾性率

(d) 変数分離法による電信方程式の解　式 (2・5) は $v(x,t)$ を x の関数 $v_1(x)$ と t の関数 $v_2(t)$ に分けて，

$$v(x,t)=v_1(x)\cdot v_2(t) \qquad (2\cdot 9)$$

と置いて解くことができる．これを**変数分離法**という．

> **例題 2・1**　変数分離法により分布 $RLCG$ 回路の基本解を求め，それから得られる一般解がフーリエ変換による解（並びに $e^{j\omega t}$ に対する定常解）と一致することを示せ．

〔解〕　$v(x,t)\triangleq v_1(x)v_2(t)$ として式 (2・5) に代入すると，

$$v_2(t)\frac{d^2v_1(x)}{dx^2}=v_1(x)\left(LC\frac{d^2v_2(t)}{dt^2}+(GL+RC)\frac{dv_2(t)}{dt}+GRv_2(t)\right) \qquad (2\cdot\mathrm{E}1)$$

両辺を $v_1(x)v_2(t)$ で割ることから

$$\frac{1}{v_1}\frac{d^2v_1}{dx^2}=\frac{1}{v_2}\left(LC\frac{d^2v_2}{dt^2}+(GL+RC)\frac{dv_2}{dt}+GRv_2\right) \qquad (2\cdot\mathrm{E}2)$$

この式の左辺並びに右辺は，それぞれ x 並びに t だけの関数であるから，両辺とも x 並びに t の両変数に無関係な定数である．この定数（分離定数）を γ^2 とすることから

$$\frac{d^2v_1}{dx^2}=\gamma^2v_1 \ \Rightarrow\ v_1(x)=Ae^{-\gamma x}+Be^{\gamma x} \qquad (2\cdot\mathrm{E}3)$$

$$LC\frac{d^2v_2}{dt^2}+(GL+RC)\frac{dv_2}{dt}+(GR-\gamma^2)v_2=0 \qquad (2\cdot\mathrm{E}4)$$

式 (2・E4) は常微分方程式の同次式で，この解は 3・1 節に述べられている方法によって解くことができる．すなわち，この式の特性方程式は

$$LCp^2+(GL+RC)p+(GR-\gamma^2)=0 \qquad (2\cdot\mathrm{E}5)$$

であり，その根を p_1, p_2 とすると，基本解は

$$\phi_{1t}=e^{p_1t},\qquad \phi_{2t}=e^{p_2t}\qquad (p_1 と p_2 は \gamma の関数)$$

となり，p_1 と p_2 は γ の関数となる．結局，一般解は次のようになる．

$$v=(Ae^{-\gamma x}+Be^{\gamma x})(K_1e^{p_1t}+K_2e^{p_2t}) \qquad (2\cdot\mathrm{E}6)$$

上の基本解 ϕ_{1t}, ϕ_{2t} は γ をパラメータとした基本解となっているが，p をパラメータと考えると，γ は式 (2・E5) より次のようになる．

$$\gamma_1,\ \gamma_2=\pm\sqrt{LCp^2+(GL+RC)p+GR}$$
$$=\pm\sqrt{(Lp+R)(Cp+G)}\triangleq\pm\gamma(p) \qquad (2\cdot\mathrm{E}7)$$

ここで，p を次のように ω に置き換える．

$$p^2\triangleq -\omega^2 \qquad (p=j\omega または p=-j\omega) \qquad (2\cdot\mathrm{E}8)$$

$p=j\omega$ として γ に代入すると

$$\gamma(j\omega)=\sqrt{(j\omega L+R)(j\omega C+G)} \qquad (2\cdot\mathrm{E}9)$$

このように ω をパラメータと考えると基本解は次のようになる.
$$v = (Ae^{-\gamma(j\omega)x} + Be^{\gamma(j\omega)x})(P_1 e^{j\omega t} + P_2 e^{-j\omega t}) \tag{2・E10}$$
ω を $-\infty < \omega < \infty$ と考えて t に関する基本解を一つにまとめると
$$\left.\begin{array}{l} v(x,t) = K_1 e^{j\omega t - \gamma x} + K_2 e^{j\omega t + \gamma x} \\ \gamma(j\omega) = \sqrt{(j\omega L + R)(j\omega C + G)} \end{array}\right\} \tag{2・E11}$$
この解はフーリエ変換による解,並びに $e^{j\omega t}$ なる電源によって励振された回路の定常解 (2・16) と一致する.

2・4 基本解,伝搬定数と特性インピーダンス

〔1〕 基本解,フーリエ変換による解

ここでは $e^{j\omega t}$ なる電源を印加した場合の**特解** (particular solution) を考える*. これはフーリエ変換による解と一致する.

さて,$e^{j\omega t}$ に対する定常解を
$$v(x,t) = V(x)e^{j\omega t}, \quad i(x,t) = I(x)e^{j\omega t} \tag{2・10}$$
と置き,これらを式 (2・3),(2・4) に代入すると
$$-\frac{dV}{dx} = (R + j\omega L)I, \quad -\frac{dI}{dx} = (G + j\omega C)I \tag{2・11}$$
これらの式は,式 (2・3),(2・4) をフーリエ変換した式ともなっている. したがって,以下の解法はフーリエ変換による解法ともなっている.

上の式から V または I を消去すると,次のようになる.
$$\frac{d^2V}{dx^2} = \gamma^2 V, \quad \gamma = \sqrt{(R + j\omega L)(G + j\omega C)} \tag{2・12}$$
式 (2・12) は単振動の式でその解は,容易に求められ,次のようになる.
$$V(x) = K_1 e^{-\gamma x} + K_2 e^{\gamma x} \tag{2・13a}$$
K_1 と K_2 は境界条件により決まる定数である. 電流 I は,式 (2・13a) の $V(x)$ を式 (2・11) に代入することにより,次のような解が得られる.
$$I(x) = \frac{1}{Z_0}(K_1 e^{-\gamma x} - K_2 e^{\gamma x}), \quad Z_0 = \sqrt{\frac{R + j\omega L}{G + j\omega C}} \tag{2・13b}$$
γ を**伝搬定数**,Z_0 を**特性インピーダンス**,$e^{\pm \gamma x + j\omega t}$ を式 (2・5) の基本解,$e^{\pm \gamma x}$ 並びに $e^{j\omega t}$ をそれぞれ x 並びに t に関する**基本解**という.

---
* この場合,$e^{j\omega t}$ は周期関数であるから,特解は,いわゆる定常解となる.

結局，$e^{j\omega t}$を印加した場合の定常解は，後述の式 (2·16) となる．

式 (2·13a)，(2·13b) を変数 t に関するフーリエ変換による解と考えると，一般解は式 (2·13a) 並びに式 (2·13b) をフーリエ逆変換することにより，

$$v(x,t) = \frac{1}{\sqrt{2\pi}} \int_{-\infty}^{\infty} (K_1(j\omega) e^{-\gamma x} + K_2(j\omega) e^{\gamma x}) e^{-j\omega t} d\omega \qquad (2\cdot14a)$$

$$i(x,t) = \frac{1}{\sqrt{2\pi}} \int_{-\infty}^{\infty} \frac{(K_1(j\omega) e^{-\gamma x} - K_2(j\omega) e^{\gamma x})}{Z(j\omega)} e^{-j\omega t} d\omega \qquad (2\cdot14b)$$

〔注意〕 上の式 (2·14a) 並びに式 (2·14b) を用いる問題は，章末の 2·11 節に 2 章の補遺として述べる．また，補遺には x に関するフーリエ変換を利用する問題も述べる．

〔2〕 **伝搬定数と位相速度**

前記のように，γ を**伝搬定数** (propagation constant) といい，その実部 α を**減衰定数** (attenuation constant)，虚部 β を**位相定数** (phase constant) という．これらは R, L, C, G, ω で表すと次のようになる．

$$\left. \begin{array}{l} \gamma = \alpha + j\beta = \sqrt{(R+j\omega L)(G+j\omega C)} \\ \left.\begin{array}{c}\alpha \\ \beta\end{array}\right\} = \left[\frac{1}{2}\sqrt{(R^2+\omega^2 L^2)(G^2+\omega^2 C^2)} \mp \frac{1}{2}(\omega^2 LC - RG)\right]^{1/2} \end{array} \right\} \qquad (2\cdot15)$$

(ただし，上の式で α は複号（∓）の上のほう，β は下のほうをとるものとする)

α と β を用いて $e^{j\omega t}$ に対する定常解を書いてみると，次のようになる．

$$\left. \begin{array}{l} V e^{j\omega t} = K_1 e^{-\alpha x + j(\omega t - \beta x)} + K_2 e^{\alpha x + j(\omega t + \beta x)} \\ I e^{j\omega t} = \frac{1}{Z_0}(K_1 e^{-\alpha x + j(\omega t - \beta x)} - K_2 e^{\alpha x + j(\omega t + \beta x)}) \end{array} \right\} \qquad (2\cdot16)$$

しばらくは基本解 $e^{j\omega t}$ による定常解である上の式について，正弦波の伝搬を考えよう．右辺第 1 項の中の $e^{j(\omega t - \beta x)}$ は，絶対値が 1 で，位相が t や x によってどう変わるかを表している．位相が一定であるための条件は

$$\omega t - \beta x = k \qquad (k\text{ は実定数}) \qquad (2\cdot17)$$

である．位相が一定である点の速度 v_p を**位相速度** (phase velocity) という．これは式 (2·17) を t で微分することにより，次のように求められる．

$$\omega - \beta \frac{dx}{dt} = 0, \quad \therefore \quad \frac{dx}{dt} = \frac{\omega}{\beta} = v_p \qquad (2\cdot18)$$

したがって，第 1 項は，x の正の方向に進む波，すなわち**進行波** (travelling wave, progressive wave) を表している．$e^{-\alpha x}$ は，波が進行とともに減衰することを

示している.

　第2項についても同様であるが，$dx/dt = -\omega/\beta$ であることから分かるように，これは x の負の方向に進む進行波を表し，この中の $e^{\alpha x}$ ($x<0$) も，波の進行とともに減衰することを示している.

　このようにして，一般に線路上の電圧・電流は，互いに逆方向に進む二つの進行波の和である.

　次に，ある時刻 t において，点 x と点 $x+\lambda$ における一つの進行波の位相が等しいとすると

$$\omega t - \beta x = \omega t - \beta(x+\lambda) + 2n\pi \qquad (n \text{ は整数})$$

の関係が成り立つ．正の最小値の λ をこれより定めると

$$\lambda = \frac{2\pi}{\beta} \qquad (2\cdot 19\text{a})$$

となるが，これは波の波長を表している．この式は，波の一般的性質を用いて

$$\lambda = \frac{v_p}{f} = \frac{\omega}{\beta} \cdot \frac{2\pi}{\omega} = \frac{2\pi}{\beta} \qquad (2\cdot 19\text{b})$$

としても得られる.

　実際に使用される多くの線路では，だいたい

$$R \ll \omega L, \quad G \ll \omega C \qquad (2\cdot 20)$$

の条件が成り立つ．これを用いて，α，β の近似式を求めると次のようになる．

$$\alpha \fallingdotseq \frac{R}{2}\sqrt{\frac{C}{L}} + \frac{G}{2}\sqrt{\frac{L}{C}}, \quad \beta \fallingdotseq \omega\sqrt{LC} \qquad (2\cdot 21)$$

〔3〕 特性インピーダンス

　特性インピーダンスについて考察するのに必要であるので，次節〔2〕項に述べる予定の，半無限長線路に関する解について述べる．図2・4 に示すように，$x=0$ なる点 A において，図のような電圧源を加えた場合を考える．この場合，x 方向への進行波（後述）ばかりである．境界条件は次のとおりである．

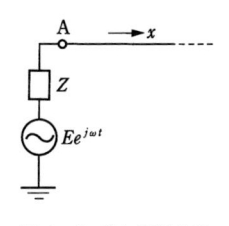

図 2・4　半無限長線路

　(i) 　$x=\infty$ で $V=0$, $I=0$ $\qquad (2\cdot 22)$
　(ii) 　$x=0$ で $V(0) = E - ZI(0)$ $\qquad (2\cdot 23)$

式 (2・13a) と式 (2・13b) に条件 (i) を適用すると

$$K_2 = 0$$

したがって

$$V(x) = K_1 e^{-\gamma x}, \quad I(x) = \frac{K_1}{Z_0} e^{-\gamma x} \tag{2・24}$$

$$\therefore \quad \frac{V(x)}{I(x)} = Z_0 \tag{2・25}$$

上の式から，半無限長線路においては，V も I も同一方向に進む進行波*となり，任意の点における入力インピーダンスが Z_0 であることが知られる．

次に条件 (ii) から

$$K_1 = E - \frac{Z}{Z_0} K_1, \quad \therefore \quad K_1 = \frac{E}{1 + Z/Z_0} \tag{2・26}$$

$$V(x) = \frac{E e^{-\gamma x}}{1 + Z/Z_0}, \quad I(x) = \frac{E e^{-\gamma x}}{Z_0 + Z} \tag{2・27}$$

これからも，$e^{-\gamma x + j\omega t}$ は，x 方向に進む波であることが分かる．

なお，$Z_0(j\omega)$ の実部と虚部は次のようになる．

$$Z_0 = \sqrt{\frac{R + j\omega L}{G + j\omega C}} = R_0 + jX_0 \tag{2・28}$$

$$\left.\begin{array}{l} R_0 = \left[\dfrac{1}{2} \sqrt{\dfrac{R^2 + \omega^2 L^2}{G^2 + \omega^2 C^2}} + \dfrac{1}{2} \left(\dfrac{RG + \omega^2 LC}{G^2 + \omega^2 C^2} \right) \right]^{1/2} \\[2ex] X_0 = \mp \left[\dfrac{1}{2} \sqrt{\dfrac{R^2 + \omega^2 L^2}{G^2 + \omega^2 C^2}} - \dfrac{1}{2} \left(\dfrac{RG + \omega^2 LC}{G^2 + \omega^2 C^2} \right) \right]^{1/2} \end{array}\right\} \tag{2・29}$$

X_0 の右辺の複号は，$R/L > G/C$ のときには負号を，逆の場合には正号をとるが，実際の線路では通常 $X_0 < 0$ である．式 (2・20) の条件が成り立つときには次のようになる．

$$Z_0 \fallingdotseq \sqrt{\frac{L}{C}} \left\{ 1 \mp j \frac{1}{2\omega} \left(\frac{R}{L} - \frac{G}{C} \right) \right\} \tag{2・30}$$

なおまた，R, L, C, G を線路の**一次定数**というのに対し，$\gamma = \alpha + j\beta$ と $Z_0 = R_0 + jX_0$ を**二次定数**という．

---

* 同一方向への進行波という意味は，いまの場合は反射波（後述）がなく，x 方向の波だけという意味である．

〔4〕 無 損 失 線 路

実際の線路では，γ と Z_0 は式 (2·21) 並びに式 (2·30) のように近似されるが，さらに理想化して

$$R=0, \quad G=0 \tag{2·31}$$

すなわち，無損失と考えても，短い線路では普通差し支えない．これを**無損失線路**という．無損失線路は，損失のある線路の理解を助けるという意味でも重要である．式 (2·31) の成り立つ場合に，線路の二次定数を求めると，式 (2·15)，(2·28) の各式から

$$Z_0=\sqrt{\frac{L}{C}}, \quad \gamma=j\omega\sqrt{LC}, \quad \alpha=0, \quad \beta=\omega\sqrt{LC} \tag{2·32}$$

を得る．したがって

$$\gamma=j\beta=j\frac{2\pi}{\lambda} \tag{2·33}$$

となる．また，位相速度は式 (2·18) から次のようになる．

$$v_p=\frac{1}{\sqrt{LC}} \tag{2·34}$$

〔5〕 無ひずみ条件と無ひずみ線路

半無限長線路の送端に電気量（例えば，電圧）$f_1(t)$ を加え，ある点において測った同じ電気量が $f_2(t)$ であったとする．$f_1(t)$ と $f_2(t)$ が次の条件を満たすとき，その線路は無ひずみであるといい，その線路を**無ひずみ線路**という．

$$f_2(t)=Kf_1(t-\tau), \quad K>0, \quad \tau>0 \tag{2·35}$$

そのために，α と β は第1章の 例題 1·7 に述べたように

$$\alpha=K'>0, \quad \beta=\omega\tau \tag{2·36}$$

でなければならない．分布 RLCG 回路について，無ひずみであるための条件（無ひずみ条件）を求めると，すぐあとの 例題 2·1 に示すように，次のようになる．

$$RC=LG \quad \left(\text{あるいは} \quad \frac{L}{C}=\frac{R}{G}\right) \tag{2·37}$$

例題 2·1 分布 $RLCG$ 回路について，無ひずみであるために R, L, C, G の満たすべき条件を求めよ．

〔解〕 α と β は式 (2·15) より,次のとおりであった.

$$\begin{matrix}\alpha\\\beta\end{matrix} = \left[\frac{1}{2}\sqrt{(R^2+\omega^2L^2)(G^2+\omega^2C^2)} \mp \frac{1}{2}(\omega^2LC-RG)\right]^{1/2} \quad (2\cdot38)$$

α が周波数に無関係に一定であるから,それは上の式で $\omega=0$ と置いた値とも一致する.上の式で $\omega=0$ と置くと

$$\alpha = \sqrt{RG} \quad (2\cdot39)$$

となる.これが式 (2·38) の α と等しいためには,次の恒等式が成り立つ.

$$RG = \frac{1}{2}\sqrt{(R^2+\omega^2L^2)(G^2+\omega^2C^2)} - \frac{1}{2}(\omega^2LC-RG) \quad (2\cdot40)$$

$$\therefore \quad (RG+\omega^2LC)^2 = \omega^4L^2C^2 + \omega^2(R^2C^2+L^2G^2) + R^2G^2$$

$$2RGLC\omega^2 = (R^2C^2+L^2G^2)\omega^2$$

$$(RC-LG)^2 = 0, \quad \therefore \quad RC = LG \text{(無ひずみ条件)} \quad (2\cdot41)$$

β について,この条件を求めても同じ結果となり,β と Z_0 は次のようになる.

$$\beta = \omega\sqrt{LC}, \quad Z_0 = \sqrt{\frac{L}{C}} = \sqrt{\frac{R}{G}} \quad (2\cdot42)$$

〔注意〕 上の例題で,α だけから無ひずみ条件が求められ,β からは新しい条件は求まらなかった.これは,回路理論に出てくる関数 Z や γ などでは,実部と虚部とは独立でなく*,上の $\varGamma=\alpha+j\beta$ の場合は,一方から他方が完全に決まるからである.したがって,α だけから条件が求められても偶然ではない.

〔6〕 **基本解,一般解**

先にも述べたように,分布 RLCG 回路における二つの関数

$$\phi_1 = e^{j\omega t - \gamma x} \qquad \phi_2 = e^{j\omega t + \gamma x} \quad (2\cdot43)$$

を**基本解**という.波動方程式のように,二次の微分方程式では,互いに独立な二つの基本解を ϕ_1, ϕ_2 とすると,一般解は次のように表される.

$$f = K_1\phi_1 + K_2\phi_2 \quad (2\cdot44)$$

〔注〕 分布 RLCG 回路の基本解には,上記のほかに次のものがある.
$(e^{\gamma x+j\omega t}, e^{\gamma x-j\omega t})$, $(e^{\gamma x}\cos\omega t, e^{\gamma x}\sin\omega t)$, $(e^{j\omega t}\cosh\gamma x, e^{j\omega t}\sinh\gamma x)$

以下,二,三の分布定数回路の基本解(特性インピーダンス)を示そう.

(a) 分布 RC 回路 (トムソン(Thomson) ケーブル)

$$\phi_{RC1}, \phi_{RC2} = e^{j\omega t \mp \sqrt{j\omega RC}\cdot x} \qquad (Z_0 = \sqrt{j\omega RC}) \quad (2\cdot45)$$

(b) 無ひずみ線路

$$\phi_1, \phi_2 = e^{j\omega t \mp (\sqrt{RG}+j\omega\sqrt{LC})x} \qquad (Z_0 = \sqrt{L/C}) \quad (2\cdot46)$$

---

* 巻末付録,特に式 (A·9) コーシ・リーマン (Cauchy-Riemann) の方程式参照.

2・4 基本解，伝搬定数と特性インピーダンス

(c) 同軸ケーブル

$$\left.\begin{aligned}&\phi_1, \quad \phi_2 = e^{j(\omega t \mp h(\omega))x} \\ &h(\omega) = \sqrt{\varepsilon_2 \mu_2}\sqrt{1+j\delta}\,(\omega + \sqrt{j\omega \Delta k}\,) \\ &\delta = \frac{\sigma_2}{\varepsilon_2 \omega} \approx 0 \\ &\sqrt{\Delta k} = \frac{1}{2\mu_2}\left(\sqrt{\frac{\mu_1}{\sigma_1}}\frac{1}{a_1} + \sqrt{\frac{\mu_3}{\sigma_3}}\frac{1}{a_2}\right)\frac{1}{\log\frac{a_2}{a_1}}\end{aligned}\right\} \quad (2\cdot47)$$

ただし，$a_1, a_2, \mu_1, \sigma_1, \varepsilon_2, \mu_2, \mu_3, \sigma_3$は**図2・5**のとおりである．$\delta=0$とすると

$$\left.\begin{aligned}&h(\omega) = \frac{1}{c_2}(\omega + \sqrt{j\omega \Delta k}\,) \\ &c_2 = \frac{1}{\sqrt{\varepsilon_2 \mu_2}}\text{（絶縁物内の光速）}\end{aligned}\right\} \quad (2\cdot48)$$

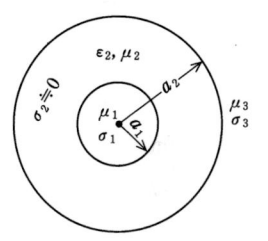

図 2・5 同軸ケーブル

x の正方向の波だけを考えて

$$\tau \triangleq t - \frac{x}{c} \quad (2\cdot49)$$

として，τ を**遅延時間**（retarded time）という．τ を用いると

$$\phi_1 = e^{j\omega\tau - \sqrt{j\omega K}\,x}, \quad K = \sqrt{\frac{\Delta k}{c}} \quad (2\cdot50)$$

となって，これは分布 RC 回路の基本解と同じ形をしている．

(d) 電波・音波　電波や音波が平面波として空中を伝搬するときの基本解も，無損失 $(R=G=0)$ 線路の基本解と同じ形をしている．

〔7〕 線路定数の例

〔例1〕　図2・6のような平行二線式線路では

$$\left.\begin{aligned}&L \fallingdotseq 0.92 \log_{10}\frac{b}{a} \quad [\mu\text{H/m}] \\ &C \fallingdotseq \frac{12}{\log_{10}(b/a)} \quad [\text{pF/m}]\end{aligned}\right\} \quad (2\cdot51)$$

となり，したがって式 (2・32) から

$$Z_0 \fallingdotseq 277 \log_{10}\frac{b}{a} \quad [\Omega] \quad (2\cdot52)$$

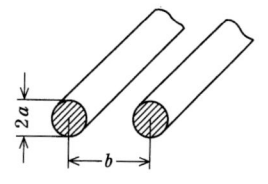

図 2・6 平行二線式線路

となる．Z_0の値は普通数百Ω程度であり，v_pは光速度に等しい．

〔例2〕　0.5 mm 対ケーブル（市内電話用）20℃，1 kHz に対して

$R = 167\,\Omega/\text{km}, \quad L = 0.49\,\text{mH/km}, \quad G = 1.66\,\mu\Omega/\text{km}$

$C = 50.8 \, \text{m}\mu\text{F/km}, \quad Z_0 = 722 \angle -44°20'$

$\alpha = 0.162 \, \text{Np/km} = 1.42 \, \text{dB/km}, \quad \beta = 0.164 \, \text{rad/km}$

一次定数, 特に R, G は実は定数でなく, 周波数が高くなると大きくなる. dB 単位で示した α の値は, 進行波の振幅が, l [km] で $10^{-1.42l/20} = e^{-1.42l/8.69} = e^{-0.162l}$ 倍に減衰することを意味する.

〔例3〕 154 kV 三相三線式送電線路で公称断面積 410 mm^2 の鋼心アルミより線 (54/3.1) を用いた場合, 線間距離を 5 m とすると, 20°C, 50 Hz での 1 線当たりの線路定数は次のようになる.

$R = 0.0721 \, \Omega/\text{km}, \quad L = 1.22 \, \text{mH/km}, \quad C = 9.43 \times 10^{-3} \, \mu\text{F/km}$

送電線の場合, G は普通無視されている. これより二次定数を求めると

$Z_0 = 363 \angle -5°20'$

$\alpha = 0.998 \times 10^{-4} \, \text{Np/km} = 0.87 \times 10^{-3} \, \text{dB/km}$

$\beta = 0.00107 \, \text{rad/km}$

となる.

その他の例については, 電気工学ハンド・ブック (電気学会編), 電子通信ハンドブック (電子情報通信学会編) を参照されたい.

2・5 境界条件, 境界条件による解の決定

本節では, 正弦波 $e^{j\omega t}$ (実部が $\cos \omega t$, 虚部が $\sin \omega t$ でともに正弦波) に対し, 簡単な境界条件のもとにおける解を求める. 一般には, フーリエ変換を用いなければならないが, そのような場合については, 章末の 2・11 節に述べる.

さて, 伝搬方程式の一般解は先に述べたように, 次のようになった (暗記されたい).

$$\left. \begin{aligned} V(x)\,e^{j\omega t} &= (K_1 e^{-\gamma x} + K_2 e^{\gamma x})\,e^{j\omega t} \\ I(x)\,e^{j\omega t} &= \left(\frac{K_1}{Z_0} e^{-\gamma x} - \frac{K_2}{Z_0} e^{\gamma x} \right) e^{j\omega t} \\ \gamma &= \sqrt{(R+j\omega L)(G+j\omega C)}, \quad Z_0 = \sqrt{\frac{R+j\omega L}{G+j\omega C}} \end{aligned} \right\} \quad (2\cdot53)$$

定数 K_1, K_2 は境界条件によって決定される. きわめて簡単な境界条件として, 次のような場合を考える.

いま, $x = 0$ における電圧と電流が定数で* 分かったと仮定し

$$V(0) = V_1, \quad I(0) = I_1 \quad (2\cdot54)$$

---

* V_1, I_1 が定数ではなく, $V(0) = f(t), I(0) = g(t)$ の場合については 2・11 節参照.

とする.これを式 (2·53) に適用すると

$$V_1 = K_1 + K_2, \quad I_1 = \left(\frac{1}{Z_0}\right)(K_1 - K_2)$$

$$\therefore \quad K_1 = \frac{1}{2}(V_1 + Z_0 I_1), \quad K_2 = \frac{1}{2}(V_1 - Z_0 I_1)$$

したがって,式 (2·53) は次のようになる.

$$\left.\begin{array}{l} V(x) = \dfrac{1}{2}(V_1 + Z_0 I_1)e^{-\gamma x} + \dfrac{1}{2}(V_1 - Z_0 I_1)e^{\gamma x} \\ I(x) = \dfrac{1}{2Z_0}(V_1 + Z_0 I_1)e^{-\gamma x} - \dfrac{1}{2Z_0}(V_1 - Z_0 I_1)e^{\gamma x} \end{array}\right\} \quad (2 \cdot 55)$$

この式は,未定定数 K_1 と K_2 の代わりに V_1 と I_1 にしたものといえる.公式

$$e^{\pm \gamma x} = \cosh \gamma x \pm \sinh \gamma x \quad (2 \cdot 56)$$

を用いると,式 (2·55) は次のようになる.

$$\left.\begin{array}{l} V = V_1 \cosh \gamma x - Z_0 I_1 \sinh \gamma x \\ I = -\left(\dfrac{V_1}{Z_0}\right)\sinh \gamma x + I_1 \cosh \gamma x \end{array}\right\} \quad (2 \cdot 57)$$

これは x に関する基本解を,$\phi_{x1} = \cosh \gamma x$,$\phi_{x2} = \sinh \gamma x$ として

$$v(x, t) = (K_1 \cosh \gamma x + K_2 \sinh \gamma x)e^{j\omega t}$$

なる一般解を用いた式に当たる(読者は試みられよ).

なお,長さ l の伝送線を二端子対網と見たときの式を求めておくと便利である.それを求めるには,式 (2·57) において,V_1 と I_1 をそれぞれ V_2 並びに $\vec{I}_2$ に,V と I をそれぞれ V_1 と I_1 に,x を $-x = -l$ と置き換えればよい.

$$\left.\begin{array}{l} V_1 = V_2 \cosh \gamma l + Z_0 \vec{I}_2 \sinh \gamma l \\ I_1 = \left(\dfrac{V_2}{Z_0}\right)\sinh \gamma l + \vec{I}_2 \cosh \gamma l \end{array}\right\} \quad (2 \cdot 58\,\text{a})$$

行列によって表すと次のようになる.

$$\begin{bmatrix} V_1 \\ I_1 \end{bmatrix} = \begin{bmatrix} \cosh \gamma l & Z_0 \sinh \gamma l \\ Z_0^{-1} \sinh \gamma l & \cosh \gamma l \end{bmatrix} \begin{bmatrix} V_2 \\ \vec{I}_2 \end{bmatrix} \quad (2 \cdot 58\,\text{b})$$

定常現象における境界条件は,次の三つの場合を考えればよい.
(ⅰ) 両無限長線路, (ⅱ) 半無限長線路, (ⅲ) 有限長線路.
本節には,これら三つの場合の境界条件の扱いと解の決定について述べる.

〔1〕 両無限長線路

図2·7(a) のように,両方向に無限に長い線路において,$x=0$ なる点Aに内部インピーダンス Z の電圧源 $Ee^{j\omega t}$ を加えたとする.この場合の解析方法として,次の二つがある.

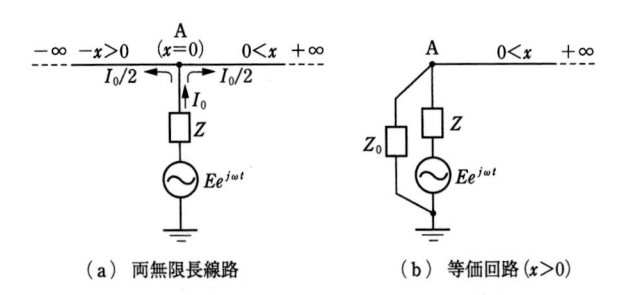

図2·7 両無限長線路と $x>0$ の領域に対する等価回路
(a) 両無限長線路　(b) 等価回路 ($x>0$)

（i） 電源から流れ出る電流を I_0 とし,点Aで左右に $I_0/2$ ずつ分かれるとして,片方ずつ解析する.もちろん,一方だけ解析すれば他方は同様である.

（ii） 半無限長線路の入力インピーダンスは,2·4節〔3〕項に述べたように,その線路の特性インピーダンス Z_0 に等しいから,図(b) のように,一方を等価なインピーダンス Z_0 と置き換える.以下は半無限長線路の解析と同様である.

結局,両無限長線路の解析は,半無限長線路の取扱いと同様で,送端における境界条件だけ多少変更すればよい.

〔2〕 半無限長線路と非正弦波電源の印加

図2·8のように,半無限長線路に正弦波電圧源を加えた場合の解は 2·4節〔3〕項に述べたように,次のようになる.

$$V(x)e^{j\omega t} = \frac{Ee^{-\gamma(j\omega)x+j\omega t}}{1+Z(j\omega)/Z_0(j\omega)}$$

$$I(x)e^{j\omega t} = \frac{Ee^{-\gamma(j\omega)x+j\omega t}}{Z_0(j\omega)+Z(j\omega)}$$

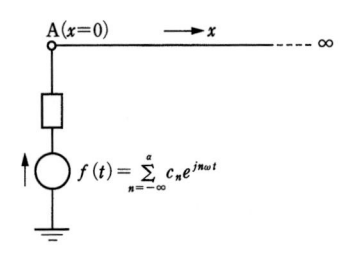

図2·8 半無限長線路と非正弦波電源

ここでは,第1章に述べられている非正弦周期関数波電圧源を加えた場合を考えよう.まず,電圧源 $v_0(t)$ が周期関数の場合を考える.$v_0(t)$ のフーリエ展開が

次のようであるとする．

$$v_0(t) = \sum_{n=-\infty}^{\infty} c_n e^{jn\omega t} \tag{2・59}$$

これを印加した場合と，正弦波 $Ee^{j\omega t}$ を印加した場合を考え合わせると

$Ee^{j\omega t}$ に対しては
$$v(x,t) = \frac{Ee^{-\gamma(j\omega)x + j\omega t}}{1 + Z(j\omega)/Z_0(j\omega)}$$

$c_n e^{jn\omega t}$ に対してならば
$$v_n(x,t) = \frac{c_n e^{-\gamma(jn\omega)x + jn\omega t}}{1 + Z(jn\omega)/Z_0(jn\omega)}$$

したがって，$v_0(t)$ に対する $v(x,t)$ は，重ね合わせの理より次のようになる．

$$v(x,t) = \sum_{n=-\infty}^{\infty} \frac{c_n e^{-\gamma(jn\omega)x + jn\omega t}}{1 + Z(jn\omega)/Z_0(jn\omega)} \tag{2・60}$$

> **例題 2・2** 上記の問題において $v_0(t)$ が非周期関数で，そのスペクトルを $F(\omega)$ とするとき，$v(x,t)$ を求めよ．

〔解〕 $\dfrac{1}{\sqrt{2\pi}} \displaystyle\int_{-\infty}^{\infty} \left[\dfrac{F(\omega) e^{j\omega t}}{1 + Z(j\omega)/Z_0(j\omega)} \right] d\omega$

〔3〕 有限長線路と反射現象

図 2・9(a) のような有限長線路の解析には，点 A から左の回路 N と等価な電圧源（または電流源）を求め*，一方，点 B から右に接続されているすべての回路を合成した等価インピーダンス Z_l を計算し，図(a) の全回路と等価な図(b) の回路を考えればよい．いまの場合の Z_l は次のとおりである．

$$Z_l = \{Z_{l1}^{-1} + (Z_{l2} + Z_0')^{-1}\}^{-1} \tag{2・61}$$

また，等価電圧源は，回路 N の内部インピーダンスを Z，N を点 A で開放し

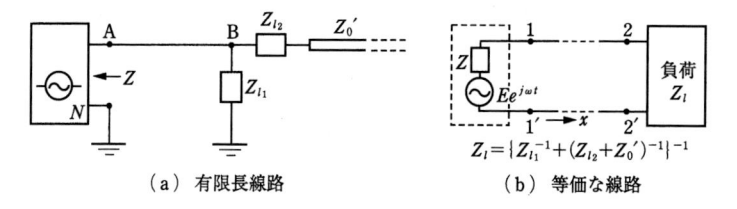

(a) 有限長線路 (b) 等価な線路

図 2・9 有限長線路

---
* 電源を含んだ回路を一つの電源とみなす（これを等価電圧（流）と呼ぼう）．等価電源の求め方は，第1巻, p.159, 8・4節, 等価電源（等価電圧源及び等価電流源）の定理を参照．

たときのAの電位を $Ee^{j\omega t}$ とすると，図(b) の破線内のようになる．

以下点A，Bにおける端子対を 1-1′ 並びに 2-2′ としよう．このときの境界条件は，次の二つである．

(i) $x=0$ で $V_1 = E - ZI_1$，ただし，$V_1 = V(0)$，$I_1 = I(0)$
(ii) $x=l$ で $V_2 = Z_l I_2$，ただし，$V_2 = V(l)$，$I_2 = I(l)$

これを一般解，すなわち式 (2・53) に適用すると，K_1 と K_2 が求められる．いま，終端条件である条件 (ii) だけを適用してみよう．

$$K_1 e^{-\gamma l} + K_2 e^{\gamma l} = \frac{Z_l}{Z_0}(K_1 e^{-\gamma l} - K_2 e^{\gamma l})$$

$$\therefore \quad \frac{K_2}{K_1} = \frac{Z_l - Z_0}{Z_l + Z_0} e^{-2\gamma l}, \qquad K_2 = \rho e^{-2\gamma l} K_1 \qquad (2 \cdot 62)$$

$$\text{ただし，} \rho \triangleq \frac{Z_l - Z_0}{Z_l + Z_0} \quad \text{（後述の反射係数）} \qquad (2 \cdot 63)$$

したがって，式 (2・53) は次のように書き表される．

$$\left.\begin{array}{l} V(x) = K_1(e^{-\gamma x} + \rho e^{-2\gamma l} \cdot e^{\gamma x}) \\[4pt] I(x) = \dfrac{K_1}{Z_0}(e^{-\gamma x} - \rho e^{-2\gamma l} \cdot e^{\gamma x}) \end{array}\right\} \qquad (2 \cdot 64)$$

なお，$V(x)$，$I(x)$ を，終端 $x=l$ なる点から測った距離 $y=l-x$ を用いて書き表しておくと便利である．そのために，x の代わりに $x=l-y$ を上の式に代入すると，次のようになる．

$$\left.\begin{array}{l} V(y) = K_1(e^{-\gamma(l-y)} + \rho e^{-2\gamma l} \cdot e^{\gamma(l-y)}) \\[4pt] I(y) = \dfrac{K_1}{Z_0}(e^{-\gamma(l-y)} - \rho e^{-2\gamma l} \cdot e^{\gamma(l-y)}) \end{array}\right\} \qquad (2 \cdot 65)$$

この式はまた，次のように書き表される．

$$\left.\begin{array}{l} V(y) = K_1 e^{-\gamma l}(e^{\gamma y} + \rho e^{-\gamma y}) = K_1'(e^{\gamma y} + \rho e^{-\gamma y}) \\[4pt] I(y) = \dfrac{K_1}{Z_0} e^{-\gamma l}(e^{\gamma y} - \rho e^{-\gamma y}) = \dfrac{K_1'}{Z_0}(e^{\gamma y} - \rho e^{-\gamma y}) \\[4pt] \text{ただし，} K_1' \triangleq K_1 e^{-\gamma l} \end{array}\right\} \qquad (2 \cdot 66)$$

2・6 反射現象と定在波

〔1〕 反射現象と反射係数

先に 2・4 節〔2〕項で述べられているように，式 (2・16) の右辺第 1 項，すなわち K_1 の乗じられている項は，x 方向への進行波，第 2 項の K_2 の乗じられている項は x と逆方向への進行波である．式 (2・53) についていうと，$K_1 e^{-\gamma x}$ と $K_1 e^{-\gamma x}/Z_0$ は x 方向へ，$K_2 e^{\gamma x}$ と $-K_2 e^{\gamma x}/Z_0$ は，x の逆方向へと進む波である．$x=0$ なる点に電源を加えても，x 方向へ進む波と逆方向に進む波が生ずるのは，$x=0$ なる点から励振された波が，どこかで反射して引き返すからである．点 x における両進行波の比 ρ_x を

$$\rho_x \triangleq \frac{K_2 e^{\gamma x}}{K_1 e^{-\gamma x}} = \frac{K_2}{K_1} e^{2\gamma x} \qquad (2・67)$$

と置いて，これを点 x における**反射係数** (reflection coefficient) という．

図 2・9(b) のように，$x=l$ で Z_l なる負荷で終端した場合の ρ_x を求めてみると，式 (2・64) から

$$\rho_x = \frac{\rho e^{-2\gamma l} \cdot e^{\gamma x}}{e^{-\gamma x}} = \rho e^{-2\gamma(l-x)} = \rho e^{-2\gamma y} \qquad (2・68)$$

終端の 2-2′ の地点における反射係数は，上の式で $y=0$ と置くことにより

$$\rho_l = \rho \qquad (2・69)$$

となる．もし，$Z_l = Z_0$ ならば

$$\rho = 0$$

となるから，反射が生じないことが分かる．すなわち，**特性インピーダンス Z_0 の線路を $Z_l = Z_0$ なる負荷で終端しても，反射は生じない**．なお，$Z_l = Z_0$ で終端することは，特性インピーダンス Z_0 の半無限長線路を接続することも含まれる．

要するに反射は，線路の特性インピーダンスと相異なるインピーダンスの回路を線路に接続したとき，接続点で発生するものである．式 (2・67) は，点 x より先の回路（長さ $l-x$ の線路を Z_l で終端した回路）と等価なインピーダンス Z_l' (**図 2・10** 参照) で線路を終端したときの反射係数である．これについては，

[例題] 2·2 を参照されたい.

再び図 2·9 の回路について考える. 以下, x 方向 ($-y$ 方向) を東, $-x$ 方向 (y 方向) を西と呼ぶことにする (地図と同じ方向づけ). この図の回路の場合, 式 (2·66) において, V_i, I_i, V_r, I_r をそれぞれ

$$V_i \triangleq K_1', \qquad V_r \triangleq K_1'\rho$$

$$I_i \triangleq \frac{K_1'}{Z_0} = \frac{V_i}{Z_0}, \qquad I_r \triangleq \left(\frac{K_1'}{Z_0}\right)\rho = \frac{V_r}{Z_0}$$

と置くと, この式は次のようになる.

$$V(y) = V_i e^{\gamma y} + V_r e^{-\gamma y}, \qquad I(y) = I_i e^{\gamma y} - I_r e^{-\gamma y} \qquad (2\cdot70)$$

右辺第1項は東行, 第2項は西行の波である. この式で $y=0$ と置くと, 図 2·10 に示されているように, 終端 2-2' における東行, 西行の波を表し, これらをそれぞれ**入射波** (incident wave) 並びに**反射波** (reflected wave) という. $V(y)|_{y=0}$ 並びに $I(y)|_{y=0}$ は, 2-2' で負荷にかかる電圧と電流で, これを**透過波** (transmitted wave) という. これらはそれぞれ次のようになる.

入射波 V_i, $I_i = \dfrac{V_i}{Z_0}$

反射波 V_r, $I_r = \dfrac{V_r}{Z_0}$

透過波 V_t, $I_t = \dfrac{V_t}{Z_l}$

$$\left.\begin{array}{l} V_t = V_i + V_r, \qquad V_r = \rho V_i \\ I_t = I_i - I_r, \qquad I_r = \rho I_i \end{array}\right\} \qquad (2\cdot71)$$

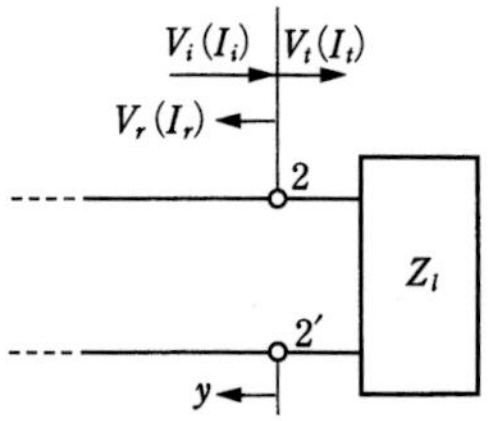

図 2·10 反射現象

ρ は反射波と入射波の比で

$$\rho = \frac{V_r}{V_i} = \frac{Z_l - Z_0}{Z_l + Z_0} \qquad (2\cdot72)$$

であり, これは Z_l と Z_0 によって決まる. これを $\boldsymbol{Z_l}$ の $\boldsymbol{Z_0}$ に対する反射係数と呼ぶ. これに対し, 透過波と入射波の比

$$\frac{V_t}{V_i} = \frac{V_i + V_r}{V_i} = (1+\rho), \qquad \left[\frac{I_t}{I_i} = \frac{I_i - I_r}{I_i} = (1-\rho)\right] \qquad (2\cdot73)$$

を, **電圧 (電流) 透過係数** 〔voltage (current) transmission coefficient〕という.

例題 2・3 図 **2・11** において，受端 2-2′ における反射係数を

$$\rho = \frac{Z_l - Z_0}{Z_l + Z_0} \qquad (2\cdot74)$$

とすると，点 x では

$$\rho_x = \rho e^{-2\gamma y}, \qquad y = l - x$$

となる．いま，図のように，x より先に見たインピーダンス $V(x)/I(x)$ を $Z_l{}'$ とすると，ρ_x は $Z_l{}'$ の Z_0 に対する反射係数であることを示せ．

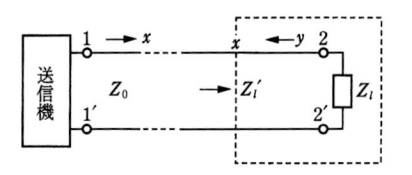

図 **2・11** 点 x における等価負荷

〔解〕 まず，$Z_l{}' \triangleq V(x)/I(x)$ を計算する．

$$Z_l{}' = \frac{V(x)}{I(x)} = \frac{K_1(e^{-\gamma x} + \rho e^{-2\gamma l} \cdot e^{\gamma x})}{\dfrac{K_1}{Z_0}(e^{-\gamma x} - \rho e^{-2\gamma l} \cdot e^{\gamma x})} = \frac{Z_0(1 + \rho e^{-2\gamma y})}{(1 - \rho e^{-2\gamma y})} \qquad (2\cdot75)$$

この $Z_l{}'$ を，$\rho_x = (Z_l{}' - Z_0)/(Z_l{}' + Z_0)$ に代入する．

$$\rho_x = \frac{(1 + \rho e^{2\gamma y})/(1 - \rho e^{-2\gamma y}) - 1}{(1 + \rho e^{2\gamma y})/(1 - \rho e^{-2\gamma y}) + 1} = \frac{1 + \rho e^{-2\gamma y} - 1 + \rho e^{-2\gamma y}}{1 + \rho e^{-2\gamma y} + 1 - \rho e^{-2\gamma y}}$$

$$= \rho e^{-2\gamma y} = \rho e^{-2\gamma(l-x)} \qquad (2\cdot76)$$

〔2〕 電力の伝送

点 $y = l - x$ から右に送られる電力 P_y を計算してみよう．$V_{yi}, I_{yi}, V_{y\gamma}, I_{y\gamma}$ をそれぞれ点 y における入射電圧，入射電流，反射電圧並びに反射電流とすると

$$\left. \begin{array}{l} V_y = V_{yi}(1 + \rho_y) = V_i(e^{\gamma y} + \rho e^{-\gamma y}) \\ Z_0 I_y = V_{yi}(1 - \rho_y) = V_i(e^{\gamma y} - \rho e^{-\gamma y}) \end{array} \right\} \qquad (2\cdot77)$$

であるから

$$P_y = \mathrm{Re}\,(\bar{V}_y I_y) = \mathrm{Re}\,[\bar{V}_i(V_i/Z_0)(e^{\bar{\gamma} y} + \bar{\rho} e^{-\bar{\gamma} y})(e^{\gamma y} - \rho e^{-\gamma y})] \qquad (2\cdot78)$$

と表される．線路が無損失の場合を含み，一般に Z_0 が実数の場合について，この計算を行うと

$$P_y = Z_0^{-1}(|V_i|^2 e^{2\alpha y} - |V_\gamma|^2 e^{-2\alpha y}) = |V_{yi} I_{yi}| - |V_{y\gamma} I_{y\gamma}| \qquad (2\cdot79)$$

$$= |V_{yi} I_{yi}|(1 - |\rho_y|^2) \qquad (2\cdot80)$$

となる．式 (2・79) は，点 y から右に送られる電力は，二つの進行波による電力の差であることを示している．図 **2・12** にこのようすが図示されている．

いま，$y = l$ の点に送端があり

$$P_1 = P_{y=l}, \qquad P_2 = P_{y=0} \qquad (2\cdot81)$$

とすると，P_2/P_1 は電力伝送の能率を表し，式 (2·80) から

$$\frac{P_2}{P_1} = \frac{1-|\rho|^2}{e^{2\alpha l}(1-|\rho|^2 e^{-4\alpha l})} \tag{2·82}$$

と表される．αl は線路によって定まっているから，右辺は $\rho=0$，すなわち整合がとれているときに最大となることが容易に計算される．このことはまた，図2·12の考察からも，容易に見ることができる．

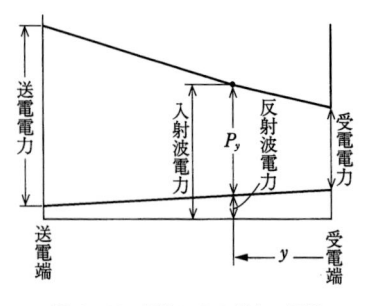

図 2·12 線路による電力の伝送

〔3〕 **定在波と定在波比**

（a） **定在波**　図2·13に示されている回路において，$x=0$ なる点 A で，内部インピーダンスが線路の特性インピーダンスに等しい電流源により励振されているとする．このとき左からの反射波はない．一方，点 B において接続されているすべての線路や回路の合成インピーダンスを Z_l とする．図2·13の場合の Z_l は

$$Z_l = ((Z_l')^{-1} + (Z_0')^{-1})^{-1} \tag{2·83}$$

となる．なお，線路は無損失であるとする．このとき $\beta = \omega\sqrt{LC} = \omega/c$ である．

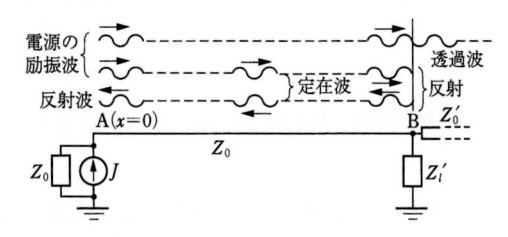

図 2·13 反射波による定在波の発生

電源により東行（右方）に $I_i e^{j(\omega t - \beta x)}$ なる波が送られているとすると，$x=l$ なる点において，インピーダンスの不整合（$Z_0 = Z_l$ でないこと）のために

反射波：$I_r e^{j(\omega t + \omega x/c)} = \rho I_i e^{j\omega(t + x/c)}$　　　(2·84)

透過波：$(1-\rho) I_i e^{j\omega(t - x/c)}$　　　(2·85)

なる反射波と透過波があったとする．$0 < x < l$ なる区間における波は，次の二つと考えることができる（**図2·14**参照）．

2・6 反射現象と定在波

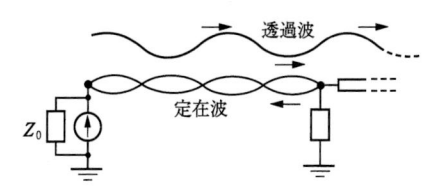

図 2・14 定在波の腹と節

$$f_t(\omega, t) = I_i(1-\rho)\, e^{j\omega(t-x/c)} : 励振波で東行進行波, Z_l へ透過$$

$$f_s(\omega, t) = \rho I_i(e^{j\omega(t-x/c)} + e^{j\omega(t+x/c)}) : 第1項は励振波で東行$$
$$第2項は反射波で西行$$

$f_s(\omega, t)$ のほうは，次のようにも書き表すことができる．

$$f_s(\omega, t) = \rho I_i(e^{-j\omega x/c} + e^{j\omega x/c})\, e^{j\omega t} = 2\rho I_i \cos(\omega x/c)\, e^{j\omega t} \qquad (2・86)$$

$$f_s(\omega, t) = A e^{j\omega t}, \quad ただし\ A \cong 2\rho I_i \cos(\omega x/c) \qquad (2・87)$$

すなわち，f_s は振幅 $A = 2\rho I_i \cos(\omega x/c)$ なる正弦波振動となり，右にも左にも進行しない．これを**定在波** (standing wave) という．定在波は**振動**と同意義であって，次に述べる**節**（フシ）といわれる点では常に 0 で，**腹**といわれる点では最も大きく振動する．

(節) $A=0$ の点，$\cos(\omega x/c) = 0$ であるから，

$$\frac{\omega x}{c} = \left(\frac{1}{2} + n\right)\pi.$$

$\omega = 2\pi f,\ c/f = \lambda$ であるから

$$x = \frac{\lambda}{4},\ \frac{3\lambda}{4},\ \frac{5\lambda}{4},\ \cdots \qquad (2・88)$$

(腹) A が最大の点，すなわち $\cos(\omega x/c) = 1$ の点．これから

$$x = \frac{\lambda}{2}, \lambda, \frac{3\lambda}{2}, \cdots \qquad (2・89)$$

(b) **定在波比** $0 < x < l$ の区間における電圧の振幅と最大値と最小値の比を**電圧定在波比** (voltage standing wave ratio) という．最大値 $V_{\max}$ は励振波の最大値 V_i と反射波の最大値 ρV_i の和で，次のとおりである．

$$|V_{\max}| = |V_i|(1+|\rho|) \qquad (2・90)$$

一方，最小値 $V_{\min}$ は，定在波の節となるところで，ここでは励振波の中の透過

波の部分だけであるから

$$|V_{\min}| = |V_i|(1-|\rho|) \qquad (2\cdot 91)$$

となる．したがって，定在波比 σ は次のようになる．

$$\sigma \triangleq \left|\frac{V_{\max}}{V_{\min}}\right| = \frac{1+|\rho|}{1-|\rho|}, \quad (\text{ただし，} \rho \text{は点 } x=l \text{ における反射係数}) \qquad (2\cdot 92)$$

〔4〕 **反射波や定在波の功罪***

（a） **反射波の利用** 電波探知（レーダ（電波探知器）radar）などは，積極的な反射波の利用である．音では魚群探知，海の測深，金属の探傷，超音波診断などは，すべて反射波の利用である．

（b） **反射波や定在波の害** 新しい高層建築物ができた場合や，送電線の鉄塔ができたために，反射電波によりテレビジョンの画面が乱れることがある．

音については，建築音響学上重要な問題として反射波と定在波の問題がある．講義や音楽を聞く場合，直接来る音と後の壁からの反射音によって定在波が生じると，腹の位置にいる人にはその音が大きく聞こえ，節の位置にいる人にはその音があまり聞こえない．人の声には $20 \sim 5 \times 10^3$ Hz の帯域，音楽には $0 \sim 2 \times 10^4$ Hz の帯域があるから，それぞれの座席にいる人には，それぞれある音は大きく，他のある音は小さく聞こえることになる．したがって，音がくずれると感じる．この点野外音楽堂には反射の心配はない．

また，直接くる音 $V_a e^{j(\omega t - \beta x)}$ と，横または上から反射してくる音 $V_b e^{j(\omega t - \beta y)}$ の両者が加わると，行程差 $x-y$ の如何によって，両方の音の位相が合って強めあったり，逆位相になって弱めあったり，またはその中間的な結果になる．この現象も周波数によって異なるから，音がくずれて聞こえる．

（c） **反射の防止** 式（2·72）または（2·75）の反射係数を0にすればよく，それには境界（接続点）で左右を見たインピーダンスを相等しくすればよい．そのようになっていることを**インピーダンス整合****（インピーダンスマッチング，impedance matching）**している**，または単に**整合している**という（次節参照）．

〔注〕 **インピーダンス整合と無反射終端** 後述の図2·15のように，Z_{01} の回路と Z_{02} の回路を（整合回路 Z_x を挿入することによって）整合する場合は，Z_{01} の回路の側から見ても，Z_{02} の回路側から見ても，ともに整合をとらなければならない．これを，Z_{01} と Z_{02} の整合と呼ぼう．これに対し，図2·17のように，導波管からの電波（または空中からの電波）が反射しないようにすることを**無反射終端**と呼ぶ．この場合は，導波管の側（空気の側）からの電波に対する整合だけを考えればよい．

なお，電源と負荷の整合という場合は，第1巻8章の式（8·20）の成立する場合をいう．この場合は，波形のひずみを考える必要がなく，電源から最大の電力を取り出すことを目的とする場合の整合である．例えば，電源から被変調波（まだ変調されていない波）を取り出すような場合である．

---

* 波というものに対する常識を養うつもりで一読されたい．
** 第1巻に述べられているインピーダンス整合と，第2巻のものとは相異なることに注意されたい．第1巻では電力の整合を考えているが，第2巻では信号の整合（無反射）を考えている．

2・7 インピーダンス整合，無反射終端

〔1〕 単一周波数または帯域幅が無視し得る波の場合

表題の場合には，理論上インピーダンス整合が可能な場合がある．例として図 2・15(a) に示すように，特性インピーダンス Z_{01} の線路と，Z_{02} の線路を整合させるために，両線路の間に長さが l で特性インピーダンスが Z_x のものを挿入することを考える．Z_x と l をいかに選べばよいかという問題である．線路はいずれも損失が無視できる程度であるとし，整合回路の伝搬定数を $\gamma = j\beta$ とする．

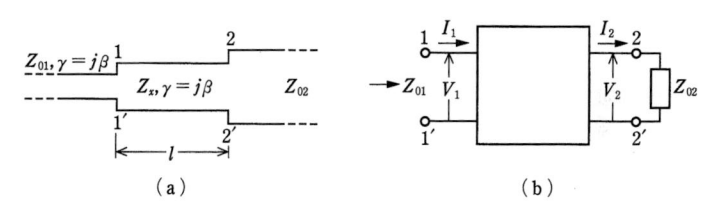

図 2・15 整合回路

整合回路を二端子対網と見ると，これは対称な回路で，電圧・電流を図 (b) のようにとると，これらの関係は式 (2・58) より，次のようになる．

$$\left.\begin{array}{l} V_1 = V_2 \cosh \gamma x + Z_x I_2 \sinh \gamma l \\ I_1 = \left(\dfrac{V_2}{Z_x}\right) \sinh \gamma l + I_2 \cosh \gamma l \end{array}\right\} \quad (2 \cdot 93)$$

目的とする整合がとれるためには，端子対 1-1′ にて左右を見たインピーダンスがともに Z_{01}，端子対 2-2′ にて左右を見たインピーダンスも同様に Z_{02} であって，相等しくなければならない．まず，1-1′ における条件を考えてみよう．2-2′ における終端条件は

$$V_2 = Z_{02} I_2 \tag{2・94}$$

である．これを式 (2・93) に代入して入力インピーダンス V_1/I_1 を求め，これが Z_{01} と等しいと置くと，次式が得られる．

$$\begin{aligned} \dfrac{V_1}{I_1} &= Z_{01} = \dfrac{I_2(Z_{02}\cosh \gamma l + Z_x \sinh \gamma l)}{I_2((Z_{02}/Z_x)\sinh \gamma l + \cosh \gamma l)} \\ \therefore \quad \dfrac{Z_{01}}{Z_x} &= \dfrac{(Z_{02}/Z_x)\cosh \gamma l + \sinh \gamma l}{(Z_{02}/Z_x)\sinh \gamma l + \cosh \gamma l} \end{aligned} \tag{2・95}$$

同様に端子対 2-2′ における条件から上と同様な式が得られるが，整合回路は対称であることから，その式は上の式で Z_{01} と Z_{02} を入れ換えたものとなる．

$$\frac{Z_{02}}{Z_x} = \frac{(Z_{01}/Z_x)\cosh\gamma l + \sinh\gamma l}{(Z_{01}/Z_x)\sinh\gamma l + \cosh\gamma l} \tag{2.96}$$

式 (2·96) から Z_{01}/Z_x を求めて，それが式 (2·95) のものと等しいと置く．式 (2·96) より

$$\left(\frac{Z_{02}}{Z_x}\right)\left(\left(\frac{Z_{01}}{Z_x}\right)\sinh\gamma x + \cosh\gamma l\right) = \left(\frac{Z_{01}}{Z_x}\right)\cosh\gamma l + \sinh\gamma l$$

$$\therefore \quad \frac{Z_{01}}{Z_x} = \frac{-(Z_{02}/Z_x)\cosh\gamma l + \sin\gamma l}{(Z_{02}/Z_x)\sin\gamma l - \cosh\gamma l} \tag{2.97}$$

式 (2·95) と (2·97) の右辺が相等しいためには

$$\cosh\gamma l = \cosh j\beta l = 0, \quad (\text{注：}\cos j\beta l = \cos\beta l)$$

$$\therefore \quad \cos\beta l = 0, \quad \beta l = \left(\frac{1}{2} + n\right)\pi \quad (n = 0, 1, 2, \cdots) \tag{2.98}$$

しかるに

$$\beta = \frac{\omega}{c} = \frac{2\pi f}{c} = \frac{2\pi}{\lambda} \quad (\lambda \text{ は波長})$$

であるから，l は λ によって次のように表される．

$$l = \left(\frac{1}{4} + \frac{n}{2}\right)\lambda \quad (n = 0, 1, 2, \cdots) \tag{2.99}$$

$\cosh\gamma l = 0$ を式 (2·97) に代入することより

$$Z_x = \sqrt{Z_{01} \cdot Z_{02}} \tag{2.100}$$

結局，整合の条件は式 (2·99) と式 (2·100) である．

〔応用例〕 眼鏡や写真機のレンズの表面にコーティングを行うのは，上の原理によるもので，空気とガラスの可視光線に対する特性インピーダンスの平均値をそれぞれ Z_a 並びに Z_g とすると，特性インピーダンスが

$$Z_x = \sqrt{Z_a \cdot Z_g}$$

であるような材料を，可視光線の平均波長の 1/4 の厚さに塗るとよい．

なお，可視光線の帯域で Z_a は一定と考えられるが，Z_g は一定でないので，より良い整合をとるためには，次項に述べる考え方に基づいて，多重のコーティングを行えばよい．

〔2〕 **帯域幅が無視できない場合**

波がある帯域幅を持っているとき，完全な整合または無反射終端することは不可能である．理論上無反射とするためには，特性インピーダンスで終端すればよいが，例えば電波が鉄塔に当たって反射するのを防ぐために，空気と同じ特性インピーダンスで空気を終端することはで

きない．
　しかし，完全とはいえないが，かなりの程度整合や無反射終端は可能である．ここでは大まかで常識的な話を述べよう．図2・16に示す Z_1 と Z_2 などは，特性インピーダンスと見てもよいし，円形導波管の断面積と見てもよい．分かりやすいように伝声管（音の伝わる管）の断面と考えよう．Z_1 から Z_2 に直接結ぶと，接続面で大きな反射が生じる．図 (b) のように中間的な管を挿入すると，反射が軽減される．先に述べたように，一つの音についていえば長さ l が $\lambda/4$，$Z_x = \sqrt{Z_1 Z_2}$ とすると無反射となる．このとき，その波長に近い音波も，反射が軽減されるであろうと想像がつく．

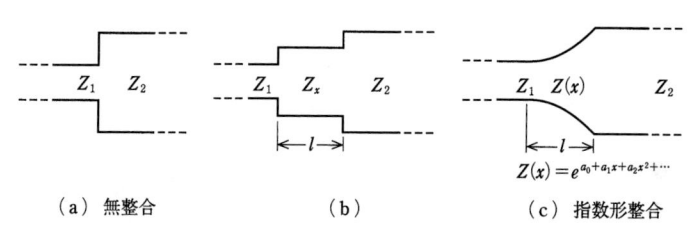

図 2・16　インピーダンス整合

　Z_x を一つ挿入する代わりに，$Z_{x1}, Z_{x2}, \cdots$ と段々に変化させれば，さらに良くなると考えられる．Z_{xi} を増加させることは，究極的には連続的に変化させることになり，その曲線としては，$e^{f(x)}$ がよく，$f(x)$ を多項式で近似し
$$f(x) = a_0 + a_1 x + a_2 x^2 + \cdots$$
とすると
$$e^{f(x)} = K e^{a_1 x + a_2 x^2 + \cdots}, \qquad K = e^{a_0} \triangleq Z_1 \tag{2・101}$$
となる．普通は $K e^{a_1 x}$ としていて，これを**指数伝送線** (exponential line) といっている．整合部分の全長 l を大にすれば相当良い整合が得られる．ホルンやラッパの管も，この原理に基づいている．図2・17は無反射終端の例である．図 (a) は導波管の場合で，空気と金属の間に徐々に特性インピーダンスの異なる材料を入れたものである．同図 (b) は，鉄塔などによる電波

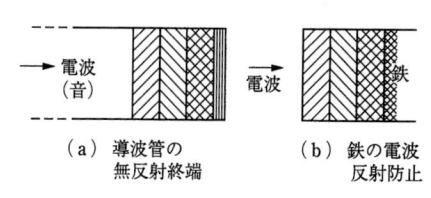

図 2・17　無反射終端

の反射を軽減するために，前同様な材料で作られたもので，このようなもので鉄を覆うことによって，反射を数分の1に軽減できることがある．

2・8　有限長線路の固有振動と共振

〔1〕 共振，反共振，固有振動

集中定数回路においては，インピーダンス $Z(j\omega)$ は有理関数であって

$$Z(j\omega_i)=0 \quad (\omega_i \text{は共振周波数}) \tag{2・102}$$

から求められる共振周波数 ω_i, 並びに

$$Y(j\omega_i')=\frac{1}{Z(j\omega_i')}=0 \quad (\omega_i' \text{は反共振周波数}) \tag{2・103}$$

から求められる反共振周波数 ω_i' は，ともに有限個である．

分布定数回路においては，イミタンスは一般に無理関数や超越関数となるので，共振・反振の周波数はそれぞれ無限個ある．共振・反共振を**固有振動**という．一例として有限長無損失線路の固有振動を調べてみよう．

> **例 題 2・4** 図2・18(a) のように，一端を短絡した長さ l の無損失線路の固有振動を調べてみよう（ピアノ線のような弦（両端固定）の振動もこれと同様）．

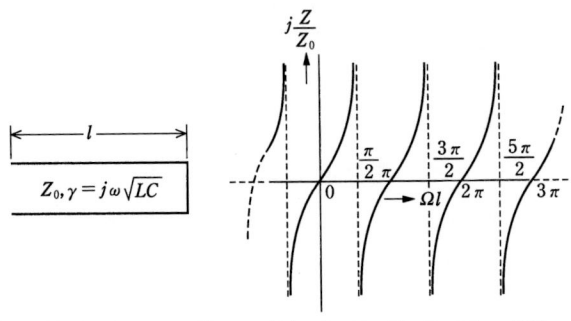

（a）一端短絡したレッヘル線　　（b）インピーダンス $\Omega \triangleq \omega\sqrt{LC}$

図 2・18　レッヘル線の共振と反共振

〔解〕 式 (2・57) において，$x=l$ で

$$V(l)=0$$

と置くことより，入力インピーダンスは

$$Z_{in}=\frac{V_1}{I_1}=Z_0 \tanh \gamma l, \quad \gamma=j\omega\sqrt{LC} \tag{2・104}$$

となる．いま

$$\frac{\omega}{c} \triangleq \Omega, \quad c \triangleq \frac{1}{\sqrt{LC}}$$

と置くと

$$Z=jZ_0 \tan \Omega l$$

となる．Z は奇関数で，Ω に対する変化を図示したものが同図 (b) で，Ω が増大するに従い，共振と反共振が交互に現れている．共振周波数 Ω_n は $Z=0$ と置くことから，次のように求められる．

$$\sin \Omega l=0 \rightarrow \Omega_n l=n\pi \quad (n=1,2,\cdots) \tag{2・105}$$

$$\therefore \quad \Omega_n=\frac{n\pi}{l} \quad (n=1,2,\cdots)$$

2・8 有限長線路の固有振動と共振

$$\left.\begin{array}{l}f_n=\dfrac{\Omega_n c}{2\pi}=\dfrac{n}{2l}(\sqrt{LC}) \quad (n=1,2,\cdots)\\ \lambda_n=\dfrac{c}{f_n}=\dfrac{2l}{n} \quad (n=1,2,\cdots)\end{array}\right\} \quad (2\cdot106)$$

反共振周波数は $1/Z=0$ と置くことより

$$\cos\Omega'l=0, \quad \therefore \quad \Omega_n'=\left(\dfrac{\pi}{2}+n\pi\right)\bigg/ l \quad (n=1,2,\cdots) \quad (2\cdot107)$$

$$\left.\begin{array}{l}f_{n'}=\dfrac{\Omega_n' c}{2\pi}=\left(\dfrac{1}{4}+\dfrac{n}{2}\right)\bigg/(\sqrt{LCl}) \quad (n=1,2,\cdots)\\ \lambda_{n'}=\dfrac{c}{f_n}=l\bigg/\left(\dfrac{1}{4}+\dfrac{n}{2}\right) \quad (n=1,2,\cdots)\end{array}\right\} \quad (2\cdot108)$$

また，電源の周波数を一定にし，長さ l を変える場合を考えると，式 (2・105) 並びに式 (2・107) の成立する長さの線路がそれぞれ共振並びに反共振を起こす．これらの長さ l_n 並びに l_n' を求めてみよう．まず，共振する場合の長さ l_n $(n=1,2,\cdots)$ は式 (2・106) より

$$l_n=\dfrac{n\pi}{\Omega} \quad (n=1,2,\cdots)$$

$$\therefore \quad l_n=\dfrac{n\pi}{\omega\sqrt{LC}}=\dfrac{n\lambda}{2} \quad (n=1,2,\cdots) \quad (2\cdot109)$$

次に l_n' を求めよう．式 (2・108) より

$$\left.\begin{array}{l}l_n'=\left(\dfrac{1}{2}+n\right)\pi/\Omega=\left(\dfrac{1}{2}+n\right)\pi/(\sqrt{LC}\,\omega) \quad (n=1,2,\cdots)\\ l_n'=\left(\dfrac{1}{4}+\dfrac{n}{2}\right)\lambda \quad (n=1,2,\cdots)\end{array}\right\} \quad (2\cdot110)$$

〔2〕 **無損失線路の固有振動と共振**

固有振動が明確に現れるのは，損失が少なく，近似的に無損失とみなし得る場合である．ここでは長さ l の無損失線路* の固有振動と共振について考える．5・4節〔4〕項には，微分方程式からの解法が述べられている．この方法は，過渡現象を解析する場合に適していると思われる．本章では，正弦波電源による強制振動を考えているので，伝搬方程式から出発する．なお，すぐ前の 例題 2・4 では，終端を短絡した無損失線路のインピーダンス Z_{in} 並びに $1/Z_{in}=Y_{in}$ の零点を求めることから共振並びに反共振の周波数などを求めた．これは入力端から励振する場合に適した解析法である．ここでは，両端開放の無損失線路の固有振動を，式 (2・57) を出発点として解析しよう．

無損失線路の場合

＊ ピアノ線も無損失線路の一種で，この場合の振動は機械的振動である．

$$\gamma = \frac{j\omega}{c}, \quad c \triangleq \frac{1}{\sqrt{LC}}$$

となるから，式 (2·57) は次のようになる (前見返し数学公式 I (3-3), (3-4) 参照)．

$$\left.\begin{array}{l} V(x) = V_1 \cos\dfrac{\omega}{c}x - jZ_0 I_1 \sin\dfrac{\omega}{c}x \\[6pt] I(x) = -\dfrac{jV_1}{Z_0}\sin\dfrac{\omega}{c}x + I_1 \cos\dfrac{\omega}{c}x \end{array}\right\} \quad (2\cdot 111)$$

境界条件は，両端開放であることから

$$I(0) = I_1 = 0, \quad I(l) = 0 \qquad (2\cdot 112)$$

これらの条件を式 (2·111) の下の式に適用すると，次式が得られる．

$$\sin\frac{\omega}{c}l = 0 \rightarrow \frac{\omega_n}{c}l = n\pi \qquad (n=1,2,\cdots) \qquad (2\cdot 113)$$

$$\therefore \quad \omega_n = \frac{n\pi}{l}c = \frac{n\pi}{l\sqrt{LC}} \qquad (n=1,2,\cdots)$$

この ω_n を**固有値** (独 Eigenwert, 英 eigenvalue) という．また

$$\sin\frac{\omega_n}{c}x \qquad (n=1,2,\cdots) \qquad (2\cdot 114)$$

を**固有関数** (独 Eigenfunktion, 英 eigenfunction) という．これは電流の固有関数であるが，電圧の固有関数は

$$\cos\frac{\omega_n}{c}x \qquad (n=1,2,\cdots) \qquad (2\cdot 115)$$

となる．この関数は，無損失線路の基本式の一つであるところの

$$-\frac{dI}{dx} = j\omega_n cV$$

において，I にその固有関数を代入して V を求め，その係数を取り去ることによって得られる．

図 2·19 は，電流と電圧の固有振動の略図である[*]．これを**振動姿態** (**モード**，mode) という．図 2·20 のように，中央で電流源 $Je^{j\omega t}$ によって励振すると，ω が固有振動 (いまの場合は基本波) と一致しているならば，共振して図のように

---

[*] 図 2·19(a), (b), (c) は，ピアノ線のように，両端を固定した絃の固有振動の脈動姿態にもなっている．

2・8 有限長線路の固有振動と共振

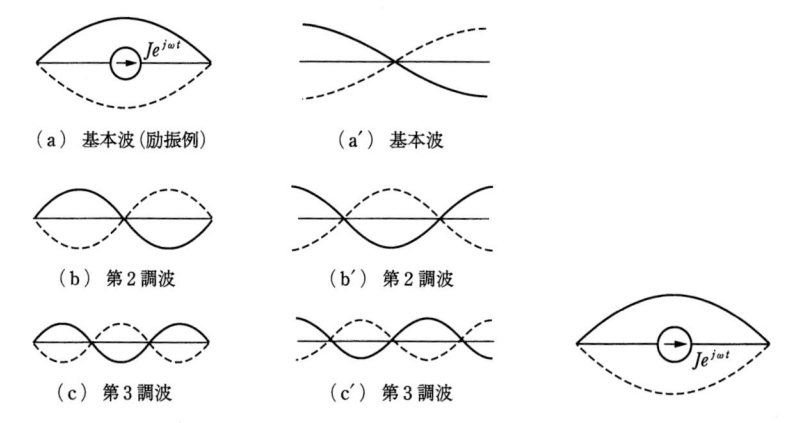

（a）基本波（励振例）
（a′）基本波
（b）第2調波
（b′）第2調波
（c）第3調波
（c′）第3調波

図 2・19 両端開放線路の固有振動と振動姿態
((a), (b), (c) は電流,
(a′), (b′), (c′) は電圧の振動)

図 2・20 固有関数波による励振
（半波長アンテナ）

大きく振動する．半波長**アンテナ**（antenna）はこの原理を利用している．

〔3〕 電源の周波数が一定で線路の長さを可変とした場合の定在波と共振

図 2・21 のように，長さ l，特性インピーダンス Z_0 の線路の入力端に電圧源 $Ve^{j\omega t}$ を加え，終端に $Z_l \neq Z_0$ を接続した場合を考えると，先に 2・6 節に述べているように，$Z_l \neq Z_0$ であるために反射を生じ，励振波は進行波と定在波（振動）に分かれる．図 2・22 のように $Z_l = \infty$，すなわち終端を開放した場合は，進行波はなくなり，定在波すなわち振動だけとなる．この場合，長さ l を変えていくと（図 2・19(a′), (b′), (c′) 参照）

$$l_n = \frac{n\lambda}{2}$$ （これは，終端短絡の場合の電流の式 (2・113) に当たる）*

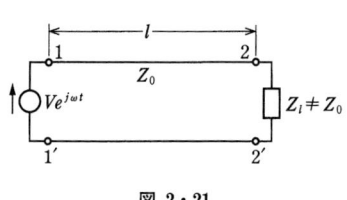

図 2・21

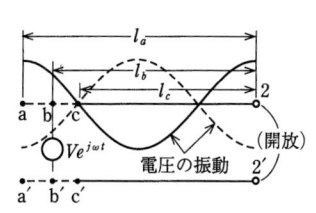

図 2・22 線路長を可変にした場合の定圧波と共振・反共振

---

* この式は，式 (2・113) で ω を一定とすることから，次のように求められる．
$$l_n = \frac{n\pi c}{\omega} = \frac{n\lambda}{2}$$

となるごとに共振が生じ，電圧・電流は図 2・19 のような振動姿態を呈する．図 2・22 では，$l=l_a$ のとき（電圧源が a-a′ に接続される状態）共振し，図のように第 2 調波の振動が生じ，a-a′ における電圧の大きさは電源電圧に等しくなる．もし，$l=l_b$ のときは，b-b′ より右方における振動姿態は前と同じであるが，点 b-b′ における電圧が電源電圧と等しくなるため，腹における電圧の振幅は，電源の振幅より大となる．$l=l_c$ のときは，点 b-b′ から右を見たインピーダンスが無限大，すなわち反共振となる．

例題 2・5 終端を短絡（開放）した無損失線路において，電源の周波数 ω_0 を一定とし，長さ l を変えた場合の入力インピーダンスの変化を図示せよ．

〔解〕 終端短絡の場合の入力インピーダンスは式 (2・104) のようになり，これを図示したものが図 2・18 である．図で横軸は Ωl となっているが，Ω を

$$\Omega_0 = \sqrt{LC}\,\omega_0 \quad (\omega_0 \text{は電源の周波数})$$

で一定とし，l を可変と考えると，この図は求めるものである．
終端開放の場合も同様なので略す．

〔注〕 **アンテナ（空中線）** 図 2・19 に示されているような有限線路は，その固有振動に対する共振現象を利用し，**アンテナ**（antenna（米），**空中線** aerial（英））として用いられる．

2・9 二端子対網としての取扱い

図 2・23 のように，長さ l の線路を二端子対網と見たときの取扱いについて述べよう．用語や公式は第 1 巻第 10 章を参照されたい．

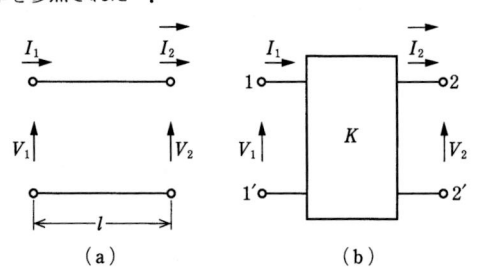

図 2・23 長さ l の線路とその二端子対網表示

〔1〕 **縦続行列**

先に，2・5 節に述べた式 (2・58) から，縦続行列 K は次のようになる．

$$K = \begin{bmatrix} A & B \\ C & C \end{bmatrix} = \begin{bmatrix} \cosh \gamma l & Z_0 \sinh \gamma l \\ Z_0^{-1} \sinh \gamma l & \cosh \gamma l \end{bmatrix} \quad (\text{注意}: A = D) \quad (2 \cdot 116)$$

2・9 二端子対網としての取扱い

〔2〕 反復パラメータと影像パラメータ

線路は対称であるから,第1巻第10章の Z_{K1}, Z_{I1} などに関する公式から分かるように

$$\left.\begin{array}{l} Z_{K1}=Z_{K2}=Z_{I1}=Z_{I2}=\sqrt{\dfrac{B}{C}} \\[4pt] \cosh\theta_K = \dfrac{1}{2}(A+D)=A, \quad (\text{注意}:A=D) \\[4pt] \cosh\theta_I = \sqrt{AD}=A \end{array}\right\} \quad (2\cdot 117)$$

となる.A, B, C は式 (2・116) から

$$A=\cosh\gamma l, \quad B=Z_0\sinh\gamma l, \quad C=Z_0^{-1}\sinh\gamma l$$

であるから,これらを式 (2・117) に代入すると,次のようになる.

$$Z_K = Z_I = Z_0, \qquad \theta_K = \theta_I = \gamma l \quad (2\cdot 118)$$

〔3〕 等 価 回 路

第1巻第10章に述べたように,影像パラメータが分かれば対称二端子対網は図 **2・24** のような等価回路として表すことができる.

〔4〕 近似等価回路

線路の長さが,波長に比べてかなり小さい場合には,これまでに示したような厳密な取扱いをしなくても,以下に示すような近似的方法で,かなり正確な解を得ることができる.

まず,図 2・24 に示す等価回路について考えてみよう.いま,全長インピーダンス Z_t, 全長アドミタンス Y_t を

$$Z_t = (R+j\omega L)\,l, \qquad Y_t = (G+j\omega C)\,l \quad (2\cdot 119)$$

で定義すると

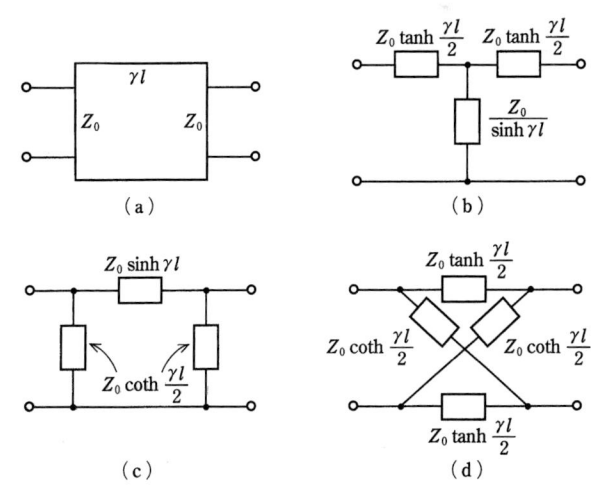

図 **2・24** 長さ l の線路のいろいろな等価二端子対網

として，図 2·24(a) のパラメータが分かる．さて

$$\gamma l = \sqrt{Z_t Y_t}, \qquad Z_0 = \sqrt{\frac{Z_t}{Y_t}} \qquad (2\cdot120)$$

$$|\gamma l| \fallingdotseq |\beta l| = \frac{2\pi l}{\lambda} < 1$$

であるから

$$\left.\begin{array}{l}\sinh \gamma l = \gamma l + \dfrac{1}{3!}(\gamma l)^3 + \dfrac{1}{5!}(\gamma l)^5 + \cdots\cdots \\[6pt] \cosh \gamma l = 1 + \dfrac{1}{2!}(\gamma l)^2 + \dfrac{1}{4!}(\gamma l)^4 + \cdots\cdots\end{array}\right\} \qquad (2\cdot121)$$

の展開公式を用い，この第1項までで近似すると

$$Z_0 \tanh \frac{\gamma l}{2} \fallingdotseq \frac{1}{2} Z_0 \gamma l = \frac{1}{2} Z_t, \qquad \frac{Z_0}{\sinh \gamma l} \fallingdotseq \frac{Z_0}{\gamma l} = Y_t^{-1} \qquad (2\cdot122)$$

となって，図 2·24(b) の等価回路要素の近似式が得られた．これを図示したのが**図 2·25**(a) である．同様にして，図 2·24(c) の要素の近似式を求めると

$$\left.\begin{array}{l}Z_0 \sinh \gamma l \fallingdotseq Z_0 \gamma l = Z_t \\[6pt] \dfrac{Z_0 \coth \gamma l}{2} \fallingdotseq \dfrac{1}{2}\dfrac{Z_0}{\gamma l} = \dfrac{1}{2 Y_t}\end{array}\right\} \qquad (2\cdot123)$$

となり，これを図示すると，図 2·25(b) になる．これらの回路は，もちろん直観的に容易に得られるが，その適用範囲については，式 (2·121) の第2項の影響を検討することによって吟味される．$l = \lambda/10$ の場合について，その誤差を各自吟味されたい．

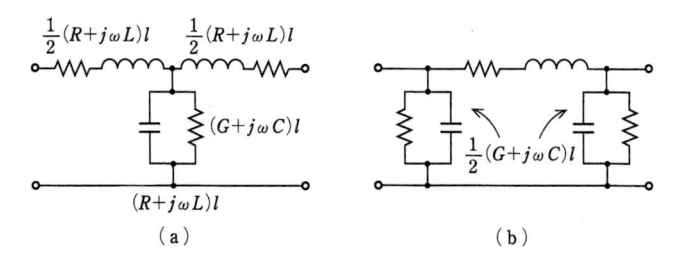

図 2·25 短い線路に対する等価回路

もう少し精度を上げて，式 (2·121) で第3項以下を省略した場合には，式 (2·93) は

$$\left.\begin{array}{l}V_1 = \left(1 + \dfrac{1}{2} Z_t Y_t\right) V_2 + Z_t \left(1 + \dfrac{1}{6} Z_t Y_t\right) I_2 \\[6pt] I_1 = Y_t \left(1 + \dfrac{1}{6} Z_t Y_t\right) V_2 + \left(1 + \dfrac{1}{2} Z_t Y_t\right) I_2\end{array}\right\} \qquad (2\cdot124)$$

と書くことができるが，この式も近似計算に使われる．

〔5〕位　置　角

図 2·26 のように，線路上に点2及びこれより左方に距離 l を隔てた点1を考え，これらの点の電圧 V_1, V_2，電流 I_1, I_2，及び右側を見たインピーダンス Z_1, Z_2 の相互関係を，記憶しやすい

形で表現する方法を考えよう．ここで，点2が受端である場合には，Z_2は点2に接続された負荷インピーダンスとする．いま

$$\tanh \theta_2 = \frac{Z_2}{Z_0} \qquad (2 \cdot 125)$$

で定義される θ_2 を，点2の**位置角**（position angle）

$$\theta_1 = \theta_2 + \gamma l \qquad (2 \cdot 126)$$

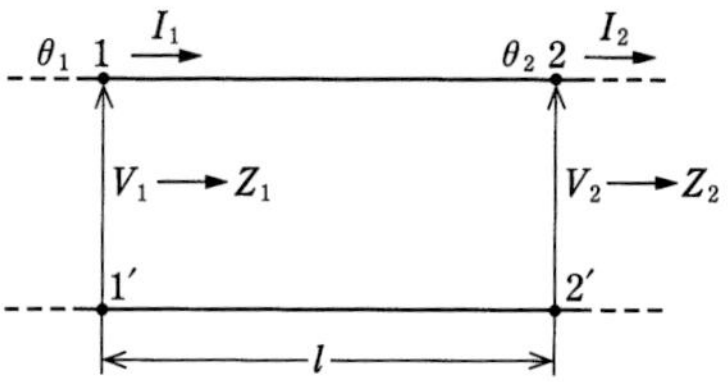

図 2・26 位置角

を点1の位置角と名づけると，式 (2・93) に $I_2 = V_2/Z_2$ と式 (2・125) の関係を代入すると次のようになる．

$$V_1 = V_2(\cosh \gamma l + \coth \theta_2 \sinh \gamma l) = V_2 \frac{\sinh(\theta_2 + \gamma l)}{\sinh \theta_2}$$

$$I_1 = \frac{V_2}{Z_0}(\sinh \gamma l + \coth \theta_2 \cosh \gamma l) = \frac{Z_2 I_2}{Z_0} \frac{\cosh(\theta_2 + \gamma l)}{\sinh \theta_2}$$

$$= I_2 \frac{\cosh(\theta_2 + \gamma l)}{\cosh \theta_2}$$

これに式 (2・126) を用いて

$$\frac{V_1}{\sinh \theta_1} = \frac{V_2}{\sinh \theta_2} \qquad (2 \cdot 127)$$

$$\frac{I_1}{\cosh \theta_1} = \frac{I_2}{\cosh \theta_2} \qquad (2 \cdot 128)$$

が得られるが，この形は非常に簡単で覚えやすいことが分かる．式 (2・127)，式 (2・128) を辺々相割り，式 (2・125) を用いると

$$\frac{Z_1}{\tanh \theta_1} = \frac{Z_2}{\tanh \theta_2} = Z_0 \qquad (2 \cdot 129)$$

を得る．以上の議論で，l の値は自由であるから，**線路上の電圧，電流，インピーダンスが，位置角を用いた比例関係により求められる**ことが分かる．

後のほうの三つの式は，かなり見やすい形をしているので一時期はよく用いられた．

2・10 スミス図表

〔1〕 **反射係数とイミタンス**

インピーダンス Z に対して

$$z \triangleq \frac{Z}{Z_0} \quad (Z_0 \text{ は正の実数のことが多い}) \qquad (2 \cdot 130)$$

と置くと，これは Z を Z_0 で**正規化**したインピーダンスであるという．Z_0 が

$$Z_0 = R_0 > 0 \qquad (2 \cdot 131)$$

すなわち，正の実数のときは，z は R_0 を単位として考えたインピーダンスと見ることができる．

一方，Z の Z_0 に対する反射係数 ρ は式 (2・72) より次のようになる．

$$\rho(Z) = \frac{Z-Z_0}{Z+Z_0} = \frac{Z/Z_0-1}{Z/Z_0+1} \tag{2・132}$$

$$= \frac{z-1}{z+1} \triangleq \rho(x) \tag{2・133}$$

$$z \triangleq \frac{Z}{Z_0} \tag{2・134}$$

逆に z は ρ の関数として次のように表される.

$$z(\rho) = \frac{1+\rho}{1-\rho} \tag{2・135}*$$

いま

$$z \triangleq r+jx, \quad \rho \triangleq u+jv \tag{2・136}$$

として，z と ρ の関係を例挙しよう.

 (i) z と ρ は一対一対応で，z が分かれば，ρ がただ一つ決まり，逆も真である.

 (ii) z と ρ は互いに他の一次関数であるから，第1巻10・7節（円線図）で述べられているように，円円対応する．すなわち，z 平面（z を複素平面上に表したもの）上の円（直線を含む，直線は半径∞の円）は，ρ 平面上でも円となる．その逆も真である．

 (iii) z 平面の右半面（Re $z>0$ の領域）は，ρ 平面の単位円（中心が原点 O，半径が 1）内に等角写像される**（図 2・27 参照）.

 これらを証明しよう．(i) は自明である．(ii) と (iii) を示そう．$z=r+jx$ と $\rho=u+jv$ を式 (2・133) に代入すると次のようになる.

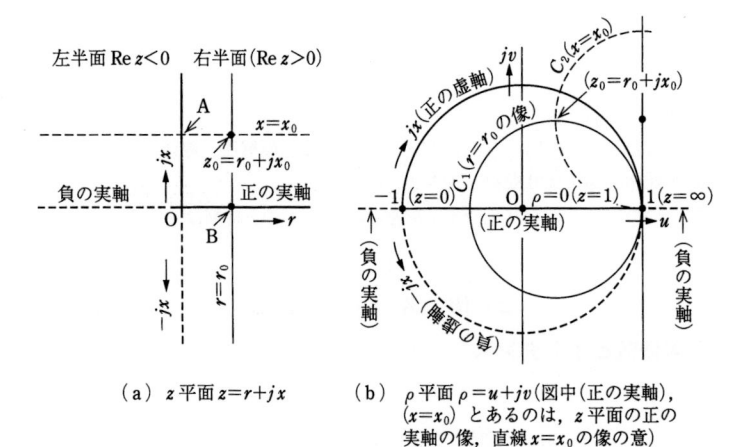

（a）z 平面 $z=r+jx$　　（b）ρ 平面 $\rho=u+jv$（図中（正の実軸），$(x=x_0)$ とあるのは，z 平面の正の実軸の像，直線 $x=x_0$ の像の意）

図 2・27　z 平面と ρ 平面の対応
（ρ 平面太線は z 平面実軸，虚軸の像）

---

* 式 (2・135) の関数は回路理論において重要な関数である．これは，z の右半面（Re $z>0$）を，ρ の単位円（中心は原点 O，半径は 1）内に写像する.

** $\rho(Z)=(Z-1)/(Z+1)$ は，$Z=-1$ に極を持つが，それ以外では正則である．したがって，$Z=1$ 以外の領域は $\rho(Z)$ によって等角写像される.

2・10 スミス図表

$$\rho = u + jv = \frac{(r-1)+jx}{(r+1)+jx} \qquad (2 \cdot 137)$$

この式の両辺の実部と虚部をそれぞれ等しいと置いて，さらに x または r を消去すると，次の2式が得られる．

$$\left(u - \frac{r}{r+1}\right)^2 + v^2 = \frac{1}{(r+1)^2} \qquad (2 \cdot 138)$$

$$(u-1)^2 + \left(v - \frac{1}{x}\right)^2 = \frac{1}{x^2} \qquad (2 \cdot 139)$$

したがって，r を一定とすると，式 (2・138) から分かるように，これに対応する ρ は，uv 面上で，中心が $[r/(r+1), 0]$，半径が $1/(r+1)$ の円となる．また，x が一定である直線に対しては ρ は，式 (2・139) により，中心が $(1, 1/x)$，半径が $1/x$ の円となる．特に z の虚軸，すなわち，図2・27 に示すように

$$z = jx \quad (r=0) \qquad (2 \cdot 140)$$

の直線は ρ 平面の単位円周上に等角写像される．

なお，図2・27には，z 平面上の $x = x_0$(一定) の直線，並びに $r = r_0$(一定) の直線が，ρ 平面に写像されたときの円 C_1 と C_2 が示されている．また，z の実軸は，正の実軸が ρ 平面の

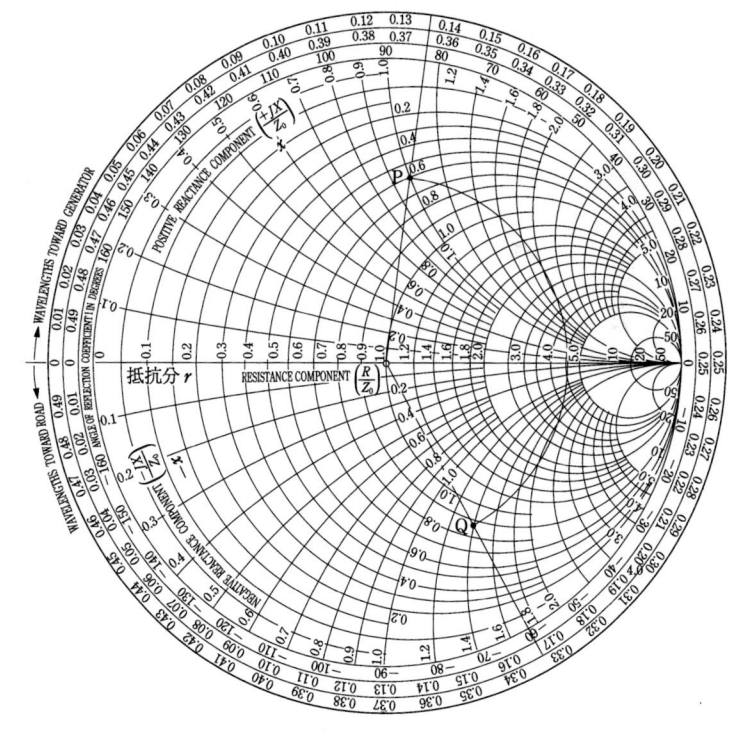

図 2・28 スミス図表

-1から$+1$までの直線に,負の実軸が$-1\sim\infty\sim+1$へと写像されることを示している.xが一定の線群と,yが一定の線群の写像を書き表したものが**図2・28**に示されているもので,これを**スミス図表**という.xが一定の線群とyが一定の線群は,z平面における直交座標を表す線群とみることができ,これがρ平面に写されると,スミス図表となり,互いに直交する2組の円群となっている.これは座標と考えるとよい.

〔2〕 **アドミタンスYと反射係数ρ**

$y=Y/Y_0$と置くと

$$y=\frac{Y}{Y_0}=\frac{1/Z}{1/Z_0}=\frac{Z_0}{Z}=\frac{1-\rho}{1+\rho}=\frac{1+(-\rho)}{1-(-\rho)} \tag{2・141}$$

しかるに

$$-\rho=\rho e^{j\pi}=\rho e^{-j\pi} \tag{2・142}$$

であるから,yに対するスミス図表は,zのそれをπだけ時計方向に回したものである.

[**水橋東作の卓見とスミス図表**]

これまで述べた反射係数の図表の有用性については,水橋東作[*]がスミス[**]より2年先に指摘している.しかし,水橋の論文の目的はその題名のとおりであって,この図表の一般的有用性を述べているが,以下に述べる具体的な応用については何も触れていないし,またのちの同氏の著書ではこの図表が除かれている.スミスの論文は,その題名のように,この図表をtransmission line calculator として用いることの有用性を示したものである.我が国ではこの図表を水橋・スミス図表のように呼ぼうとの意見もあるが,本書では水橋の卓見を記すが,この表はスミス図表とすることとする.

〔3〕 **スミス図表によるインピーダンスの計算**

関係(i)に述べたように,zとρは一対一対応するからzに関する計算をρで行ってもよく,後者のほうが容易なことがある.これがスミス線図の有用性といえよう.以下三つの場合について,その応用を述べよう.

(a) Z_Lに,$\gamma=-\alpha+j\beta$なる線路を接続した場合 線路の長さをlとすると,先の式(2・76)に示したように,$\rho_y=\rho_l$は次のようになる.

$$\rho_l=\rho e^{-2(\alpha+j\beta)l}=(\rho e^{-j4\pi l/\lambda})e^{-2\alpha l} \quad (\lambda\text{は波長}), \quad \rho=\frac{Z_L/Z_0-1}{Z_L/Z_0+1} \tag{2・143}$$

したがって,Z_Lに対する反射係数ρについて,角度$2\beta l(=4\pi l/\lambda)$だけ時計方計に(スミス図表上で)回し,その絶対値を$e^{-2\alpha l}$倍に縮尺すればよい.

例題 2・6 無損失線路の終端$y=0$に

$$\frac{Z_L}{Z_0}=0.5+j \tag{2・144}$$

なる負荷Z_Lを接続したとする.受端の反射係数は図2・28並びに**図2・29**の点Pである.Pは,$r=0.5$の円と,$x=1$の円の交点である.$y=y_1$なる地点では

---

  [*] 水橋東作:四端子回路のインピーダンス変成と整合回路の理論,信学誌,昭12-12 (1937-12)
  [**] P. H. Smith : Transmission limecalculator, Electronics, **12**, 1 (1939-01)

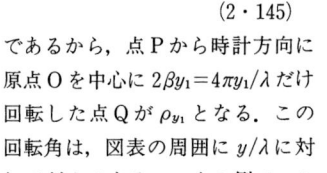

$$\rho_{y_1} = \rho e^{-j4\pi y_1/\lambda} \qquad (2\cdot 145)$$

であるから，点 P から時計方向に原点 O を中心に $2\beta y_1 = 4\pi y_1/\lambda$ だけ回転した点 Q が ρ_{y_1} となる．この回転角は，図表の周囲に y/λ に対して刻んである．いまの例で，この角度は

$$0.334 - 0.134 = 0.200$$

となっている．点 Q は図から，次のように読み取られる．

$$r \fallingdotseq 0.8, \qquad x \fallingdotseq -1.4 \qquad (2\cdot 146)$$

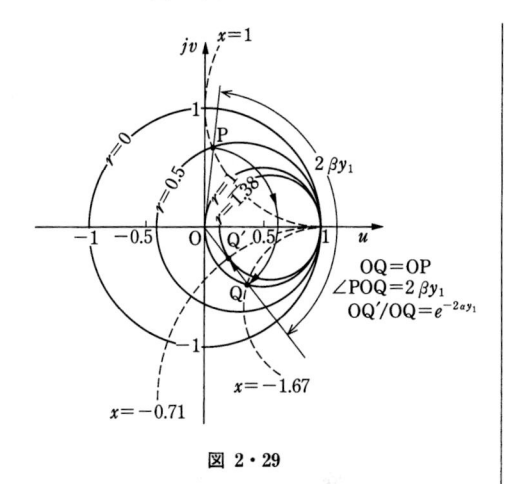

もし線路に損失があるときは

$$\rho_{y_1} = (\rho e^{-j4\pi y_1/\lambda}) e^{-2\alpha y_1} \qquad (2\cdot 147)$$

であるから，OQ 線上 $\overline{OQ} \times e^{-2\alpha y_1}$ なる点 Q'（図2・29参照）を求めればよい．

図2・29

〔**注意**〕　なお，上の例において y を大きくしていくと，ρ は $4\pi y/\lambda$ だけ回るのであるが，そのようすが図2・30 に示されている．スミス図表には，このように円周上に y の目盛が記されている．

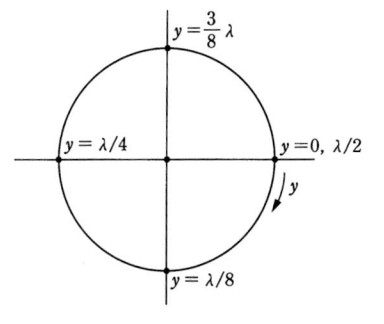

(b) Z_a に R を直列（並列）に接続した場合

Z_a に R を直列接続した場合について述べる．並列に接続する場合は，Y_a と $G = 1/R$ を考えると，Z_a に対する R の直列接続と同じ計算になる．なお，Z_a と R は $Z_0 = R_0$ で正規化してあるものとする．

$$Z_b \fallingdotseq Z_a + R, \qquad Z_a = r_a + jx_a \qquad (2\cdot 148)$$

と置くと

図2・30　負荷に接続する線路の長さに対する P の角度の位相の変化

$$Z_b = (r_a + R) + jx_a \qquad (2\cdot 149)$$

この式から分かるように，z 平面（**図2・31**(a)）において，座標 (r_a, x_a) から，座標 $(r_a + R, x_a)$ へと変わる．$x = x_a$ の座標は不変である．これを ρ 平面，すなわちスミス図表で見ると，$x = x_a$ に対応する円周上に ρ_a と ρ_b があるが，ρ_a は $r = r_a$ に対応する円周上にあるのに対し，ρ_b は $r_a + R$ に対応する線上にくる．

(c) Z_a に jX を直列（並列）に接した場合　　並列接続の場合は，前の (b) 項と同様にアドミタンスについて考えればよい．

$$Z_a \fallingdotseq r_a + jx_a, \qquad Z_b \fallingdotseq Z_a + jX = r_a + j(x_a + X)$$

と置くと，**図2・32**(a) の z 平面では，Z_a から $Z_b = Z_a + jX$ に変わると，$r = r_a$ なる横座標は

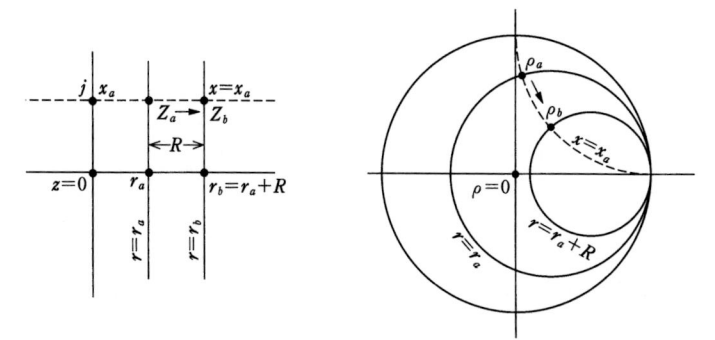

(a) z 平面上の $Z_a(r_a, jx_a)$ と $Z_b(r_a+R, jx_a)$

(b) スミス図表上の ρ_a と ρ_b

図 2・31　Z_a に直列に R を接続した場合の ρ_a の移動

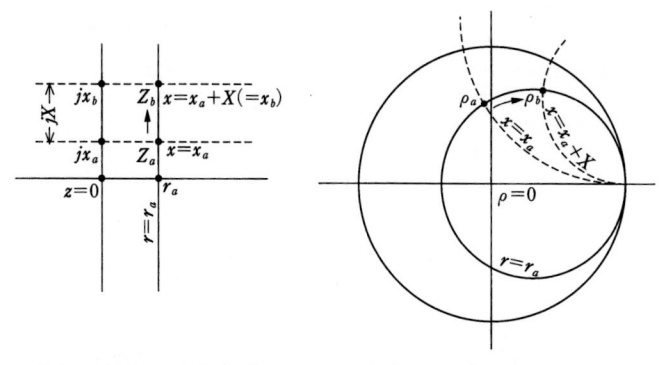

(a) z 平面上の $Z_a(r_a, jx_a)$ と $Z_b(r_a, j(x_a+X))$

(b) スミス線図上の ρ_a と ρ_b

図 2・32　Z_a に jX を直列に接続した場合の ρ_a の移動

不変で，縦座標は $x=x_a$ から $x=x_a+X$ に移る．図 (b) のスミス線図では，$r=r_a$ なる円周上，$x=x_a$ なる円との交点 ρ_a から，$x=x_a+X$ なる円上の ρ_b に移る．

〔4〕 **スミス図表の応用例**

応用例として，次のような問題の解法を，詳細な説明とともに示そう．図 2・33 に示されているように，特性インピーダンス Z_0 なる無損失レッヘル線に，負荷 $Z_L = R + jX$ が接続され，l_1 だけ離れた点に，同じ特性で長さ l_2 の終端を短絡した線を直列に接続することによって，整合がとられた．このとき l_1 と l_2 はどのよう

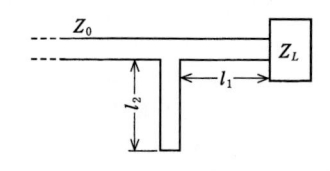

図 2・33　直列スタッブによる整合

2・10 スミス図表

に決めればよいか．これをスミス線図を利用して解いてみよう．以下，$Z_0=1$ として計算する．

〔解〕 図 2・34(a) と (b) は，z 平面と ρ 平面 (スミス線図) を対比してある．まず，長さ l_1 の無損失線を接続すると，すぐ前の 例題 2・6 に述べたように，ρ 平面上で原点を中心とし，半径 $|\rho(Z_L)|$ の円周上で，角度 $2\beta l_1$ だけ時計方向に回る．図 (b) では，この円を破線で示してある．この円と，$r=|\rho(Z_0)|$ が一定であるという円 (図 (b) で太い線の円) との交点を P_1 および P_2 とする．さし当たり P_1 について考える．これから

$$2\beta l_1 = \arg \rho(Z_L) - \arg P_1 \triangleq \theta_1, \qquad l_1 = \frac{\theta_1}{2\beta} \qquad (2\cdot150)$$

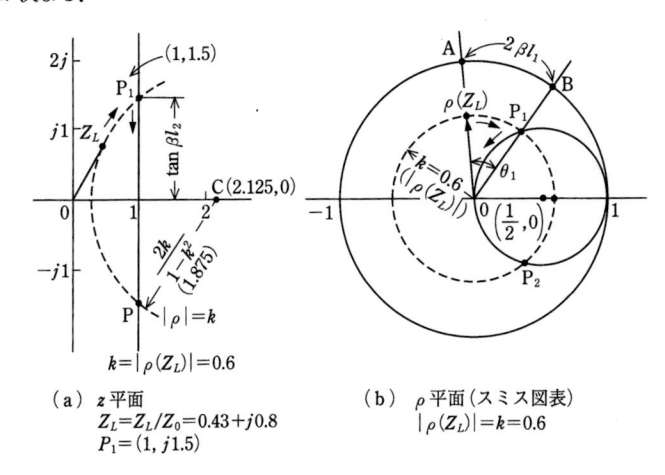

として l_1 が決まる．

(a) z 平面
$Z_L = Z_L/Z_0 = 0.43 + j0.8$
$P_1 = (1, j1.5)$

(b) ρ 平面 (スミス図表)
$|\rho(Z_L)| = k = 0.6$

図 2・34

冗長かもしれないが，ここまでの操作を，z 平面と ρ 平面を対比させて説明しよう．まず，与えられた $z_L = (Z_L/Z_0)$ と $\rho(z_L) = \rho(Z_L)$ が両平面に示されている．いま

$$Z_L = \frac{Z_L}{Z_0} = 0.43 + j0.8, \quad (Z_0 \text{ は } Z_0 = 1 \text{ と正規化}) \qquad (2\cdot151)$$

としてある．また

$$|\rho(Z_L)| \triangleq k = 0.6 \qquad (2\cdot152)$$

としてある．

(i) ρ 平面の $|\rho(Z_L)| = k = 0.6$ の円 (破線の円) は，z 平面に円として写像されるはず (円円対応より) で，z 平面でも破線の円で示されている．この円は，次のようにして計算される．

$$|\rho|^2 = \left|\frac{z-1}{z+1}\right|^2 = \frac{(r-1)+jx}{(r+1)+jx} \cdot \frac{(r-1)-jx}{(r+1)-jx} = \frac{(r-1)^2+x^2}{(r+1)^2+x^2} = k^2 = (0.6)^2$$

$$x^2 + \left(r - \frac{1+k^2}{1-k^2}\right)^2 = \frac{4k^2}{(1-k^2)^2} \qquad (2\cdot153)$$

すなわち，z 平面上で，次のような円となる．

中心（点Cで示されている）：$((1+k^2)/(1-k^2),\ 0) = (2.125, 0)$
半径：$2k/(1-k^2) = 1.875$

(ii) z平面上，$\mathrm{Re}\,z = 1 (= z_0)$の直線（太線で示されている）は，$\rho$平面上では，太線の円として写像される．点$P_1, P_2$はそれぞれ二つの円の交点として示されている．点$P_1$のインピーダンスを$Z_{P1}$と表すと，いまの場合

$$Z_{P1} = 1 + j1.5 \tag{2・154}$$

となっている．

次に，一端を短絡した無損失線路のインピーダンスは次のようになった．

$$Z_{l2} = \tanh \gamma l_2 = j \tan \beta l_2 \tag{2・155}$$

これをZ_{P1}に加えると，z平面上では太線の直線P_1P_2上を，ρ平面上では太線の円周上で動く．というのは，Z_{l2}は純虚数であるから，$Z_{P1} + Z_{l2}$の実部は不変である．こうして，$Z_{P1} + Z_{l2}$が$1(=Z_0)$と一致するように，l_2を決めればよい．点P_1の座標を$(1, x_p)$とする．x_pはρ平面でも，z平面でも読み取ることができる．いまの場合は，点P_1は$(1, j1.5)$であるから

$$-x_p = -1.5 = \tan \beta l_2$$

$$\therefore\quad l_2 = \tan^{-1} \frac{(-x_p)}{\beta} = \tan^{-1} \frac{(-1.5)}{\beta} \tag{2・156}$$

〔解答〕 $l_1 = \dfrac{\theta_1}{2\beta}, \quad l_2 = \tan^{-1} \dfrac{(-x_p)}{\beta}$

ただし，x_pはρ平面上点P_1またはP_2の座標から，θ_1は$\angle P_{10} \rho(z_L)$または$\angle P_{20} \rho(z_L)$から読み取る．

2・11 第2章の補遺：境界条件による解の決定

本節では，正弦波以外の一般の波について境界条件による解の決定について述べる．初期条件による解の決定例は，5・2節〔1〕〜〔3〕項，5・4節に述べる．

なお，大学では，このように一般的な場合の解説の講義はされない．したがって大学教科書にも記載されないのが普通である．そうすると，本書でもこれを削除してもよいことになるが，次の二つの理由から本節を記載することにしたものである．

(1) 出来の良い学生諸君の中には，講義にはないが，"一般的な場合はどのように解析するのであろうか"と疑問を持つ人がいるに相違ないから，その人達の参考に供する．

(2) 類書には，これらは記載されていないから，本書だけでもこれを記載し，大方の参考に供する．

〔1〕 $x = 0$ なる点で $v = f(t)$，$i = g(t)$ が与えられた場合

前記のように分布定数回路の電圧・電流に関する微分方程式は

$$-\frac{\partial v}{\partial x} = Ri + L\frac{\partial i}{\partial t} \tag{2・3}$$

$$-\frac{\partial i}{\partial x} = Gv + C\frac{\partial v}{\partial t} \tag{2・4}$$

であり，これからvだけ，あるいはiだけの式を求めると，

2・11 第2章の補遺：境界条件による解の決定

$$LC\frac{\partial^2 v}{\partial t^2}+(GL+RC)\frac{\partial v}{\partial t}+RGv=\frac{\partial^2 v}{\partial x^2} \quad (2\cdot 5)$$

$$LC\frac{\partial^2 i}{\partial t^2}+(GL+RC)\frac{\partial i}{\partial t}+RGi=\frac{\partial^2 i}{\partial x^2} \quad (2\cdot 6)$$

これについて，次の境界条件を満たす解を求めてみよう．

$$x=0 \text{ で, } v=f(t), \quad i=g(t) \quad (2\cdot 157)$$

いま，

$$\alpha\triangleq\frac{RG}{LC}, \quad c\triangleq\frac{1}{\sqrt{LC}}, \quad 2\beta\triangleq\frac{G}{C}+\frac{R}{L}$$

と置くと，式 (2・5) は次のようになる．

$$\frac{\partial^2 v}{\partial t^2}+2\beta\frac{\partial v}{\partial t}+\alpha v=c^2\frac{\partial^2 v}{\partial x^2} \quad (2\cdot 158)$$

上の式をフーリエ変換すると，

$$(-\omega^2+2j\omega\beta+\alpha)\,V(j\omega)=c^2\frac{d^2V(j\omega)}{dx^2} \quad (2\cdot 159)$$

$$\left.\begin{array}{l} V(j\omega)=K_1 e^{jk(\omega)x}+K_2 e^{-jk(\omega)x} \\ k(\omega)\triangleq\dfrac{\sqrt{\omega^2-2j\omega\beta-\alpha}}{c} \end{array}\right\} \quad (2\cdot 160)^*$$

となる．以下 K_1, K_2 を ω の関数と考え，境界条件 (2・157) を満たす式 (2・158) の解を

$$v=\frac{1}{\sqrt{2\pi}}\int_{-\infty}^{\infty}[K_1(\omega)e^{jkx}+K_2(\omega)e^{-jkx}]e^{j\omega t}d\omega \quad (2\cdot 161)$$

の形（フーリエ逆変換，式 (2・14) 参照）に求めることを考えよう．なお，$x=0$ で $i(t)=g(t)$ なる条件を，v に対するものになおしておこう．式 (2・3) より

$$-\left(\frac{\partial v}{\partial x}\right)_{x=0}=R(i)_{x=0}+L\left(\frac{\partial i}{\partial t}\right)_{x=0} \quad (2\cdot 162)$$

であるから，

$$\left.\begin{array}{l}\left(\dfrac{\partial v}{\partial x}\right)_{x=0}=h(t) \\ h(t)\triangleq-\left(Rg(t)+L\dfrac{dg(t)}{dt}\right)\end{array}\right\} \quad (2\cdot 163)$$

となる．結局，式 (2・158) を，次の境界条件で式 (2・161) の形に解くという問題になる．

$$x=0 \text{ で } v=f(t), \quad \frac{\partial v}{\partial x}=h(t) \quad (2\cdot 164)$$

さて，条件式 (2・164) を式 (2・161) に適用すると，

$$\left.\begin{array}{l} f(t)=\dfrac{1}{\sqrt{2\pi}}\displaystyle\int_{-\infty}^{\infty}[K_1(\omega)+K_2(\omega)]e^{j\omega t}d\omega \\ h(t)=\dfrac{1}{\sqrt{2\pi}}\displaystyle\int_{-\infty}^{\infty}jk[K_1(\omega)-K_2(\omega)]e^{j\omega t}d\omega \end{array}\right\} \quad (2\cdot 165)$$

式 (2・165) の二つの式は，フーリエ逆変換の式である．両辺をフーリエ変換すると

---

* これまでは伝搬定数に γ を用いたが，ここでは k を用いた．

$$K_1(\omega)+K_2(\omega)=\frac{1}{\sqrt{2\pi}}\int_{-\infty}^{\infty}f(u)\,e^{-j\omega u}du \quad \Big\}$$
$$K_1(\omega)-K_2(\omega)=-\frac{j}{\sqrt{2\pi}\,k}\int_{-\infty}^{\infty}h(u)\,e^{-j\omega u}du \quad \Big\} \qquad (2\cdot166)$$

これから，

$$K_1(\omega)=\frac{1}{2\sqrt{2\pi}}\int_{-\infty}^{\infty}\Big[f(u)-\frac{j}{k}h(u)\Big]e^{-j\omega u}du \quad \Big\}$$
$$K_2(\omega)=\frac{1}{2\sqrt{2\pi}}\int_{-\infty}^{\infty}\Big[f(u)+\frac{j}{k}h(u)\Big]e^{-j\omega u}du \quad \Big\} \qquad (2\cdot167)$$

この $K_1(\omega)$, $K_2(\omega)$ を式 (2·161) に代入すると，

$$v=\int_{-\infty}^{\infty}\Big\{\frac{1}{4\pi}\int_{-\infty}^{\infty}\Big[f(u)-\frac{j}{k}h(u)\Big]e^{-j\omega u}du\cdot e^{jkx}$$
$$+\frac{1}{4\pi}\int_{-\infty}^{\infty}\Big[f(u)+\frac{j}{k}h(u)\Big]e^{-j\omega u}du\cdot e^{-jkx}\Big\}e^{j\omega t}d\omega \qquad (2\cdot168)$$

以下，式 (2·168) の簡単化の計算は章末の文献 (1) pp. 223〜225 に譲る．

〔2〕 **初期条件 $t=0$ で $v=f(x)$，$i=g(x)$ が与えられた場合**

次に初期条件として，

$$t=0\text{で},\quad v=f(x),\quad i=g(x) \qquad (2\cdot169)$$

が与えられた場合の解を求めよう．前には変数 t に関するフーリエ変換を用い $v=v_0 e^{j\omega t}$ として式 (2·5) に代入し，基本解 $e^{j\omega t\pm jk(\omega)x}$ を利用して解いた．今度は x に関するフーリエ変換を用い，$v\cong v_0 e^{jkx}$（k は実数）として基本解を求めてみよう．式 (2·5) は

$$\frac{\partial^2 v_0}{\partial t^2}+2\beta\frac{\partial v_0}{\partial t}+\alpha v_0=-c^2 k^2 v_0 \qquad (2\cdot170)$$

この解は，d/dt を p と置いて特性方程式を求めて，

$$p^2+2\beta p+(\alpha+c^2 k^2)=0 \quad \Big\}$$
$$p_1, p_2 \cong -\beta\pm j\sqrt{\alpha+c^2 k^2-\beta^2} \quad \Big\} \qquad (2\cdot171)$$

これから

$$v_0=e^{-\beta t}(K_1 e^{jqt}+K_2 e^{-jqt}),\quad q\cong\sqrt{\alpha+c^2 k^2-\beta^2} \qquad (2\cdot172)$$

$$\therefore\quad v=e^{j(kx-\beta t)}(K_1 e^{jqt}+K_2 e^{-jqt}) \quad \Big\}$$
$$q\cong\sqrt{\alpha+c^2 k^2-\beta^2} \quad \Big\} \qquad (2\cdot173)$$

共通因数 $e^{-\beta t}$ は面倒であるから

$$v\cong v_1 e^{-\beta t} \qquad (2\cdot174)$$

と置く．そうして，x に関するフーリエ逆変換として，

$$v_1(x,t)=\frac{1}{\sqrt{2\pi}}\int_{-\infty}^{\infty}[K_1(k)e^{jqt}+K_2(k)e^{-jqt}]e^{jkx}dk \qquad (2\cdot175)$$

の形に解を求める．以下文献(1) の pp. 225〜228 参照．

演 習 問 題

(2・1) 線路に沿っての, 単位長さ当たりの直列インピーダンス Z および並列アドミタンス Y が, 距離 x の指数関数として, $Z=Z_0 e^{\delta x}$, $Y=Y_0 e^{-\delta x}$ と表されるとき, 線路上の電圧・電流の分布を与える式を求めよ. ただし, Z_0, Y_0 は定数とする.

(2・2) 全長 400 km の線路がある. その受電端を短絡した場合, 送電端から見たインピーダンスが $j250\,\Omega$, また受電端を開放した場合, 送電端から見たアドミタンスが $j1.5\times 10^{-3}\,\text{℧}$ であった. この線路の特性インピーダンス Z_0, 伝搬定数 γ, および 1 km 当たりのリアクタンス X, サセプタンス B を計算せよ.

(2・3) 図 P2・3 のように, 特性インピーダンス $Z_0'=800\,\Omega$ の線路に, $R_2=200\,\Omega$ の抵抗負荷を整合させるため, 長さ $\lambda/4$, 特性インピーダンス Z_0'' の線路を挿入した. Z_0'' はいくらにすべきか.

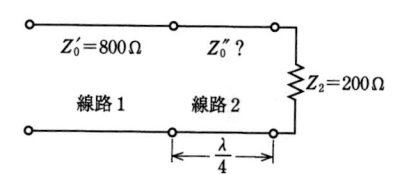

図 P2・3 1/4 波長線路による負荷の整合

(2・4) 特性インピーダンス $50\,\Omega$ の無損失線路において, 電圧定在波比が 1.5 であり, 電圧定在波の節の位置 ($V_{\min}$ の位置) が受電端を短絡したときの節の位置よりも, 送電端側へ 0.2λ だけ移動して生じている. この場合の受電端インピーダンス Z_2 を求めよ.

(2・5) 特性インピーダンス $Z_0=50\,\Omega$ の無損失線路の受電端に, $Z_2=25+j25\,\Omega$ の負荷を接続したときの電圧定在波比 σ および送電端インピーダンス Z_1 を求めよ. ただし, 線路長は波長の 1.25 倍である.

(2・6) 図 2・33 の問題を, スミス図表によらないで解け.

(2・7) 図 2・27(a) の点 $A(0, jx_0)$ と $B(r_0, 0)$ に対応する ρ 平面上の点はどれか.

参 考 文 献

(1) 尾崎 弘:過渡現象論, 共立出版 (1982)

演習問題略解

(2・1) $V(x)=e^{\delta x/2}(Ae^{-\gamma x}+Be^{\gamma x})$,

$I(x)=\dfrac{e^{-\delta x/2}}{Z_0}\left\{\left(\gamma-\dfrac{\delta}{2}\right)Ae^{-\gamma x}-\left(\gamma+\dfrac{\delta}{2}\right)Be^{\gamma x}\right\}$

(2・2)　$Z_0 = 408\,\Omega$,　$\gamma = j1.37 \times 10^{-6}\,\mathrm{m}^{-1}$,　$X = 0.56\,\Omega/\mathrm{km}$,　$B = 3.4 \times 10^{-6}\,\mho/\mathrm{km}$

(2・3)　$Z_{02} = 400\,\Omega$

(2・4)　$Z_R = 67.0 - j16.4\,\Omega$

(2・5)　$\sigma = 2.62$,　$Z(0) = 50 - j50$

(2・6)　式 (2・127) で $\gamma = j\beta$ と置くと

$$\left.\begin{aligned} V_1 &= V_2 \cosh(j\beta)\,l_1 + Z_0 I_2 \sinh(j\beta)\,l_1 \\ I_1 &= \frac{V_2}{Z_0} \sinh(j\beta)\,l_1 + I_2 \cosh(j\beta)\,l_1 \end{aligned}\right\} \qquad (1)$$

ここで，負荷 Z_L で終端すると

$$V_2 = Z_L I_2 \qquad (2)$$

$$\therefore\quad \frac{V_1}{I_1} = Z_0 \frac{Z_L \cos\beta l_1 + Z_0 j \sin\beta l_1}{Z_L j \sin\beta l_1 + Z_0 \cos\beta l_1} = Z_0 \frac{Z_L + jZ_0 \tan\beta l}{jZ_L \tan\beta l + Z_0} \qquad (3)$$

これに，一端を短絡した長さ l_2 のレッヘル線を接続する．このレッヘル線のインピーダンスは，$Z_0 \tanh(j\beta)\,l_2 = jZ_0 \tan\beta l_2$〔式 (2・127) で $V_2 = 0$ と置いて求められる〕であるから

$$Z_{\mathrm{in}} \triangleq Z_0 \frac{Z_L + jZ_0 \tan\beta l_1}{jZ_L \tan\beta l_1 + Z_0} + jZ_0 \tan\beta l_2 \qquad (4)$$

整合がとれるためには，$Z_{\mathrm{in}} = Z_0$ とならなければならない．

$$\therefore\quad \frac{Z_L + jZ_0 \tan\beta l_1}{jZ_L \tan\beta l_1 + Z_0} + j\tan\beta l_2 = 1 \qquad (5)$$

この式は実部と虚部の二つの式からなり，未知数は l_1 と l_2（$\tan\beta l_1$ と $\tan\beta l_2$）である．実部と虚部をそれぞれ等しいと置こう．簡単のため

$$x \triangleq \tan\beta l_1,\quad y \triangleq \tan\beta l_2,\quad Z_L \triangleq R_L + jX_L \qquad (6)$$

として代入すると

$$\frac{R_L + j(X_L + Z_0 x)}{(Z_0 - xX_L) + jR_L x} + jy = 1 \qquad (7)$$

この式の実部は x だけの式であるから，実部の式から $x = \tan\beta l_1$ が求められる．

$$\frac{(R_L + j(X_L + Z_0 x))((Z_0 - xX_L) - jR_L x)}{(Z_0 - xX_L)^2 + R_L^2 x^2} + jx - 1 = 0 \qquad (8)$$

実部だけの式は次のようになる．

$$\frac{R_L(Z_0 - xX_L) + (X_L + Z_0 x)R_L x}{(Z_0 - xX_L)^2 + R_L^2 x^2} - 1 = 0 \qquad (9)$$

$$\therefore\quad (R_L^2 + X_L^2 - Z_0 R_L) x^2 - 2Z_0 X_L x + (Z_0^2 - R_L Z_0) = 0 \qquad (10)$$

この式は実根を持つ．これから $x = \tan\beta l_1$ が分かり，これと式 (9) より $y = \tan\beta l_2$ が求められる．

(2・7)　A に対応する点は，円 C_2 と単位円（太線の円）の交点．

B に対応する点は，円 C_1 と実軸の交点．

第3章 基本的回路の過渡現象

過渡現象については第1巻2・3節で述べたとおりである．このような過渡現象が現れるのは，回路状態が変化した場合（例えば，スイッチが入れられるとか，切られるとか，回路素子が変化させられるとか）で，変化の直後から現れ，時間とともに消えていくのが普通である．本章においては，基本的回路の過渡現象の解析について，おもに微分方程式の解法に基づく方法を述べる．本章の内容は，表題のとおり基本的回路の問題であるから，暗記するくらいに学習されたい．

3・1 定数係数線形微分方程式の解法

例として RLC 直列回路を取り上げると，その微分方程式は次のようになる．

$$L\frac{di}{dt}+Ri+\int\frac{idt}{C}=v(t) \tag{3・1}$$

または

$$L\frac{d^2q}{dt^2}+R\frac{dq}{dt}+\frac{q}{C}=v(t) \tag{3・2}$$

これを次のように書き表そう．

$$ay''+by'+cy=f(t), \quad y'=\frac{dy}{dt}, \quad y''=\frac{d^2y}{dt^2} \tag{3・3}$$

（以下は $ay'+by+c\int ydt=g(t)$ の形の場合も同様である．）

この式の解は，**特解**（particular solution）y_s と同次式

$$ay''+by'+cy=0 \tag{3・4}$$

の解 y_f の和として表される．y_f は**補解**（complementary solution）といい，**自由振動**（free oscillation）を表す項である．一方，y_s は外力 $f(t)$ による**強制振動**（forced oscillation）を表す項である．回路理論では，特解と補解をそれぞれ定常項並びに過渡項と呼ぶ*．

〔1〕 **同次式の解（補解，過渡項）**

始めに2階の微分方程式の同次式を考える．

$$a\frac{d^2y}{dt^2}+b\frac{dy}{dt}+cy=0, \quad \{a,b,c\}\in \boldsymbol{R} \tag{3・5}**$$

この式の解を

---

* $f(t)$ が周期関数の場合の定常項は定常現象を，非周期関数の場合の定常項と過渡項の和は過渡現象を表すと見ることができる．

** $\boldsymbol{R}$ は実数の集合，$\boldsymbol{C}$ は複素数の集合を表す．$a \in \boldsymbol{R}$ は "a は実数である" の意．

$$y = Ye^{pt} \tag{3・6}$$

の形に仮定して，これを元式 (3・5) に代入すると

$$(ap^2+bp+c)Ye^{pt}=0, \qquad ap^2+bp+c=0 \tag{3・7}$$

$$\therefore \quad p = \frac{-b \pm \sqrt{b^2-4ac}}{2a} \triangleq p_1, p_2 \tag{3・8}$$

すなわち，式 (3・8) の p_1, p_2 を式 (3・6) に代入して得られる関数

$$y_1 = e^{p_1 t}, \qquad y_2 = e^{p_2 t} \tag{3・9}$$

が式 (3・5) の解となる．したがって，もし $p_1 \neq p_2$ ならば，式 (3・5) の一般解は

$$y = k_1 e^{p_1 t} + k_2 e^{p_2 t} \tag{3・10}$$

となる．k_1 と k_2 は初期条件から決まる定数である．

しかしながら，もし $p_1 = p_2$ ならば，y_1 と y_2 が一次的に独立でなくなるゆえ，式 (3・10) の y は一般解とならない．この場合は $y_1 = e^{p_1 t}$ とし，y_2 を

$$y_2 = ty_1 \tag{3・11}$$

とする．これが式 (3・5) の一つの解となることは容易に確かめられ（下記の〔参考〕を参照），一般解は次のようになる．

$$y = k_1 y_1 + k_2 t y_1 \tag{3・12}$$

次に，n 階の定数係数微分方程式

$$y^{(n)} + a_1 y^{(n-1)} + \cdots + a_n y = 0 \qquad (\{a_1, a_2, \cdots, a_n\} \in \boldsymbol{R}) \tag{3・13}$$

を考える．前と同じように，$y = Ye^{pt}$ ($y = e^{pt}$ としても同じ) として代入すると

$$p^n + a_1 p^{n-1} + \cdots + a_n = 0 \tag{3・14}$$

この式を**特性方程式** (characteristic equation) という．式 (3・7) も特性方程式の一つである．この根を

$$p = p_1, p_2, \cdots, p_n \tag{3・15}$$

とし，これがいずれも相異なる根であった場合の一般解は次のようになる．

$$y = k_1 e^{p_1 t} + k_2 e^{p_2 t} + \cdots + k_n e^{p_n t} \tag{3・16}$$

もし，重根があって

$$p_i = p_{i+1} = \cdots = p_{i+m-1} \tag{3・17}$$

であったとすると，$e^{p_i t}, e^{p_{i+1} t}, \cdots, e^{p_{i+m-1} t}$ の代わりに

$$e^{p_i t}, te^{p_i t}, t^2 e^{p_i t}, \cdots, t^{m-1} e^{p_i t} \tag{3・18}$$

を解とすればよい．下の〔参考〕にその説明を示す．

なお，特性方程式を求めるに際しては，$y = e^{pt}$ と置いて元式に代入する代わりに，元式に下のように p, $1/p$ を代入しても同じである．

$$\frac{d}{dt} \to p, \qquad \int dt \to \frac{1}{p}$$

〔**参考**〕 式 (3・14) が等根を持つ場合，等根の部分を (3・18) に変えればよいことの証明．
p_i が m 重根ならば式 (3・14) は，次のような形をしている．

$$(p-p_i)^m f(p) = 0 \tag{3・19}$$

左辺の $(p-p_i)^m f(p)$ を p で1回微分すると

$$m(p-p_i)^{m-1} f(p) + (p-p_i)^m f'(p) = (p-p_i)^{m-1} (mf(p) + (p-p_i) f'(p))$$

となり，これは $p=p_i$ と置くと明らかに 0 である．同様にして，2 回，3 回，…，$m-1$ 回微分して $p=p_i$ と置くと 0 となる．このことを念頭に置いて

$$y = t^k e^{pt} = \frac{\partial^k}{\partial p^k} e^{pt} \qquad (k=1, 2, \cdots, m-1) \tag{3・20}$$

を元式 (3・13) に代入すると

$$y^{(n)} + a_1 y^{(n-1)} + \cdots + a_n y = \frac{\partial^k}{\partial p^k} \left\{ \frac{\partial^n}{\partial t^n} e^{pt} + a_1 \frac{\partial^{n-1}}{\partial t^{n-1}} (e^{pt}) + \cdots + a_n e^{pt} \right\}$$

$$= \frac{\partial^k}{\partial p^k} \{ (p^n + a_1 p^{n-1} + \cdots + a_n) e^{pt} \}$$

$$= \frac{\partial^k}{\partial p^k} \{ (p-p_i)^m f(p) e^{pt} \} \tag{3・21}$$

しかるに，上の式は $k=1, 2, \cdots, m-1$ に対しては $p=p_i$ と置くと 0 となる．したがって，式 (3・20) で $p=p_i$ と置いたもの，すなわち

$$y = e^{p_i t}, \ t e^{p_i t}, \ t^2 e^{p_i t}, \cdots, t^{m-1} e^{p_i t} \tag{3・22}$$

はいずれも元式の解となるのである．

〔2〕 非同次式の特解（外力が周期関数の場合，定常解）

電気回路では，外力 $f(t)$ は正弦波であることが多く，その場合の特解は，$e^{i\omega t}$ の特解から求めることができる．正弦波でない場合もフーリエ級数やフーリエ積分を用いると，$e^{j\omega t}$ に対する解から解を導き得る．そこで $f(t) = Ae^{\alpha t}$ の場合についてまず考える．

(a) $f(t) = Ae^{\alpha t}$ **の場合，A と α は定数（一般には複素数）**

$$y'' + by' + cy = Ae^{\alpha t}, \qquad \alpha = \sigma + j\omega \tag{3・23}$$

特解を $Ce^{\alpha t}$ の形に仮定し，これを元式に代入することにより C を決定すればよい．ただし，α が特性方程式の根と一致する場合，すなわち α が p_1 か p_2 のいずれかと一致する場合は C のいかんに関せず方程式の左辺が 0 となって，C が決定されない．この場合は特解を

$$p_1 = \alpha \neq p_2 \quad \text{なら} \quad y = Cte^{\alpha t}, \qquad p_1 = p_2 = \alpha \quad \text{なら} \quad y = Ct^2 e^{\alpha t}$$

の形にとって，元式に代入することより C を決定する．一般に n 階の微分方程式

$$y^{(n)} + a_1 y^{(n-1)} + a_2 y^{(n-2)} + \cdots + a_n y = Ae^{\alpha t} \tag{3・24}$$

において，α が特性方程式の m 重根と一致するときは特解を

$$y = Ct^m e^{\alpha t} \tag{3・25}$$

の形に仮定して元式に代入して C を決定すればよい（証明は各自で試みられたい）．

(b) $f(t) = e^{j\omega t}, \ B\cos(\omega t + \theta)$ **その他の場合** $e^{j\omega t}$ に対する解は，上記の $Ae^{\alpha t}$ において

$$A=1, \qquad \alpha = j\omega \tag{3・26}$$

と置いて求めることができる．

$f(t)$ が正弦波，周期関数並びに一般の関数である場合，それぞれ 1・9 節〔3〕項，1・8 節並びに 1・6 節を参照されたい．

例題 3・1 RC 直列回路に正弦波電圧を加えた場合の定常項を求めよう．

〔解〕 i の代わりに $Ie^{j\omega t}$ を代入し，右辺は

$$E_m \sin(\omega t + \theta) = \text{Im}\,[E_m e^{j(\omega t + \theta)}]$$

であるから，後で $i_1 = \mathrm{Im}\,[Ie^{j\omega t}]$ として求める．

$$RIe^{j\omega t} + \frac{1}{j\omega C} Ie^{j\omega t} = E_m e^{j(\omega t+\theta)}$$

$$\left\{R + \frac{1}{j\omega C}\right\} I = E_m e^{j\theta}$$

$$\therefore\quad I = \frac{E_m e^{j\theta}}{Z(j\omega)}$$

ただし，$Z(j\omega) = R + 1/(j\omega C) = \sqrt{R^2 + 1/(\omega^2 C^2)}\,e^{j\phi}$, $\phi = \tan^{-1}(1/(\omega CR))$

$$\therefore\quad i = \mathrm{Im}(Ie^{j\omega t}) = \mathrm{Im}\left[\frac{E_m e^{j(\omega t+\theta)}}{Z(j\omega)}\right]$$

$$= \mathrm{Im}\left[\frac{E_m e^{j(\omega t+\theta-\phi)}}{\sqrt{R^2 + 1/(\omega^2 C^2)}}\right]$$

$$= \frac{E_m}{\sqrt{R^2 + 1/(\omega^2 C^2)}} \sin(\omega t + \theta - \phi) \tag{3・27}$$

例題 3・2 前問において，電源の波形が $v(t) = f(t)$ の場合，並びに周期関数 $v(t) = \sum_{n=-\infty}^{\infty} c_n e^{jn\omega_0 t}$ である場合の特解を求めよ．

〔解〕 1・8 節〔1〕項並びに 1・9 節〔3〕項を参照．

3・2 RC 直列回路

図 3・1 に示すような RC 直列回路に，$t=0$ で S を閉じて電圧源 $e(t)$ を加えた場合，あるいは S が閉じられていて，$t=0$ で S を開く場合などを考える．前者の場合に成立する微分方程式は次のようになる．

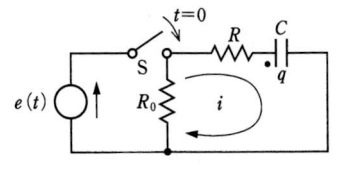

図 3・1 RC 直列回路

$$Ri + \frac{q}{C} = e(t), \qquad i = \frac{dq}{dt} \tag{3・28}$$

この式は次のようにも書き表される．

$$R\frac{dq}{dt} + \frac{q}{C} = e \tag{3・29}$$

この式の解は第 1 巻 2・3 節に述べたように

$$q = q_s + q_f$$

と表される．q_s と q_f は式 (3・1) の特解並びに補解である．物理的には，前者は強制振動項であり，後者は自由振動項である．換言すると，前者は e が周期

関数のとき，定常状態の項であり，後者は過渡現象の項である．以下前者を定常項，後者を過渡項とも呼ぶことにする．

〔1〕 **自由振動（補解）**

図3・2に示すように，はじめ C に q_0 なる電荷が蓄えられていて，$t=0$ で S を閉じ，この電荷を R を通じて放電させる場合を考える．このとき式（3・29）は次のようになる．

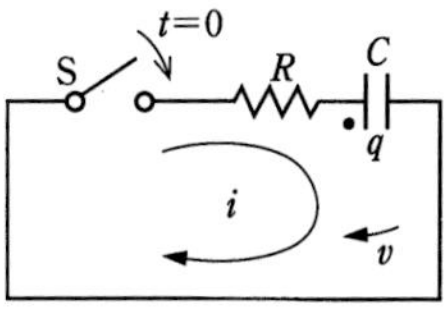

$$R\frac{dq}{dt}+\frac{q}{C}=0 \qquad (3\cdot 30)$$

図3・2 RC 直列回路の自由振動

特性方程式（前節〔1〕項参照）は

$$Rp+\frac{1}{C}=0, \quad \therefore \quad p=-\frac{1}{RC} \qquad (3\cdot 31)$$

となり，解は

$$q=Ae^{-t/\tau}, \quad \tau\cong RC（時定数） \qquad (3\cdot 32)$$

となる．τ は後に述べる**時定数**（time constant）である．初期条件は，$t=0$ で $q=q_0$ であることから A を決定すると

$$q=q_0 e^{-t/\tau} \qquad (3\cdot 33)$$

これから i は

$$i=\frac{dq}{dt}=-\frac{q_0}{RC}e^{-t/\tau} \qquad (3\cdot 34)$$

q と i の略図を示したものが**図3・3**である．図において，$t=0$ における q 並びに i の接線が横軸と交わる点が τ であることに注意されたい．

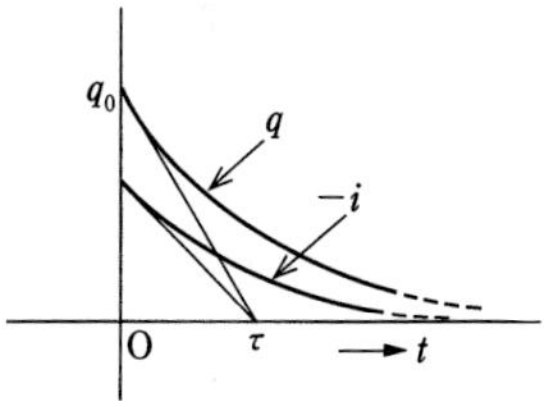

なお，$t=0$ で S を閉じてから以降，R で消費される電力量を計算してみると次のようになる．

図3・3 q と i の変化

$$P=\int_0^\infty Ri^2 dt = R\int_0^\infty \frac{q_0^2}{R^2 C^2}e^{-2t/(RC)}dt$$

$$=\frac{q_0^2}{RC^2}\left[-\frac{RC}{2}e^{-2t/(RC)}\right]_0^\infty = \frac{q_0^2}{2C}=\frac{1}{2}Cv_0^2 \qquad (3\cdot 35)$$

ただし，$v_0=\dfrac{q_0}{C}$

これは，Sを閉じる前に C に蓄えられていたエネルギーである．つまり，はじめ C に蓄えられていたエネルギーが，R によって消費されてしまうことを意味する．

〔2〕 **直流電圧を加えた場合（特解その1）（図3・4）**

この場合，式（3・28）は次のようになる．

$$R\frac{dq}{dt}+\frac{q}{C}=E \qquad (3\cdot36)$$

過渡項 q_f は式（3・32）と同じで，定常項は明らかに

$$q_s=CE \qquad (3\cdot37)$$

であるから，一般解は次のようになる．

$$q=q_s+q_f=CE+Ae^{-t/\tau} \qquad (3\cdot38)$$

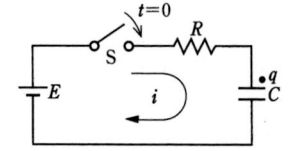

初期条件として

$$t=0 \quad \text{で} \quad q=q_0 \qquad (3\cdot39)$$

図3・4 RC 直列回路に直流電圧を加える場合

を考えると，式（3・38）に適用することから A が次のように決定される．

$$q_0=CE+A, \quad \therefore \quad A=q_0-CE \qquad (3\cdot40)$$

したがって q は

$$q=CE+(q_0-CE)e^{-t/\tau} \qquad (3\cdot41)$$

もし $q_0=0$ ならば

$$q=CE(1-e^{-t/\tau}) \qquad (3\cdot42)$$

なお，電流は dq/dt として容易に求められる．式（3・42）より

$$i=\frac{dq}{dt}=\frac{1}{RC}(CE-q_0)e^{-t/\tau} \qquad (3\cdot43)$$

〔3〕 **正弦波電圧を加えた場合**

この場合式（3・29）は次のようになる．

$$R\frac{dq}{dt}+\frac{1}{C}q=E_m\sin(\omega t+\varphi) \qquad (3\cdot44)$$

この式の特解，すなわち定常解は3・1節〔2〕項に述べられている方法によって求めることができる．結局，一般解は次のようになる（次の〔4〕項，特に 例題 3・3参照）．

$$\left.\begin{aligned}q&=\frac{E_m/\omega}{\sqrt{R^2+(1/\omega C)^2}}\sin(\omega t+\varphi-\theta)+Ae^{-\{1/(RC)\}t}\\&=\frac{E_m/\omega}{\sqrt{R^2+(1/\omega C)^2}}\sin(\omega t+\varphi-\theta)+Ae^{-t/\tau}\end{aligned}\right\} \quad (3\cdot45)$$

ただし，$\theta=\tan^{-1}\dfrac{R}{(1/\omega C)}=\tan^{-1}\omega CR, \quad \tau=RC$

これから電流 i を求めると

$$\left.\begin{aligned}i&=\frac{dq}{dt}=\frac{E_m}{\sqrt{R^2+(1/\omega C)^2}}\cos(\omega t+\varphi-\theta)-\frac{A}{\tau}e^{-t/\tau}\\\theta&=\tan^{-1}\omega CR\end{aligned}\right\} \quad (3\cdot46)$$

上式は $\cos(\omega t+\varphi-\theta)$ の形式で表されているが，$\sin(\omega t+\varphi-\theta')$ の形式もよく用いられているので，書き直すと

$$\left.\begin{aligned}i&=\frac{E_m}{\sqrt{R^2+(1/\omega C)^2}}\sin(\omega t+\varphi-\theta')-\frac{A}{RC}e^{-t/\tau}\\\theta'&=\theta+\frac{\pi}{2}=(\tan^{-1}\omega CR)+\frac{\pi}{2}=-\tan^{-1}\left(\frac{1}{\omega CR}\right)\end{aligned}\right\} \quad (3\cdot47)$$

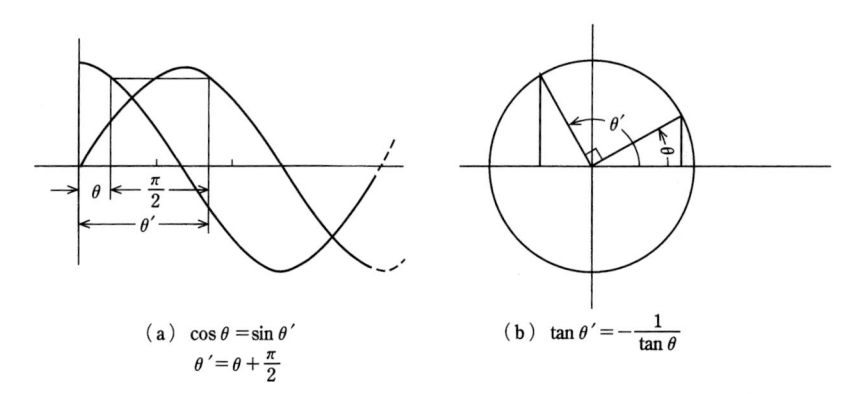

(θ' と θ の関係は図 3・5 参照)

(a) $\cos\theta=\sin\theta'$
　　$\theta'=\theta+\dfrac{\pi}{2}$

(b) $\tan\theta'=-\dfrac{1}{\tan\theta}$

図 3・5　θ と θ' の関係

初期条件として，はじめ C に q_0 なる電荷があったとすると，$t=0$ で式 (3・45) の q は q_0 に等しくならなければならないから

$$q_0=\frac{E_m/\omega}{\sqrt{R^2+(1/\omega C)^2}}\sin(\varphi-\theta)+A$$

$$\therefore \quad A = q_0 - \frac{E_m/\omega}{\sqrt{R^2+(1/\omega C)^2}}\sin(\varphi-\theta) \qquad (3\cdot 48)$$

これを式 (3·45) 並びに式 (3·47) に代入することから，q 及び i が決定する．i の時間的経過の略図を示したものが図 3·6 である．

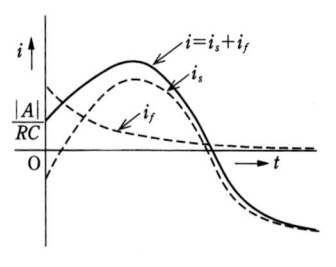

図 3·6 RC 直列回路に正弦波電圧を加えた場合の電流（図は $A<0$ の場合）

〔4〕 **正弦波電源の場合の記号的計算法，基本解 $e^{j\omega t}$ の活用**

第1巻では第4章で述べられているように，$E_m\sin(\omega t+\varphi)$ の代わりに $Ee^{j\omega t}$ を用い，計算の最後に虚部を取るという記号的計算法*を利用することによって，容易に定常解が計算できる．この方法 (1·9 参照) を，過渡現象を扱う場合に応用しよう．ただし，第2巻では主に正弦波を $\cos(\omega t+\varphi)$ の形で表し

$$\cos(\omega t+\varphi) = \mathrm{Re}\, e^{j(\omega t+\varphi)} \qquad (3\cdot 49)$$

を用いる．$\sin(\omega t+\varphi)$ の場合ならば，$\mathrm{Im}\, e^{j\omega t}$ とするか，$\cos(\omega t+\varphi')$, $\varphi'=\varphi-\pi/2$ とすればよい．

例題 3·3 例として式 (3·44) が次の形であった場合を考えてみよう．
$$R\frac{dq}{dt}+\frac{q}{C}=E_m\cos(\omega t+\varphi), \quad \sum_{n=-\infty}^{\infty}c_n e^{jn\omega t} \qquad (3\cdot 50)$$

〔解〕 $E \triangleq E_m e^{j\varphi}$ とし
$$R\frac{dQ}{dt}+\frac{Q}{C}=Ee^{j\omega t} \qquad (3\cdot 51)$$

なる式の特解（定常解）を $Q_s=Q_s' e^{j\omega t}$ の形に仮定すると
$$\left(j\omega R+\frac{1}{C}\right)Q_s'=E, \qquad Q_s'=\frac{E/(j\omega)}{R+1/(i\omega C)}$$

$$\therefore \quad Q_s=\frac{E_m/(j\omega)}{Z_{RC}(j\omega)}e^{j(\omega t+\varphi)}, \qquad Z_{RC}(j\omega)\triangleq R+\frac{1}{j\omega C} \qquad (3\cdot 52)$$

したがって
$$Q=Q_s+Q_f=\frac{E_m/(j\omega)}{Z_{RC}(j\omega)}e^{j(\omega t+\varphi)}+Ae^{-t/\tau} \qquad (3\cdot 53)$$

式 (3·53) に初期条件 $t=0$ で $\mathrm{Re}\, Q_0=q_0$ を適用し（$\sin(\omega t+\varphi)$ の場合なら $\mathrm{Im}\, Q_0=q_0$）
$$q_0=\mathrm{Re}\left(\frac{E_m/(j\omega)}{Z_{RC}(j\omega)}e^{j\varphi}+A\right), \quad \mathrm{Re}\, A=q_0-\mathrm{Re}\left(\frac{E_m/(j\omega)}{Z_{RC}(j\omega)}e^{j\varphi}\right) \qquad (3\cdot 54)$$

---

* この基礎づけは第1章の 1·9 節〔3〕項に示されている．

これを式 (3·53) に代入することより, $q=\mathrm{Re}\,Q$ から q が分かり, i は $\mathrm{Re}\,[dQ/dt]$ より求められる.

周期関数の場合, 式 (3·53) は次のようになる.

$$Q = \sum_{n=-\infty}^{\infty} \frac{c_n/(j n \omega)}{Z_{RC}(j n \omega)} e^{j n \omega t} + A e^{-t/\tau}$$

〔5〕 **電源 $e(t)$ が一般的な関数形の場合の特解**

$e(t)$ が周期関数の場合, フーリエ展開を用いることによって特解を求めることができる. これについてはすぐ前の 例　題 3·3 と 1·9 節を参照されたい. $e(t)$ が非周期関数の場合は, フーリエ積分を用いれば解が求められる. これも例題 1·9 に述べられているが, 略記しよう.

1·7 節にあるように, $e(t)$ のフーリエ変換, すなわちスペクトルを $E(j\omega)$ とすると, $i(t)$ は次のようになる.

$$\left. \begin{array}{l} i(t) = \dfrac{1}{\sqrt{2\pi}} \displaystyle\int_{-\infty}^{\infty} \dfrac{E(j\omega)}{Z(j\omega)} e^{j\omega t} d\omega \\[2mm] Z(j\omega) \text{ はいまの場合 } Z_{RC}(j\omega) = R + \dfrac{1}{j\omega C} \end{array} \right\} \quad (3\cdot 55)$$

3·3 RL 直列回路

〔1〕 **微分方程式と過渡解**

図 3·7 のように, RL 直列回路に $t=0$ で S を閉じて電圧源 $e(t)$ を加えた場合とか, はじめに S が閉じられていて, $t=0$ で S を開く場合の現象を表す微分方程式は次のようになる.

$$L \frac{di}{dt} + Ri = e(t) \qquad (3\cdot 56)$$

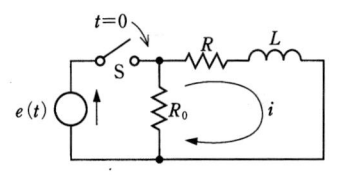

図 3·7 RL 直列回路に直流電圧源を加える場合

この式は前節の式 (3·36) と全く同じ形であり, 過渡解も定常解も前節の q と同様に求めることができる. まず, 過渡解（補解）を求めてみよう. $i = Ae^{pt}$ と置いて上の式に代入することより

$$Lp + R = 0, \quad \therefore \quad p = -\frac{R}{L} \qquad (3\cdot 57)$$

したがって

$$i_f = Ae^{-t/\tau}, \quad \tau \triangleq \frac{L}{R}(\text{時定数}) \tag{3・58}$$

〔2〕自 由 振 動

図3・8(a) に示す回路が定常状態にあるとき，$t=0$ でスイッチSを閉じた場合*の過渡現象を考えよう．$t \geq 0$ では，回路は同図 (b) のようになる．これは電源を含まないから，明らかに自由振動であることが知られる．このとき成立する微分方程式は

$$L\frac{di}{dt} + Ri = 0 \tag{3・59}$$

で，その解は前にも述べたように

$$i = Ae^{-(R/L)t} \tag{3・60}$$

である．A を決定するために初期条件を考える．この回路では，コイルに流れる電流は回路が開かれない限り不連続に変化し得ないから**

$$i^{+0} = i^{-0} = \frac{E}{R_0 + R} \tag{3・61}$$

$t=0$ で $i = i^{+0} = E/(R_0+R)$ を式 (3・60) に適用すると

$$A = i^{+0}, \quad i = i^{+0} e^{-(R/L)t} = \frac{E}{R_0+R} e^{-(R/L)t} \tag{3・62}$$

電流の時間的変化の模様はだいたい図3・9のようになる．

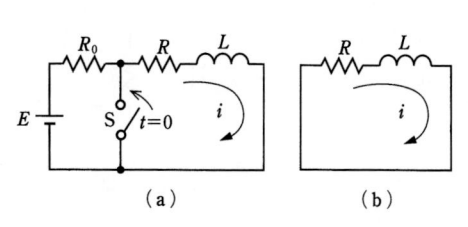

図3・8 RL 直列回路の自由振動

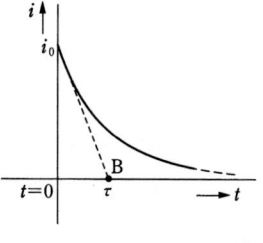

図3・9 RL 直列回路の自由振動の電流変化（τ は後述の時定数）

---

* $t=0$ でスイッチを入れるとするとき，$t=-0$ はスイッチの入る直前，$t=+0$ はスイッチの入った直後という意味に用いる．$t=-0$ と $t=+0$ の時間間隔は0である．また，i^{-0} や i^{+0} はそれぞれ $t=-0$ 並びに $t=+0$ における i の値の意味とする．

** 後に述べる鎖交磁束不変の理によると，鎖交磁束は不連続に変化し得ない．いまの場合コイルは1個で，その鎖交磁束は Li であるから

$$Li^{+0} = Li^{-0}$$

であり，$i^{+0} = i^{-0}$ となる．

〔3〕 直流電圧を加えた場合

図 3·10 に示すような RL 直列回路において，$t=0$ でスイッチを閉じて直流電圧を加えた場合，$t \geq 0$ で起こる現象は次の微分方程式によって表される．

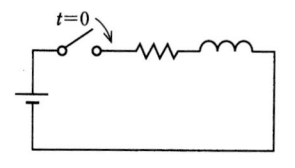

$$L\frac{di}{dt}+Ri=E \qquad (3\cdot 63)$$

図 3·10 RL 直列回路に直流電圧を加える場合

定常解 i_s はかなり時間が経過したときの値，すなわち定常状態に達したときの値を考えるのであるから，$di/dt=0$ として式 (3·63) より，$Ri_s=E$ すなわち

$$i_s=\frac{E}{R} \qquad (3\cdot 64)$$

となる．一方，i_f は式 (3·63) の補解であるから

$$L\frac{di}{dt}+Ri=0 \qquad (3\cdot 65)$$

なる同次式の解である．これを求めるには，定数係数微分方程式の補解を求める一般方法に従って $i=Ae^{pt}$ と置いて式 (3·65) に代入して p を求めればよい．これから $p=-R/L$ を得るから

$$i_f=Ae^{-(R/L)t} \qquad (3\cdot 66)$$

結局，一般解は次のようになる．

$$i=\frac{E}{R}+Ae^{-(R/L)t} \qquad (3\cdot 67)$$

積分定数 A を決定するために初期条件を考えてみよう．いまの場合，$t=+0$ で $i^{+0}=0^*$ である．なぜかというと，もし図 3·11(a) のように i が不連続な変化をしたとすると，その時刻（いまの場合 $t=0$）で

$$\frac{di}{dt}=\infty \qquad (3\cdot 68)$$

となり，これでは式 (3·63) が成立しな

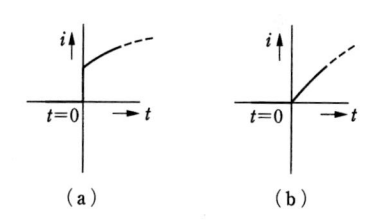

図 3·11 1 個の L を含む閉路の初期条件（電流は (a) のように不連続に変化しない）

---

* 〔2〕項の脚注参照．

いからである．

$t=+0$ で $i^{+0}=0$ を式 (3・67) に適用すると

$$0=\frac{E}{R}+A, \quad A=-\frac{E}{R} \quad (3・69)$$

したがって，式 (3・63) の解は次のようになる．

$$i=\frac{E}{R}(1-e^{-(R/L)t}) \quad (3・70)$$

i, i_s, i_f の時間的変化はだいたい図3・12のようになる．

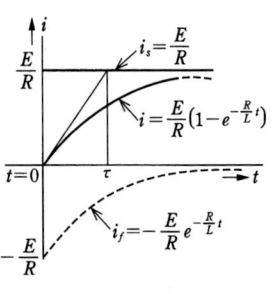

図 3・12　RL 直列回路に直流電圧を加えた場合の電流の変化

〔4〕 正弦波電圧を加えた場合

図3・13に示すように，$t=0$ でスイッチ S を閉じて正弦波電圧 $\mathrm{Re}\,[E_m e^{j(\omega t+\phi)}]$ を加えた場合を考える．この場合定常項 i_s は前節に述べたように

$$\left.\begin{array}{l} I_s = \dfrac{E_m}{Z_{RL}(j\omega)} e^{j(\omega t+\phi)} \\[4pt] Z_{RL}(j\omega) = R+j\omega L \end{array}\right\} \quad (3・71)$$

図 3・13　RL 直列回路に正弦波電圧を加えた場合

となるから

$$I=I_s+I_f = \frac{E_m}{Z_{RL}(j\omega)} e^{j(\omega t+\varphi)} + A e^{-(R/L)t} \quad (3・72)$$

初期条件は前と同様に，$t=0$ で $i=0$ であるから，これを上の式に当てはめて A を決定する．

$$0=\frac{E_m e^{j\phi}}{Z_{RL}(j\omega)}+A, \quad \therefore\ A=-\frac{E_m e^{j\phi}}{Z_{RL}(j\omega)} \quad (3・73)$$

$$i=\mathrm{Re}\,[I]$$

したがって，i は

$$\left.\begin{array}{l} i=\mathrm{Re}\,[I]=\dfrac{E_m}{\sqrt{R^2+\omega^2 L^2}}\{\cos(\omega t+\varphi-\theta)-e^{-(R/L)t}\cos(\varphi-\theta)\} \\[6pt] \theta=\tan^{-1}\left(\dfrac{\omega L}{R}\right) \end{array}\right\}$$

$$(3・74)$$

なお，正弦波の電圧 $\mathrm{Im}\,[E_m e^{j(\omega t+\varphi)}]$ を加えた場合の電流は次のようになる．

$$i = \frac{E_m}{\sqrt{R^2 + \omega^2 L^2}} \{\sin(\omega t + \varphi - \theta) - e^{-(R/L)t} \sin(\varphi - \theta)\} \quad (3 \cdot 75)$$

図 3・14 は正弦波電圧を加えた場合の i, i_s, i_f, e などの時間的経過を示したものである。φ と θ の関係いかんによっては $A=0$ となり，過渡項が全く現れないことがある。

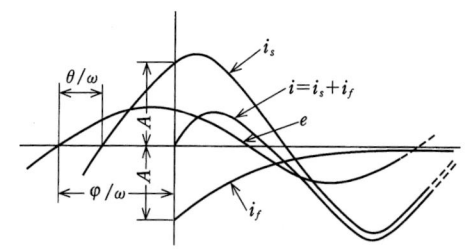

図 3・14　RL 直列回路に正弦波電圧を加えた場合の電流

3・4　時　定　数

前節に述べたように，RL 直列回路に直流電圧を加えた場合の電流の過渡項

$$i_f = -\frac{E}{R} e^{-(R/L)t} \quad (3 \cdot 76)$$

並びに自由振動の電流（これも過渡項である）

$$i = i^{+0} e^{-(R/L)t} \quad (3 \cdot 77)$$

は，いずれも時間とともに $e^{-(R/L)t}$ の割合で減少している。ここで

$$\frac{L}{R} = \tau \quad (3 \cdot 78)$$

と置いて，これを**時定数**（time constant）と呼び，過渡現象の推移の目安に用いる。

RC 回路の場合も同様で，その時定数は

$$\tau = RC \quad (3 \cdot 79)$$

である。

時定数の物理的意味をさらに考察してみよう。図 3・15 は，図 3・12 と同じものである。ただし

$$\frac{E}{R} = I \quad (3 \cdot 80)$$

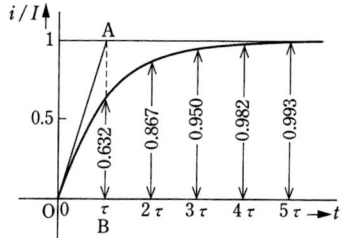

図 3・15　RL 直列回路に直流電圧を加えた場合の電流の変化 $i' = i/I$

として，縦軸に $i/I=i'$ をとって正規化してある．したがって $i=E/R$ は $i'=1$ に相当する．さて，$t=0$ なる点で，この曲線に接線を引き，$i'=1(=i_s')$ なる直線と交わる点を A とし，A から横軸に下した垂線の足を B とすると

$$\left.\frac{di}{dt}\right|_{t=0}=\frac{E}{R\tau}, \quad \left.\frac{di'}{dt}\right|_{t=0}=\frac{1}{\tau} \tag{3・81a}$$

であるから

$$\overline{\text{OB}}=\tau \tag{3・81b}$$

となる．これから，電流がもし $t=0$ における増加率で増加し続けたとすると，$t=\tau$ で定常状態における値に達することになる．τ はそのような時間であると解釈することができる（RC 回路の場合の図 3・3 も参照されたい）．

また，$t=\tau$ における過渡項は次のようになる．

$$i_f=-\frac{E}{R}e^{-1} \tag{3・82}$$

すなわち，$t=0$ における値 $-E/R$ の $1/e$ となる時刻が τ である．

図 3・15 によって見られるように，$t=5\tau$ くらいになると過渡項はかなり小さくなる．実用上はこのあたりで過渡現象が終了したと考えることが多い．

3・5　断続部を持つ RL 直列回路

図 3・16 に示す回路において，S が閉じられていて定常状態にあるとし，$t=0$ で S を開いた場合，S が開いていて定常状態にあるとし，$t=0$ で S を閉じた場合，並びに，S を開いたり閉じたりした場合の現象を考えてみよう．

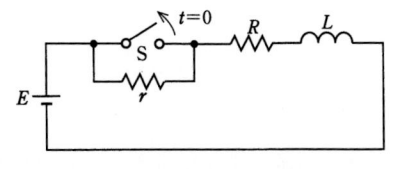

図 3・16　断続する部分を持つ RL 直列回路

最初の場合，すなわち，S が閉じられていて定常状態にあるとし，$t=0$ で S を開いた場合をまず考える．このときに成り立つ微分方程式は

$$L\frac{di}{dt}+(r+R)i=E \tag{3・83}$$

で，この解は

$$\left.\begin{array}{l} i=i_s+i_f, \quad i_s=\dfrac{E}{r+R}, \quad i_f=Ae^{-t/\tau_1} \\[2mm] \tau_1=\dfrac{L}{r+R} \quad \text{(時定数)} \end{array}\right\} \tag{3・84}$$

である．初期条件としては，S が閉じられていたときの電流が E/R であるから

3・5 断続部を持つ RL 直列回路

$$i^{-0} = i^{+0} = \frac{E}{R} \tag{3・85}$$

式 (3・84) の i が, $t=0$ で式 (3・85) の i^{+0} に等しくなることから

$$\frac{E}{r+R} + A = \frac{E}{R}, \quad \therefore \quad A = \left(\frac{E}{R} - \frac{E}{r+R}\right) \tag{3・86}$$

したがって i は

$$i = \frac{E}{r+R} + \left(\frac{E}{R} - \frac{E}{R+r}\right)e^{-t/\tau_1}, \quad \tau_1 = \frac{L}{r+R} \tag{3・87}$$

i, i_s 並びに i_f はだいたい**図 3・17** のようである.

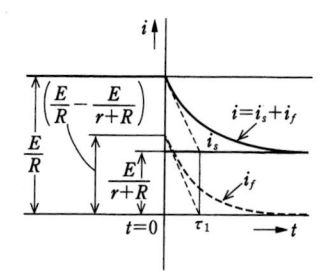

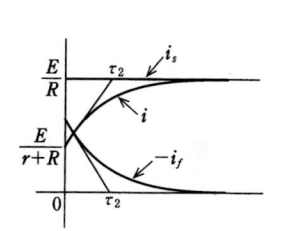

図 3・17

図 3・18

次に第二の場合, すなわち, S が開いていて定常状態にあるとし, $t=0$ で S を閉じた場合を考える. この場合も前と同様にして

$$\left.\begin{array}{l} i = i_s + i_f, \quad i_s = \dfrac{E}{R}, \quad i_f = Ae^{-t/\tau_2}, \quad \tau_2 = \dfrac{L}{R} \\[4pt] i = i_s + i_f = \dfrac{E}{R} + Ae^{-t/\tau_2} \end{array}\right\} \tag{3・88}$$

$$i^{+0} = \frac{E}{r+R} \tag{3・89}$$

式 (3・89) の初期条件から A を決定すると

$$\frac{E}{R} + A = \frac{E}{r+R}, \quad \therefore \quad A = -\left(\frac{E}{R} - \frac{E}{r+R}\right) \tag{3・90}$$

$$\therefore \quad i = \frac{E}{R} - \left(\frac{E}{R} - \frac{E}{r+R}\right)e^{t/\tau_2}, \quad \tau_2 = \frac{L}{R} \tag{3・91}$$

図 3・18 は i の略図である.

次に, S を断続する場合を考えよう. まずはじめ S が閉じられていて, $t=0$ で開き, $t=T_1$ で閉じ, $t=T_2$ でまた開く. 以下これを繰り返すとする. $t=0$ から $t=T_1$ までの変化は式 (3・87) のようになり, $t=T_1$ で i は

$$i_{T_1} = \frac{E}{r+R} + \left(\frac{E}{R} - \frac{E}{r+R}\right)e^{-T_1/\tau_1} \tag{3・92}$$

となる. $t=T_1$ から T_2 までの間の i は式 (3・88) の形をしている. すなわち

$$i_{T_1 \sim T_2} = \frac{E}{R} + Ae^{-(t-T_1)/\tau_2} \tag{3・93}$$

そうして初期条件としては，$t=T_1$ で式 (3·93) が式 (3·92) とならなければならないから

$$\frac{E}{r+R} + \left(\frac{E}{R} - \frac{E}{r+R}\right)e^{-T_1/\tau_1} = \frac{E}{R} + A \tag{3·94}$$

$$\therefore \quad A = -\left(\frac{E}{R} - \frac{E}{r+R}\right)(1 - e^{-T_1/\tau_1})$$

$$\therefore \quad i_{T_1 \sim T_2} = \frac{E}{R} - \left(\frac{E}{R} - \frac{E}{r+R}\right)(1 - e^{-T_1/\tau_1})e^{-(t-T_1)/\tau_2} \tag{3·95}$$

以下同様に T_2 から T_3 までの間の電流 $i_{T_2 \sim T_3}$ は式 (3·87) の形をしており，初期条件として，$t=T_2$ で式 (3·95) の $t=T_2$ と置いたものと一致することから定数 A を決定することができる．i の時間的変化の略図を示したものが**図 3·19** である．

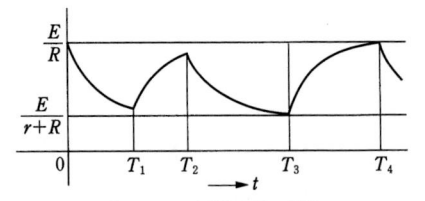

図 3·19 断続回路の電流

3·6 RLC 直列回路

図 3·20 に示すような RLC 直列回路において，$t=0$ で S を閉じた場合を考えよう．このとき成立する式は

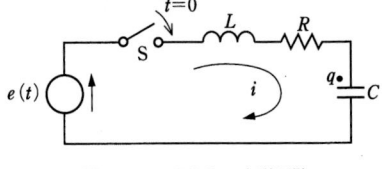

$$\left. \begin{array}{l} L\dfrac{di}{dt} + Ri + \dfrac{q}{C} = e(t) \\[2mm] \dfrac{dq}{dt} = i \end{array} \right\} \tag{3·96}$$

図 3·20 RLC の直列回路

〔1〕 自由振動（補解）並びに直流電圧を加えた場合

はじめに電流電圧を加えた場合を考えると，式 (3·96) は

$$L\frac{d^2q}{dt^2} + R\frac{dq}{dt} + \frac{q}{C} = E \tag{3·97}$$

特解（強制振動）すなわち定常項* は

$$q_s = CE \tag{3·98}$$

である．補解（自由振動）を求めるために d/dt 並びに $\int dt$ の代わりにそれぞれ p 並びに p^{-1} と置いて代入し，特性方程式を求めると

---

* 直流は周期関数（周期 T は任意）と考えられるから，直流による強制振動項は定常項である．

3·6 RLC 直列回路

$$Lp^2+Rp+\frac{1}{C}=0 \qquad (3\cdot 99)$$

この二つの根を p_1, p_2 とすると

$$\left.\begin{array}{c}p_1\\p_2\end{array}\right\}=-\frac{R}{2L}\pm\frac{1}{2L}\sqrt{R^2-4\frac{L}{C}} \qquad (3\cdot 100)$$

ここで，R, L, C の大きさの関係如何によって次の三つの場合に分けられる．

(a) $R^2-4\dfrac{L}{C}=0, \quad p_1=p_2=-\dfrac{R}{2L}\triangleq-\alpha$ \qquad (3·101)*

(b) $R^2-4\dfrac{L}{C}>0, \quad p_1, p_2=-\dfrac{R}{2L}\pm\dfrac{1}{2L}\sqrt{R^2-4\dfrac{L}{C}}\triangleq-\alpha\pm\delta$ \qquad (3·102)

(c) $R^2-4\dfrac{L}{C}<0, \quad p_1, p_2=-\dfrac{R}{2L}\pm j\dfrac{1}{2L}\sqrt{4\dfrac{L}{C}-R^2}\triangleq-\alpha\pm j\beta$

$$(3\cdot 103)$$

次にそれぞれの場合について考察しよう．

(a) $\boldsymbol{p_1=p_2=-\alpha}$ 　この場合，過渡項 q_f は次のようになる（3·1 節参照）．

$$q_f=(K_1+K_2 t)e^{-\alpha t} \qquad (3\cdot 104)$$

したがって，一般解は

$$q=q_s+q_f=CE+(K_1+K_2 t)e^{-\alpha t} \qquad (3\cdot 105)$$

$$i=\frac{dq}{dt}=\{K_2-\alpha(K_1+K_2 t)\}e^{-\alpha t} \qquad (3\cdot 106)$$

初期条件として

$$t=0 \text{ で } q=0, \quad i=0 \qquad (3\cdot 107)$$

の場合を考えると，式 (3·105), (3·106) から

$$K_1=-CE, \quad K_2=-\alpha CE \qquad (3\cdot 108)$$

したがって

$$q=CE-CE(1+\alpha t)e^{-\alpha t} \qquad (3\cdot 109)$$

$$i=\alpha^2 CE t e^{-\alpha t} \qquad (3\cdot 110)$$

q と i の変化の略図が図 **3·21** である．i は始めに増大し，ある極値に達して後減少する．この最大値を求めてみると，$di/dt=0$ から

---

* 記号 $\triangleq$ は "……と置く" の意．式 (3·101) では $-R/(2L)$ を $-\alpha$ と置くの意．

$$\alpha^2 CEe^{-\alpha t} - \alpha^3 CEte^{-\alpha t} = 0$$

$$\therefore \quad t = \frac{1}{\alpha} \qquad (3 \cdot 111)$$

この t を式 (3・109) に代入することより

$$i_m = \frac{CE\alpha}{e} = \frac{CR}{2L}\frac{1}{e}E$$

$$(3 \cdot 112)$$

次に自由振動を考えよう．図3・20で，電源 $e(t)$ がなく，C に $q=q_0$ なる電荷が蓄えられていて，$t=0$ でSを閉じた場合とか，**図3・22**のように，はじめにSが閉じられていて，$t=0$ でSを開いて自由振動させた場合を考える．後者の場合，初期条件として

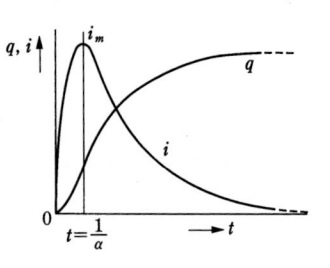

図 3・21　RLC 直列回路に直流電圧を印加した場合の電流及び電荷の変化(I)　$L^2-4\dfrac{L}{C}=0$ の場合

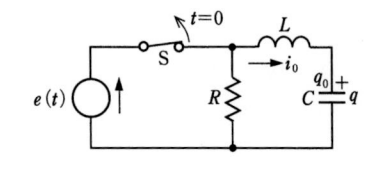

図 3・22　RLC 直列回路の自由振動

$$t=0 \text{ で } q=q_0, \quad i=i_0 \qquad (3 \cdot 113)$$

となり，より一般的であるから，この場合を考察しよう（その他の種々の場合については 4・3 節参照）．

q と i は式 (3・105) 及び式 (3・106) から

$$q = (K_1 + K_2 t)\, e^{-\alpha t} \qquad (3 \cdot 114)$$

$$i = \{K_2 - \alpha(K_1 + K_2 t)\}\, e^{-\alpha t} \qquad (3 \cdot 115)$$

この二つの式に式 (3・113) の初期条件を当てはめると

$$q_0 = K_1, \quad i_0 = K_2 - \alpha K_1, \quad \therefore \quad K_2 = i_0 + \alpha q_0 \qquad (3 \cdot 116)$$

したがって

$$\left.\begin{array}{l} q = \{q_0 + (i_0 + \alpha q_0)t\}\, e^{-\alpha t} \\ i = [(i_0 + \alpha q_0) - \alpha\{q_0 + (i_0 + \alpha q_0)t\}]\, e^{-\alpha t} \end{array}\right\} \qquad (3 \cdot 117)$$

（b） $p_1, p_2 = -\alpha \pm \delta$　この場合 q_f は

$$q_f = K_1 e^{p_1 t} + K_2 e^{p_2 t} \qquad (3 \cdot 118)$$

したがって，q と i は

$$q = q_s + q_f = CE + K_1 e^{p_1 t} + K_2 e^{p_2 t} \qquad (3 \cdot 119)$$

$$i = \frac{dq}{dt} = K_1 p_1 e^{p_1 t} + K_2 p_2 e^{p_2 t} \tag{3・120}$$

初期条件が式 (3・107) の場合, これを上の二つの式に適用すると

$$0 = CE + K_1 + K_2, \quad 0 = K_1 p_1 + K_2 p_2 \tag{3・121}$$

$$\therefore \quad \left. \begin{array}{l} K_1 = \dfrac{p_2 CE}{p_1 - p_2} = -\dfrac{\alpha + \delta}{2\delta} CE \\[2mm] K_2 = -\dfrac{p_1 CE}{p_1 - p_2} = \dfrac{\alpha - \delta}{2\delta} CE \end{array} \right\} \tag{3・122}$$

この K_1 と K_2 を式 (3・119), 式 (3・120) に代入することから q と i は次のように決定される.

$$q = CE - CE \left\{ \frac{\alpha + \delta}{2\delta} e^{-(\alpha-\delta)t} - \frac{\alpha - \delta}{2\delta} e^{-(\alpha+\delta)t} \right\} \tag{3・123}$$

$$= CE - CE \left\{ \frac{1}{2} e^{-\alpha t}(e^{\delta t} + e^{-\delta t}) + \frac{\alpha}{2\delta} e^{-\alpha t}(e^{\delta t} - e^{-\delta t}) \right\}$$

$$= CE - CE e^{-\alpha t} \left(\cosh \delta t + \frac{\alpha}{\delta} \sinh \delta t \right) \tag{3・124}$$

$$i = \frac{CE}{2\delta} \{ -(\alpha+\delta)(-\alpha+\delta) e^{-(\alpha-\delta)t}$$

$$\qquad + (\alpha-\delta)(-\alpha-\delta) e^{-(\alpha+\delta)t} \} \tag{3・125}$$

$$= CE \frac{\alpha^2 - \delta^2}{2\delta} \{ e^{-(\alpha-\delta)t} - e^{-(\alpha+\delta)t} \} \tag{3・126}$$

$$= CE \frac{\alpha^2 - \delta^2}{\delta} e^{-\alpha t} \sinh \delta t \tag{3・127}$$

q と i の変化の略図を示したものが **図 3・23** である.

なお, 自由振動の場合は, 式 (3・119) の q と式 (3・120) の i に初期条件式 (3・113) を適用して K_1 と K_2 を決定すればよい. これは省略する.

（c） $p_1, p_2 = -\alpha \pm j\beta$ この場合 q_f は

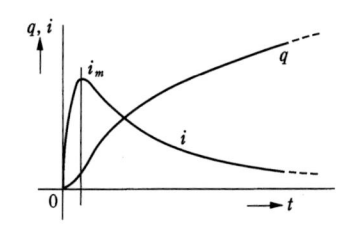

$$q_f = K_1 e^{-\alpha t + j\beta t} + K_2 e^{-\alpha t - j\beta t} \tag{3・128}$$

図 3・23 RLC の直列回路に直流電圧を印加した場合の電流及び電荷の変化(II) $R^2 - 4\dfrac{L}{C} > 0$ の場合

で，一般解は

$$q = CE + e^{-\alpha t}(K_1 e^{j\beta t} + K_2 e^{-j\beta t}) \tag{3・129}$$

$$i = \frac{dq}{dt} = (-\alpha + j\beta) K_1 e^{-\alpha t + j\beta t} + (-\alpha - j\beta) K_2 e^{-\alpha t - j\beta t}$$

$$= e^{-\alpha t}\{K_1(-\alpha + j\beta) e^{j\beta t} + K_2(-\alpha - j\beta) e^{-j\beta t}\} \tag{3・130}$$

$e^{j\beta t} = \cos\beta t + j\sin\beta t$ なる公式を使って書き改めると

$$\left.\begin{array}{l} q = CE + e^{-\alpha t}(K_1' \cos\beta t + K_2' \sin\beta t) \\ i = e^{-\alpha t}\{(\beta K_2' - \alpha K_1')\cos\beta t - (\beta K_1' + \alpha K_2')\sin\beta t\} \end{array}\right\} \tag{3・131}$$

ただし，$K_1' = K_1 + K_2, \quad K_2' = j(K_1 - K_2)$

初期条件が式 (3・107) の場合 K_1' と K_2' を決定してみよう．これを式 (3・131) に適用することより

$$K_1' = -CE, \quad K_2' = -\frac{\alpha}{\beta}CE \tag{3・132}$$

したがって

$$q = CE\left\{1 - e^{-\alpha t}\left(\cos\beta t + \frac{\alpha}{\beta}\sin\beta t\right)\right\} \tag{3・133}$$

$$i = CEe^{-\alpha t}\left(\beta + \frac{\alpha^2}{\beta}\right)\sin\beta t \tag{3・134}$$

いま，$\tan\phi = \beta/\alpha$ と置いて式 (3・133) を書き直すと，次のようになる．

$$q = CE\left\{1 - \frac{2\sqrt{L/C}}{\sqrt{4L/C - R^2}} e^{-\alpha t} \sin(\beta t + \phi)\right\} \tag{3・135}$$

$$i = \frac{2E}{\sqrt{4L/C - R^2}} e^{-\alpha t} \sin\beta t \tag{3・136}$$

式 (3・136) と式 (3・134) から分かるように，q の定常項は CE で，過渡項すなわち自由振動項は時間とともに振幅の減少する交番量であり，i は自由振動だけであって，その変化も q のそれと同様である．図 3・24 は q と i の略図である．

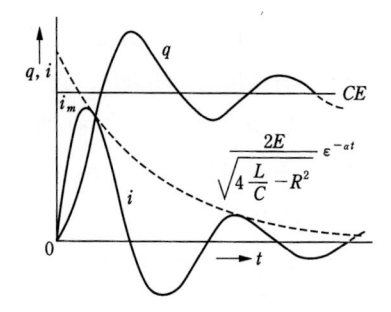

図 3・24 RLC の直列回路に直流電圧を印加した際の電流及び電荷の変化 (III) $R^2 - 4\dfrac{L}{C} < 0$ の場合

3・6 RLC 直列回路

自由振動の一例として，図 3・25 に示すように，はじめ C に q_0 なる電荷を与えておき，$t=0$ で S を閉じた場合を考えよう．初期条件は

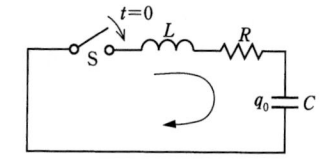

$$t=0 \text{ で } q=q_0, \quad i=0 \quad (3・137)$$

図 3・25 *RCL* 直列回路の自由振動

であるから，これを式 (3・131) に適用して K_1' と K_2' を決定しよう．ただし，q の定常項 CE はもちろん取り去っておく．

$$q_0 = K_1', \quad 0 = \beta K_2' - \alpha K_1' \quad (3・138)$$

$$K_2' = \frac{\alpha}{\beta} K_1' = \frac{\alpha}{\beta} q_0 \quad (3・139)$$

したがって，q と i は

$$\left. \begin{array}{l} q = e^{-\alpha t} q_0 \left(\cos \beta t + \dfrac{\alpha}{\beta} \sin \beta t \right) \\[2mm] i = e^{-\alpha t} q_0 \left(\beta + \dfrac{\alpha^2}{\beta} \right) \sin \beta t \end{array} \right\} \quad (3・140)$$

q と i の変化の略図を示したものが図 3・26 である．

〔注意〕 **共振周波数と自由振動の周波数** 本節に取り上げている *RLC* 直列回路の共振角周波数は第1巻にも述べたように

$$\omega_0 = \frac{1}{\sqrt{LC}} \quad (3・141)$$

である．一方，本節にたびたびでてきた β, すなわち

$$\beta = \frac{1}{2L} \sqrt{4\frac{L}{C} - R^2} = \sqrt{\frac{1}{LC} - \frac{R^2}{4L^2}} \quad (3・142)$$

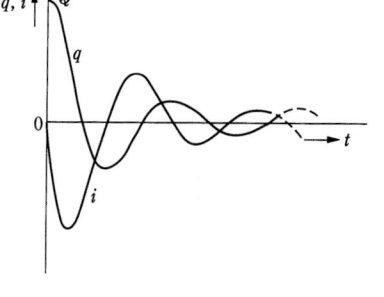

図 3・26 *RLC* 直列回路の C の放電における電流および電荷の変化 (III)
$R^2 - 4\dfrac{L}{C} < 0$ の場合

は，この回路の自由振動の周波数である．もし R が小さいときは

$$R \fallingdotseq 0 \text{ なら } \omega_0 \fallingdotseq \beta \quad (3・143)$$

となるが，R が大きくなるに従って ω_0 と β は異なってくる．

もっと複雑な回路網でも，抵抗分を含まない回路網，すなわちリアクタンス回路網においては自由振動の周波数と共振周波数（いずれも1個以上多数個ある）は一致する．

例題 3・4 $p_1, p_2 = -\alpha \pm j\beta$ の場合について，初期条件式 (3・137) の代わりに式 (3・113) の場合を考え，自由振動を論ぜよ．

〔**ヒント**〕 式 (3・131) の q（ただし，CE を取り去る）と i に初期条件式 (3・113) を適用し

て K_1' と K_2' を決定せよ.

〔2〕 正弦波電圧を加えた場合

この場合については第1巻2・3節に少し取り扱っているから，一応読み返してみられたい．

ここでは前記〔1〕(c) 項の場合についてだけ考える〔(a) と (b) の場合は読者の自習にまかせたい〕．

(a) 定常解 式 (3・96) は次のようになる.

$$L\frac{di}{dt} + Ri + \frac{q}{C} = E_m \cos(\omega t + \varphi), \quad i = \frac{dq}{dt} \tag{3・144}$$

これを基本解 $e^{j\omega t}$ を用いて解くために次のような式に書き改める．

$$\left.\begin{array}{l} L\dfrac{dI}{dt} + RI + \dfrac{Q}{C} = E_m e^{j(\omega t + \phi)} \\[6pt] I = \dfrac{dQ}{dt} \quad \left(Q = \int I dt\right) \end{array}\right\} \tag{3・145}$$

$$i = \text{Re}\,[I], \quad q = \text{Re}\,[Q], \quad \text{など}$$

定常解 I_s は, $I_s = I_s' e^{j\omega t}$ と置いて上の式に代入することより

$$j\omega L I_s' e^{j\omega t} + R I_s' e^{j\omega t} + \frac{I_s' e^{j\omega t}}{j\omega C} = E_m e^{j(\omega t + \phi)} \tag{3・146}$$

$$\therefore \quad I_s' = \frac{E_m}{Z(j\omega)} e^{j\phi}, \quad Z(j\omega) = j\omega L + R + \frac{1}{j\omega C} \tag{3・147}$$

$$Q_s = \int I_s ds = \frac{E_m}{j\omega Z(j\omega)} e^{j(\omega t + \phi)} \tag{3・148}$$

(b) 一般解 上の Q_s と式 (3・128) の Q_f から，Q は次のようになる.

$$Q = Q_s + Q_f$$
$$= \frac{E_m}{j\omega Z(j\omega)} e^{j(\omega t + \phi)} + K_1 e^{(-\alpha + j\beta)t} + K_2 e^{(-\alpha - j\beta)t} \tag{3・149}$$

$$I = \frac{dQ}{dt}$$
$$= \frac{E_m}{Z(j\omega)} e^{j(\omega t + \phi)} + K_1(-\alpha + j\beta) e^{(-\alpha + j\beta)t} + K_2(-\alpha - j\beta) e^{(-\alpha - j\beta)t} \tag{3・150}$$

(c) 初期条件による定数の決定 初期条件として，一般的に次のようであ

ったとしよう.
$$t=0 \text{ で } i=i^0(I=i^0), \quad q=q^0(Q=q^0)$$
これらをそれぞれ式 (3・150) と (3・149) に適用することから, K_1 と K_2 に関する次の二つの条件式が得られる.

$$q_0 = \frac{E_m}{j\omega Z(j\omega)} e^{j\phi} + K_1 + K_2 \qquad (3・151)$$

$$i_0 = \frac{E_m}{Z(j\omega)} e^{j\phi} + K_1(-\alpha+j\beta) - K_2(\alpha+j\beta) \qquad (3・152)$$

これら二つの式から K_1 と K_2 を求め, 式 (3・149) と (3・150) に代入すれば, それぞれ I と Q が求められる. さらに i と q は

$$i = \text{Re}[I], \quad q = \text{Re}[Q] \qquad (3・153)$$

として求められる.

(**d**) **ラプラス変換による解法**　　初期値を考慮した解は, 次章に述べるラプラス変換による解法によるのが便である (例題 4・1 を参照).

3・7 一般的な回路 (相互誘導を持つ結合回路)

以上は簡単な回路の解析を行ってきた. やや一般的な回路の例として図 3・27 のように相互誘導によって結合された回路について解析方法を示そう.

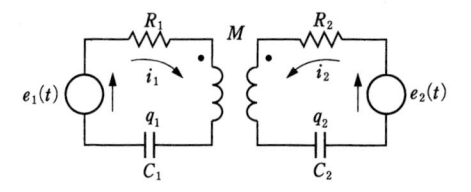

図 3・27　結合回路

この回路について成立する微分方程式は次のようである.

$$\left. \begin{aligned} & L_1 \frac{di_1}{dt} + R_1 i_1 + \frac{q_1}{C_1} + M \frac{di_2}{dt} = e_1(t) \\ & L_2 \frac{di_2}{dt} + R_2 i_2 + \frac{q_2}{C_2} + M \frac{di_1}{dt} = e_2(t) \\ & i_1 = \frac{dq_1}{dt}, \quad i_2 = \frac{dq_2}{dt} \end{aligned} \right\} \qquad (3・154)$$

$e_1(t)$ と $e_2(t)$ が正弦波,周期関数,非周期関数である場合の強制振動項は 1・8 節に述べたので,自由振動項だけについて考える.したがって式 (3・154) で右辺を 0 とした同次式を考える.

$$\left.\begin{array}{l} L_1\dfrac{di_1}{dt}+R_1i_1+\dfrac{q_1}{C_1}+M\dfrac{di_2}{dt}=0 \\[2mm] L_2\dfrac{di_2}{dt}+R_2i_2+\dfrac{q_2}{C_2}+M\dfrac{di_1}{dt}=0 \end{array}\right\} \qquad (3\cdot155)$$

ここで,$q_1=A_1e^{pt}$,$q_2=A_2e^{pt}$ と置いて*式 (3・155) に代入すると

$$\left.\begin{array}{l} e^{pt}\left(L_1A_1p^2+R_1A_1p+\dfrac{A_1}{C_1}+MA_2p^2\right)=0 \\[2mm] e^{pt}\left(L_2A_2p^2+R_2A_2p+\dfrac{A_2}{C_2}+MA_1p^2\right)=0 \end{array}\right\} \qquad (3\cdot156)$$

e^{pt} を取り去って,この二式から A_1 と A_2 を消去すると次のような特性方程式が得られる.

$$(L_1C_1L_2C_2-M^2C_1C_2)\,p^4+(L_1C_1R_2C_2+L_2C_2R_1C_1)\,p^3$$
$$+(L_1C_1+L_2C_2+R_1C_1R_2C_2)\,p^2+(R_1C_1+R_2C_2)\,p+1=0$$
$$(3\cdot157)$$

この式の根は係数の値,すなわち L_1,C_1,L_2,C_2 などの大小関係いかんによって種々の場合に分けられる.例えば,実数か複素数かによって分けると

 (a) 四つの根がすべて実数の場合
 (b) 二つの根が実数で,他の二つが共役複素数の場合
 (c) 二組の共役複素根の場合

さらに等根であるか否かによって分類される.詳細な個々の場合の吟味は,特に難しいわけではないから,ここでは等根でない場合だけを考え,四つの根を p_1, p_2, p_3, p_4 とする.そうすると自由振動項は

$$q_{1f}=K_1e^{p_1t}+K_2e^{p_2t}+K_3e^{p_3t}+K_4e^{p_4t} \qquad (3\cdot158)$$

いま,e_1 と e_2 が

$$e_1=E_m\cos(\omega t+\varphi),\qquad e_2=0 \qquad (3\cdot159)$$

である場合を考えよう.強制振動項は 3・2 節に述べた方法によって求めたものを

---

 * 電流 i よりも電荷 q を主体に計算するほうが何かと便利である.i は $i=dq/dt$ から求められる.

$$q_{1s} = Q_{1m}\cos(\omega t + \varphi_1 - \theta_1) \tag{3・160}$$

としよう．そうすると一般解 q_1 は $q_1 = q_{1s} + q_{1f}$ として次のようになる．

$$q_1 = Q_{1m}\cos(\omega t + \varphi_1 - \theta_1) + K_1 e^{p_1 t} + K_2 e^{p_2 t} + K_3 e^{p_3 t} + K_4 e^{p_4 t}$$
$$\tag{3・161}$$

これから電流 i_1 は微分によって求められる．

同様にして q_2 や i_2 も求めることができる．

最後に初期条件から定数 K_1, K_2, K_3 並びに K_4 を決定すればよい．もし初期条件が

$$t=0 \text{ で } q_1 = q_{10}, \quad i_1 = i_{10}, \quad q_2 = q_{20}, \quad i_2 = i_{20} \tag{3・162}$$

であったとすると，i_1, i_2, q_1, q_2 に $t=0$ を代入したものを，それぞれ $i_{10}, i_{20}, q_{10}, q_{20}$ に等しいと置き，四つの式を得，これから四つの K_i を決定できる．

3・8 初期値の決定，その他解法に対する注意

過渡現象は回路状態の急変によって起こるものである．したがって，あらかじめ知り得る条件は，急変の事前，すなわち $t=-0$ におけるものである．急変直後，すなわち $t=+0$ における条件は $t=-0$ におけるものから計算によって求めなければならない．本節では，$t=-0$ における初期値（これを**第1種初期値**と呼ぶことがある）から，$t=+0$ におけるもの（これを**第2種初期値**と呼ぶことがある）を決めることについて考察しよう．

〔1〕 **鎖交磁束不変の理とコイルを含む回路の初期値決定**

一つの系の磁束の総量 $\sum_n \phi_n$ は，図3・28 のような不連続な変化はしないという原理を**鎖交磁束不変の理***という．コイルを含む回路の初期値決定に有用である．例として図3・29の回路において，スイッチSを $t=0$ で開く場合を考える．$t=+0$ では同図 (b) のようになる．

$t \leq -0$ における磁束 $\sum_n \phi_n^{-0}$ は次のようになる（ϕ_1 と ϕ_2 は打ち消し合う方向であることに注意）．

---

* もし磁束 $\Phi = \sum \phi_n$ が図3・28の t_1 におけるような不連続な変化を生じたとすると，$v = d\Phi/dt = \infty$ なる電圧が発生することになる．

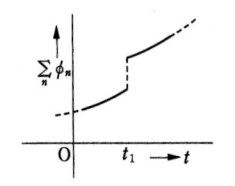

図 3・28 鎖交磁束不変の理の説明（この図のように $\sum_n \phi_n$ が不連続に変化しない）

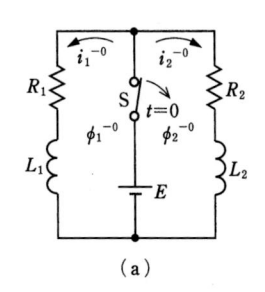

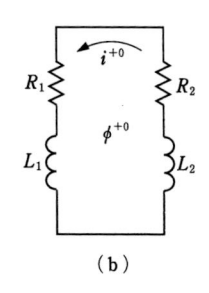

図 3・29 鎖交磁束不変の理による初期値の決定例

$$\left.\begin{array}{l}\displaystyle\sum_{n=1}^{2}\phi_n=\phi_1{}^{-0}-\phi_2{}^{-0}=L_1i_1{}^{-0}-L_2i_2{}^{-0}\\[6pt]i_1{}^{-0}=\dfrac{E}{R_1},\quad i_2{}^{-0}=\dfrac{E}{R_2}\end{array}\right\} \quad (3\cdot163)$$

$t=+0$ では $\displaystyle\sum_{n=1}^{2}\phi_n{}^{+0}$ は ϕ^{+0} ただ一つとなる．鎖交磁束不変の理より

$$\left.\begin{array}{l}\phi^{+0}=\phi_1{}^{-0}-\phi_2{}^{-0}\\[4pt]\therefore\ (L_1+L_2)\,i^{+0}=L_1i_1{}^{-0}-L_2i_2{}^{-0}\\[4pt]i^{+0}=\dfrac{L_1i_1{}^{-0}-L_2i_2{}^{-0}}{L_1+L_2}=\dfrac{(L_1/R_1-L_2/R_2)\,E}{L_1+L_2}\end{array}\right\} \quad (3\cdot164)$$

図 (b) の回路の一般解は

$$i=Ke^{-(R/L)t},\quad R\triangleq R_1+R_2,\quad L\triangleq L_1+L_2 \quad (3\cdot165)$$

であるから，初期条件の式 (3・165) を適用することより K が決定され，i は

$$i=\dfrac{(L_1/R_1-L_2/R_2)}{L_1+L_2}E\cdot e^{-(R/L)t} \quad (3\cdot166)$$

となる（なお，この例に関しては 4・3 節 例　題 4・5 を参照されたい）．

〔2〕 **電荷量不変の理とカパシタ（コンデンサ）の電荷の初期値決定**

　一つの系の電荷の総量 $\displaystyle\sum_n q_n$ は不変であるという原理を**電荷量不変の理**＊といい，カパシタ（コンデンサ）を含む回路の初期値決定に有用である．例として図 **3・30**(a) の回路において，$t=0$ で 2 極スイッチ S を閉じる場合を考える．$t\leq-0$

＊　電磁気学の書物を参照されたい．

3・8 初期値の決定, その他解法に対する注意

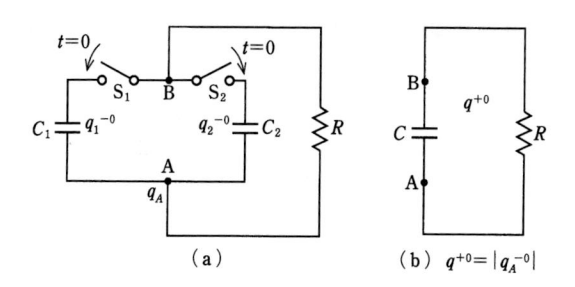

図 3・30 電荷量不変の理による初期値の決定例

では, C_1 と C_2 にそれぞれ q_1^{-0} 並びに q_2^{-0} なる電荷が蓄えられていたとすると

$$\sum_{n=1}^{2} q_n^{-0} = q_1^{-0} + q_2^{-0} \tag{3・167}$$

点 A における電荷 q_A は

$$q_A^{-0} = (-q_1^{-0}) + (-q_2^{-0}) = q_A^{+0} \tag{3・168a}$$

であり, これは $t=-0$ における値と $t=+0$ における値が同じである. したがって, 電荷量不変の理より点 B の電荷 q_B^{+0} も

$$q_B^{+0} = |q_A^{-0}| = |q_A^{+0}| \tag{3・168b}$$

となる. 結局, 図 (b) の回路の C における電荷の初期値 q^{+0} は

$$q^{+0} = q_B^{+0} = q_1^{-0} + q_2^{-0} \tag{3・169}$$

なお, 図 (b) の回路の微分方程式は式 (3・30), 解は式 (3・32) となるから, 初期条件の式 (3・169) より, 解は次のよう決定される.

$$q = (q_1^{-0} + q_2^{-0}) e^{-t/\tau}, \qquad \tau \triangleq R(C_1 + C_2)$$

なお, 電荷量不変の理から次のようなことも知られる. 例えば, **図 3・31** の点 A における電荷は, $(-q_{10} + q_{20})$ であって, これは S の開閉と無関係に不変である.

なお, 〔1〕, 〔2〕項に述べたことに関しては, 4 章 4・3 節を参照されたい. 特に表 4・1 並びに 例題 4・5 と 4・6 を参照されたい.

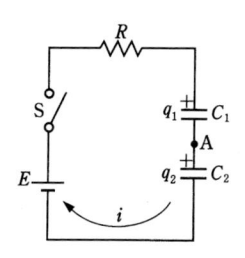

図 3・31 重ね合わせの理を応用する例題

〔3〕 重ね合わせの理を用いる例

例として下記の 例題 3·5 を取り上げる．

> **例題 3·5** 図 3·31 の回路において，C_1 と C_2 にそれぞれ q_{10} および q_{20} なる電荷を充電しておき，$t=0$ で S を閉じた場合を考える．この場合は次の三つの場合に分けて考えた後，重ね合わせればよい．
> (a) $E \neq 0$, $q_{10}=0$, $q_{20}=0$
> (b) $E=0$, $q_{10} \neq 0$, $q_{20}=0$
> (c) $E=0$, $q_{10}=0$, $q_{20} \neq 0$

〔解〕 さて，この回路について成立する微分方程式は

$$Ri + \frac{q_1}{C_1} + \frac{q_2}{C_2} = E, \quad \frac{dq_1}{dt} = i = \frac{dq_2}{dt} \tag{3·170}$$

左のほうの式を 1 回微分し，右の式を代入すると

$$R\frac{di}{dt} + \frac{1}{C}i = 0, \quad C \triangleq \frac{C_1 C_2}{C_1 + C_2} \tag{3·171}$$

$$\therefore \quad i = K_1 e^{-t/\tau}, \quad \tau \triangleq RC \tag{3·172}$$

$$q_1 = \int i\,dt = K_2 - K_1 \tau e^{-t/\tau} = K_2 - K_1 RC e^{-t/\tau} \tag{3·173}$$

前記の (a), (b), (c) のそれぞれの場合について解を求めてみよう．(a) の場合は

$$t=0 \text{ で } q_1=0, \quad i=\frac{E}{R} \tag{3·174}$$

から

$$K_1 = \frac{E}{R}, \quad K_2 - K_1 RC = 0, \quad \therefore \quad K_2 = CE$$

$$\therefore \quad i_{(a)} = \frac{E}{R} e^{-t/\tau}, \quad q_{1(a)} = CE(1 - e^{-t/\tau}) \tag{3·175}$$

次に (b) の場合を考える．

$$t=0 \text{ で } q_1 = q_{10}, \quad i = \frac{-q_{10}}{RC_1} \tag{3·176}$$

これを式 (3·172) と式 (3·173) に当てはめると

$$K_1 = \frac{-q_{10}}{RC_1}, \quad K_2 - K_1 RC = q_{10}, \quad \therefore \quad K_2 = q_{10} - \frac{q_{10}C}{C_1} \tag{3·177}$$

$$\therefore \quad i_{(b)} = -\frac{q_{10}}{RC_1} e^{-t/\tau} \tag{3·178}$$

$$q_{1(b)} = q_{10}\left(1 - \frac{C}{C_1}\right) + \frac{q_{10}C}{C_1} e^{-t/\tau} \tag{3·179}$$

次に (c) の場合，(b) の場合の類推から

$$i_{(c)} = -\frac{q_{20}}{RC_2} e^{-t/\tau} \tag{3·180}$$

$$q_{1(c)} = \int i_{(c)}\,dt = K_4 + \frac{q_{20}C}{C_2} e^{-t/\tau} \tag{3·181}$$

$t=+0$ で $q_{1(c)}=0$ であることから

$$0 = K_4 + \frac{q_{20}C}{C_2}, \quad \therefore \quad K_4 = -\frac{q_{20}C}{C_2}$$

$$\therefore \quad q_{1(c)} = -\frac{q_{20}C}{C_2}(1-e^{-t/\tau}) \tag{3・182}$$

結局 i や q_1 はこれら三つの場合を重ね合わせて

$$i = \frac{E}{R}e^{-t/\tau} - \frac{q_{10}}{RC_1}e^{-t/\tau} - \frac{q_{20}}{RC_2}e^{-t/\tau} \tag{3・183}$$

$$q_1 = CE(1-e^{-t/\tau}) + q_{10}\left\{1 - \frac{C}{C_1}(1-e^{-t/\tau})\right\} + (-q_{20})\frac{C}{C_2}(1-e^{-t/\tau}) \tag{3・184}$$

一方,次のように考えてもよい.すなわち,初期条件として

$$t=0 \text{ で } q_1=q_{10}, \quad q_2=q_{20} \tag{3・185}$$

とする.電流の初期条件を考えるに,$t=+0$ で R にかかる電圧は

$$E-\left(\frac{q_{10}}{C_1}\right)-\left(\frac{q_{20}}{C_2}\right) \tag{3・186}$$

$$\therefore \quad i_0 = \frac{E-\left(\dfrac{q_{10}}{C_1}+\dfrac{q_{20}}{C_2}\right)}{R} \tag{3・187}$$

i, q_1, q_2 の解の形は

$$i = K_1 e^{-t/\tau} \tag{3・188}$$

$$q_1 = \int i\,dt = K_2 - K_1\tau e^{-t/\tau} \tag{3・189}$$

$$q_2 = \int i\,dt = K_3 - K_1\tau e^{-t/\tau} \tag{3・190}$$

であるから,これらの式に初期条件式 (3・187) と式 (3・186) を当てはめると

$$K_1 = i_0 = \frac{E-\left(\dfrac{q_{10}}{C_1}+\dfrac{q_{20}}{C_2}\right)}{R} \tag{3・191}$$

$$\left.\begin{array}{l} q_{10} = K_2 - K_1\tau, \quad K_2 = q_{10} + \dfrac{E-\left(\dfrac{q_{10}}{C_1}+\dfrac{q_{20}}{C_2}\right)}{R}\cdot RC \\[2mm] q_{20} = K_3 - K_1\tau, \quad K_3 = q_{20} + \dfrac{E-\left(\dfrac{q_{10}}{C_1}+\dfrac{q_{20}}{C_2}\right)}{R}\cdot RC \end{array}\right\} \tag{3・192}$$

$$\therefore \quad i = \frac{E-\left(\dfrac{q_{10}}{C_1}+\dfrac{q_{20}}{C_2}\right)}{R}\cdot e^{-t/\tau} \tag{3・193}$$

$$q_1 = \left\{q_{10}+CE-C\left(\frac{q_{10}}{C_1}+\frac{q_{20}}{C_2}\right)\right\} - \left\{CE-C\left(\frac{q_{10}}{C_1}+\frac{q_{20}}{C_2}\right)\right\}e^{-t/\tau} \tag{3・194}$$

この i と q_1 は式 (3・183) と式 (3・184) のものと一致している.

〔4〕 補償定理の応用

図 3·32(a) に示す回路において, $t=0$ でSを閉じた場合の計算は先にも述べたが, この回路は同図 (b) 及び (c) の状態の重ね合わせと考えることができる. したがって, 過渡電流は同図 (c) の電源を $t=0$ において加えられたものとして得られる. まず, 図 (b) の定常項は重ね合わせの理を用いると

$$i_1 = \frac{E}{R_2} - \frac{R_1}{R_2(R_1+R_2)}E \tag{3·195}$$

次に図 (c) からは

$$i_2 = \frac{R_1 E}{(R_1+R_2)R_2} + Ke^{-t/\tau}, \quad \tau = \frac{R_2}{L} \tag{3·196}$$

K を決定するために初期条件を考えるに, $t=0$ における全電流は明らかに $E/(R_1+R_2)$ であるが, その中から, 図 (b) で考慮した電流を差し引いたものが図 (c) に対して考えるべき初期値である. すなわち

$$t=0 \text{ で} \quad i_0 = \frac{E}{R_1+R_2} - \left(\frac{E}{R_2} - \frac{R_1}{R_2(R_1+R_2)}E\right) \tag{3·197}$$

式 (3·196) と式 (3·197) から K を決定する.

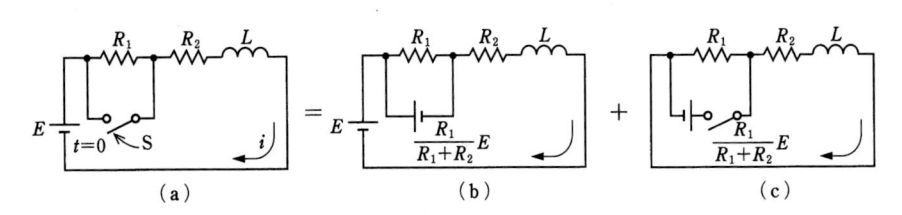

図 3·32 補償定理の応用例 (Ⅰ)

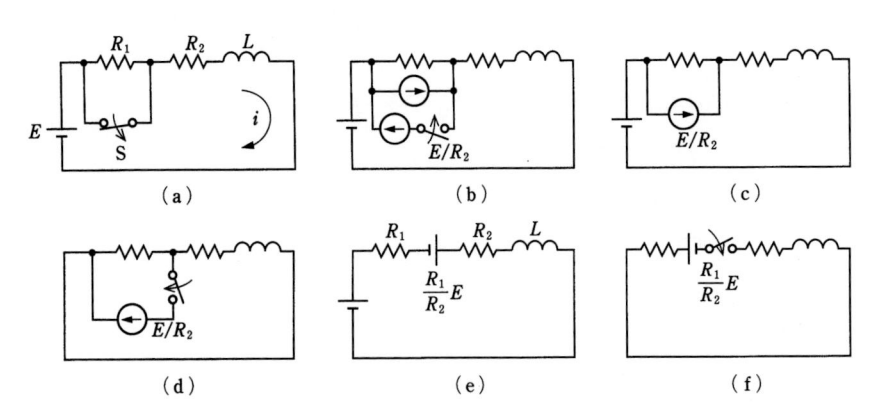

図 3·33 補償定理の応用例 (Ⅱ)

$$\left.\begin{array}{l}\dfrac{R_1 E}{(R_1+R_2)R_2}+K=\dfrac{E}{R_1+R_2}-\dfrac{E}{R_2}+\dfrac{R_1}{R_2(R_1+R_2)}E\\ \therefore\ K=\dfrac{E}{R_1+R_2}-\dfrac{E}{R_2}\end{array}\right\} \quad (3\cdot 198)$$

$$\therefore\ i=i_1+i_2=\left(\dfrac{E}{R_2}-\dfrac{R_1 E}{R_2(R_1+R_2)}\right)+\dfrac{R_1 E}{R_2(R_1+R_2)}+\left(\dfrac{E}{R_1+R_2}-\dfrac{E}{R_2}\right)e^{-t/\tau}$$

$$=\dfrac{E}{R_2}+\left(\dfrac{E}{R_1+R_2}-\dfrac{E}{R_2}\right)e^{-t/\tau} \quad (3\cdot 199)$$

図3・33(a) のように,はじめにSが閉じられていて,$t=0$ で開く場合は,図 (b) と等価で,これは図 (c) と図 (d) または,これらの回路の電流源を電圧源に等価変換した図 (e) と図 (f) の回路の重ね合わせと考えればよい.

以上の考え方は時に便利であり,現象の理解を助ける.

3・9 基本的回路のパルス特性

本節では,パルス回路によく用いられるものを取り上げ,その解析の方法並びに特性を示す.

〔1〕 高域通過 RC 回路, RC 微分回路

図3・34 に示すように,RC 直列回路の aa′ を入力端子対,bb′ を出力端子対としたとき,これを**高域通過 RC 回路** (high pass RC circuit) という.この回路に図3・35 に示すような波形の電圧を加えた場合を考える.これは $t=0$ で E なる電圧を加えたことと同じである.このような形で表される関数を**階段関数** (step function) といい,特に,大きさが1であるとき,1・7節に述べたように**単位ステップ**(関数)*といい,$u(t)$ と表される.

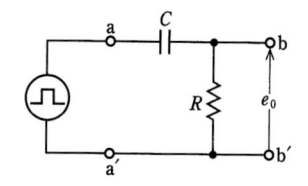

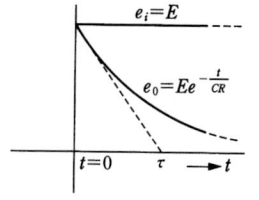

図 3・34 高域通過 RC 回路

図 3・35 階段波形

図 3・36 高域通過 RC 回路の階段関数に対する応答

このような波形の電圧を加えた場合の電流は,先にも述べたように

$$i=\dfrac{E}{R}e^{-t/(CR)} \quad (3\cdot 200)$$

となるから,出力電圧 e_0 は

$$e_0=Ri=Ee^{-t/(CR)} \quad (3\cdot 201)$$

e_0 の時間的経過の模様は図3・36 に示すようである.

次に,図3・37(a) のような方形波を考えよう.このような波形を一般に**パルス** (pulse) と

---

* 厳密には,1・7節〔1〕(c)項に述べたように,$t>0$ で $u(t)=1$, $t=0$ で 1/2, $t<0$ で $u(t)=0$ と定義される.

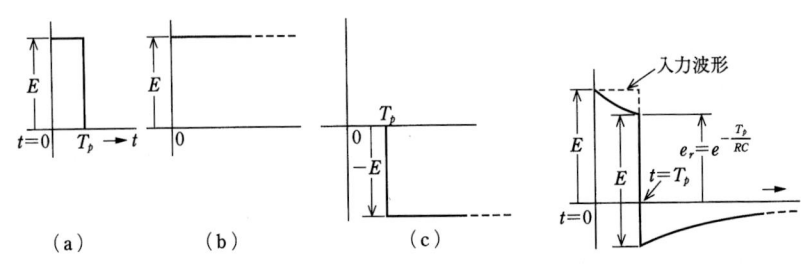

図 3・37 パルス波形の分析

図 3・38 パルス波形に対する高域通過 RC 回路の応答

いう.この波形は同図 (b) と (c) の階段波形の重ね合わせと考えることができる.したがって出力は,図 (b) のような電圧による応答 e' と,図 (c) のような電圧による応答 e_0'' の和となる.すなわち

$$e_0 = e_0' + e_0'' \tag{3・202}$$

$$e_0' = E e^{-t/(CR)} \quad (t>0) \tag{3・203}$$

$$e_0'' \begin{cases} = 0 & (t<T_p) \\ = -E e^{-(t-T_p)/(CR)} & (t>T_p) \end{cases} \tag{3・204}$$

となる.これを図示すると**図 3・38** のようになる.すなわち,$t=T_p$ までは図 3・36 と全く同じ経過をたどり,$t>T_p$ になると,図 3・36 の波形の符号を負にしたものが重ね合わされることになる.式 (3・202)〜(3・204) を書き改めると

$$\left. \begin{array}{l} e_0 = E e^{-t/(CR)} \quad (0<t<T_p) \\ e_0 = E e^{-t/(CR)} - E e^{-(t-T_p)/(CR)} \quad (T_p<t) \end{array} \right\} \tag{3・205}$$

となる.

〔注意〕 パルス波形を加えるということと,次のこととは全く別であることに注意されたい.すなわち,**図 3・39** に示すように,電池にスイッチを直列に接続し,$t=0$ でSを閉じ,$t=T_p$ でSを開く場合.この場合,$t=0$ から $t=T_p$ までは前と全く同じであるが,$t=T_p$ 以後では,回路は開放されるのであるから,当然電流は流れず,出力電圧も 0 となる.

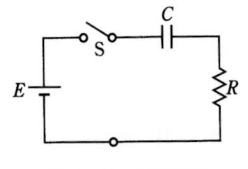

図 3・39 継続回路

さて,**図 3・40** は図 3・38 の略図であるが,ここで次の事実がある.すなわち,横軸(時間軸)より上の面積 a_1 と,下の面積 a_2 とは常に相等しい.

その理由は簡単で,入力は C を通って出力に表れるのであるから,入力に直流分が含まれていようとも出力には交流分だけしか表れないからである.

次に,パルス幅を変えた場合の応答を比較図示すると,**図 3・41** のようになる.

また,幅 T_p が一定なパルスを,時定数の異なる高域通過 RC 回路に加えた場合を比較図示すると**図 3・42** のようになる.ただし,この図は,時定数 $\tau<T_p$ なる場合のものである.このように,小さい時定数の RC 回路によって変形されることを**ピーキング** (peaking) という.

3・9 基本的回路のパルス特性

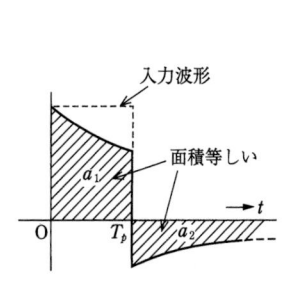

図 3・40 パルスに対する RC 回路の応答の性質

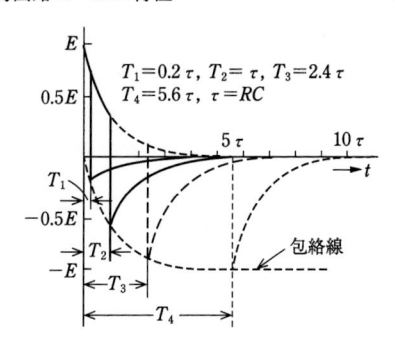

図 3・41 パルス幅を変化させたときの高域通過 RC 回路の応答の変化

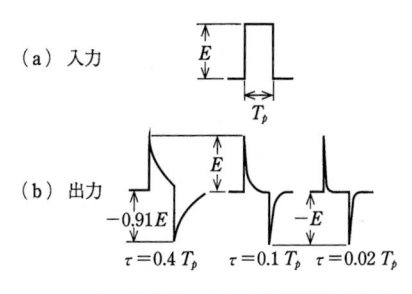

図 3・42 時定数の異なる高域通過 RC 回路に一定の方形パルスを印加した場合の応答（I） $\tau < T_p$

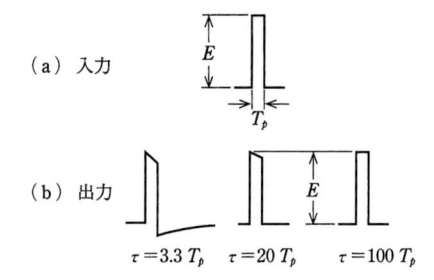

図 3・43 時定数の異なる高域通過 RC 回路に一定の方形パルスを印加した場合の応答（II） $\tau > T_p$

なお，図 (b) のように正及び負のとがった波形を**スパイク** (spike または pip) という．

次に，$\tau > T_p$ なる場合の略図を示したものが**図 3・43** である．

高域通過 RC 回路はまた，いわゆる**微分回路** (differentiating network) として用いられる．それは次のように考えればよい．いま入力波形を $f_i(t)$ とすると

$$R\frac{dq}{dt} + \frac{q}{C} = f_i(t) \tag{3・206}$$

1 回微分すると

$$R\frac{di}{dt} + \frac{i}{C} = \frac{df_i(t)}{dt}, \quad \therefore \quad RC\frac{di}{dt} + i = C\frac{df_i(t)}{dt} \tag{3・207}$$

$RC = \tau$ が小さくて，上の式の左辺第 1 項が無視できるような場合は

$$i \fallingdotseq C\frac{df_i}{dt} \tag{3・208}$$

したがって，出力は次のようになる．

$$e_0(t) = Ri \fallingdotseq RC\frac{df_i}{dt} \tag{3・209}$$

すなわち，出力電圧は，入力波の微分に正比例する．図3・42(a) の波形が，微分回路を通過すると同図 (b) のようになるのであるが，RC の値の小さい場合，すなわち $\tau=0.02T_p$ の場合を見ると，図 (a) のパルス波形が微分された波形となっていることが見られるであろう．

〔2〕 **低域通過 RC 回路，RC 積分回路**

同じ RC 直列回路ではあるが出力端子を**図3・44** のようにとった場合，これを**低域通過 RC 回路** (low pass RC circuit) という．段階波電圧の入力に対する応答は

$$e_0 = \frac{q}{C} = E(1-e^{-t/\tau}) \tag{3・210}$$

で，図 3・45 のようになる．また，方形パルスに対する応答は図 3・46 のようである．

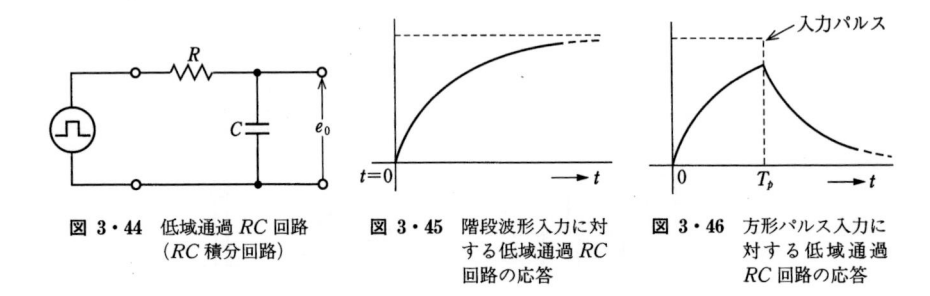

図 3・44 低域通過 RC 回路 (RC 積分回路)

図 3・45 階段波形入力に対する低域通過 RC 回路の応答

図 3・46 方形パルス入力に対する低域通過 RC 回路の応答

方形パルスの幅を変化させた場合の応答を比較図示すると**図3・47** のようになる．図より明らかなように，パルスの幅が小さいほど入力波に対する出力波のひずみが大きい．次に，一定の方形パルスを，種々の異なった時定数の低域通過 RC 回路に加えた場合の応答を比較図示したものが**図3・48** 並びに**図3・49** である．前者は $\tau < T_p$ の場合で，後者は $\tau > T_p$ の場合である．

高域通過 RC 回路が微分回路として用いられるのに対して，低域通過 RC 回路が**積分回路** (integrating circuit) として用いられることが次のようにして知られるであろう．すなわち

$$R\frac{dq}{dt} + \frac{q}{C} = f_i(t) \tag{3・211}$$

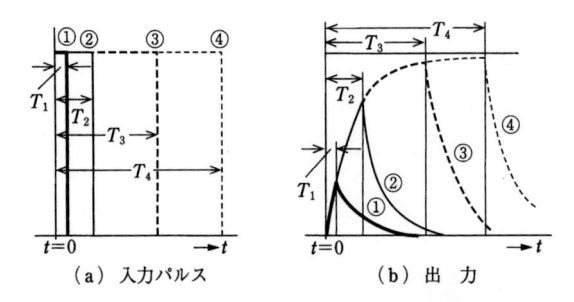

(a) 入力パルス　　　(b) 出 力

図 3・47 パルス幅を変えたときの低域通過 RC 回路の応答の変化

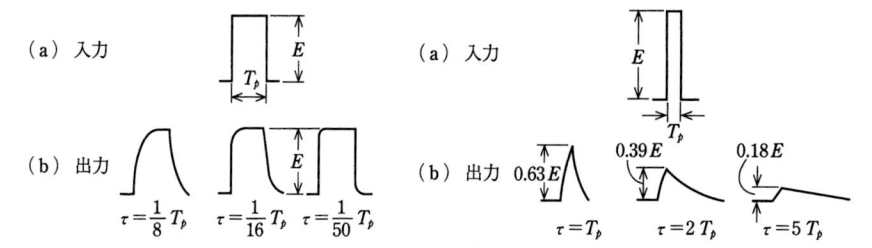

図 3・48 一定の方形パルスを時定数の異なる低域通過 RC 回路に加えたときの応答（I） $\tau < T_p$

図 3・49 一定の方形パルスを時定数の異なる低域通過 RC 回路に加えたときの応答（II） $\tau > T_p$

なる式において，これを書き改めると

$$\frac{f_i(t)}{R} = \frac{dq}{dt} + \frac{q}{RC} \tag{3・212}$$

または

$$\frac{f_i(t)}{R} = i + \frac{q}{\tau}, \quad \tau = RC \tag{3・213}$$

τ が大きくて，q/τ の項が無視できるような場合を考えると

$$i = \frac{dq}{dt} \fallingdotseq \frac{f_i(t)}{R} \tag{3・214}$$

$$q = \frac{1}{R} \int f_i(t)\, dt \tag{3・215}$$

これから，低域通過 RC 回路の出力電圧は

$$e_0 = \frac{q}{C} \fallingdotseq \frac{1}{CR} \int f_i(t)\, dt \tag{3・216}$$

すなわち，出力波は，入力波の積分に近似的に正比例する．

〔3〕 RL 積 分 回 路

図3・50 に示す RL 直列回路に階段関数波電圧を加えた場合の出力 e_0 は次のようになる．

$$e_0 = E(1 - e^{-t/\tau}), \quad \tau = \frac{L}{R} \tag{3・217}$$

これは，低域通過 RC 回路の出力である式（3・210）と全く同じであり，時間的経過も図3・45と同様となる．

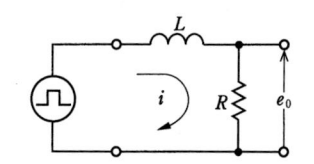

図 3・50 RL 直列回路（RL 積分回路）

また，T_p なる幅で高さ E なる方形パルスを印加した場合の略図も図3・46のようになる．さらに，一定の RL 直列回路に，種々の異なった幅のパルスを加えた場合の応答は図3・47，一定の方形パルスを時定数の異なる RL 直列回路に印加した場合の応答なども，それぞれ図3・47～図3・49と同様になる．

このように，RL 直列回路は低域通過 RC 回路と全く同じ性質をもっていることから，積分回路としての性質を持つのも当然である．実際，RL 直列回路について成立する微分方程式は

$$L\frac{di}{dt}+Ri=f_i(t) \tag{3・218}$$

$$f_i(t)=Ri+R\tau\frac{di}{dt} \tag{3・219}$$

ここで，τ が大きくて右辺の第1項の Ri が第2項に比べて無視し得る場合は

$$f_i(t)\fallingdotseq R\tau\frac{di}{dt}=L\frac{di}{dt} \tag{3・220}$$

$$i\fallingdotseq \frac{1}{L}\int f_i(t)\,dt \tag{3・221}$$

$$e_0=Ri\fallingdotseq \frac{R}{L}\int f_i(t)\,dt \tag{3・222}$$

となって，出力は入力の積分に近似的に正比例する．

〔4〕 **RL 微分回路**

RL 直列回路の出力として図 3・51 のように L の両端の電圧をとると

$$i=\frac{E}{R}(1-e^{-t/\tau}) \tag{3・223}$$

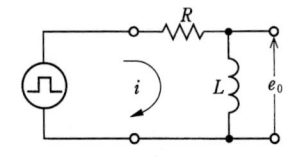

$$e_0=L\frac{di}{dt}=L\frac{E}{R\tau}e^{-t/\tau} \tag{3・224}$$

図 3・51 RL 直列回路 (RL 微分回路)

となり，式 (3・224) は高域通過 RC 回路の式 (3・201) と全く同じ形である．したがって，微分回路としての特性も持つ．すなわち

$$L\frac{di}{dt}+Ri=f_i(t),\quad \frac{di}{dt}+\frac{1}{\tau}i=\frac{1}{L}f_i(t),\quad \tau=\frac{L}{R} \tag{3・225}$$

において，時定数 τ が小さいときは左辺第1項が無視されて次のようになる．

$$i=\frac{\tau}{L}f_i(t) \tag{3・226}$$

$$e_0=L\frac{di}{dt}\fallingdotseq \tau\frac{df_i(t)}{dt} \tag{3・227}$$

図 3・52(a) には，方形波をピーキングによってパルスにする回路を示す．図 (a) の等価回路が図 (b) で，これは上に述べた RL 直列回路で出力を L の両端から取り出したものに当たっている．

〔5〕 **RLC 直並列回路**

図 3・53 に示す RLC 直並列回路を考える．この回路に成立する微分方程式*は

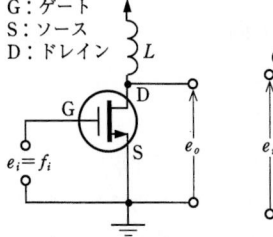

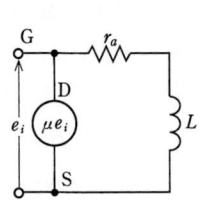

(a) インダクタを用いたピーキング回路　　(b) 等価回路

図 3・52 ピーキング回路

---

* ここでは電源の内部抵抗を無視したい．しいて考えるならば R の中に含まれていると考えればよい．

3・9 基本的回路のパルス特性

$$L\frac{di_L}{dt}+R(i_L+i_C)=e_i \quad (3・228)$$

$$L\frac{di_L}{dt}=\frac{\int i_C dt}{C} \quad (3・229)$$

$$i_C=LC\frac{d^2 i_L}{dt^2} \quad (3・230)$$

式 (3・30) を式 (3・228) に代入して整理すると

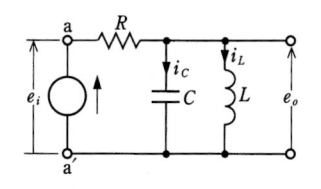

図 3・53 *RLC* 直並列回路

$$RLC\frac{d^2 i_L}{dt^2}+L\frac{di_L}{dt}+Ri_L=e_i \quad (3・231)$$

$d/dt \to p$ と置いて特性方程式を求めると

$$RLCp^2+Lp+R=0 \quad (3・232)$$

この式の根 p_1 と p_2 は

$$p_1, p_2 = -\frac{1}{2RC}\pm\left\{\left(\frac{1}{2RC}\right)^2-\frac{1}{LC}\right\}^{1/2} \quad (3・233)$$

ここで，**制動定数** (damping constant) k 並びに**共振期間** (resonant period) (**整定期間** (undamped period) ともいう) T_0 を次のように定義する．

$$k \triangleq \frac{1}{2R}\sqrt{\frac{L}{C}}, \quad T_0 \triangleq 2\pi\sqrt{LC} \quad (3・234)$$

これらを式 (3・233) に代入すると

$$p_1, p_2 = -\frac{2\pi k}{T_0}\pm j\frac{2\pi}{T_0}(1-k^2)^{1/2} \quad (3・235)$$

過渡解は

$$K_1 e^{p_1 t}+K_2 e^{p_2 t} \quad (3・236)$$

ここで，$k=0$，$k<1$，$k=1$，$k>1$ の四つの場合を考えとみると，まず $k=0$ なら

$$p_1, p_2 = \pm j\frac{2\pi}{T_0} \quad (3・237)$$

となって純虚数となるから，周期 T_0 の正弦波となり減衰しない．

次に $0<k<1$ の場合，振幅が $e^{-\{(2\pi k)/T_0\}t}$ で減衰する正弦波となり，この場合**振動減衰** (underdamping) という．また，$k=1$ のときは*

$$p_1=p_2=-\frac{2\pi}{T_0} \quad (3・238)$$

となり，振動することなく時間とともに指数的に減衰する．この場合を**臨界減衰** (critical damping) という．

さらに，$k>1$ となると

$$p_1, p_2 = -\left\{\frac{2\pi k}{T_0}\pm\frac{2\pi}{T_0}(k^2-1)^{1/2}\right\} \quad (3・239)$$

となって，p_1, p_2 はやはり実数であるから，振動することなく指数的に減衰する．この場合を**過減衰** (over damping) という．

制動定数は，回路の Q との間に次のような関係がある．

---

* このとき過渡解は，$K_1 e^{p_1 t}+K_2 t e^{p_1 t}$ となる．

$$\frac{1}{Q}=\frac{1}{\omega_0 RC}=\frac{T_0}{2\pi RC}=\frac{\sqrt{LC}}{RC}=\frac{1}{R}\sqrt{\frac{L}{C}}=2k \tag{3・240}$$

次に，回路が静止状態にある場合に E なる波高の段階波を加えた場合を考える．以下 $t/T_0=x$ と置く．

（1） 臨界減衰 ($k=1$)　この場合は $x \fallingdotseq (R/\pi L)$ として，

$$\frac{e_0}{E}=\frac{4Rt}{L}e^{-2Rt/L}=4\pi x e^{-2\pi x} \tag{3・241}$$

（2） 過減衰 ($k>1$)　式 (3・239) を書き改めると

$$p_1, p_2 = -\frac{2\pi k}{T_0} \pm \frac{2\pi k}{T_0}\sqrt{1-\frac{1}{k^2}} \tag{3・242}$$

$k \gg 1$ で $1/k^2 \ll 1$ とすると

$$\left(1-\frac{1}{k^2}\right)^{1/2}=1-\frac{1}{2k^2}+\cdots \fallingdotseq 1-\frac{1}{2k^2} \tag{3・243}$$

となるから，p_1, p_2 は近似的に

$$p_1 \fallingdotseq -\frac{\pi}{T_0 k}, \qquad p_2 \fallingdotseq -\frac{4\pi k}{T_0} \tag{3・244}$$

$$\frac{e_0}{E} \fallingdotseq e^{-\pi x/k} - e^{-4\pi kx} = e^{-\pi x/k} - (e^{-\pi x/k})^{4k^2}, \qquad x \fallingdotseq \frac{t}{T_0} \tag{3・245}$$

上の式の右辺第1項は，$x=0$ の場合以外は1より小さく，第2項は第1項の $4k^2$ 乗であるから，$x=0$ 以外ではきわめて小さくなる．したがって，$x=0$ 付近以外では第2項は無視できて

$$\frac{e_0}{E} \fallingdotseq e^{-\pi x/k} = e^{-\pi t/kT_0} = e^{-Rt/L} \tag{3・246}$$

となる．$k=1$，$k=3$，$k=\infty$ の場合の応答を図示したものが**図 3・54** である．また，L と C を一定にして R を変化させることによって k を変化させた場合の応答を示したものが**図 3・55** である．$k=\infty$ は $R=0$ に当たる．

（3） 振動減衰 ($0<k<1$)　この場合は

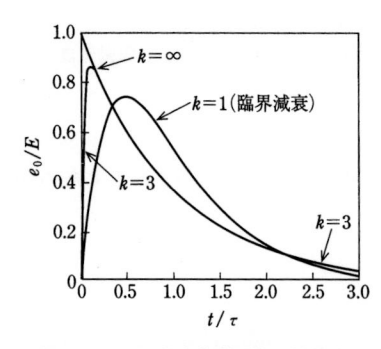

図 3・54　RLC 直並列回路の階段波に対する応答（Ⅰ）

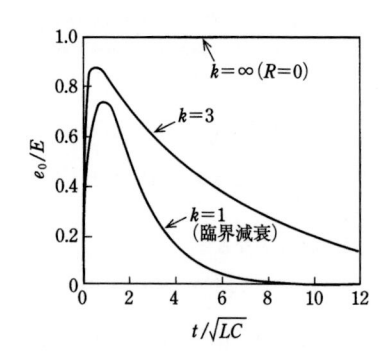

図 3・55　RLC 直並列回路の階段波に対する応答（Ⅱ）

$$\frac{e_0}{E} = \frac{2k}{\sqrt{1-k^2}} e^{-2\pi kx} \sin 2\pi \sqrt{1-k^2} x \tag{3・247}$$

となり，振動の周期は $T_0/(1-k^2)^{1/2}$ となって，T_0 よりも大である．k の二，三の値に対する応答を示したものが**図 3・56** である．

次に**図 3・57**(a) のように LC と並列に R_2 が入った場合を考えてみると，図の点 PQ から左側と図 (b) の点 P'Q' から左側とが等価であることはテブナンの定理より明らかである．ただし

$$R = \frac{R_1 R_2}{R_1 + R_2}, \quad a = \frac{R_2}{R_1 + R_2} < 1 \tag{3・248}$$

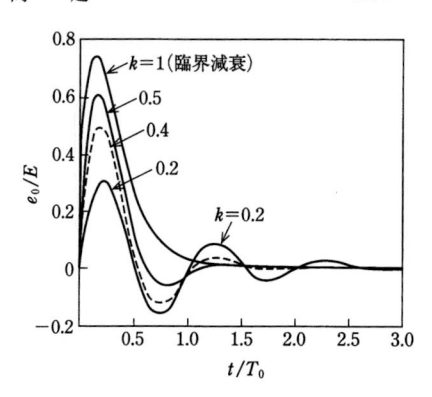

図 3・56 RLC 直並列回路の階段波に対する応答（III）

である．この等価から明らかなように，図 (a) の回路における場合も図 (b) の回路におけると同様な結果が得られる．実際問題では当然 L に抵抗分が含まれるから，図 (a) の回路となる．

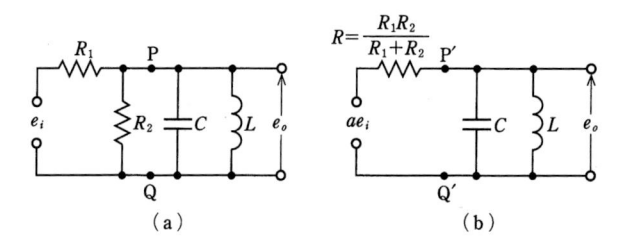

図 3・57 RLC 直並列回路の L が抵抗分を含む場合とその等価回路

以上述べた回路において，k を 1 に近い値にとると，図 3・56 より明らかなように，方形波や階段波から，鋭いパルス波形を得る（ピーキング）のに利用することができる．

演 習 問 題

（下記の問題の中には，ラプラス変換によるほうが容易なものもある．次章を終えてから，ラプラス変換によって解くことをも試みられたい．）

(3・1) 図 **P3・1** の回路において，S を閉じると，C に蓄えられる電気エネルギー W_C が抵

抗において消費される電気量 W_R に等しいことを証明せよ．

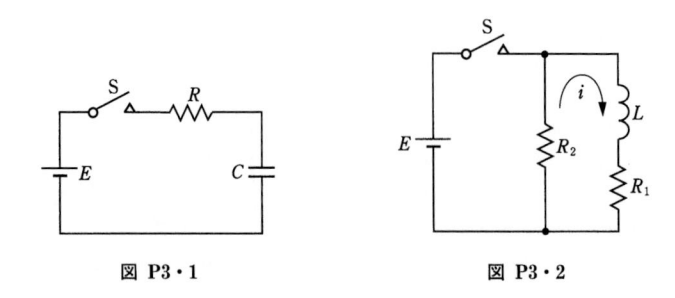

図 P3・1

図 P3・2

(3・2) 図 P3・2 の回路において，S を閉じて定常状態となった後，S を開いた場合の過渡電流と，R_1 中に消費されるエネルギーを求めよ．

(3・3) 図 P3・3 の回路において，$t=0$ で S_1 を閉じ，$t=t_1$ で S_2 を閉じた場合の電流を求めよ．

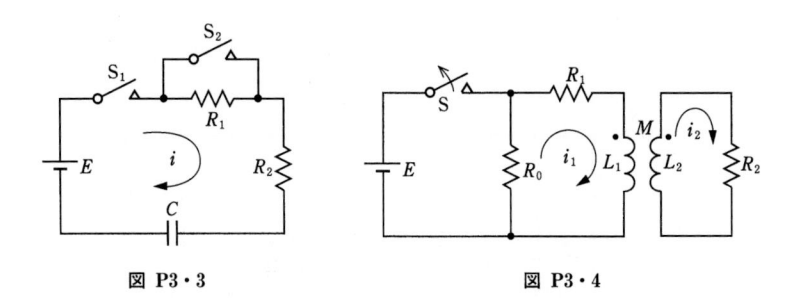

図 P3・3

図 P3・4

(3・4) 図 P3・4 の回路において，S が閉じられていて定常状態にあるとし，$t=0$ で S を開いた場合の電流 i_1 を求めよ．

(3・5) 図 P3・5(a) に示すように，入力として $E(t)$ を加え，出力を図のように R の両端

(a)

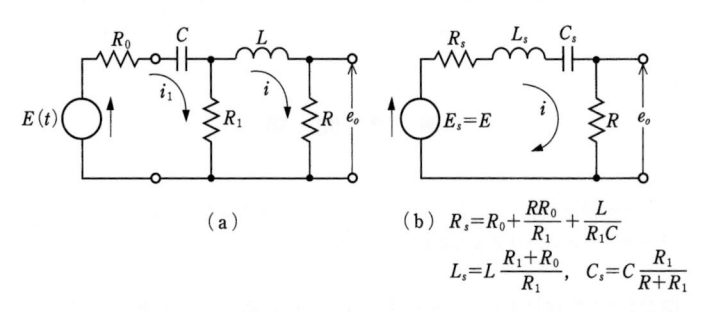

(b) $R_s = R_0 + \dfrac{RR_0}{R_1} + \dfrac{L}{R_1 C}$

$L_s = L\dfrac{R_1+R_0}{R_1}, \quad C_s = C\dfrac{R_1}{R+R_1}$

図 P3・5

から取り出す回路がある．これは同図 (b) と等価になること，並びに入出力対応が同じであることを示せ．

(**3・6**) 前問同様に，図 **P3・6**(a), (b) の回路が等価なことを示せ．

(a)

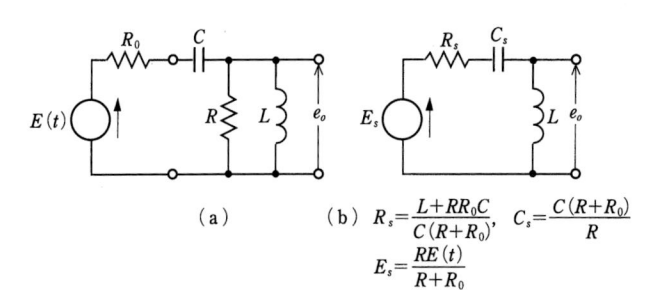

(b) $R_s = \dfrac{L + RR_0 C}{C(R + R_0)}$, $C_s = \dfrac{C(R + R_0)}{R}$

$E_s = \dfrac{RE(t)}{R + R_0}$

図 **P3・6**

演習問題略解

(**3・1**) C に蓄えられるエネルギー W_C は

$$W_C = \frac{Q^2}{2C} = \frac{1}{2} CE^2$$

である．R に消費される電力

$$W_R = \int_0^\infty Ri^2 dt = \int_0^\infty R\left(\frac{E}{R} e^{-\frac{t}{RC}}\right)^2 dt = \frac{E^2}{R}\int_0^\infty e^{-\frac{2t}{RC}} dt = \frac{E^2}{R}\left[-\frac{RC}{2} e^{-\frac{2t}{RC}}\right]_0^\infty$$

$$= \frac{E^2}{R} \cdot \frac{RC}{2} = \frac{CE^2}{2} = W_R$$

∴ $W_R = W_C$

(**3・2**) 電流の向きを図 P3・2 のようにとると

$$L\frac{di}{dt} + (R_1 + R_2) i = 0$$

$$i = A e^{-t/\tau}, \quad \tau = \frac{L}{R_1 + R_2} \tag{1}$$

初期条件は

$$t = 0 \quad \text{で} \quad i^{+0} = i^{-1} = \frac{E}{R_1} \tag{2}$$

したがって，式 (2) を (1) に適用すると

$$\frac{E}{R_1} = A, \quad \therefore \quad i = \frac{E}{R_1} e^{-t/\tau}, \quad \tau = \frac{L}{R_1 + R_2}$$

(**3・3**) $t = 0$ で S_1 を閉じたとき流れる電流は，式 (3・43) で $q_0 = 0$ と置くと

$t_1 > t \geq 0$ で $i = \dfrac{E}{R_1+R_2} e^{-t/\tau}, \qquad \tau_1 = (R_1+R_2)C$ (1)

また, $t > t_1$ で一般解は
$$i = Ae^{-t/\tau_2}, \qquad \tau_2 = R_2 C \tag{2}$$

$t = t_1$ で式 (1) と (2) が相等しいから
$$\dfrac{E}{R_1+R_2} e^{-t_1/\tau_1} = Ae^{-t_1/\tau_2}, \qquad \therefore\ A = \dfrac{E}{R_1+R_2} e^{-t_1/\tau_1 + t_1/\tau_2} \tag{3}$$

式 (3) を (2) に代入すると
$$t > t_1 \ \text{で}\ i = \dfrac{E}{R_1+R_2} e^{-t_1/\tau_1} e^{-(t-t_1)/\tau_2} \tag{4}$$

【答】 $t_1 > t \geq 0$ で $i = \dfrac{E}{R_1+R_2} e^{-t/\tau_1}, \qquad \tau_1 = (R_1+R_2)C$

$t > t_1$ で $i = \dfrac{E}{R_1+R_2} e^{-(t_1/\tau_1 + (t-t_2)/\tau_2)}, \qquad \tau_2 = R_2 C$

(3・4) 図 P 3・4 のように電流 i_1, i_2 をとると
$$(R_0+R_1) i_1 + L_1 \dfrac{di_1}{dt} - M \dfrac{di_2}{dt} = 0 \tag{1}$$

$$R_2 i_2 - M \dfrac{di_1}{dt} = 0 \tag{2}$$

式 (2) より
$$i_2 = \dfrac{M}{R_2} \dfrac{di_1}{dt} \tag{3}$$

式 (3) を (1) に代入すると
$$(R_0+R_1) i_1 + L \dfrac{di_1}{dt} - \dfrac{M^2}{R^2} \dfrac{d^2 i_1}{dt^2} = 0$$

特性方程式は
$$(R_0+R_1) + Lp + \dfrac{M^2 p^2}{R^2} = 0$$

$$\therefore\ p = \dfrac{Lp \pm \sqrt{L^2 + 4(R_0+R_1)M^2/R_2}}{2M^2/R_2} \fallingdotseq p_1,\ p_2 \tag{4}$$

$$\therefore\ i_1 = K_1 e^{p_1 t} + K_2 e^{p_2 t} \quad (K_1\text{ と }K_2\text{ は未定定数}) \tag{5}$$

初期条件は次のようである.
$$\left. \begin{array}{l} t=0 \ \text{で}\ i_1 = \dfrac{E}{R_1} \\[6pt] \dfrac{di_1}{dt} = \dfrac{R_2}{M} i_2 = 0 \end{array} \right\} \tag{6}$$

これらの条件を式 (5) に適用することより
$$K_1 + K_2 = \dfrac{E}{R_1}, \qquad p_1 K_1 + p_2 K_2 = 0 \tag{7}$$

$$\therefore\ K_1 = \dfrac{Ep_2}{(p_2 - p_1) R_1}, \qquad K_2 = \dfrac{Ep_1}{(p_1 - p_2) R_1} \tag{8}$$

式 (8) の K_1 と K_2 を式 (5) に代入することより i_1 が分かり,その i_1 を式 (3) に代入する

ことより i_2 が分かる．

(**3・5**) 図 P 3・5(a) の回路について式を立てると

$$R_0 i_1 + \frac{\int i_1 dt}{C} + (i_1 - i) R_1 = E(t) \tag{1}$$

$$L \frac{di}{dt} + Ri + (i - i_1) R_1 = 0 \tag{2}$$

式 (2) より

$$i_1 = \frac{1}{R_1} \Big(L \frac{di}{dt} + (R + R_1) i \Big), \qquad (i_1 - i) R_1 = L \frac{di}{dt} + Ri$$

これらを式 (1) に代入すると

$$\frac{R_0}{R_1} \Big(L \frac{di}{dt} + (R + R_1) i \Big) + \frac{\int \Big(L \frac{di}{dt} + (R + R_1) i \Big) dt}{R_1 C} + L \frac{di}{dt} + Ri = E(t)$$

$$\Big(\frac{R_0 + R}{R_1} \Big) L \frac{di}{dt} + \Big(\frac{R_0 (R + R_1)}{R_1} + \frac{L}{R_1 C} + R \Big) i + \frac{R + R_1}{R_1 C} \int i dt = E(t)$$

$$\Big(\frac{R_0 + R}{R_1} \Big) L \frac{di}{dt} + \Big(R_0 + \frac{R_0 R}{R_1} + \frac{L}{R_1 C} \Big) i + \frac{\int i dt}{(R_1 C)/(R + R_1)} + Ri = E(t)$$

この式は，図 (b) について立てた微分方程式と一致する．したがって，両図の回路は等価である．

(**3・6**) 省略（前問参照）

第4章 ラプラス変換による解析

ラプラス変換は,微分方程式を解く有力な手段の一つであり,回路理論にとっては過渡現象解析のみならず,定常現象解析も含めた関数論的回路理論(回路網理論)全般の基礎ともなっている.

本章においては,主として過渡現象論への応用について述べ,終わりのほうには,後の章との関連から,回路理論への応用の一端について述べる.読者は,はじめに,巻末付録の複素関数論概説を一読されたい.

4・1 ラプラス変換

微分方程式を解く有力な手段の一つとして**ラプラス変換**(Laplace transformation)の方法がある.以下,これによる過渡現象の解析法について述べよう.

〔1〕 ラプラス変換

ラプラス変換はフーリエ変換と似たところはあるが,普通ラプラス変換では $t<0$ で $f(t)=0$ であるような関数を取り扱っている.このような関数の形式Ⅱのフーリエ変換を求めてみると

$$F(i\omega) = \int_0^\infty f(t) e^{-j\omega t} dt \qquad (4 \cdot 1)$$

ただし,この積分が存在するためには,$f(t)$ 並びに $f'(t)$ が断片的に連続でかつ

$$\int_0^\infty |f(t)| dt = M < \infty \qquad (4 \cdot 2)$$

でなければならない*.したがって,$t\to\infty$ で $f(t)\to 0$ でないようならば,上の積分は求められない.それゆえフーリエ変換の方法が利用できない.このような場合でも,しかるべき正の定数 γ_a よりも大きい γ をとり,$e^{-\gamma t}f(t)$ を考えると

$$\lim_{T\to\infty} \int_0^T |e^{-\gamma t} f(t)| dt < \infty \qquad (\gamma > \gamma_a > 0) \qquad (4 \cdot 3)$$

---

* $<\infty$ は,有限であるという意味である.$f(t)$ が式 (4・2) を満たすとき,$f(t) \in L_1$ と書き表す.

とならしめ得る場合がある．このとき $e^{-\gamma t}f(t)$ のフーリエ変換（形式II）は

$$\left.\begin{array}{l} F(\gamma+j\omega)=\int_0^\infty f(t)\,e^{-(\gamma+j\omega)t}dt \\[2mm] \gamma>\gamma_a>0,\ \ \gamma_a\text{は式 (4・3) を有限ならしめる最小値} \end{array}\right\} \quad (4\cdot 4)$$

となる．そうして $F(\gamma+j\omega)$ の逆変換は

$$f(t)\,e^{-\gamma t}=\frac{1}{2\pi}\int_{-\infty}^\infty F(\gamma+j\omega)\,e^{j\omega t}d\omega \quad (4\cdot 5)$$

となる．ここで，ラプラス変換 $\mathscr{L}[f(t)]\triangleq F(s)$ 並びに逆変換 $\mathscr{L}^{-1}[F(s)]$ を次のように定義する*．

$$\gamma+j\omega\triangleq s \quad (4\cdot 6)$$

$$\mathscr{L}[f(t)]=\int_{-0}^\infty f(t)\,e^{-st}dt=F(s) \quad (4\cdot 7)$$

$$\mathscr{L}^{-1}[F(s)]=\frac{1}{2\pi j}\int_{\gamma-j\infty}^{\gamma+j\infty} F(s)\,e^{st}ds=f(t) \quad (4\cdot 8)$$

（ただし，$t<0$ で $f(t)=0$, $-0\triangleq\lim_{\varepsilon\to 0}(-\varepsilon),\ \varepsilon>0$）

なお，誤解のおそれのない限り -0 を単に 0 と書く．

ラプラス変換では $F(s)$ を**裏関数**または**下位関数**（独 Unterfunktion），これに対する $f(t)$ を**表関数**または**上位関数**（独 Oberfunktion）という．

〔2〕　**単位ステップ（関数）$u(t)$（または $u_{-1}(t)$）とラプラス変換**

単位ステップ関数（単位階段関数）$u(t)$ と単位インパルス（関数）（単位衝撃関数）$u_0(t)$（または $\delta(t)$）については第1章に述べたが，これらはラプラス変換の理解にも役立つし，今後も有用である．ここでは，これらの関数のラプラス変換について述べよう．

図4・1 には単位ステップ関数 $u(t)$ が図示されている．これをラプラス変換してみると

$$\mathscr{L}[u(t)]=\int_0^\infty e^{-st}dt=\left[\frac{e^{-st}}{-s}\right]_0^\infty=\frac{1}{s} \quad (4\cdot 9)$$

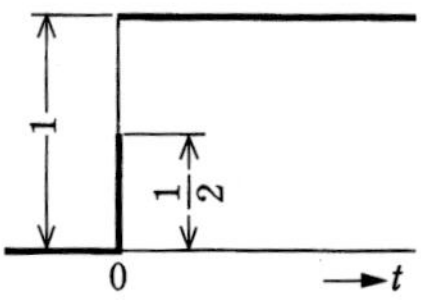

図 4・1　単位ステップ（関数）$u(t)$

したがって $u(t)$ はその逆変換として

---

*　ラプラス変換の厳密な理論については専門の数学書を参照されたい．

$$u(t) = \frac{1}{2\pi j} \int_{\gamma-j\infty}^{\gamma+j\infty} \frac{e^{st}}{s} ds \qquad (\gamma > 0) \tag{4・10}$$

と表される．ここで，式 (4・10) の右辺が真に単位ステップ関数を表しているかどうか，換言すると式 (4・10) の右辺の積分値が $t<0$ で 0，$t\geq 0$ で 1 になるだろうか調べてみよう．この証明に先立って次の定理を証明しよう．

ジョルダン (Jordan) の定理　$\Phi(s)$ を解析関数とし，$|s|$ が増大すると一様に 0 に収束すると仮定する．そうすると

$t<0$ なら
$$\lim_{R\to\infty}\int_{C_1} \Phi(s) e^{st} ds = 0 \tag{4・11}$$

$t>0$ なら
$$\lim_{R\to\infty}\int_{C_2} \Phi(s) e^{st} ds = 0 \tag{4・12}$$

ただし，C_1 と C_2 はそれぞれ原点を中心とし，R を半径とする円の右並びに左の半円とする（図4・2参照）．

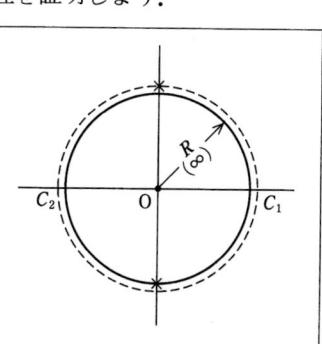

図 4・2　積分路

〔証明〕　$|s|$ が増大すると $\Phi(s)$ が一様に 0 に収束するということは，$s=Re^{j\phi}$ とするとき，任意の正の数 ε_0 に対して R を十分大きくとれば

$$|\Phi(s)| < \varepsilon_0 \tag{4・13}$$

ということである．そこで

$$\left. \begin{array}{l} |ds| = |jRe^{j\phi}d\phi| = Rd\phi \\ |e^{st}| = |e^{t(R\cos\phi + jR\sin\phi)}| = e^{tR\cos\phi} \end{array} \right\} \tag{4・14}$$

であるから，右の半円 C_1 上では

$$\int_{C_1} \Phi(s) e^{st} ds \leq \varepsilon_0 R \int_{-\pi/2}^{\pi/2} e^{tR\cos\phi} d\phi = 2\varepsilon_0 R \int_0^{\pi/2} e^{tR\cos\phi} d\phi \tag{4・15}$$

ここで，ϕ の代わりに $-\phi + (\pi/2)$ と変換すると C_1 上で

$$\int_0^{\pi/2} e^{tR\cos\phi} d\phi = \int_0^{\pi/2} e^{tR\sin\phi} d\phi \tag{4・16}$$

$t<0$ の場合は，$tR\sin\phi$ は負である．さらに図4・3を見ると分かるように，$0\leq\phi\leq\pi/2$ では $\sin\phi \geq 2\phi/\pi$ であるから，式 (4・15) は

$$\int_{C_1} \Phi(s) e^{st} ds \leq 2\varepsilon_0 R \int_0^{\pi/2} e^{tR\sin\phi} d\phi \leq 2\varepsilon_0 R \int_0^{\pi/2} e^{(2tR/\pi)\phi} d\phi \tag{4・17}$$

この式の右辺の積分は，$t<0$ なら

$$\int_0^{\pi/2} e^{(2tR/\pi)\phi} d\phi = \frac{\pi}{2tR}[e^{tR}-1] \leq -\frac{\pi}{2tR} = \frac{\pi}{2|t|R} \tag{4・18}$$

$$\therefore \int_{C_1} \Phi(s) e^{st} ds \leq \frac{\varepsilon_0 \pi}{|t|} \qquad (t<0) \tag{4・19}$$

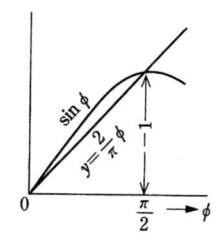

図 4・3　$\sin\phi$ と $\dfrac{2}{\pi}\phi$

$R\to\infty$ なら $\varepsilon_0\to 0$ であるから

$$\lim_{R\to\infty}\int_{C_1}\varPhi(s)e^{st}ds=0 \tag{4・20}$$

次に，$t>0$ のときは

$$\int_{C_2}\varPhi(s)e^{st}ds\leq\varepsilon_0 R\int_{\pi/2}^{3(\pi/2)}e^{tR\cos\phi}d\phi=2\varepsilon_0 R\int_0^{\pi/2}e^{-tR\cos\phi}d\phi \tag{4・21}$$

この式の右辺は式 (4・17) と全く同じで，式 (4・17) では t が負であったのに対し式 (4・21) では $t>0$ で負号がついている．したがって

$$\lim_{R\to\infty}\int_{C_2}\varPhi(s)e^{st}ds=0 \qquad (t>0) \tag{4・22}$$

〔証明終り〕

この定理を用いて式 (4・10) の右辺の積分が $u(t)$ を表すことを示そう．$\varPhi(s)$ に相当するのが $1/s$ であり，$|s|\to\infty$ で $1/s\to 0$ で定理の条件が満たされているから

$$\left.\begin{array}{l}t<0 \text{ なら }\quad \dfrac{1}{2\pi j}\displaystyle\int_{C_1}\dfrac{e^{st}}{s}ds=0 \\[2mm] t>0 \text{ なら }\quad \dfrac{1}{2\pi j}\displaystyle\int_{C_2}\dfrac{e^{st}}{s}ds=0\end{array}\right\} \tag{4・23}$$

したがって，式 (4・10) は

$$\left.\begin{array}{l}t>0 \text{ なら }\quad \dfrac{1}{2\pi j}\displaystyle\int_{\gamma-j\infty}^{\gamma+i\infty}\dfrac{e^{st}}{s}ds+\dfrac{1}{2\pi j}\int_{C_2}\dfrac{e^{st}}{d}ds=\dfrac{1}{2\pi j}\int_{C_2'}\dfrac{e^{st}}{s}ds \\[2mm] t<0 \text{ なら }\quad \dfrac{1}{2\pi j}\displaystyle\int_{\gamma-j\infty}^{\gamma+j\infty}\dfrac{e^{st}}{s}ds+\dfrac{1}{2\pi j}\int_{C_1}\dfrac{e^{st}}{d}ds=\dfrac{1}{2\pi j}\int_{C_1'}\dfrac{e^{st}}{s}ds\end{array}\right\} \tag{4・24}$$

として差し支えない．ただし，積分路 $C_1'\ C_2'$ は図 4・4 のように閉じた曲線となる．さて，コーシー (Cauchy) の定理の系（式 (A・47) 参照）より，閉じた曲線に沿っての積分はその曲線内にある被積分関数の極の留数の和の $2\pi j$ 倍に等しい．C_1' 内に極はないから

$$\dfrac{1}{2\pi j}\int_{C_1'}\dfrac{e^{st}}{s}ds=0 \qquad (t<0) \tag{4・25}$$

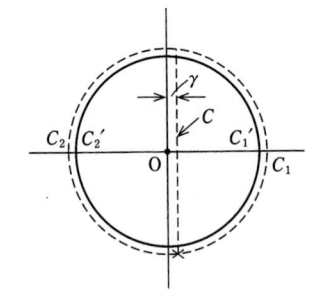

図 4・4 積分路

一方，C_2' の中には $s=0$ なる点に極を持ち，その留数は 1 であるから

$$\frac{1}{2\pi j}\int_{C_{2'}}\frac{e^{st}}{s}ds=1 \qquad (t>0) \tag{4・26}$$

となる．すなわち式 (4・10) は確かに $u(t)$ を表す．

なお，$t=0$ の場合，積分路は $(\gamma-j\infty)\sim(\gamma+j\infty)$ のままであるが，この場合，積分路は $s=0$ にある極を半周する．1周すれば留数1に等しいが，半周であるから，1/2 となる．したがって，

$$u(0)=\frac{1}{2}$$

〔3〕 **単位インパルス（関数）（単位衝撃関数）とラプラス変換**

単位ステップ関数とともに過渡現象の解析に重要なのは，単位インパルス（関数）$u_0(t)$ である．これはまたディラック（Dirac）のデルタ関数ともいわれ，$\delta(t)$ と表される．$u_0(t)$ は先に第1章に定義したが，次のように二つの単位ステップ関数の差の $\alpha\to0$ の極限と見ることができる（**図4・5** 参照）．

$$u_0(t)=\lim_{\alpha\to0}\frac{1}{\alpha}\left\{u\left(t+\frac{\alpha}{2}\right)-u\left(t-\frac{\alpha}{2}\right)\right\} \tag{4・27}$$

後述の変時定理を用い，右辺の各項をラプラス変換すると

$$\mathscr{L}\left[u\left(t+\frac{\alpha}{2}\right)\right]=e^{\alpha s/2}\left(\frac{1}{s}\right)$$

$$\mathscr{L}\left[-u\left(t-\frac{\alpha}{2}\right)\right]=-e^{-\alpha s/2}\left(\frac{1}{s}\right)$$

上の2式を加えると

$$\mathscr{L}\left[u\left(t+\frac{\alpha}{2}\right)-u\left(t-\frac{\alpha}{2}\right)\right]$$

$$=\frac{1}{s}(e^{\alpha s/2}-e^{-\alpha s/2})$$

$$\therefore\quad \mathscr{L}[u_0(t)]=\lim_{\alpha\to0}\frac{1}{\alpha s}(e^{\alpha s/2}-e^{-\alpha s/2}) \tag{4・28}$$

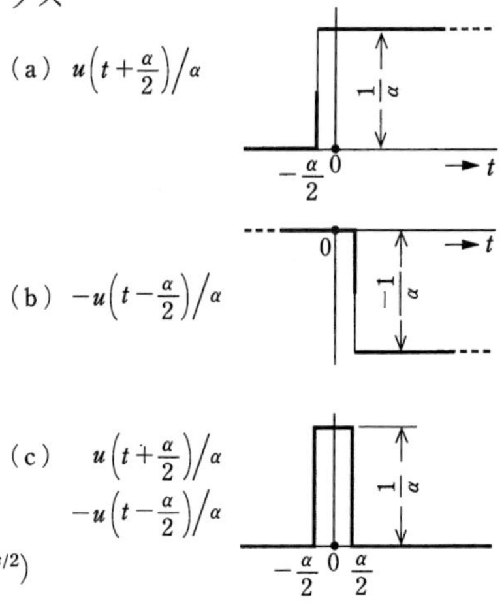

(a) $u\left(t+\frac{\alpha}{2}\right)/\alpha$

(b) $-u\left(t-\frac{\alpha}{2}\right)/\alpha$

(c) $u\left(t+\frac{\alpha}{2}\right)/\alpha$
$\quad -u\left(t-\frac{\alpha}{2}\right)/\alpha$

図 4・5 $u(t)$ と $u_0(t)(\delta(t))$

しかるに

$$e^{\pm(\alpha s/2)}=\left(1+\left(\pm\frac{\alpha s}{2}\right)+\frac{(\pm\alpha s/2)^2}{2!}+\cdots\right) \tag{4・29}$$

これを上の式に代入すると

$$\mathcal{L}[u_0(t)] = \lim_{\alpha \to 0} \frac{1}{\alpha s}\left(\alpha s + \frac{2(\alpha s/2)^2}{2!} + \cdots\right) = 1 \quad (4 \cdot 30)$$

すなわち，単位インパルス関数のラプラス変換は1である．式で表すと

$$\left.\begin{array}{l}\mathcal{L}[u_0(t)] = 1 \\ \mathcal{L}^{-1}[1] = u_0(t) = \dfrac{1}{2\pi j}\displaystyle\int_{\gamma-j\infty}^{\gamma+j\infty} e^{st} ds \quad (\gamma > 0)\end{array}\right\} \quad (4 \cdot 31)$$

なお，すぐ後で述べるように $u(t)$ を微分したものが $u_0(t)$ で，$u_0(t)$ を積分したものが $u(t)$ である．すなわち

$$\frac{du(t)}{dt} = u_0(t), \quad \int u_0(t)\,dt = u(t) \quad (4 \cdot 32)$$

4・2 ラプラス変換に関する公式

ラプラス変換の公式表を章の末尾に掲載した．本節では，いくつかの公式の導入過程，並びに，その応用例を示す．

〔1〕 **微係数並びに積分のラプラス変換**

$\mathcal{L}[f(t)] = F(s)$ とし，$f(t)$ の微係数の変換を求めてみると

$$\mathcal{L}\left[\frac{df}{dt}\right] = \int_0^\infty \frac{df}{dt} e^{-st} dt = f(t) e^{-st}\Big|_0^\infty - \int_0^\infty f(t) \frac{d}{dt} e^{-st} dt$$

$$= sF(s) - f(0) \quad (4 \cdot 33)$$

$$\mathcal{L}\left[\frac{df}{dt}\right] = sF(s) - f(0) \quad (4 \cdot 34)$$

同様にして

$$\mathcal{L}\left[\frac{d^n f}{dt^n}\right] = s^n F(s) - s^{n-1} f(0) - s^{n-2}\left(\frac{df}{dt}\right)_{t=0} - \cdots - \left(\frac{d^{n-1} f}{dt^{n-1}}\right)_{t=0}$$

$$(4 \cdot 35)$$

例題 4・1 コイルに初期電流のある場合：図4・6に示す回路において，$t=0$ でSを開いた場合の過渡現象を計算してみよう．

〔解〕 $t>0$ で成り立つ微分方程式は，次のとおりである．

$$L\frac{di}{dt} + (R_1 + R_2)i = 0 \quad (4 \cdot 36)$$

$R_1 + R_2 \fallingdotseq R$ とし，ラプラス変換すると

$$sLI(s) - Li_{L0} + RI(s) = 0 \tag{4.37}$$

$$\therefore \quad I(s) = \frac{Li_{L0}}{sL+R} \tag{4.38}$$

i_{L0} は $t=-0$ でコイルに流れていた電流で,$i_{L0}=E/R_1$ である.したがって

$$I(s) = \frac{LE/R_1}{(sL+R)} \tag{4.39}$$

公式 $\mathcal{L}^{-1}[1/(s+a)] = e^{-at}$ (章末「ラプラス変換表」参照)
を利用することにより

$$i(t) = \mathcal{L}[I(s)] = \frac{EL}{R} e^{-(R/L)t} \tag{4.40}$$

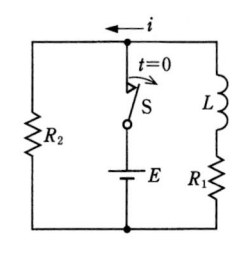

図 4·6 コイルに初期電流のある場合

コイルに初期電流のある場合の Li_{L0} を等価な電源に置き換えて考えてみるのも一つの良い方法である.これについては表 4·1 を参照されたい.

次に積分のラプラス変換を考えよう.

$$\int_{-0}^{t} f(\tau) d\tau \triangleq g(t) \tag{4.41}$$

とし,$g(t)$ のラプラス変換を考える.

$$\begin{aligned}
\mathcal{L}[g(t)] &= \int_{0}^{\infty} g(u) e^{-su} du \\
&= -\frac{1}{s} g(u) e^{-su} \Big|_{0}^{\infty} + \frac{1}{s} \int_{0}^{t} f(u) e^{-su} du \\
&= -\left(\frac{1}{s} g(u) e^{-su} \Big|_{u=\infty} - 0 \right) + \frac{F(s)}{s}
\end{aligned} \tag{4.42}$$

しかるに,$F(s) = \int_{0}^{\infty} f(t) e^{-st} dt$ が存在するときは

$$t \to \infty \quad \text{で} \quad g(t) = \int_{0}^{t} f(\tau) d\tau = 0(e^{\tau t}) \tag{4.43}$$

であるから*

$$g(u) e^{-su} \Big|_{u=\infty} = 0$$

$$\therefore \quad \mathcal{L}\left[\int_{0}^{t} f(\tau) d\tau \right] = \frac{1}{s} F(s), \quad \mathcal{L}\left[\underbrace{\int_{0}^{t} \int_{0}^{t} \cdots \int_{0}^{t}}_{n} f(\tau) (d\tau)^n \right] = \frac{1}{s^n} F(s) \tag{4.44}$$

---

* 河田:応用数学概論 I,p.183,岩波全書.

また，カパシタ（コンデンサ）を含む回路の解析には，次の式が有用である（例題 4・2 参照）．

$$\mathcal{L}\left[\int_{-\infty}^{t} f(\tau)\,d\tau\right] = \mathcal{L}\left[\int_{-\infty}^{-0} f(\tau)\,d\tau + \int_{-0}^{\infty} f(\tau)\,d\tau\right] = \frac{f^{-1}(-0)}{s} + \frac{1}{s}F(s) \tag{4・45}$$

$$\therefore \left. \begin{array}{l} \mathcal{L}\left[\displaystyle\int_{-\infty}^{t} f(\tau)\,d\tau\right] = \dfrac{F(s)}{s} + \dfrac{f^{-1}(-0)}{s} \\[6pt] \text{ただし，} f^{-1}(-0) = \displaystyle\int_{-\infty}^{0} f(\tau)\,d\tau \end{array} \right\} \tag{4・46}$$

> **例 題 4・2** カパシタ（コンデンサ）に初期電荷のある場合：図 4・7 の回路において，$t=0$ で S を開いた場合の過渡電流を計算してみよう．
> $t \geq 0$ で成り立つ微分方程式は，次のとおりである．ただし，$R_1 + R_2 \cong R$ とする．
> $$Ri + \int \frac{i\,dt}{C} = 0 \tag{4・47}$$

〔解〕 カパシタを含む回路の式のラプラス変換に当たっては，次の式を公式のように暗記されたい．

$$\left. \begin{array}{l} \mathcal{L}\left[\dfrac{1}{C}\displaystyle\int i\,dt\right] = \dfrac{1}{sC}(I(s) + Q_0) \\[6pt] Q_0 = -CV_0 \quad (\text{いまの場合 } V_0 = E) \end{array} \right\} \tag{4・48}$$

Q_0 は $t = -\infty$ から $t = -0$ までに C に充電された電荷で，$t \leq -0$ で充電される場合の電流 i_C と，放電される場合の i とは向きが逆になっていることに注意されたい．

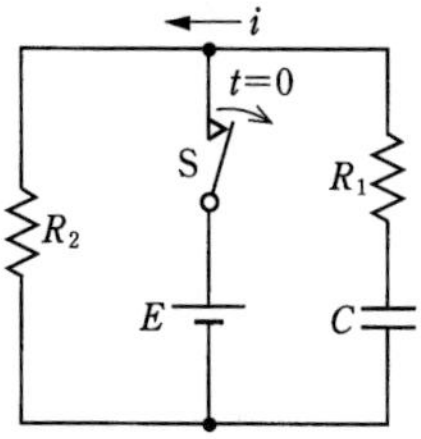

図 4・7 カパシタ（コンデンサ）に初期電荷のある場合

さて，式 (4・47) をラプラス変換すると

$$RI(s) + \frac{1}{sC}(I(s) + Q_0) = 0, \qquad Q_0 = -CE \tag{4・49}$$

$$\therefore \quad I(s) = \frac{-Q_0/(sC)}{R + 1/(sC)} = \frac{CE}{RCs + 1} = \frac{E/R}{s + 1/(RC)} \tag{4・50}$$

$$\therefore \quad i(t) = \frac{E}{R} e^{-t/(RC)} \quad \left(\text{章末「ラプラス変換表」公式 } \mathcal{L}^{-1}\left[\frac{1}{s+a}\right] = e^{-at} \text{ を参照}\right) \tag{4・51}$$

カパシタに初期電荷のある場合の項 $Q_0/(sC)$ を等価な電源に置き換えて考えるのも一つの良い方法である．これについては，表 4・1 を参照されたい．

ここで，先に述べた $u(t)$ と $u_0(t)$ の関係を考えなおしてみよう．$du(t)/dt$ のラプラス変換は

$$\mathcal{L}\left[\frac{du(t)}{dt}\right] = s\mathcal{L}[u(t)] - u(-0) \tag{4・52}$$

4・2 ラプラス変換に関する公式

しかるに,$\mathcal{L}[u(t)]=1/s$,$u(-0)=0$ であるから

$$\mathcal{L}\left[\frac{du(t)}{dt}\right]=s\cdot\frac{1}{s}=1=\mathcal{L}[u_0(t)], \quad \therefore \quad \frac{du(t)}{dt}=u_0(t) \quad (4・53)$$

また,$\int u_0(\tau)d\tau$ のラプラス変換を考えると

$$\left.\begin{array}{l}\mathcal{L}\left[\int u_0(\tau)d\tau\right]=\dfrac{\mathcal{L}[u_0(t)]}{s}=\dfrac{1}{s}=\mathcal{L}[u(t)]\\ \therefore \quad \int_0^t u_0(\tau)d\tau=u(t)\end{array}\right\} \quad (4・54)$$

〔2〕 $f_1(t)\cdot f_2(t)$ の変換

$\mathcal{L}[f_1(t)]=F_1(s)$,$\mathcal{L}[f_2(t)]=F_2(s)$ であるときを考えると

$$\left.\begin{array}{l}\mathcal{L}[f_1(t)f_2(t)]=\displaystyle\int_0^{\infty}f_1(t)f_2(t)e^{-st}dt\\[6pt] \qquad=\displaystyle\int_0^{\infty}f_1(t)\left[\dfrac{1}{2\pi j}\int_{\gamma-j\infty}^{\gamma+j\infty}F_2(\sigma)e^{\sigma t}d\sigma\right]e^{-st}dt\\[6pt] \qquad=\dfrac{1}{2\pi j}\displaystyle\int_{\gamma-j\infty}^{\gamma+j\infty}F_2(\sigma)\left[\int_0^{\infty}f_1(t)e^{-(s-\sigma)t}dt\right]d\sigma\end{array}\right\}$$
$$(4・55)$$

したがって

$$\left.\begin{array}{l}\mathcal{L}[f_1(t)f_2(t)]=\dfrac{1}{2\pi j}\displaystyle\int_{\gamma-j\infty}^{\gamma+j\infty}F_1(s-\sigma)F_2(\sigma)d\sigma\\[6pt] \qquad\qquad\quad=\dfrac{1}{2\pi j}\displaystyle\int_{\gamma-j\infty}^{\gamma+j\infty}F_1(\sigma)F_2(s-\sigma)d\sigma\end{array}\right\} \quad (4・56)$$

〔3〕 **相乗定理** (独 Faltungssätze)

次に,$F_1(s)F_2(s)$ の逆変換を考えよう.

$$\left.\begin{array}{l}\mathcal{L}^{-1}[F_1(s)F_2(s)]=\dfrac{1}{2\pi j}\displaystyle\int_{\gamma-j\infty}^{\gamma+j\infty}F_1(s)F_2(s)e^{st}ds\\[6pt] \qquad=\dfrac{1}{2\pi j}\displaystyle\int_{\gamma-j\infty}^{\gamma+j\infty}F_1(s)\left[\int_0^{\infty}f_2(\tau)e^{-s\tau}d\tau\right]e^{st}ds\\[6pt] \qquad=\displaystyle\int_0^{\infty}f_2(\tau)d\tau\dfrac{1}{2\pi j}\int_{\gamma-j\infty}^{\gamma+j\infty}F_1(s)^{s(t-\tau)}ds\\[6pt] \qquad=\displaystyle\int_0^{\infty}f_2(\tau)f_1(t-\tau)u(t-\tau)d\tau\end{array}\right\}$$
$$(4・57)$$

$u(t-\tau)$ は $t-\tau<0$ で 0 であるから,上の積分の τ の上限は t で,結局

$$\mathscr{L}^{-1}[F_1(s)\,F_2(s)] = \int_0^t f_1(t-\tau)\,f_2(\tau)\,d\tau f_2(t-\tau)\,d\tau \tag{4・58}$$

あるいは

$$\mathscr{L}\left[\int_0^t f_1(t-\tau)\,f_2(\tau)\,d\tau\right] = F_1(s)\,F_2(s) \tag{4・59}$$

〔4〕 **変時定理** (shifting theorem)

$f(t-a)$ $(a>0)$ の変換を考える.ただし,$t<a$ で $f(t-a)=0$ とする.

$$\mathscr{L}[f(t-a)] = \int_0^\infty f(t-a)\,e^{-st}dt = e^{-as}\int_{-a}^\infty f(\tau)\,e^{-s\tau}d\tau \tag{4・60}$$

しかるに,$f(t)$ は $t<0$ で 0 であるとするから,上の右辺の積分の下限は 0 となり

$$\mathscr{L}[f(t-a)] = e^{-as}\int_0^\infty f(\tau)\,e^{-s\tau}d\tau = e^{-as}F(s) \tag{4・61}$$

$$\mathscr{L}[f(t-a)] = e^{-as}F(s) \tag{4・62}$$

〔5〕 **相似定理** (uniformity theorem)

$f(t/a)$ の変換を考えると

$$\mathscr{L}\left[f\left(\frac{t}{a}\right)\right] = \int_0^\infty f\left(\frac{t}{a}\right)e^{-st}dt = a\int_0^\infty f\left(\frac{t}{a}\right)e^{-as\cdot\frac{t}{a}}d\frac{t}{a} \tag{4・63}$$

$$\therefore \quad \mathscr{L}\left[f\left(\frac{t}{a}\right)\right] = aF(as) \tag{4・64}$$

ここで,t/a と as をともに新しい変数と考えると,a を大にすると変数 t/a は小になり,変数 as は大になる.したがって,$a\to\infty$ とすると上の式は

$$\lim_{t\to +0}f(t) = \lim_{s\to\infty}sF(s) \tag{4・65}$$

となる.ここで,$t\to -0$ でなく $t\to +0$ であることに注意されたい.同様に $a\to 0$ として

$$\lim_{t\to\infty}f(t) = \lim_{s\to 0}sF(s) \tag{4・66}$$

〔6〕 **展 開 定 理**

$F(s)$ が有理関数または有理形関数* として先に与えられて,$\mathscr{L}^{-1}[F(s)]=$

---

* 巻末付録〔3〕項参照.

$f(t)$ を求める場合を考える.

$$f(t) = \mathcal{L}^{-1}[F(s)] = \frac{1}{2\pi j} \int_{\gamma-j\infty}^{\gamma+j\infty} F(s) e^{st} ds \tag{4・67}$$

$F(s)$ が先に述べたジョルダンの定理の条件を満たすものとすると

$$\mathcal{L}^{-1}[F(s)] = \frac{1}{2\pi j} \int_{C_2'} F(s) e^{st} ds \tag{4・68}$$

ただし, C_2' は図 4・4 に示した積分路である. コーシーの定理の系によれば, 右辺の積分は C_2' 内に含まれる $F(s) e^{st}$ の極 (いまの場合 $F(s)$ は有理関数または有理形関数としたから, 特異点は極しかない) の留数の和の $2\pi j$ 倍に等しい. したがって $F(s) e^{st}$ の極の留数を $A_1, A_2, \cdots$ とすると

$$\frac{1}{2\pi j} \int_{C_2'} F(s) e^{st} ds = \frac{1}{2\pi j} \{2\pi j \sum A_i\} = \sum A_i \tag{4・69}$$

例えば

$$F(s) = \frac{b}{s+a} \tag{4・70}$$

とすると, $F(s) e^{st}$ の極は $s = -a$ で, その留数は*

$$\lim_{s \to -a} \left\{ (s+a) \left(\frac{b}{s+a} e^{st} \right) \right\} = b e^{-at} \tag{4・71}$$

であるから

$$\mathcal{L}^{-1}\left[\frac{b}{s+a}\right] = b e^{-at}, \quad \left(\mathcal{L}^{-1}\left[\frac{b}{s-a}\right] = b e^{at}\right) \tag{4・72}$$

これを利用すると, 例えば $F(s)$ の極がすべて1位であって

$$F(s) = \frac{N(s)}{D(s)} = \frac{N(\infty)}{D(\infty)} + \sum_{i=1}^{n} \frac{A_i}{s-s_i} \tag{4・73}$$

($n < \infty$ なら F は有理関数, $n = \infty$ なら有理形関数)

のように部分分数展開されたとすると, 次の公式が得られる.

$$\left. \begin{array}{l} \boldsymbol{F(s) = \dfrac{N(s)}{D(s)} = \dfrac{N(\infty)}{D(\infty)} + \sum_{i=1}^{n} \dfrac{A_i}{s-s_i}} \text{ のとき} \\[2ex] \boldsymbol{\mathcal{L}^{-1}[F(s)] = \dfrac{N(\infty)}{D(\infty)} u_0(t) + \sum_{i=1}^{n} A_i e^{s_i t}} \end{array} \right\} \tag{4・74}$$

なお A_i は $F(s)$ の極 s_i における留数で, 極が1位の場合は

---

* 巻末付録参照.

$$A_i = \lim_{s \to s_i}(s-s_i)F(s_i) \tag{4・75}$$

あるいは

$$A_i = \left.\frac{N(s)}{\dfrac{d}{ds}D(s)}\right|_{s=s_i} \equiv \frac{N(s_i)}{\dfrac{dD(s_i)}{ds}} \tag{4・76}$$

として求められる．これから，$F(s)$ が1位の極しか持たない有理関数または有理形関数の場合は

$$\mathcal{L}^{-1}[F(s)] = \sum_{i=1}^{n} \frac{N(s_i)}{\dfrac{dD(s_i)}{ds}}e^{s_i t} + \frac{N(\infty)}{D(\infty)}u_0(t) \tag{4・77}$$

これを**展開定理**という．

その他の公式並びに表関数と裏関数の対応を示したものが章末の「ラプラス変換表」である．

例題 4・3 次のような $F(s)$ のラプラス逆変換を求めてみよう．

$$F(s) = \frac{(s+4)}{(s+1)(s+2)(s+3)} \tag{4・78}$$

〔解〕展開定理を用いると容易に解は求められるが，ここでは部分分数展開を用いよう．

$$F(s) = K + \frac{A_1}{s+1} + \frac{A_2}{s+2} + \frac{A_3}{s+3} \tag{4・79}$$

と置いて，K, A_1, A_2, A_3 を求める．

$$\left.\begin{aligned}K &= \lim_{s \to \infty}F(s) = 0 \\ A_1 &= \lim_{s \to -1}[F(s)(s+1)] = F(s)(s+1)\Big|_{s=-1} \\ &= \left.\frac{(s+4)}{(s+2)(s+3)}\right|_{s=-1} = \frac{3}{1\times 2} = \frac{3}{2}\end{aligned}\right\} \tag{4・80}$$

同様に A_2 と A_3 は，次のようになる．

$$A_2 = F(s)(s+2)\Big|_{s=-2} = -2, \quad A_3 = F(s)(s+3)\Big|_{s=-3} = \frac{1}{2} \tag{4・81}$$

$$\begin{aligned}\mathcal{L}^{-1}[F(s)] &= \mathcal{L}^{-1}\left[\frac{3/2}{s+1} + \frac{-2}{s+2} + \frac{1/2}{(s+3)}\right] \\ &= \frac{3}{2}e^{-t} - 2e^{-2t} + \frac{1}{2}e^{-3t}\end{aligned} \tag{4・82}$$

例題 4・4 5章 例題 5・1 には，図4・8のように，無損失線路の遠端を抵抗 R で終端し，送端に電圧 $v_{\text{in}} = Eu(t)$ を加えた場合の電圧・電流のラプラス変換 $V(s)$, $I(s)$ がそれぞれ次のようになることが示されている．例題 5・1を参照されたい）．

$$\left. \begin{aligned} V(s) &= \frac{R\cosh\{s(l-x)/c\}+Z_0\sinh\{s(l-x)/c\}}{R\cosh(sl/c)+Z_0\sinh(sl/c)} \cdot \frac{E}{s} \\ I(s) &= \frac{\cosh\{s(l-x)/c\}+(R/Z_0)\sinh\{s(l-x)/c\}}{R\cosh(sl/c)+Z_0\sinh(sl/c)} \cdot \frac{E}{s} \end{aligned} \right\} \quad (4\cdot 83)$$

この $V(s)$ のラプラス逆変換を考えよう.

〔解〕 $\mathcal{L}^{-1}[V(s)]$ を展開定理から求めてみよう.
$V(s)$ を次のように表す.

$$V(s) \triangleq \frac{E \cdot M(s)}{N(s)} \triangleq \frac{E \cdot M(s)}{s \cdot N_1(s)} \quad (4\cdot 84)$$

$$M(s) = R\cosh\left\{\frac{s(l-x)}{c}\right\} + Z_0\sinh\left\{\frac{s(l-x)}{c}\right\}$$

$$N_1(s) = R\cosh\left(\frac{sl}{c}\right) + Z_0\sinh\left(\frac{sl}{c}\right)$$

$$N(s) = sN_1(s)$$

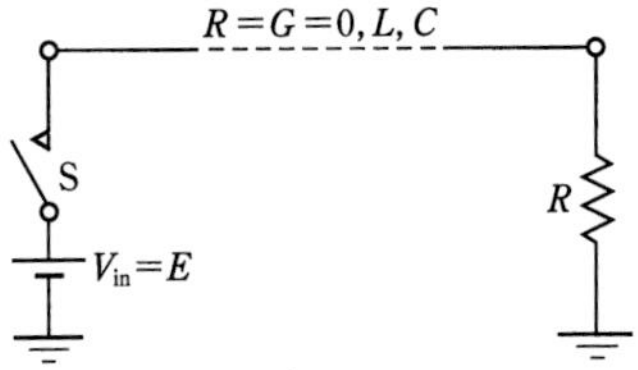

図 4・8 R で終端した無損失線路

$V(s)$ は有理形関数で, 上の式の分子 $M(s)$ は極を持たないから, 分母 $N(s)$ の零点となる点だけで極を持ち, しかも後述のようにすべて1位である. これらの根を次のように書き表そう.

$$\left. \begin{aligned} s &= 0 \\ s &= s_i \quad (i = 0, \pm 1, \pm 2, \cdots, \pm \infty) \\ s_{-i} &= s_i^* \quad (i = \pm 1, \pm 2, \cdots, \pm \infty) \end{aligned} \right\} \quad (4\cdot 85)$$

$s_{-i} = s_i^*$ となることは後に分かる.

まず, $s=0$ における極の留数を求めると

$$\left. \frac{s \cdot EM(s)}{N(s)} \right|_{s=0} = \left. \frac{EM(s)}{N_1(s)} \right|_{s=0} = E \quad (4\cdot 86)$$

あとは $N_1(s)=0$ の根 s_i を求めれば, 展開定理より $v(t)$ は次の式から求められる.

$$\left. \begin{aligned} v &= Eu(t) + \sum_{i=0}^{\pm\infty} \frac{M(s_i)}{s_i \left(\dfrac{dN_1(s)}{ds}\right)_{s=s_i}} e^{s_i t} \\ \frac{dN_1(s)}{ds} &= \left(\frac{Rl}{c}\right)\sinh\left(\frac{sl}{c}\right) + Z_0\left(\frac{l}{c}\right)\cosh\left(\frac{sl}{c}\right) \end{aligned} \right\} \quad (4\cdot 87)$$

$N_1(s)=0$ の根を求めてみよう. 簡単のため, 次のような置く.

$$\frac{sl}{c} \triangleq y \quad (4\cdot 88)$$

そうすると, $N_1=0$ は次のようになる.

$$R\cosh y + Z_0\sinh y = 0 \quad (前見返し数字公式 I (3-1), (3-2) 参照) \quad (4\cdot 89)$$

$$(R+Z_0)e^y + (R-Z_0)e^{-y} = 0 \quad (4\cdot 90)$$

$$e^{2y} = -\frac{R-Z_0}{R+Z_0} \quad (4\cdot 91)$$

$$\therefore \quad y_n = \frac{1}{2}\log\left(\frac{Z_0-R}{Z_0+R}\right) + jn\pi \quad \left(\frac{Z_0-R}{Z_0+R} > 0 \text{ すなわち } Z_0 > R \text{ のとき}\right) \quad (4\cdot 92)$$

$$y_n = \frac{1}{2}\log\left|\frac{Z_0-R}{Z_0+R}\right| + jn\pi + j\frac{\pi}{2} \qquad (Z_0 < R \text{ のとき}) \tag{4・93}$$

$Z_0 > R$ のとき

$$y_{-n} = y_n^* \qquad (n = 0, 1, 2, \cdots, \infty)$$

したがって，s_i は次のようになる．

$$\left.\begin{aligned} s_0 &= \left(\frac{1}{2}\log\left(\frac{Z_0-R}{Z_0+R}\right)\right)\frac{c}{l} \\ s_{\pm n} &= \left(\frac{1}{2}\log\left(\frac{Z_0-R}{Z_0+R}\right) + j(\pm n)\pi\right)\frac{c}{l} \\ s_{-n} &= s_n^* \end{aligned}\right\} \tag{4・94}$$

$Z_0 < R$ のとき，省略．

これらの s_0, $s_{\pm n}$ を式 (4・87) に代入することから $v(t)$ が求められる．s_i を一つ代入した項を計算してみよう．簡単のため

$$\frac{sx}{c} \triangleq z \tag{4・95}$$

と置くと

$$\begin{aligned}\frac{M(s_i)}{s_i \left.\dfrac{dN_1(s)}{ds}\right|_{s=s_i}} &= \frac{M(cy_i/l)}{\dfrac{cy}{l}\left.\dfrac{dN_1(s)}{ds}\right|_{s=cy_i/l}} \tag{4・96}\\ &= \frac{R\cosh(y_i-z) + Z_0 \sinh y_i}{y_i(R\sinh y_i + Z_0 \cosh y_i)} \\ &= \frac{(R+Z_0)e^{y_i-z} + (R-Z_0)e^{-y_i+s}}{y_i\{(R+Z_0)e^{y_i} + (Z_0-R)e^{-y}\}} \\ &= \frac{e^z - e^{-z}}{-2y_i} \\ &= -\frac{1}{y_i}\sinh z \qquad (\text{以下略す})\end{aligned}$$

〔注意〕 $F(s)$ の分母が重根を持つ場合の展開定理　　定理の形に書くこともできるが*，かえってめんどうである．ここでは次の方法を推奨しよう．$F(s) = M(s)/N(s)$ を部分分数に展開する．重根を持つ場合には

$$\frac{b_0 s^{n-1} + b_1 s^{n-2} + \cdots + b_n}{(s+a)^n} \qquad (n > 1)$$

のような項が現れるであろう．ラプラス変換の公式表から

$$\mathcal{L}^{-1}\left[\frac{1}{(s+a)^n}\right] = \frac{t^{n-1}}{(n-1)!}e^{-at} \triangleq f(t)$$

であるから

$$\mathcal{L}^{-1}\left[\frac{s^m}{(s+a)^n}\right] = \frac{d^m}{dt^m}f(t) \qquad (n > m \geq 1)$$

を利用すればよい．

---

* 章末文献 (2), (3) などを参照．

4・3 初期条件を考慮した等価回路による直接解法

〔1〕 初期値を考慮した等価回路

コイル(変成器も含む)とカパシタ(コンデンサ)を含む回路の過渡現象は，次の二つの公式を利用して解かれている．

$$\left.\begin{aligned}\mathscr{L}\left[\frac{df}{dt}\right]&=sF(s)-f(-0), \quad \left(\mathscr{L}\left[L\frac{di}{dt}\right]=sLI(s)-Li(-0)\right)\\ \mathscr{L}\left[\int_{-\infty}^{t}f(\tau)d\tau\right]&=\frac{F(s)}{s}+\frac{f^{-1}(-0)}{s}, \quad \left(\mathscr{L}\left[\frac{1}{C}\int idt\right]=\frac{I(s)}{sC}+\left(\frac{-Q_0}{sC}\right)\right)\end{aligned}\right\}$$

(4・97)

この場合，$i(-0)$ や Q_0 の計算の仕方や符号を誤ることが多い．**表 4・1** は初期値を考慮した等価回路を示したもので，これだけを記憶して利用すれば，定常状態の解を求める手法と変わらない．後の〔2〕項の例題を参照されたい．

表 4・1 初期値を考慮した等価回路

回 路 素 子	s 領 域 等 価 回 路
コイル $v(t)=Ldi/dt$	$V(s)=sLI-Li^{-0}$
カパシタ $q_0^{-0}=Cv^{-0}$ $v(t)=\frac{1}{C}\int_{-0}^{t}i(\tau)d\tau+\frac{q_0^{-0}}{C}$	$V(s)=\frac{I(s)}{Cs}+\frac{v^{-0}}{s}$
変成器 $v_1(t)=L_1\frac{di_1}{dt}+M\frac{di_2}{dt}$ $v_2(t)=L_2\frac{di_2}{dt}+M\frac{di_1}{dt}$	$V_1(s)=sL_1I_1-L_1i_1^{-0}+sMI_2-Mi_2^{-0}$ $V_2(s)=sL_2I_2-L_2i_2^{-0}+sMI_1-Mi_1^{-0}$

〔2〕 等 価 電 流 源

表 4·1 の等価回路には，等価な電圧源が書かれているが，等価電流源のほうが便利な場合がある．電流源と電圧源の等価については第 1 巻 4·1 節図 4·7 に図示している．これによって表 4·1 の等価回路を電流源を含む等価回路に変換したものが **図 4·9** である．図(a)はコイル，図(b)はカパシタの場合である．変成器の場合は，直列に結ばれている二つの電圧源を一つの等価電圧源とすれば，コイルの場合と同じである．

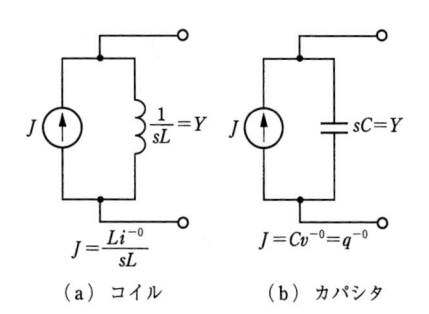

図 4·9 電流源形等価回路

〔3〕 初期値を考慮した等価回路による解法例

例 題 4·5 先に第 3 章にも例にあげた**図 4·10**(a)の回路の過渡現象を，等価回路によって解析してみよう．

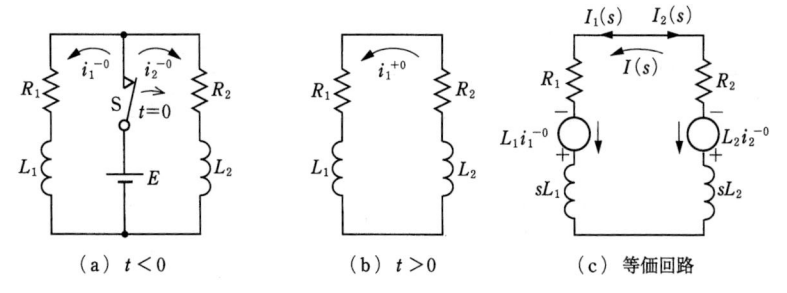

図 4·10 例題 4·5 の回路

〔**解**〕 $t<0$ で S が閉じられていて，$t=0$ でこれを開くものとする．$t \geq 0$ の等価回路は表 4·1 から図 (c) のようになる．これから

$$I(s) = \frac{L_1 i_1^{-0} - L_2 i_2^{-0}}{(R_1+R_2)+s(L_1+L_2)}, \quad i_1^{-0}=\frac{E}{R_1}, \quad i_2^{-0}=\frac{E}{R_2} \tag{4·98}$$

$$i(t)=\mathcal{L}^{-1}\left[\frac{L_1E/R_1-L_2E/R_2}{(R_1+R_2)+s(L_1+L_2)}\right]=\left(\frac{L_1E/R_1-L_2E/R_2}{L_1+L_2}\right)e^{-\frac{R_1+R_2}{L_1+L_2}\cdot t} \tag{4·99}$$

例 題 4·6 これも先に第 3 章で例にあげられたもので，**図 4·11**(a)の回路において，$t=0$ で S_1 と S_2 を閉じた場合の現象を解析する問題である．

〔**解**〕 電流源形等価回路を求めたものが図 (c) である．これから R に流れる電流は次のよ

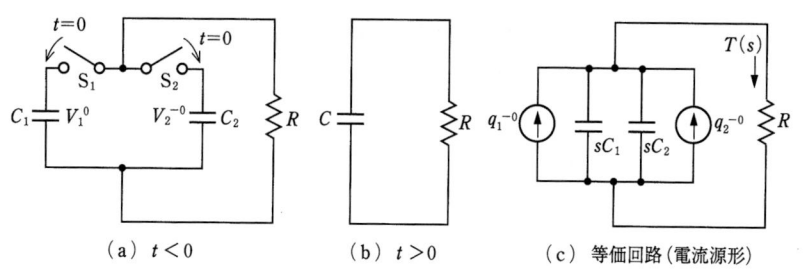

図 4・11 例題 4・6 の回路

うにして計算される.

$$I(s) = (q_1^{-0} + q_2^{-0}) \frac{1/R}{s(C_1+C_2)+1/R}, \quad q_i^{-0} = C_i V_i^{-0} \tag{4・100}$$

$$\therefore \quad i(t)\mathscr{L}[I(s)] = \frac{C_1 V_1^{-0} + C_2 V_2^{-0}}{R(C_1+C_2)} e^{-\frac{t}{R(C_1+C_2)}} \tag{4・101}$$

4・4 ラプラス変換による一般的な回路網の解析

一般の回路網について網目方程式をたてると，第 1 巻第 7 章式 (7・32) のようになり，ここで $\int i^k dt$ などの代わりに q_k と書き改めると次のようである．

$$\left.\begin{aligned}
e_k(t) &= \left\{\left(L_{k1}\frac{d}{dt}+R_{k1}\right)i_1+\frac{q_1}{C_{k1}}\right\}+\left\{\left(L_{k2}\frac{d}{dt}+R_{k2}\right)i_2+\frac{q_2}{C_{k2}}\right\} \\
&\quad +\cdots+\left\{\left(L_{kl}\frac{d}{dt}+R_{kl}\right)i_l+\frac{q_l}{C_{kl}}\right\} \\
\frac{dq_k}{dt} &= i_k \quad (k=1,2,\cdots,l)
\end{aligned}\right\} \tag{4・102}$$

これをラプラス変換すると

$$\left.\begin{aligned}
E_k(s) &= \left\{sL_{k1}I_1(s)-L_{k1}i_1^0+R_{k1}I_1(s)+\frac{Q_1(s)}{C_{k1}}\right\} \\
&\quad +\left\{sL_{k2}I_2(s)-L_{k2}i_2^0+R_{k2}I_2(s)+\frac{Q_2(s)}{C_{k2}}\right\} \\
&\quad +\cdots \\
&\quad +\left\{sL_{kl}I_l(s)-L_{kl}i_l^0+R_{kl}I_l(s)+\frac{Q_l(s)}{C_{kl}}\right\} \\
sQ_k(s)&-q_k^0 = I_k(s) \quad (k=1,2,\cdots,l)
\end{aligned}\right\} \tag{4・103}$$

これらは $Q_k(s)$ と $I_k(s)$ に関する連立一次方程式である．これを解いて $Q_k(s)$，$I_k(s)$ を求め，ラプラス逆変換から $q_k(t)$ や $i_k(t)$ を求めることができる．

例題 4・7 図4・12に示すような回路において，はじめ一方のカパシタに Q_0 なる電荷を充電しておき，$t=0$ でSを閉じた場合を考えよう．

〔解〕 このとき成立する式は

$$\left. \begin{array}{l} L\dfrac{di_1}{dt} + M\dfrac{di_2}{dt} + \dfrac{q_1}{C} = 0 \\[6pt] L\dfrac{di_2}{dt} + M\dfrac{di_1}{dt} + \dfrac{q_2}{C} = 0 \\[6pt] \dfrac{dq_1}{dt} = i_1, \quad \dfrac{dq_2}{dt} = i_2 \end{array} \right\} \quad (4\cdot 104)$$

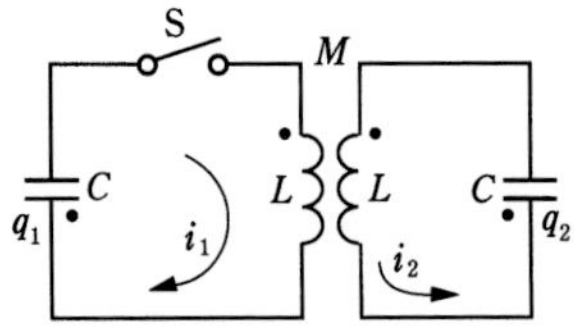

図 4・12

ラプラス変換すると

$$\left. \begin{array}{l} sLI_1(s) + sMI_2(s) + \dfrac{1}{C}Q_1(s) = 0 \\[6pt] sLI_2(s) + MI_1(s) + \dfrac{1}{C}Q_2(s) = 0 \\[6pt] sQ_1(s) - Q_0 = I_1(s), \quad sQ_2(s) = I_2(s) \end{array} \right\} \quad (4\cdot 105)$$

$$\left. \begin{array}{l} L\{s^2Q_1(s) - sQ_0\} + Ms^2Q_2(s) + L\alpha^2 Q_1(s) = 0 \\ Ls^2Q_2(s) + M\{s^2Q_1(s) - sQ_0\} - L\alpha^2 Q_2(s) = 0 \end{array} \right\} \quad (4\cdot 106)$$

ただし，$\alpha = \dfrac{1}{\sqrt{LC}}$

整理すると

$$\left. \begin{array}{l} L(s^2+\alpha^2)Q_1(s) + Ms^2 Q_2(s) = LQ_0 s \\ Ms^2 Q_1(s) + L(s^2+\alpha^2)Q_2(s) = MQ_0 s \end{array} \right\} \quad (4\cdot 107)$$

これを解くと

$$\left. \begin{array}{l} Q_1(s) = \dfrac{L^2(s^2+\alpha^2) - M^2 s^2}{L^2(s^2+\alpha^2)^2 - M^2 s^4} Q_0 s \\[8pt] Q_2(s) = \dfrac{LM\alpha^2}{L^2(s^2+\alpha^2)^2 - M^2 s^4} Q_0 s \end{array} \right\} \quad (4\cdot 108)$$

ここで，$M = \beta L$ と置くと

$$L^2(s^2+\alpha^2)^2 - M^2 s^4 = L^2(s^2+\alpha^2-\beta s^2)(s^2+\alpha^2+\beta s^2) \quad (4\cdot 109)$$

$$\left. \begin{array}{l} \therefore\ Q_1(s) = \dfrac{s^2(1-\beta^2)+\alpha^2}{\{(1-\beta)s^2+\alpha^2\}\{(1+\beta)s^2+\alpha^2\}} Q_0 s \\[8pt] = \dfrac{s}{2} Q_0 \left\{ \dfrac{1-\beta}{(1-\beta)s^2+\alpha^2} + \dfrac{1+\beta}{(1+\beta)s^2+\alpha^2} \right\} \\[8pt] Q_2(s) = -\dfrac{s}{2} Q_0 \left\{ \dfrac{1-\beta}{(1-\beta)s^2+\alpha^2} - \dfrac{1+\beta}{(1+\beta)s^2+\alpha^2} \right\} \end{array} \right\} \quad (4\cdot 110)$$

これらの式から $q_1(t)$ と $q_2(t)$ は，次のようになる．

$$\left.\begin{array}{l}q_1(t)=\mathscr{L}^{-1}[Q_1(s)]=\dfrac{1}{2}Q_0\left\{\cos\dfrac{\alpha}{\sqrt{1-\beta}}t+\cos\dfrac{\alpha}{\sqrt{1+\beta}}t\right\} \\ q_2(t)=\mathscr{L}^{-1}[Q_2(s)]=-\dfrac{1}{2}Q_0\left\{\cos\dfrac{\alpha}{\sqrt{1-\beta}}t+\cos\dfrac{\alpha}{\sqrt{1+\beta}}t\right\}\end{array}\right\} \quad (4\cdot111)$$

〔参考〕 ここで式 (4・104) の代わりに

$$\left.\begin{array}{l}L\dfrac{di_1}{dt}+M\dfrac{di_2}{dt}+\dfrac{\int i_1 dt}{C}=0 \\ L\dfrac{di_2}{dt}+M\dfrac{di_1}{dt}+\dfrac{\int i_2 dt}{C}=0\end{array}\right\} \quad (4\cdot112)$$

として i_1 と i_2 について解くことを考えよう．ラプラス変換するに際しては，例題 4・2 で公式として暗記するようにと書かれている下の式を用いる．

$$\mathscr{L}\left[\dfrac{1}{C}\int idt\right]=\dfrac{1}{sC}(I(s)-Q_0), \qquad Q_0=\int_{-\infty}^{0}idt=\int_{-\infty}^{0}icdt \quad (4\cdot113)$$

$$\left.\begin{array}{l}LsI_1(s)+MsI_2(s)+\dfrac{1}{C}\left(\dfrac{-Q_0}{s}+\dfrac{I_1(s)}{s}\right)=0 \\ LsI_2(s)+MsI_1(s)+\dfrac{I_2(s)}{Cs}=0\end{array}\right\} \quad (4\cdot114)$$

これから I_1, I_2 を求め，さらに i_1, i_2 を求めるとよい．

4・5 繰り返す波形のラプラス変換

図 4・13 に示すように，T なる周期で繰り返す波形のラプラス変換を求めてみよう．そのためにはまず，図 4・14 に示すような方形パルスのラプラス変換を求める．この波形は

$$f_1(t)=E\{u(t)-u(t-T_p)\} \quad (4\cdot115)$$

と表されるから

$$\mathscr{L}[f_1(t)]=E\left(\dfrac{1}{s}-\dfrac{1}{s}e^{-T_p t}\right) \quad (4\cdot116)$$

となる．図 4・13 の波形は

$$f(t)=f_1(t)+u(t-T)f_1(t-T)+u(t-2T)f_1(t-2T)+\cdots \quad (4\cdot117)$$

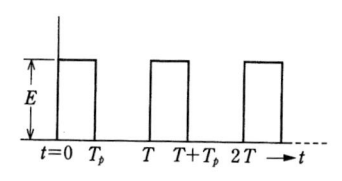

図 4・13 方形パルスの繰り返された波形

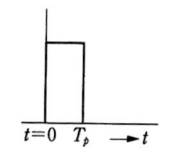

図 4・14 方形パルス

と表されるから，変時定理（式（4・62））を用いると

$$
\begin{aligned}
\mathscr{L}[f(t)] &= E\left(\frac{1}{s}-\frac{1}{s}e^{-T_p s}\right)+E\left(\frac{1}{s}-\frac{1}{s}e^{-T_p s}\right)e^{-Ts} \\
&\quad +E\left(\frac{1}{s}-\frac{1}{s}e^{-T_p s}\right)e^{-2Ts}+\cdots \\
&= \frac{E}{s}(1-e^{-T_p s})(1+e^{-Ts}+e^{-2Ts}+e^{-3Ts}+\cdots) \\
&= \frac{E}{s}(1-e^{-T_p s})\frac{1}{1-e^{-Ts}}
\end{aligned}
\qquad (4\cdot 118)
$$

一般に

$$
\begin{aligned}
f(t) &= f_1(t)+u(t-T)f_1(t-T)+u(t-2T)f_1(t-2T) \\
&\quad +u(t-3T)f_1(t-3T)+\cdots
\end{aligned}
\qquad (4\cdot 119)
$$

で表される場合，$\mathscr{L}[f_1(t)]$ と $\mathscr{L}[f(t)]$ の間には次の関係がある．

$$
\mathscr{L}[f(t)] = \frac{\mathscr{L}[f_1(t)]}{1-e^{-Ts}} \qquad (4\cdot 120)
$$

二，三の例についてラプラス変換を求めてみよう．

例題 4・8　図 4・15(b) のような波形を考える．まず同図 (a) の波形のラプラス変換を求めよう．

〔解〕　この波形は

$$
f_1(t) = \begin{cases} \dfrac{E}{\tau}t & (0 \leq t \leq \tau) \\ E\left(2-\dfrac{t}{\tau}\right) & (\tau \leq t \leq 2\tau) \end{cases}
\qquad (4\cdot 121)
$$

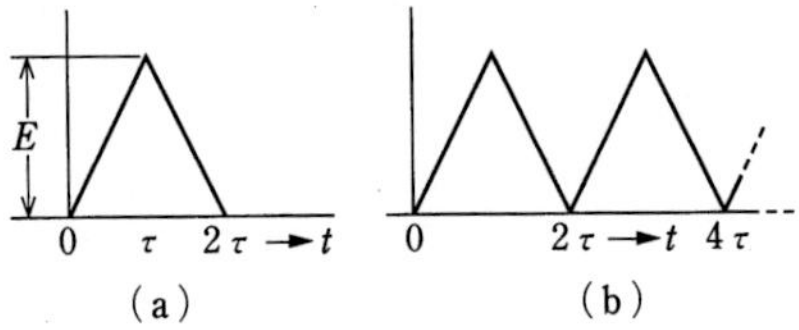

図 4・15　三角パルス

であるから

$$
\begin{aligned}
\mathscr{L}[f_1(t)] &= \int_0^\tau \frac{E}{\tau}te^{-st}dt + \int_\tau^{2\tau} E\left(2-\frac{t}{\tau}\right)e^{-st}dt \\
&= E\left(\frac{1}{\tau s^2}-\frac{e^{-\tau s}}{\tau s^2}-\frac{e^{-\tau s}}{s}\right)+E\left(\frac{e^{-\tau s}}{s}-\frac{e^{-\tau s}}{\tau s^2}+\frac{e^{-2\tau s}}{\tau s^2}\right) \\
&= E\frac{(1-e^{-\tau s})^2}{\tau s^2}
\end{aligned}
\qquad (4\cdot 122)
$$

となる．したがって

$$
\begin{aligned}
\mathscr{L}[f(t)] &= E\frac{(1-e^{-\tau s})^2}{\tau s^2(1-e^{-2\tau s})} = E\frac{(1-e^{-\tau s})^2}{\tau s^2(1+e^{-\tau s})(1-e^{-\tau s})} \\
&= E\frac{1-e^{-\tau s}}{\tau s^2(1+e^{-\tau s})}
\end{aligned}
\qquad (4\cdot 123)
$$

例題 4・9 図4・16に示すように,大きさ E の $u_0(t)$ が周期 T で繰り返された波形のラプラス変換を求めてみよう.

〔解〕 この波形は
$$f(t) = E[u_0(t) + u_0(t-T) + u_0(t-2T) + u_0(t-3T) + \cdots] \quad (4 \cdot 124)$$
と表されるから,そのラプラス変換は
$$\mathscr{L}[f(t)] = E(1 + e^{-Ts} + e^{-2Ts} + \cdots)$$
$$= \frac{E}{1 - e^{-Ts}} \quad (4 \cdot 125)$$

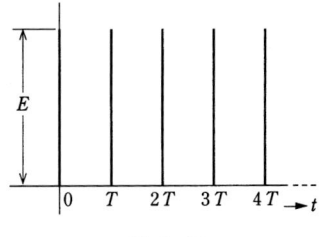

図 4・16

例題 4・10 図4・17の波形のラプラス変換を考えてみよう.

〔解〕 これは
$$f(t) = E[u(t) + u(t-T) + u(t-2T) + \cdots] \quad (4 \cdot 126)$$
と表されるから
$$\mathscr{L}[f(t)] = E\frac{1}{s}(1 + e^{-Ts} + e^{-2Ts} + \cdots)$$
$$= E\frac{1}{s(1 - e^{-Ts})} \quad (4 \cdot 127)$$

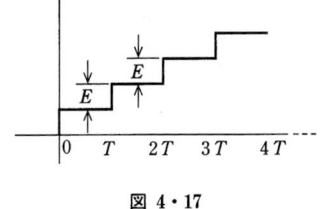

ここで,$df(t)/dt$ のラプラス変換を求めてみると

図 4・17

$$\mathscr{L}\left[\frac{df}{dt}\right] = s\mathscr{L}[f] = E\frac{1}{1 - e^{-Ts}} \quad (4 \cdot 128)$$

この式は式 (4・125) と一致する.これから,図4・17の波形を微分したものが図4・16の波形であることが知られる.

4・6 ラプラス変換によるイミタンスの定義

イミタンスの定義は1・8項に述べたが,ここではラプラス変換を用いて定義しよう.いま,線形受動可逆でかつ時間的に変化しない素子よりなる回路網があって,静止状態にあるとする.ある端子対に $v(t)$ なる電圧を加えて $i(t)$ なる電流が流れたとき

$$Z(s) = \frac{\mathscr{L}[v(t)]}{\mathscr{L}[i(t)]} \quad (4 \cdot 129)$$

をインピーダンスといい,その逆 $1/Z(s) = Y(s)$ をアドミタンスという.ただ

し $v(t)$ としてはラプラス変換可能な任意の関数である．入力として $i(t)$ を加え，応答として $v(t)$ を得，それらのラプラス変換の比で $Y(s)$ を定義しても同様である．

〔注〕 このようにして求めた $Z(s)$ で，s の代わりに $j\omega$ と置いたものが第1巻第4章で述べたインピーダンス $Z(j\omega)$ と一致することは容易に知られる．例えば RLC 直列回路において（いまの場合 $e(t)$ の代わりに $v(t)$ とする）

$$L\frac{di}{dt}+Ri+\frac{\int idt}{C}=v(t) \tag{4・130}$$

なる式を得る．第1巻第4章においては，d/dt の代わりに $j\omega$，$\int dt$ の代わりに $1/j\omega$ と置いて

$$Lj\omega I+RI+\frac{I}{j\omega C}=V \tag{4・131}$$

$$\therefore \quad Z(j\omega)=\left(j\omega L+R+\frac{1}{j\omega C}\right) \tag{4・132}$$

一方，式 (4・130) をラプラス変換すると，回路が静止状態にあるから初期条件は

$$i(0)=0,\quad i^{-1}(0)=q(0)=0 \tag{4・133}$$

であり，d/dt の代わりに s，$\int dt$ の代わりに $1/s$ と置き換えるだけで

$$LsI(s)+RI(s)+\frac{I(s)}{sC}=V(s) \tag{4・134}$$

$$Z(s)=\frac{V(s)}{I(s)}=sL+R+\frac{1}{sC} \tag{4・135}$$

となる．

s を**複素周波数**という．また，$Z(s)$ を**インピーダンス関数**ということがある．インピーダンスとアドミタンスをまとめて $W(s)$ と表し，**イミタンス** (immittance) または**アドピーダンス** (adpedance) という．第7章では $W(s)$ の性質について述べる．

4・7 ヘビサイドと演算子法

ヘビサイド (O. Heaviside) は，過渡現象の問題を解く（言い換えると微分方程式を解く）のに独特の記号的解法を創案した．これによって，静止状態にある回路に $t=0$ で入力を加えた場合の解が機械的に求められた．ただ，同氏が初めてこの方法を発表したときは，理論的根拠が不十分で数学的に厳密性を欠き，運用を誤ると誤った結果となることがあって，数学者からは問題にされなかった．しかし，実用上は確かに便利であったから，工学者はこれを検討しかつ利用した．現在では数学的な基礎づけもなされ，初期条件のある場合も用い得るものとなった．

演算子法は，大まかにいえばラプラス変換の方法と同じである．本書では触れないから参考書〔文献 (2), (3)〕をあげるにとどめよう．

付録　ラプラス変換表

〔**注意**〕（1）右の列の関数（上位関数）のラプラス変換が，左の列の関数（下位関数）である．
（2）表中例えば，上位関数 $f(t/a)$，下位関数 $aF(as)$ とあるとき，$f(t)$ と $F(s)$ の関係は $F(s) = \mathscr{L}[f(t)]$ である．

	下　位　関　数		上　位　関　数
1)	$s^n F(s) - s^{n-1}f(0) - s^{n-2}\left(\dfrac{df}{dt}\right)_{t=0}$ $-\cdots-\left(\dfrac{d^{n-1}f}{dt^{n-1}}\right)_{t=0}$	1)	$\dfrac{d^n f}{dt^n}$
2)	$\dfrac{1}{s^n}F(s)$	2)	$\displaystyle\int_0^t\int_0^t\cdots\int_0^t f(\tau)\,(d\tau)^n$
2')	$\dfrac{f^{-1}(0)}{s}+\dfrac{F(s)}{s},\ \left(f^{-1}(0)=\displaystyle\int_{-\infty}^0 f(\tau)\,d\tau\right)$	2')	$\displaystyle\int_{-\infty}^t f(\tau)\,d\tau = \int_{-\infty}^0 f(\tau)\,d\tau + \int_0^x f(\tau)\,d\tau$
3)	$\dfrac{1}{2\pi j}\displaystyle\int_{r-j\infty}^{r+j\infty} F_1(\sigma) F_2(s-\sigma)\,d\sigma$	3)	$f_1(t) f_2(t)$
4)	$F_1(s) F_2(s)$	4)	$\displaystyle\int_0^t f_1(\tau) f_2(t-\tau)\,d\tau$
5)	$e^{\pm as}F(s)\quad (a>0)$	5)	$f(t \pm a)$　　（変時定理）
6)	$F(s-a)$	6)	$e^{at}f(t)$
7)	$aF(as)\quad (a>0)$	7)	$f\left(\dfrac{t}{a}\right)$
8)	$\displaystyle\lim_{s\to\infty} sF(s) = \lim_{t\to+0} f(t)$		
9)	$\displaystyle\lim_{s\to 0} sF(s) = \lim_{t\to\infty} f(t)$		
10)	$(-1)^n \dfrac{d^n F(s)}{ds^n}$	10)	$t^n f(t)$
11)	$\displaystyle\int_s^\infty \int_s^\infty \cdots \int_s^\infty F(s)\,(ds)^n$	11)	$\dfrac{1}{t^n} f(t)$
12)	$\dfrac{\partial F(s,a)}{\partial a}$	12)	$\dfrac{\partial f(t,a)}{\partial a}$
1)	1	1)	$u_0(t)$
2)	$\dfrac{1}{s}$	2)	$u(t) = 1$
3)	$\dfrac{1}{s(e^{as}-1)}\quad (a>0)$	3)*	$\left[\dfrac{t}{a}\right]$
4)	$\dfrac{1}{s}\tanh\dfrac{as}{2}\quad (a>0)$	4)	$\mathrm{sgn}\left(\sin\dfrac{\pi t}{a}\right) = (-1)^{[t/a]}$

---

* $[x]$ はガウスの記号で，x を越えない最大の整数．

下位関数	上位関数
5) $\dfrac{1}{s^\nu}$, Re $\nu > -1$	5) $\dfrac{t^\nu}{\Gamma(\nu+1)}$
5') $\dfrac{1}{\sqrt{s}}$	5') $\dfrac{1}{\sqrt{\pi t}}$
5'') $\dfrac{1}{s\sqrt{s}}$	5'') $\dfrac{2\sqrt{t}}{\sqrt{\pi}}$
5''') $\dfrac{\sqrt{s}}{s^{n+1}}$ (n：正整数)	5''') $\dfrac{2^n}{1\cdot 3\cdot 5\cdots(2n-1)}\dfrac{t^n}{\sqrt{\pi t}}$
6) $s^{n-1}\sqrt{s}$ (n：正整数)	6) $(-1)^n \dfrac{1\cdot 3\cdot 5\cdots(2n-1)}{2^n}\dfrac{1}{t^n\sqrt{\pi t}}$

$$\left(\begin{array}{l}\text{注意}:F(s)\leftrightarrow f(t) \text{ から}\\ \quad\begin{cases} sF(s)\leftrightarrow \dfrac{df(t)}{dt}\\ \dfrac{F(s)}{s}\leftrightarrow \int_0^t f(\tau)d\tau \end{cases}\\ \text{が使える. 8), 9), 13), 16), 20) の ( ) 内参照}\end{array}\right)$$

下位関数	上位関数
7) $\dfrac{1}{s\pm a}$	7) $e^{\mp at}$
8) $\dfrac{1}{s(s\pm a)}\left(=\dfrac{1}{s}\cdot\dfrac{1}{s\pm a}\right)$	8) $\dfrac{1}{\pm a}(1-e^{\mp at})$ (式 7) の積分)
9) $\dfrac{1}{(s\pm a)^2}\left(\text{c. f.}\ \dfrac{s}{(s\pm a)^2}\right)$	9) $te^{\mp at}$ (微分)
10) $\dfrac{1}{s(s\pm a)^2}\left(=\dfrac{1}{s}\cdot\dfrac{1}{(s\pm a)^2}\right)$	10) $\dfrac{1}{a^2}\{1-e^{\mp at}(1\pm at)\}$ (式 9) の積分)
11) $\dfrac{1}{(s+p_1)(s+p_2)}$	11) $\dfrac{e^{-p_1 t}-e^{-p_2 t}}{p_2-p_1}$
12) $\dfrac{1}{(s+p_1)(s+p_2)(s+p_3)}$	12) $\dfrac{(p_3-p_2)e^{-p_1 t}+(p_1-p_3)e^{-p_2 t}+(p_2-p_1)e^{-p_3 t}}{(p_1-p_2)(p_2-p_3)(p_3-p_1)}$
13) $\dfrac{1}{(s+a)^n}$ (n：正整数) $\left(\text{c. f.}\ n>m\geq 1,\ \dfrac{s^m}{(s+a)^n}\right)$	13) $\dfrac{t^{n-1}}{(n-1)!}e^{-at}$ (m 回微分)
14) $\dfrac{1}{(s\pm a)^\nu}$, Re $\nu > 0$	14) $\dfrac{e^{\mp at}t^{\nu-1}}{\Gamma(\nu)}$
15) $\dfrac{\omega}{s^2-\omega^2}$	15) $\sinh \omega t$
16) $\dfrac{s}{s^2-\omega^2}\left(=\dfrac{s}{\omega}\cdot\dfrac{\omega}{s^2-\omega^2}\right)$	16) $\cosh \omega t\left(=\dfrac{1}{\omega}\cdot\dfrac{d}{dt}\sinh \omega t\right)$
17) $\dfrac{2\omega^2}{s^3-4\omega^2 s}$	17) $\sinh^2 \omega t$

付録 ラプラス変換表

	下位関数		上位関数
18)	$\dfrac{s^2-2\omega^2}{s^3-4\omega^2 s}$	18)	$\cosh^2\omega t$
19)	$\dfrac{\omega}{s^2+\omega^2}$	19)	$\sin\omega t$
20)	$\dfrac{s}{s^2+\omega^2}\left(=\dfrac{s}{\omega}\cdot\dfrac{\omega}{s^2+\omega^2}\right)$	20)	$\cos\omega t\left(=\dfrac{1}{\omega}\cdot\dfrac{d}{dt}\sin\omega t\right)$
21)	$\dfrac{\omega}{(s+a)^2+\omega^2}$	21)	$e^{-at}\sin\omega t$
22)	$\dfrac{(s+a)}{(s+a)^2+\omega^2}$	22)	$e^{-at}\cos\omega t$
23)	$\dfrac{\omega}{(s^2+\omega^2)(s+a)}$	23)	$\dfrac{1}{\sqrt{a^2+\omega^2}}\{e^{-at}\sin\phi+\sin(\omega t-\phi)\}$
			$\left(\phi=\tan^{-1}\dfrac{\omega}{a},\ \sin\phi=\dfrac{\omega}{\sqrt{a^2+\omega^2}},\ \cos\phi=\dfrac{a}{\sqrt{a^2+\omega^2}}\right)$
24)	$\dfrac{s}{(s^2+\omega^2)(s+a)}$	24)	$\dfrac{1}{\sqrt{a^2+\omega^2}}\{-e^{-at}\cos\phi+\cos(\omega t-\phi)\}$
25)	$\dfrac{1}{as^2+bs+c}$	25)	$\dfrac{1}{a\sqrt{\dfrac{c}{a}-\dfrac{b^2}{4a^2}}}e^{-\frac{b}{2a}t}\sin\left(\sqrt{\dfrac{c}{a}-\dfrac{b^2}{4a^2}}\,t\right)$
26)	$\dfrac{1}{s(1+\sqrt{s})}$	26)	$1+e^t\{\varPhi(\sqrt{t})-1\}$
27)	$\dfrac{1}{(1+\sqrt{s})}$	27)	$e^t\{\varPhi(\sqrt{t})-1\}+\dfrac{1}{\sqrt{\pi t}}$
28)	$\dfrac{1}{\sqrt{s}(1+\sqrt{s})}$	28)	$e^t\{1-\varPhi(\sqrt{t})\}$
29)	$\dfrac{1-\sqrt{s}}{s(1+\sqrt{s})}$	29)	$1+2e^t\{\varPhi(\sqrt{t})-1\}$
30)	$\dfrac{1}{s(1+\sqrt{s})^2}$	30)	$1+(1-2t)e^t\{\varPhi(\sqrt{t})-1\}-\dfrac{2\sqrt{t}}{\sqrt{\pi}}$
31)	$\dfrac{1}{(1+\sqrt{s})^2}$	31)	$(-1-2t)e^t\{\varPhi(\sqrt{t})-1\}-\dfrac{2\sqrt{t}}{\sqrt{\pi}}$
32)	$\dfrac{1}{\sqrt{s}(1+\sqrt{s})^2}$	32)	$2te^t\{\varPhi(\sqrt{t})-1\}+\dfrac{2\sqrt{t}}{\sqrt{\pi}}$
33)	$\dfrac{1}{s}\left(\dfrac{1-\sqrt{s}}{1+\sqrt{s}}\right)^2$	33)	$1-8te^t\{\varPhi(\sqrt{t})-1\}-\dfrac{8\sqrt{t}}{\sqrt{\pi}}$
34)	$\dfrac{1}{s(1+\sqrt{s})^3}$	34)	$1+(1-t+2t^2)e^t\{\varPhi(\sqrt{t})-1\}$
			$-\dfrac{2\sqrt{t}}{\sqrt{\pi}}(1-t)$
35)	$\dfrac{1}{(1+\sqrt{s})^3}$	35)	$(3t+2t^2)e^t\{\varPhi(\sqrt{t})-1\}+\dfrac{2\sqrt{t}}{\sqrt{\pi}}(1+t)$

下 位 関 数	上 位 関 数
36) $\dfrac{1}{\sqrt{s}(1+\sqrt{s})^3}$	36) $(-t-2t^2)e^t(\varPhi(\sqrt{t})-1)-\dfrac{2t\sqrt{t}}{\sqrt{\pi}}$
37) $\dfrac{1}{\sqrt{s^2+a^2}}$	37) $J_0(at)$
38) $\dfrac{1}{\sqrt{s(s+2a)}}$	38) $e^{-at}J_0(jat)=e^{-at}I_0(at)$
39) $\dfrac{1}{\sqrt{s^2+a^2}}\left[\dfrac{\sqrt{s^2+a^2}-s}{s}\right]^n$ （n：正整数）	39) $J_n(at)$
40) $\sqrt{\dfrac{1}{s(s+a)}}\left[\dfrac{\sqrt{s+a}-\sqrt{s}}{\sqrt{a}}\right]^{2n}$ （n：正整数）	40) $e^{-\frac{at}{2}}\left\{\dfrac{1}{(j)^n}J_n\!\left(j\dfrac{at}{2}\right)\right\}=e^{-\frac{at}{2}}I_n\!\left(\dfrac{at}{2}\right)$

（**注意**：$e^{-a\sqrt{s}}$ のつく式は，分布 RC 線路，同軸ケーブルや熱伝導などにおいて現れる）

下 位 関 数	上 位 関 数
41) $e^{-a\sqrt{s}}$	41) $\dfrac{a}{2\sqrt{\pi}}\cdot\dfrac{e^{-\frac{a^2}{4t}}}{t\sqrt{t}}$
42) $\dfrac{e^{-a\sqrt{s}}}{s}$	42) $1-\varPhi\!\left(\dfrac{a}{2\sqrt{t}}\right)\quad\left(\varPhi=\dfrac{2}{\sqrt{\pi}}\int_0^x e^{-u^2}du\right)$*
43) $\dfrac{e^{-a\sqrt{s}}}{\sqrt{s}}$	43) $\dfrac{1}{\sqrt{\pi t}}e^{-\frac{a^2}{4t}}$
44) $\dfrac{1}{as\sqrt{s}}e^{-ax\sqrt{s}}$	44) $\dfrac{2}{a}\sqrt{\dfrac{t}{\pi}}e^{-\frac{a^2x^2}{4t}}-x\left\{1-\varPhi\!\left(\dfrac{ax}{2\sqrt{t}}\right)\right\}$
45) $\dfrac{1}{\sqrt{s}(b+\sqrt{s})}e^{-a\sqrt{s}}$	45) $e^{ab+b^2t}\varPhi\!\left(\dfrac{a}{2\sqrt{t}}+b\sqrt{t}\right)\triangleq\varPsi(t)$
46) $\dfrac{1}{b+\sqrt{s}}e^{-a\sqrt{s}}$	46) $\dfrac{e^{-\frac{a^2}{4t}}}{\sqrt{\pi t}}-b\varPsi(t)\quad(\varPsi(t)$ は上の式を見よ$)$
47) $\dfrac{b}{s(b+\sqrt{s})}e^{-a\sqrt{s}}$	47) $1-\varPhi\!\left(\dfrac{a}{2\sqrt{t}}\right)-\varPsi(t)$
48) $\dfrac{1}{\sqrt{s}(b+\sqrt{s})^2}e^{-a\sqrt{s}}$	48) $2t\dfrac{e^{-\frac{a^2}{4t}}}{\sqrt{\pi t}}-(a+2bt)\varPsi(t)$
49) $\dfrac{1}{(b+\sqrt{p})^2}e^{-a\sqrt{s}}$	49) $-2bt\dfrac{e^{-\frac{a^2}{4t}}}{\sqrt{\pi t}}+(1+ab+2b^2t)\varPsi(t)$

---

* $\varPhi=\dfrac{2}{\sqrt{\pi}}\int_0^x e^{-u^2}du$ （誤差関数）

付録 ラプラス変換表

下位関数	上位関数
(**注意**：次の公式は導波管内の過渡現象に有用．)	
50) $\dfrac{1}{\sqrt{s^2+1}} e^{-z\sqrt{s^2+1}}$	50) $J_0(\sqrt{t^2-x^2}) \cdot u(t-x)$
$\left(\begin{array}{l}\textbf{注意：下記の 51)～53) は，分布 }RLCG\textbf{ 回路に現れる．}\\ \Gamma(s),\ Z_0(s),\ \alpha,\ \beta \textbf{ は下記のとおり．}\end{array}\right)$	
$\Gamma(s)=\sqrt{(s+\omega_1)(s+\omega_2)}$ $Z_0(s)=\sqrt{\dfrac{s+\omega_1}{s+\omega_2}}$	$\alpha=\dfrac{\omega_1+\omega_2}{2},\quad \beta=\dfrac{\omega_1-\omega_2}{2}$
51) $\dfrac{1}{s-j\omega} e^{-x\Gamma(s)}$	51) $u(t-x)\Big\{e^{j\omega t-(j\omega+x\alpha x)}$ $+\beta x e^{j\omega t}\displaystyle\int_x^t e^{-(j\omega+\alpha)\tau}\dfrac{I_1(\beta\sqrt{\tau^2-x^2})}{\sqrt{\tau^2-x^2}}d\tau\Big\}$
52) $\dfrac{1}{s+a_0}\cdot\dfrac{1}{Z_0(s)} e^{-x\Gamma(s)}$ $\left(\begin{array}{l} Z_0(s)=\sqrt{\dfrac{s+\omega_1}{s+\omega_2}} \\ \Gamma(s)=\sqrt{(s+\omega_1)(s+\omega_2)} \end{array}\right)$	52) $\Big\{e^{-\alpha t}I_0(\beta\sqrt{t^2-x^2})+(\omega_2-a_0)$ $\times e^{-a_0 t}\displaystyle\int_x^t e^{(a_0-\alpha)\tau}I_0(\alpha\sqrt{\tau^2-x^2})d\tau\Big\}$ $\times u(t-x)$ $\left(\alpha=\dfrac{\omega_1+\omega_2}{2},\ \beta=\dfrac{\omega_1-\omega_2}{2}\right)$
53) $\dfrac{1}{(s+a_0)^n}\cdot\dfrac{1}{Z_0(s)} e^{-x\Gamma(s)}\quad (n\geq 2)$ $(Z_0(s),\ \Gamma(s)$ は上記$)$	53) $\dfrac{u(t-x)}{(n-1)!}\Big\{(\omega_2-a_0)$ $\times e^{-a_0 t}\displaystyle\int_x^t (t-\tau)^{n-1}e^{(a_0-\alpha)\tau}$ $\times I_0(\beta\sqrt{\tau^2-x^2})d\tau$ $+(n-1)\displaystyle\int_x^t (t-\tau)^{n-2}(t-\tau)^{n-2}$ $\times e^{(a_0-\alpha)}I_0(\beta\sqrt{\tau^2-x^2})d\tau\Big\}$

下記の文献には，上記のほかに多くの公式が集録されているから参照されたい．
（1） 森口，宇田川，一松：数学公式II，岩波全書
（2） 林 重憲：演算子法と過渡現象，国民科学社 (1949)
　　（ただし，この本では演算子法の公式として掲載されているゆえ注意を要する）

演 習 問 題*

(4・1) 図 P4・1 において，$t<0$ でこの回路は静止状態にあり，$t=0$ で S を閉じて電源 E を加えたときの電流 i_1 と i_2 を求めよ．

〔**ヒント**〕 i_1 と i_2 の流れている閉路に Kirchhof の法則を適用すると

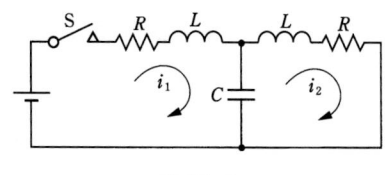

図 P4・1

$$Ri_1 + L\frac{di_1}{dt} + \frac{\int i_1 dt}{C} - \frac{\int i_2 dt}{C} = Eu(t)$$

$$Ri_2 + L\frac{di_2}{dt} + \frac{\int i_2 dt}{C} - \frac{\int i_1 dt}{C} = 0$$

ラプラス変換すると

$$\left(R+sL+\frac{1}{sC}\right)I_1 - \frac{1}{sC}I_2 = \frac{E}{s}, \qquad \left(R+sL+\frac{1}{sC}\right)I_2 - \frac{1}{sC}I_1 = 0$$

これから例えば i_1 を求めると

$$I_1 = \frac{\left(R+sL+\frac{1}{sC}\right)E}{\left(R+sL+\frac{2}{sC}\right)(R+sL)} = \frac{\left(s^2+\frac{R}{L}s+\frac{1}{LC}\right)E}{(R+sL)\left(s^2+\frac{R}{L}s+\frac{2}{CL}\right)}$$

これを，展開定理を用いて求めよ．i_2 についても同様．

(4・2) 図 P4・2 において，$t<0$ でこの回路は静止状態にあるものとし，$t=0$ で S を閉じたときの電流 i を求めよ．

(4・3) 前問の回路において，直流電圧 E の代わりに，正弦波電圧 $E_m \sin \omega t$ を加えた場合の電流 i を求めよ．

(4・4) 図 P4・4 において，$t=0$ なる時刻にスイッチ S を閉じて，直流電圧 E を入力端子

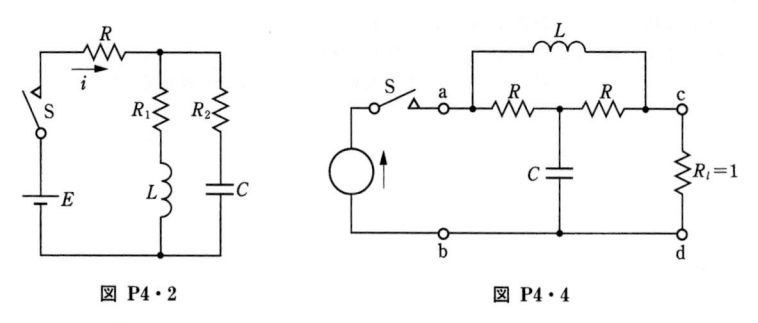

図 P4・2　　　　　　図 P4・4

---

* 第3章の演習問題をラプラス変換によって解け．

abに加えたとき，出力端子cdに現れる電圧を求めよ．ただし，出力端子は図のように1Ωで終端されているとする．また，正弦波電圧 $E_m \cos \omega t$ を加えた場合はどうか．

(4・5) 図 P4・5 に示す回路において，$t=0$ でスイッチSを閉じ，$t=t_1$ で開いた場合の現象を調べよ．また，この回路の時定数について考察せよ．

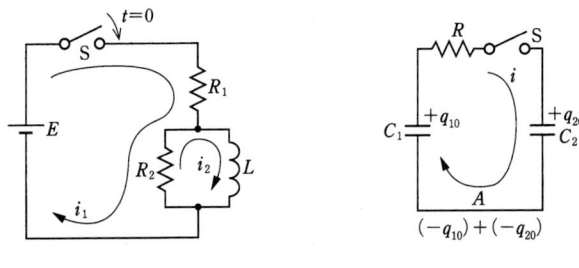

図 P4・5

図 P4・6

(4・6) 図 P4・6 に示す回路において，はじめに C_1 と C_2 にそれぞれ q_{10} 及び q_{20} なる電荷を充電しておき，$t=0$ でSを閉じたとき流れる電流 i と，C_1 における電荷 q_1 を求めよ．

(4・7) 図 P4・7 において，$t=0$ でSを開いた場合の電流を求めよ．

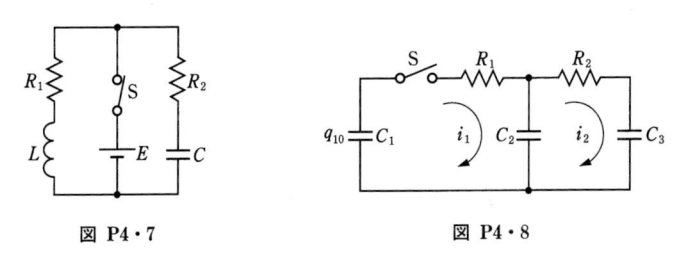

図 P4・7

図 P4・8

(4・8) 図 P4・8 において，C_1 に q_{10} なる電荷を充電しておき，$t=0$ なる時刻にSを閉じたときの電流を求めよ．

(4・9) 図 P4・9(a) 及び (b) の波形のラプラス変換を求めよ．

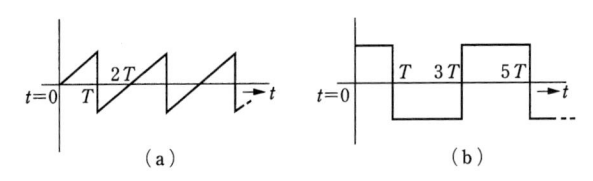

図 P4・9

(4・10) 図 P4・10(a) 及び (b) の波形のラプラス変換を求めよ．

(4・11) 一般に R と C よりなる一端子対回路のアドミタンスは次のような形に書くことができる（第7章参照）．

(a)

(b)

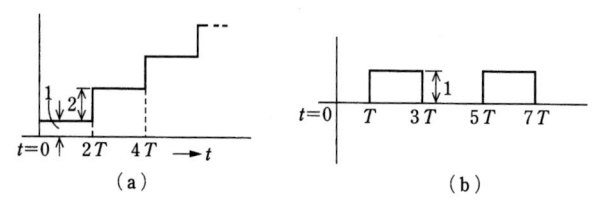

図 P4・10

$$Y(s) = h_\infty s + h_0 + \sum_{i=1}^{n} \frac{h_i s}{s + a_i}$$

$$h_\infty \geq 0, \quad h_0 \geq 0, \quad h_i \geq 0, \quad a_i \geq 0$$

この RC 一端子対回路に単位段階関数の電圧を加えた場合の応答電流を求めよ．

また，その一例として図 P4・11 の回路において，$t=0$ でSを閉じた場合の電流を求めよ．

(4・12) 図 P4・12 において回路 N の Z 行列または Y 行列が分かっているとき，$t=0$ でSを閉じて入力端 ab に $v_1(t)$ なる電圧を加えたとき，出力端 cd に現れる電圧を求めよ．図 (b) については特に $v_1(t)$ が直流電圧 E 並びに正弦波電圧 $E_m \sin \omega t$ の場合を考えよ．

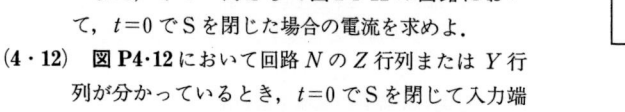

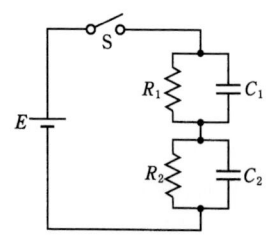

図 P4・11

(a)

(b)

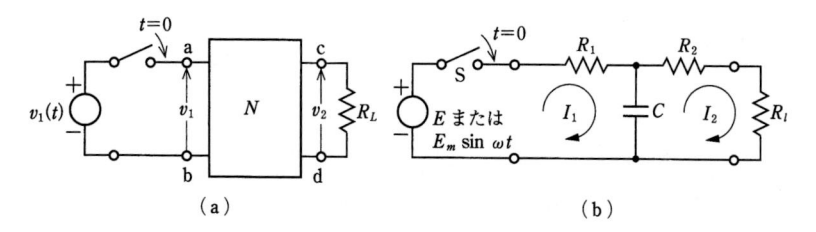

図 P4・12

参 考 文 献

(1) 尾崎 弘：過渡現象論—回路の時間域解析—（第2版），共立出版 (1982)
(2) 林 重憲：演算子法と過渡現象，国民科学社 (1965)
(3) 新しい演算子法の参考書として次のものがある．
  松村, 松浦訳：ミクシンスキー演算子法 上巻 ⎫
  松浦, 笠原訳：ミクシンスキー演算子法 下巻 ⎭ 裳華房 (1963)

演習問題略解

(4・1) $I_1(s) = \dfrac{E(s^2+(R/L)s+1/(LC))}{s(R+sL)(s^2+(R/L)s+2/(CL))}$

$= \dfrac{E(s^2+(R/L)s+1/(LC))}{Ls(s+R/L)(s-s_2)(s-s_3)}$ \hfill (1)

ただし s_2, s_3 は $s^2+\dfrac{R}{L}s+\dfrac{2}{CL}=0$ の根.

　上の式のラプラス逆変換は，展開定理から計算されるが，ここではその原点に帰って式 (4・73) の形に展開することから始めよう．式 (1) が次の形に展開されたとしよう（$k_0 \sim k_3$ は後に決定する）．

$I_1(s) = \dfrac{k_0}{s} + \dfrac{k_1}{s+R/L} + \dfrac{k_2}{s-s_2} + \dfrac{k_3}{s-s_3}$ \hfill (2)

k_0, k_1, k_2, k_3 は留数で，付録の定理 A・3 から次のように計算される．

$k_0 = I_1(s) \cdot s \Big|_{s=0} = \dfrac{E \cdot 1/(LC)}{s_1 s_2 R} = \dfrac{E}{s_1 s_2 LCR}$ \hfill (3)

$k_1 = I_1(s)\left(s+\dfrac{R}{L}\right)\Big|_{s=-R/L} = \dfrac{(R/L)^2+(R/L)(-R/L)+1/(LC)}{-R((-R/L)-s_2)((-R/L)-s_3)}$

$= \dfrac{1/(LC)}{-R(R+s_2L)(R+s_3L)/L^2} = \dfrac{-L}{RC(R+s_2L)(R+s_3L)}$ \hfill (4)

$k_{i=2,3} = I_1(s)(s-s_i)\Big|_{s=-s_i} = \dfrac{s_i^2+(R/L)s_i+1/(LC)}{Rs_i(s_i+R/L)(s_i-s_j)}$ \hfill (5)

$i_1(t) = k_0 u(t) + k_1 e^{-Rt/L} + k_2 e^{s_2 t} + k_3 e^{s_3 t}$ \hfill (6)

ただし，k_0, k_1, k_2, k_3 は式 (3)〜(5) のとおりで，s_2, s_3 は式 (1) の分子の根．

(4・2) アドミタンス $Y(s)$ を求めよう．$Y(s)$ が分かれば

$i(t) = \mathscr{L}^{-1}[V(s)Y(s)], \quad V(s) = \dfrac{E}{s}$ \hfill (1)

として $i(t)$ が求められる．

$Y(s)^{-1} = R + \left\{(R_1+sL)^{-1} + \left(R_2+\dfrac{1}{sC}\right)^{-1}\right\}^{-1}$

$= R + \dfrac{(R_1+sL)(R_2+1/(sC))}{R_1+R_2+sL+1/(sC)} = R + \dfrac{(R_1+sL)(sCR_2+1)}{sC(R_1+R_2+sL)+1}$

$= \dfrac{sCR(R_1+R_2)+s^2RLC+R+sR_1R_2C+sL+s^2LCR_2+R_1}{s^2LC+sC(R_1+R_2)+1}$

$Y(s) = \dfrac{s^2LC+s(CR_1+CR_2)+1}{s^2(R+R_2)LC+s(C(RR_1+RR_2+R_1R_2)+L)+(R+R_1)}$ \hfill (2)

$I(s) = Y(s)\left(\dfrac{E}{s}\right) \triangleq \dfrac{M(s)}{N(s)}$ \hfill (3)

$M(s) = (s^2LC+s(CR_1+CR_2)+1)E$ \hfill (4)

$$N(s) \triangleq s \cdot N_1(s) = s[s^2(R_1+R_2)LC + s\{C(RR_1+RR_2+R_1R_2)+L\} + (R+R_1)]$$

さらに簡単のため $N_1(s)$ を次のように置く.

$$\left.\begin{array}{l} N_1(s) \triangleq as^2 + bs + d \triangleq a(s-s_1)(s-s_2) \\ a = (R_1+R_2)LC, \quad b = C(RR_1+RR_2+R_1R_2), \quad d = R+R_1 \end{array}\right\} \quad (5)$$

ただし, s_1, s_2 は $N_1(s)=0$ の根.

こうして展開定理によって式 (3) のラプラス逆変換を考える.

$$\frac{dN_1(s)}{ds} = 2as + b \tag{6}$$

$$i(t) = E\left\{\frac{1}{d} + \frac{M(s_1)}{2as_1^2+bs_1} + \frac{M(s_2)}{2as_2^2+bs_2}\right\} \tag{7}$$

ただし, $M(s)$ は式 (4) のとおり, a, b, d は式 (5) のとおりである.

(4・3) 前問と同様にして

$$I(s) = Y(s) \cdot V(s), \quad (Y(s) は前問と同じ)$$

正弦波の代わりに $E_m e^{j\omega t}$ として置き, 最後に虚部を取ればよい. そうすると

$$V(s) = E_m \frac{1}{s-j\omega}$$

$$I(s) = E_m \frac{M(s)}{(s-j\omega)N_1(s)}$$

$$\frac{d}{ds}(s-j\omega)N_1(s) = N_1(s) + (s-j\omega)(2as+b)$$

$$i(t) = \mathrm{Im}\left[E_m\left\{\frac{M(j\omega)}{N_1(j\omega)}e^{j\omega t} + \frac{M(s_1)e^{s_1 t}}{(s_1-j\omega)(2as_1+b)} + \frac{M(s_1)e^{s_2 t}}{(s_2-j\omega)(2as_2+b)}\right\}\right]$$

ただし, $M(s)$, $N_1(s)$, a, b, d などは前問と同じ.

(4・4) 入力, 出力電圧 $v_1(t)$, $v_2(t)$ のラプラス変換を $V_1(s)$, $V_2(s)$ とすると, 伝達関数 $T(s) \triangleq V_2(s)/V_1(s)$ は

$$\frac{V_2(s)}{V_1(s)} = T(s) = \frac{(R^2C+L)s+2R}{(RCL+R^2CL)s^2+(R^2C+L+2RL)s+2R}$$

となる. すなわち

$$V_2(s) = \frac{(R^2C+L)s+2R}{RCL(1+R)s^2+(R^2C+L+2RL)s+2R}V_1(s)$$

ここで, 入力電圧が直流電圧源 E ならば

$$v_1(t) = Eu(t)$$

$$V_1(s) = \frac{E}{s}$$

であるから

$$V_2(s) = T(s) \cdot \frac{E}{s}$$

これから, $v_2(t) = \mathcal{L}^{-1}[V_2(s)]$ とすればよい. ラプラス逆変換には展開定理を用いる. また, 入力電圧が正弦波 $E_m \cos \omega t$ の場合は

$$V_1(s) = E_m \frac{\omega}{s^2+\omega^2}$$

であるから

$$v_2(t) = \mathscr{L}^{-1}[T(s)V_1(s)] = \mathscr{L}^{-1}\left[T(s)\frac{E_m\omega}{s^2+\omega^2}\right]$$

から求められる．この変換は展開定理から求められる．以下は前2問にならって計算されたい．

(4・5) まず，スイッチSを閉じた場合を考える．図のように電流 i_1, i_2 をとると

$$(R_1+R_2)i_1 - R_2 i_2 = E, \quad -R_2 i_1 + \left(R_2 + L\frac{d}{dt}\right)i_2 = 0 \tag{1}$$

これをラプラス変換によって解くとすると

$$(R_1+R_2)I_1(s) - R_2 I_2(s) = \frac{E}{s}, \quad -R_2 I_1(s) + (R_2 + sL)I_2(s) = 0 \tag{2}$$

とし，これから代数的に $I_1(s)$, $I_2(s)$ を求め，

$$i_1 = \mathscr{L}^{-1}[I_1(s)], \quad i_2 = \mathscr{L}^{-1}[I_2(s)] \tag{3}$$

とするとよい．

式 (1) をこのまま解くとすると，まず特解を求める．

$$i_{1s} = \frac{E}{R_1} \quad i_{2i} = \frac{E}{R_1} \tag{4}$$

補解は式 (1) の右辺を 0 と置いて，i_1 を消去すると

$$\frac{R_1 R_2}{R_1+R_2}i_2 + L\frac{di_2}{dt} = 0 \tag{5}$$

$$\therefore\quad i_{2f} = i_{2f0}e^{-t/\tau}, \quad \tau = \frac{R_1+R_2}{R_1 R_2}L \quad (時定数) \tag{6}$$

また

$$i_{1f} = \frac{R_2}{R_1+R_2}i_{2f} \tag{7}$$

$$\therefore\quad i_1 = i_{1s} + i_{1f} = \frac{E}{R_1} + \frac{R_2}{R_1+R_2}i_{2f0}e^{-t/\tau} \tag{8}$$

ここで

$$i_1\bigg|_{t=0} = \frac{E}{R_1+R_2} \tag{9}$$

から i_{2f0} を決定すると

$$i_1 = \frac{E}{R_1} + \left(\frac{E}{R_1+R_2} - \frac{E}{R_1}\right)e^{-t/\tau} \tag{10}$$

$$i_2 = i_{2s} + i_{2f} = \frac{E}{R_1} + \frac{R_1+R_2}{R_2}\left(\frac{E}{R_1+R_2} - \frac{E}{R_1}\right)e^{-t/\tau} \tag{11}$$

次に $t = t_1$ で S を開くと，i_2 の初期値は

$$i_2(t_1) = \frac{E}{R_1} + \frac{R_1+R_2}{R_2}\left(\frac{E}{R_1+R_2} - \frac{E}{R_1}\right)e^{-t_1/\tau} \tag{12}$$

i_2 の一般解は，$t' = t - t_1$ とすると

$$i_2 = Ke^{-t'/\tau'}, \quad \tau' = \frac{L}{R_2} \tag{13}$$

$$\therefore\ i_2(t) = \left\{\frac{E}{R_1} + \frac{R_1+R_2}{R_2}\left(\frac{E}{R_1+R_2} - \frac{E}{R_1}\right)e^{-t_1/\tau}\right\}e^{-t'/\tau'}$$

$$t' = t - t_1 \geqq 0, \qquad \tau' = \frac{L}{R_2} \tag{14}$$

(4・6) 図P4・6のように電流をとると

$$\frac{q_1}{C_1} + Ri - \frac{q_2}{C_2} = 0, \qquad i = \frac{dq_1}{dt} = -\frac{dq_2}{dt} \tag{1}$$

電荷量不変の理より，$q_{10} + q_{20} = q_1 + q_2 \triangleq q_0$ \tag{2}

ラプラス変換すると

$$\frac{Q_1(s)}{C_1} + RI(s) - \frac{Q_2(s)}{C_2} = 0 \tag{3}$$

$$I(s) = sQ_1(s) - q_{10} = -sQ_2(s) + q_{20} \tag{4}$$

これから $Q_1(s)$〔あるいは $I(s)$〕を求め，$\mathcal{L}^{-1}[Q_1(s)]$ から q_1 を求めると

$$q_1(t) = \frac{q_0 C_1}{C_1 + C_2}(1 - e^{-t/\tau}) + q_{10} e^{-t/\tau}, \qquad \tau = \frac{RC_1 C_2}{C_1 + C_2} \tag{5}$$

(4・7) (1) $R_1 + R_2 > 2\sqrt{L/C}$ の場合

$$\left.\begin{array}{l} i_1 = \dfrac{E}{R_1} e^{-\alpha t}\left(\cosh \beta t + \dfrac{R_1 - R_2}{2\beta L}\sinh \beta t\right) \\[2mm] \alpha = \dfrac{R_1 + R_2}{2L}, \quad \beta = \sqrt{\dfrac{(R_1+R_2)^2}{4L^2} - \dfrac{1}{LC}} \end{array}\right\} \tag{1}$$

(2) $R_1 + R_2 = 2\sqrt{L/C}$ の場合

$$i_1 = E\left(\frac{1}{R_1} + \frac{t}{R_1} + \frac{\alpha}{C}t\right)e^{-\alpha t}, \qquad \alpha = \frac{R_1 + R_2}{2L} \tag{2}$$

(3) $R_1 + R_2 < 2\sqrt{L/C}$ の場合

$$\left.\begin{array}{l} i_1 = \dfrac{E}{R_1} e^{-\alpha t}\left(\cos \omega t + \dfrac{R_1 - R_2}{2\omega L}\sin \omega t\right) \\[2mm] \alpha = \dfrac{R_1 + R_2}{2L}, \quad \omega = \sqrt{\dfrac{1}{LC} - \dfrac{(R_1+R_2)^2}{4L^2}} \end{array}\right\} \tag{3}$$

(4・8) キルヒホッフの法則から

$$\frac{q_1}{C_1} + R_1 i_1 - \frac{q_2}{C_2} = 0 \tag{1}$$

$$\left.\begin{array}{l} \dfrac{q_2}{C_2} + R_2 i_2 - \dfrac{q_3}{C_3} = 0 \\[2mm] \dfrac{dq_1}{dt} = i_1, \quad \dfrac{dq_2}{dt} = i_2 - i_1, \quad \dfrac{dq_3}{dt} = -i_2 \end{array}\right\} \tag{2}$$

これらの式をラプラス変換することより

$$\left.\begin{array}{l} \dfrac{Q_1}{C_1} + R_1 I_1 - \dfrac{Q_2}{C_2} = 0, \quad \dfrac{Q_2}{C_2} + R_2 I_2 - \dfrac{Q_3}{C_3} = 0 \\[2mm] sQ_1 - q_{10} = I_1, \quad sQ_2 = I_2 - I_1 \quad Q_3 = -I_2 \end{array}\right\} \tag{3}$$

これから I_2, Q_1, Q_2, Q_3 を消去して I_1 を求め，$\mathcal{L}^{-1}[I_1(s)]$ から i_1 を求めよ．

(4・9) (a) $\dfrac{E}{s^2 T}\left(1 - \dfrac{sT}{\sinh sT}\right)$, (b) $\dfrac{E}{s}\left(1 - \dfrac{1}{\cosh sT}\right)$

(4・10)　(a) $\dfrac{1}{s}\coth sT$,　(b) $\dfrac{1}{2s\cosh sT}$

(4・11)　$i = \mathcal{L}^{-1}\left[\dfrac{1}{s}\left(h_\infty s + h_0 + \sum \dfrac{h_i s}{s+a_i}\right)\right] = \mathcal{L}^{-1}\left[h_\infty + \dfrac{h_0}{s} + \sum \dfrac{h_i}{s+a_i}\right]$

$= h_\infty u_0(t) + h_0 u(t) + \sum h_i e^{-a_i t}$

後半の問題は

$$G_1 = \dfrac{1}{R_1}, \quad G_2 = \dfrac{1}{R_2}$$

と置き，この回路のアドミタンスを求めると

$$Y(s) = \dfrac{1}{\dfrac{1}{sC_1+G_1} + \dfrac{1}{sC_2+G_2}} = \dfrac{(sC_1+G_1)(sC_2+G_2)}{s(C_1+C_2)+(G_1+G_2)}$$

これを部分分数に展開して上の公式を利用せよ．または直接

$$i(t) = \mathcal{L}^{-1}\left[\dfrac{1}{s}\left(\dfrac{(sC_1+G_1)(sC_2+G_2)}{s(C_1+C_2)+(G_1+G_2)}\right)\right]$$

とし，展開定理より $i(t)$ を求めよ．

(4・12)　まず図 P4・12(a) の場合について考える．$v_1(t)$, $v_2(t)$ のラプラス変換をそれぞれ $V_1(s)$, $V_2(s)$ とし，伝達関数を $T(s)$ とする．$T(s)$ は

$$T(s) = \dfrac{V_2(s)}{V_1(s)} \tag{1}$$

である．そうすると

$$V_2(s) = T(s) V_1(s) \tag{2}$$

$$\therefore \quad v_2(t) = \mathcal{L}^{-1}[T(s) V_1(s)] \tag{3}$$

図 (b) の場合について $T(s)$ を求めてみる．キルヒホッフの法則から

$$R_1 I_1 + \dfrac{1}{sC}(I_1 - I_2) = V_1(s) \tag{4}$$

$$(R_2 + R_l) I_2 + \dfrac{1}{sC}(I_2 - I_1) = 0 \tag{5}$$

下の式から

$$\dfrac{1}{sC}(I_1 - I_2) = (R_2 + R_l) I_2, \quad I_1 = \{sC(R_2 + R_l) + 1\} I_2 \tag{6}$$

式 (6) の式 (4) に代入することより I_2 を求めると

$$I_2 = \dfrac{V_1(s)}{sR_1C(R_2+R_l)+(R_1+R_2+R_l)} = \dfrac{hV_1(s)}{s+k} \tag{7}$$

ただし，$h = \dfrac{1}{R_1C(R_2+R_l)}, \quad k = \dfrac{R_1+R_2+R_l}{h}$

$$\therefore \quad V_2(s) = \dfrac{hR_l}{s+k} V_1(s) \tag{8}$$

$$v_2(t) = hR_l \mathcal{L}^{-1}\left[\dfrac{V_1(s)}{s+k}\right] \tag{9}$$

$v_1(t)$ が直流の場合，$v_1(t) = Eu(t)$ で

$$V_1(s) = \mathcal{L}[Eu(t)] = \dfrac{E}{s} \tag{10}$$

$$\therefore \quad v_2(t) = EhR_l \left[\frac{1}{s(s+k)} \right] = \frac{EhR_l}{k}(1 - e^{-kt}) \tag{11}$$

$v_2(t)$ が正弦波 $E\cos\omega t$ の場合は

$$V_2(s) = \frac{E\omega}{s^2 + \omega_2} \tag{12}$$

$$\therefore \quad v_2(t) = hR_l E \mathscr{L}^{-1}\left[\frac{\omega}{(s+k)(s^2+\omega^2)} \right] \tag{13}$$

公式より

$$v_2(t) = hR_l E \left\{ \frac{e^{-kt}}{\omega^2 + k^2} + \frac{1}{\omega\sqrt{k^2+\omega^2}} \sin(\omega t - \varphi) \right\} \tag{14}$$

ただし,　$\varphi = \tan^{-1}\dfrac{\omega}{k}$

第5章 分布定数回路の過渡現象

分布定数回路における諸現象は第2章で述べたように,時間だけでなく回路内の位置によっても異なってくる.

これは過渡現象解析における初期値問題に関しても同様であって,集中定数回路における初期値問題は,コイルにおける磁束あるいは電流並びにカパシタにおける電荷あるいは電圧の初期値の問題であったのに対し,分布定数回路においては初期値も位置 x の関数となり,線路上の電位並びに電流の**初期分布**を考慮しなければならない.

本章においては,分布 $RLCG$ 回路の過渡現象の一般的解法について述べ,主として無損失回路に関し,初期分布や自由振動を含めた諸現象の解析を述べている.また,分布 RC 回路(トムソンケーブル)並びに一般的な $RLCG$ 回路について簡単に述べている.

5・1 分布 $RLCG$ 回路の過渡現象の取扱い

図5・1に示すように,送端より距離 x にある分布定数回路上の任意の一点の時間 t における電圧 $v(x,t)$ と電流 $i(x,t)$ の関係は第2章に示したように

$$-\frac{\partial v}{\partial x} = Ri + L\frac{\partial i}{\partial t} \qquad (5・1)$$

$$-\frac{\partial i}{\partial x} = Gv + C\frac{\partial v}{\partial t} \qquad (5・2)$$

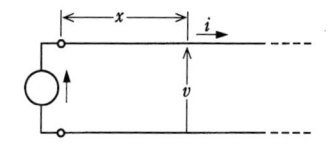

あるいは

図5・1 分布定数回路の電圧と電流

$$\frac{\partial^2 v}{\partial x^2} = LC\frac{\partial^2 v}{\partial t^2} + (GL+RC)\frac{\partial v}{\partial t} + RGv \qquad (5・3)$$

$$\frac{\partial^2 i}{\partial x^2} = LC\frac{\partial^2 i}{\partial t^2} + (GL+RC)\frac{\partial i}{\partial t} + RGi \qquad (5・4)$$

によって表される.この式は一次元波動方程式である.

〔1〕 **静止状態にある回路の過渡解析**

静止状態,すなわち,$t=0$ で電圧・電流の分布がない場合についてまず考えよう.上の諸式をラプラス変換すると次のようになる.

$$-\frac{dV(s,x)}{dx}=(R+sL)I, \qquad -\frac{dI(s,x)}{dx}=(G+sC)V \qquad (5\cdot 5)$$

$$\left.\begin{array}{l}\dfrac{d^2V(s,x)}{dx}=\gamma(s)^2V, \qquad \dfrac{d^2I(s,x)}{dx}=\gamma(s)^2I \\[6pt] \gamma(s)\triangleq\sqrt{(R+sL)(G+sC)}\end{array}\right\} \qquad (5\cdot 6)$$

これらの式は，正弦波が加えられている場合の定常状態の問題を解く際に求められた式 (2・10)～(2・12) において，$j\omega$ の代わりに複素周波数 s と置き換えたものと全く同じである．すなわち，静止状態にある回路（分布定数回路と限らない）の過渡解析は，定常解析と同様で，$V(s)$ や $I(s)$ が求まってから，$\mathcal{L}^{-1}[V(s)]$，$\mathcal{L}^{-1}[I(s)]$ から $v(t)$，$i(t)$ を求めることだけが異なるだけである．それゆえ，しばらく第 2 章と同じ順に諸式をあげよう．式 (2・6) の解は次のようになる．

$$\left.\begin{array}{l}V=K_1 e^{-\gamma x}+K_2 e^{\gamma x} \\[4pt] I=\dfrac{1}{Z_0}(K_1 e^{-\gamma x}-K_2 e^{\gamma x}) \\[6pt] Z_0\triangleq\sqrt{\dfrac{R+sL}{G+sC}}, \qquad \gamma\triangleq\sqrt{(R+sL)(G+sC)}\end{array}\right\} \qquad (5\cdot 7)$$

ただし，K_1，K_2 は境界条件によって決まる定数（s の関数で，x に無関係）．次に，無限長伝送路についての式 (2・24) に相当する式は次のようになる．

$$V=K_1 e^{-\gamma x}, \qquad I=\left(\frac{K_1}{Z_0}\right)e^{-\gamma x} \qquad (5\cdot 8)$$

また，式 (2・55) 並びに (2・58) に相当する式は次のようになる．

$$\left.\begin{array}{l}V=\dfrac{1}{2}(V_1+Z_0 I_1)e^{-\gamma x}+\dfrac{1}{2}(V_1-Z_0 I_1)e^{\gamma x} \\[6pt] I=\dfrac{1}{2Z_0}(V_1+Z_0 I_1)e^{-\gamma x}-\dfrac{1}{2Z_0}(V_1-Z_0 I_1)e^{\gamma x}\end{array}\right\} \qquad (5\cdot 9)$$

$$\left.\begin{array}{l}V=V_1\cosh\gamma x-Z_0 I_1\sinh\gamma x \\[6pt] I=-\dfrac{V_1}{Z_0}\sinh\gamma x+I_1\cosh\gamma x\end{array}\right\} \qquad (5\cdot 10)$$

以上のように，これらは第 2 章の諸式と同様であるから，境界条件による K_1，K_2 の決定も同様である．例として図 5・2 に示すように受端を Z_2 なる負荷で終端し，送端に内部インピーダンス Z_1 で出力 $v_{\mathrm{in}}(t)$ なる電圧源を加えた場合を考え

5・1 分布 RLCG 回路の過渡現象の取扱い

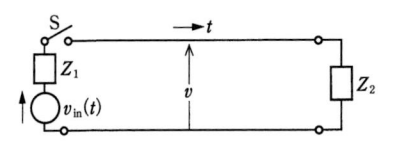

図 5・2 静止状態にある伝送路に電圧源の印加

ると，$V_0 = V_{in} - Z_1 I_0$, $V_l = Z_2 I_l$ であるから，式 (5・7) より

$$\left.\begin{aligned} V &= \frac{Z_2(s)\cosh\gamma(s)(l-x) + Z_0(s)\sinh\gamma(s)(l-x)}{(Z_1(s)+Z_2(s))\cosh\gamma(s)l + \left(Z_0(s) + \dfrac{Z_1(s)Z_2(s)}{Z_0(s)}\right)\sinh\gamma(s)l} V_{in} \\[2ex] I &= \frac{\cosh\gamma(s)(l-x) + \dfrac{Z_2(s)}{Z_0(s)}\sinh\gamma(s)(l-x)}{(Z_1(s)+Z_2(s))\cosh\gamma(s)l + \left(Z_0(s) + \dfrac{Z_1(s)Z_2(s)}{Z_0(s)}\right)\sinh\gamma(s)l} V_{in} \end{aligned}\right\}$$

(5・11)

上の各式で $s = j\omega$ と置けば，いずれも定常状態における関係を表す式となる．これらの式をラプラス変換によって得た式と見れば，これから逆変換によって解が得られる．すなわち，回路が始めに静止状態にあって，$t=0$ で S を閉じたとすると，$t>0$ における $v(t)$, $i(t)$ は式 (5・7) より

$$\left.\begin{aligned} v(t) &= \mathscr{L}^{-1}\left[\frac{Z_2\cosh\gamma(l-x) + Z_0\sinh\gamma(l-x)}{(Z_1+Z_2)\cosh\gamma l + (Z_0 + Z_1 Z_2/Z_0)\sinh\gamma l} V_{in}\right] \\[1ex] i(t) &= \mathscr{L}^{-1}\left[\frac{\cosh\gamma(l-x) + Z_2/Z_0\sinh\gamma(l-x)}{(Z_1+Z_2)\cosh\gamma l + (Z_0 + Z_1 Z_2/Z_0)\sinh\gamma l} V_{in}\right] \end{aligned}\right\}$$

(5・12)

として求めることができる．しかしこの計算は，一般的な場合，あまり簡単ではない．次に簡単な場合の例を示そう．

例題 5・1 図5・2の回路において，$R = G = 0$，すなわち無損失線路であって，かつ，$Z_1 = 0$, $Z_2 = R$ で V_{in} が直流電圧源の場合を考えよう．

〔解〕 $Z_1 = 0$, $Z_2 = R > 0$, $v_{in}(t) = E > 0$ (5・13)

このとき，$V_{in}(s)$, $\gamma(s)$, $Z_0(s)$ は次のようになる．

$$\left.\begin{aligned} V_{in}(s) &= \mathscr{L}[Eu(t)] = \frac{E}{s} \\ \gamma(s) &= s\sqrt{LC} = \frac{s}{c}, \quad c \triangleq \frac{1}{\sqrt{LC}} \quad (\text{光速度}), \quad Z_0(s) = \sqrt{\frac{L}{C}} \end{aligned}\right\}$$

(5・14)

これらを式 (5・11) に代入すると，次のようになる．

$$\left.\begin{array}{l} V = -\dfrac{R\cosh(s/c)(l-x)+Z_0\sinh(s/c)(l-x)}{R\cosh(s/c)l+Z_0\sinh(s/c)l}\cdot\dfrac{E}{s} \\ I = \dfrac{\cosh(s/c)(l-x)+(R/Z_0)\sinh(s/c)(l-x)}{R\cosh(s/c)l+Z_0\sinh(s/c)l}\cdot\dfrac{E}{s} \end{array}\right\} \quad (5\cdot 15)$$

$v(t)$, $i(t)$ は上の式のラプラス逆変換から求められるが，これについては第4章の 例題 4・4 として述べられているから参照されたい．

〔2〕 電圧・電流の初期分布のある場合

伝送路上に，$t=0$ で電圧や電流の分布があって，しかもそのうえ，別に電源を加える場合の解を一度に求めることは面倒である．そこで，重ね合わせの理を応用して次のように二段に分けるのがよい．

（i） 静止状態にある回路に電源を印加した場合の解を求める．
（ii） 初期分布だけによる過渡解を求める．

上記（ii）の解析もかなり面倒である．本書では無損失線路と無ひずみ線路の場合について，この解析を行う．なお，3・11節も参照されたい．

5・2 無 損 失 線 路

無損失線路の解析は，比較的容易である．実用上も，近似的に無損失と考え得る線路が少なくない．

無損失線路の場合の微分方程式は，式 (5・1)～(5・4) に $R=0$, $G=0$ を代入することにより，次のようになる．

$$-\frac{\partial v}{\partial x}=L\frac{\partial i}{\partial t}, \qquad -\frac{\partial i}{\partial x}=C\frac{\partial v}{\partial t} \quad (5\cdot 16)$$

並びに

$$\frac{\partial^2 v}{\partial t^2}-c^2\frac{\partial^2 v}{\partial x^2}=0, \qquad \frac{\partial^2 i}{\partial t^2}-c^2\frac{\partial^2 i}{\partial x^2}=0 \quad (5\cdot 17)$$

ただし

$$c=\frac{1}{\sqrt{LC}} \quad (5\cdot 18)$$

式 (5・16), (5・17) が無損失線路の基礎方程式であり，これの一般解を求め，初期条件と境界条件を与えることにより，線路上の現象が解明される．

5・2 無損失線路

〔1〕 静止状態にある無損失線路の過渡現象解析

先に 5・1 節〔1〕項に述べているように, 静止状態にある線路に, $t=0$ で電源を接続した場合の解析は, ラプラス変換によるのが便利で, その場合の解法は定常（状態）解析の場合とよく似た手法となる. すなわち, 定常解析の過程における $j\omega$ の代わりに s（複素周波数*）と置き換える以外は同じ手順で $V(s)$, $I(s)$ を求め, 最後にラプラス逆変換を行えば, 過渡解析法が得られる.

さて, 式 (5・17) をラプラス変換すると次のようになる.

$$\frac{d^2V}{dx^2}=\left(\frac{s}{c}\right)^2 V, \quad \frac{d^2I}{dx^2}=\left(\frac{s}{c}\right)^2 I \tag{5・19}$$

ただし $V \triangleq \mathscr{L}[v(t)], \quad I \triangleq \mathscr{L}[i(t)]$

式 (5・19) を解き V を求めると

$$V = K_1 e^{(sx)/c} + K_2 e^{-(sx)/c} \tag{5・20}$$

を得る. 積分定数 K_1, K_2 は境界条件により決定される.

いま, 一例として図 5・3 に示すように, 半無限長線路において $t=0$ で $x=0$ に $v_0=p(t)$ なる電圧源を加えた場合を考える. $t<0$ において線路上のすべての点で $v=0$, $i=0$（このような状態を線路が静止状態にあるという）とする. そうすると境界条件は $x=0$ で

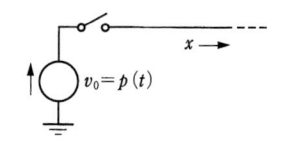

図 5・3 送端に任意の電圧を加えた場合

$$V = \mathscr{L}[v_0(t)] = \mathscr{L}[p(t)] \tag{5・21}$$

$x=\infty$ では電圧波, 電流波は有限時間内に到達せず, したがって

$$V = 0 \tag{5・22}$$

となる. 式 (5・20) が式 (5・22) の条件を満足するためには

$$K_1 = 0 \tag{5・23}$$

でなくてはならず, 式 (5・21) を式 (5・20) に代入することにより

$$K_1 + K_2 = \mathscr{L}[p(t)] \tag{5・24}$$

すなわち

---

* 7・1 節参照

$$K_2 = \mathcal{L}[p(t)] \tag{5・25}$$

となる.したがって $V(s)$ は

$$V(s) = \mathcal{L}[p(t)]e^{-(x/c)s} \tag{5・26}$$

となる.$v(t)$ はこれを逆変換することにより,変時定理の式 (4・62) を用い

$$\left.\begin{aligned} v(t) = \mathcal{L}^{-1}[V(s)] &= p\left(t - \frac{x}{c}\right) \quad & \left(t \geq \frac{x}{c}\right) \\ &= 0 & \left(t < \frac{x}{c}\right) \end{aligned}\right\} \tag{5・27a}$$

として求められる.すなわち,この場合 x の正方向に進む波動だけが存在し,逆方向へ進む波は存在しない.したがって電流 $i(t)$ は

$$\left.\begin{aligned} i(t) = \frac{v(t)}{Z_0} &= \frac{1}{Z_0} p\left(t - \frac{x}{c}\right) \quad & \left(t \geq \frac{x}{c}\right) \\ &= 0 & \left(t < \frac{x}{c}\right) \end{aligned}\right\} \tag{5・28a}$$

となる.式 (5・24),式 (5・25) において $t < x/c$ で $v = i = 0$ であることは,電圧波,電流波が c なる速度で正方向に進行していることを表し,また電圧・電流ともに t ないしは x の変化に無関係に同じ関数形をとることより,波形は波の進行に伴ってひずみを生じず,つねに同じ波形でもって,また同じ分布状態をもって伝搬していることが分かる.

なお,単位ステップ $u(t)$ を用いると,式 (5・27a),式 (5・28a) は次のように表される.

$$v(t) = p\left(t - \frac{x}{c}\right) \cdot u\left(t - \frac{x}{c}\right) \tag{5・27b}$$

$$i(t) = \frac{1}{Z_0} p\left(t - \frac{x}{c}\right) \cdot u\left(t - \frac{x}{c}\right) \tag{5・28b}$$

〔2〕 **初期分布のある場合の一般解**

初期分布のある場合については,無ひずみ線路(無損失線路も含まれる)に関する限り,一般的に解くことができる.

さて,基礎方程式を解くために

$$x - ct = \xi, \quad x + ct = \eta \tag{5・29}$$

と置き,v を ξ,η の関数と考えると

$$\left.\begin{aligned}\frac{\partial^2 v}{\partial t^2} &= c^2 \frac{\partial^2 v}{\partial \xi^2} - 2c^2 \frac{\partial^2 v}{\partial \xi \partial \eta} + c^2 \frac{\partial^2 v}{\partial \eta^2} \\ \frac{\partial^2 v}{\partial x^2} &= \frac{\partial^2 v}{\partial \xi^2} + 2\frac{\partial^2 v}{\partial \xi \partial \eta} + \frac{\partial^2 v}{\partial \eta}\end{aligned}\right\} \quad (5\cdot30)$$

となり，これを式 (5・3) に代入すると次式が得られる．

$$\frac{\partial^2 v}{\partial \xi \partial \eta} = 0 \quad (5\cdot31)$$

上の式を ξ と η について積分し，電圧の一般解とした次式を得る．

$$v = f(\xi) + g(\eta) = f(x - ct) + g(x + ct) \quad (5\cdot32)$$

ただし，f, g は少なくとも 2 回微分可能な任意関数とする．一方，v と i の間には式 (5・2) の関係があるから，式 (5・32) を式 (5・2) に代入すると

$$-\frac{\partial i}{\partial t} = C \frac{\partial v}{\partial t} = cC\{-f'(x - ct) + g'(x + ct)\}$$

となり，電流は次のようになる．

$$i = \frac{1}{Z_0}\{f(x - ct) - g(x + ct)\} \quad (5\cdot33)$$

ただし

$$Z_0 = \frac{1}{c \cdot C} = \sqrt{\frac{L}{C}} \quad (5\cdot34)$$

ここで式 (5・32) の物理的意義について考えてみる．**図 5・4** に示すように，第 1 項の $f(x - ct)$ は時刻 $t = t_0$ において x に対してⅠのような分布をなし，時刻 $t = t_0 + \delta t$ においてⅡの分布をなすと仮定する．ⅠとⅡはともに関数

$$y = f(x - ct)$$

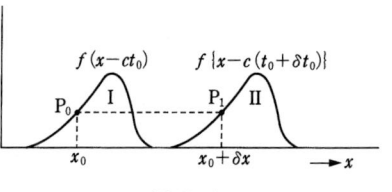

図 5・4

により決定されるため，同じ形をなし，Ⅱは単にⅠをある距離だけ移動したものであると見ることができる．いま，$t = t_0$, $x = x_0$ に対応する点を P_0，$t = t_0 + \delta t$, $x = x_0 + \delta x$ に対応する点を P_1 とすると

$$x_0 - ct_0 = (x_0 + \delta x) - c(t_0 + \delta t)$$

あるいは

$$\delta x - c\delta t = 0 \quad (5\cdot35)$$

のとき
$$f(x_0-ct_0)=f\{(x_0+\delta x)-c(t_0+\delta t)\}$$
であるから，P_0 は時間 δt の間に P_1 に移動したと見ることができる．その速度は式（5・35）より
$$\frac{dx}{dt}=c=\frac{1}{\sqrt{LC}} \tag{5・36}$$
である．すなわち，$f(x-ct)$ は x の正の方向に c なる速度で進む波動（これを**進行波**（traveling wave）という）であることが分かる．同様に $f(x+ct)$ は x の負の方向に速度 c で進む進行波である．

式（5・33）より電流についても同様に進行方向の異なる二つの進行波の存在することが知られる．

いま，x の正方向に進む電圧，電流を v_1, i_1，負の方向に進む電圧，電流を v_2, i_2 とすると，式（5・32），式（5・33）より
$$v_1=Z_0 i_1, \qquad v_2=-Z_0 i_2 \tag{5・37}$$
なる関係のあることが知られる．この Z_0 は特性インピーダンスであり，線路の**波動インピーダンス**＊ともいう．

〔3〕 $t=0$ における電圧・電流分布が与えられた場合

式（5・32），式（5・33）の一般解に初期条件と境界条件を適用することにより，任意関数 f と g の形が決定され，電圧・電流は完全に求められる．

いま，$t=0$ において，線路上の電圧・電流分布が
$$v=F(x), \qquad i=G(x) \tag{5・38}$$
として与えられている場合を考えてみよう．

式（5・32），並びに式（5・33）に $t=0$ を代入すると，式（5・38）より次式が成立する．
$$f(x)+g(x)=F(x), \qquad \frac{1}{Z_0}\{f(x)-g(x)\}=G(x) \tag{5・39}$$
これより，関数 f と g を求めると
$$\left.\begin{array}{l} f(x)=\dfrac{1}{2}\{F(x)+Z_0 G(x)\} \\[4pt] g(x)=\dfrac{1}{2}\{F(x)-Z_0 G(x)\} \end{array}\right\} \tag{5・40}$$
したがって，任意の時刻 t における v と i は次式のようになる．

＊ 特性インピーダンス Z_0 は，正弦波形進行波の電圧と電流の比であるとともに，任意の波形の進行波の電圧と電流の比ともなっていることが知られる．

$$\left.\begin{array}{l}v=\dfrac{1}{2}[\{F(x-ct)+F(x+ct)\}+Z_0\{G(x-ct)-G(x+ct)\}]\\i=\dfrac{1}{2}\Big[\{G(x-ct)+G(x+ct)\}+\dfrac{1}{Z_0}\{F(x-ct)-F(x+ct)\}\Big]\end{array}\right\} \quad (5\cdot41)$$

いま,特に線路上のすべての点において初期電流が 0,すなわち $G(x)=0$ である場合を考えると,上式は

$$\left.\begin{array}{l}v=\dfrac{1}{2}\{F(x-ct)+F(x+ct)\}\\i=\dfrac{1}{2Z_0}\{F(x-ct)-F(x+ct)\}\end{array}\right\} \quad (5\cdot42)$$

となり,$t=0$ において $v=F(x)$,$i=0$ となる.すなわち,図 5・5(a),(b) に示すように,$t=0$ において電圧は左右へ進む波動 $v_1=F(x-ct)/2$ と $v_2=F(x+ct)/2$ が同じ分布で重なったものとして与えられるが,電流はいまだ現れず $i_1=F(x-ct)/2Z_0$ と $i_2=-F(x+ct)/2Z_0$ が打ち消しあった形となっているのである.しかし,時間の経過とともに電流が現れ v_1,v_2 並びに i_1,i_2 はそれぞれ左右に分かれて進み図 5・5(c),(d) のような電圧・電流分布となる.このような波が前述の**進行波*** である.図 5・5 は $t=0$ において図 (a) のような単なる電位分布として与えられた静電エネルギーが電磁エネルギーに変換されていく過程を示すものであると見ることができる.

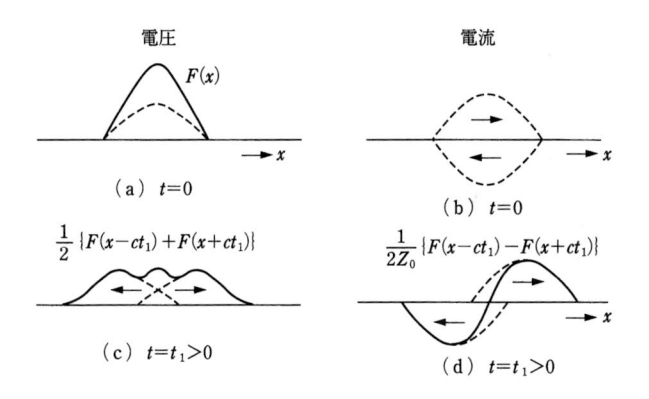

電圧　　　　　　　　　　　　　電流

(a) $t=0$　　　　　　　　　(b) $t=0$

$\dfrac{1}{2}\{F(x-ct_1)+F(x+ct_1)\}$　　　$\dfrac{1}{2Z_0}\{F(x-ct_1)-F(x+ct_1)\}$

(c) $t=t_1>0$　　　　　　　(d) $t=t_1>0$

図 5・5　進行波

5・3　無ひずみ線路

$R=G=0$ である無損失線路においては,式 (5・42) あるいは式 (5・27a),式 (5・28a) より明らかなように,電圧並びに電流の波形は伝搬に際してひずみを生じない.しかし $R\neq0$,$G\neq0$ の線路では,一般に電圧・電流波が伝わっていくと波形はしだいにひずんでくる.この

---

*　進行波に対し,進行しないで振動している波を**定在波** (standing wave) または**振動** (oscillation) という.図 5・16 近辺を参照.

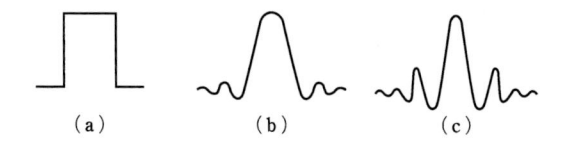

図 5・6 弾性波（地震）のひずみ

ことは 2・4 節で述べたように，線路の減衰定数 α と位相速度 μ_p が周波数によって変化することからも理解されるであろうし，また**図 5・6**に示すように震源地において図 (a) のような波形を持つ衝撃によって発生した地震が，図 (b)，(c) のようにしだいにひずんだ波形でもって伝搬し，震源地から離れた地点では最初に初期微動を感じ，次に大きな震動を，後で微動を感じることとも原理を同じくしている．

しかし，一般の線路においても 2・4 節で述べた式 (2・37)

$$\frac{R}{L}=\frac{G}{C} \tag{5・43}$$

なる関係があれば，送端の波形のいかんにかかわらず進行波はその形を変えずに進むのである．以下このことについて考えてみよう．

無ひずみ条件の成立する場合，式 (5・3) は次のようになる．

$$\begin{aligned}\frac{\partial^2 v}{\partial x^2}&=LC\frac{\partial^2 v}{\partial t^2}+(RC+LG)\frac{\partial v}{\partial t}+RGv\\&=LC\left\{\frac{\partial^2 v}{\partial t^2}+2\frac{R}{L}\frac{\partial v}{\partial t}+\left(\frac{R}{L}\right)^2 v\right\}\end{aligned} \tag{5・44}$$

いま

$$v=e^{-(R/L)t}\cdot v_1 \tag{5・45}$$

として，これを式 (5・44) に代入すると，次のようになる．

$$\frac{\partial^2 v_1}{\partial t^2}=\frac{1}{LC}\frac{\partial^2 v_1}{\partial x^2}=c^2\frac{\partial^2 v_1}{\partial x^2} \tag{5・46}$$

これは無損失線路の場合の式 (5・17) と一致する．

〔1〕 **静止状態にある場合の過渡解析**

$$\mathcal{L}[v(t)]\triangleq V(s)$$

として式 (5・44) をラプラス変換すると，次のようになる．

$$\frac{d^2 V}{dx^2}=\frac{1}{c^2}\left(s+\frac{R}{L}\right)^2 V \tag{5・47}$$

ただし，線路は $t<0$ で静止状態にあったとする．この解は，次のようになる．

$$V=K_1 e^{-\left(s+\frac{R}{L}\right)\frac{x}{c}}+K_2 e^{\left(s+\frac{R}{L}\right)\frac{x}{c}} \tag{5・48}$$

この式と無損失線路の場合の式

$$V=K_1 e^{-(sx)/c}+K_2 e^{(sx)/c}$$

と比べると，x の正負の方向に進む波にそれぞれ $e^{-(R/L)x}$ 並びに $e^{(R/L)x}$ が乗じられている点を除けば，全く同じ形となっている（つまり $e^{-(R/L)x}$ の割合で減衰している以外は同じである）．

したがって，両線路の解析方法もほとんど同じである．

静止状態にある半無限長線路に $t=0$ で $x=0$ なる点に $P(t)$ なる電圧を加えた場合が，演習問題（5・1）として取り入れられているから参照されたい．

〔2〕 初期分布のある場合

無ひずみ線路に関する式（5・46）は，無損失線路に関する式（5・7）と同じ形である．したがって，v_1 は式（5・32）と同様に

$$v_1 = f(x-ct) + g(x+ct) \tag{5・49}$$

となり，したがって一般解として次式が得られる．

$$v = e^{-(R/L)t}\{f(x-ct) + g(x+ct)\} \tag{5・50}$$

電流 i は上の v を式（5・2）に代入することにより，次式が得られる．

$$i = \frac{1}{Z_0} e^{-(R/L)t}\{f(x-ct) - g(x+ct)\} \tag{5・51}$$

5・4 反射と自由振動

〔1〕 開放端及び短絡端における反射

進行波が均一な無限長線路上を進行するときには，前節までの所論より明らかなように，つねに一方向だけに進んで反射波は生じない．しかし，線路が有限長の場合とか波動インピーダンスの異なるいくつかの線路の複合線路として構成されているときには，その終端ないしは接続点において反射波を生じる．

いま，図 5・7(a) に示すように，終端を開放した線路における反射現象について考えてみよう．ただし，以下においては簡単のため線路はすべて無損失線路とする．電圧・電流の右に進む進行波（入射波）の開放端における大きさを v_1，i_1，左に進む進行波（新しく生じた反射波）の同じ点における大きさを v_2，i_2，線路の波動インピーダンスを Z_0 とすると，開放端では電流が流れないため式（5・37）を用い

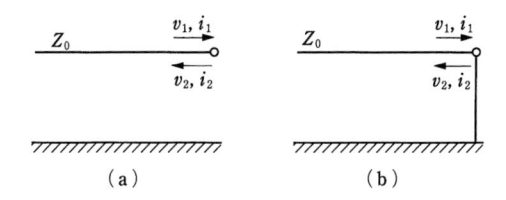

図 5・7 開放及び短絡による反射

$$\left.\begin{array}{l} i_1+i_2=0, \quad \therefore \quad i_1=-i_2 \\ v_1=Z_0 i_1=-Z_0 i_2=v_2 \end{array}\right\} \qquad (5 \cdot 52)$$

となる．すなわち，開放端では電流は符号を反転して全反射され，電圧は同符号のまま全反射されるのである．

一方，図 5·7(b) のように終端が短絡されている場合には，終端において電位は 0 となるため

$$\left.\begin{array}{l} v_1+v_2=0, \quad \therefore \quad v_1=-v_2 \\ i_1=\dfrac{v_1}{Z_0}=-\dfrac{v_2}{Z_0}=i_2 \end{array}\right\} \qquad (5 \cdot 53)$$

となり，短絡端では電流は同符号，電圧は異符号で全反射されることが分かる．

〔2〕 **無損失線路に一定直流電圧を加える場合（物理的解釈）**

図 5·8 に示すように無損失線路の受端を開放し，送端に直流電圧 E を $t=0$ なる時刻に加える場合を考える．$t>0$ において，線路は時間の経過とともに終端に向かってしだいに充電されていき，これに伴って電流が発生する．$t=l/(2c)$ において電圧・電流の進行波は**図 5·9**(a) に示すように線路の中点に達する．この進行波が図(b) のように終端に達すると式 (5·52) に従って反射波を生じ，$t=3l/(2c)$ では図(c) のよ

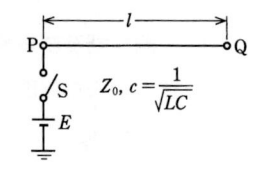

図 5·8

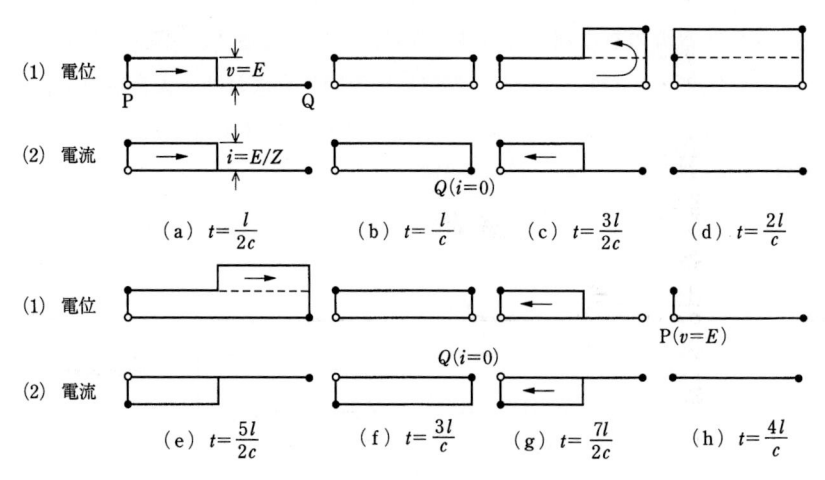

図 5·9 直流電圧を加えた場合の振動（点 P で $v=E$，点 Q で $i=0$）

うになり,以後電圧・電流の分布は図のように変化することが知られる.すなわち,線路上の電圧・電流の分布は $4l/c$ を周期として変化するのである.

〔注意〕 図5・9～図5・12の黒丸は,その点の電圧・電流の値を示す.

〔3〕 **有限長無損失線路の自由振動(I)(物理的解釈)**

長さ l なる無損失線路を E なる電位に充電しておき,**図5・10** に示すように $t=0$ なる時刻に左端を接地する場合に発生する自由振動現象について考えてみる*. $t>0$ において,電位は右並びに左に向かう等しい大きさの進行波 v_1, v_2 に分かれる.右に向かった進行波は右端が開放端であるから同符号で反射されるが,左に向かった進行波は左端が短絡端のため異符号で反射する.**図5・11** は進行波が c なる速度で進む場合の $t=l/3c$, $t=2l/3c$ などの時刻における進行波 v_1, v_2 の状態と電位分布 v_1+v_2 の変化を示したものである.

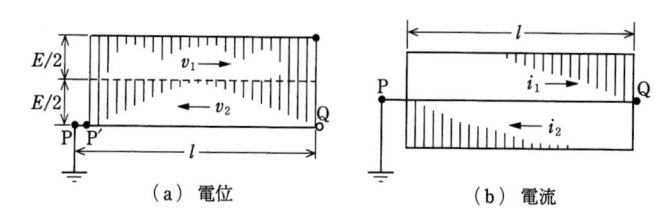

(a) 電位   (b) 電流

図 5・10 自由振動の初期状態(点 P で $v=E$,点 Q で $i=0$)

一方,電流は $t=0$ において 0 であり,したがって右に進もうとする電流 i_1 と左に進もうとする電流 i_2 が大きさ等しく符号が反対で存在していると考えられる. $t>0$ となると, i_1, i_2 はそれぞれ右,左に進み,右端では開放端のため符号を変え,左端では短絡端のため同符号で全反射される.**図5・12** は i_1, i_2 の状態と i_1+i_2 によって与えられる電流分布の変化を示したものである.図5・11,図5・12 より,この場合の自由振動の周期は $4l/c$ であることが分かる.

〔4〕 **固有値,固有振動と自由振動(II)**

上では反射という見方から,特殊な初期条件(図5・10の初期条件)における自由振動を図的に解析した.今度は振動という見方から,一般的な初期条件の下

---

* 点 P は接地されているから,この点の電位は常に 0 である.したがって点 P と点 P' とはわずかながら距離があるものとする.

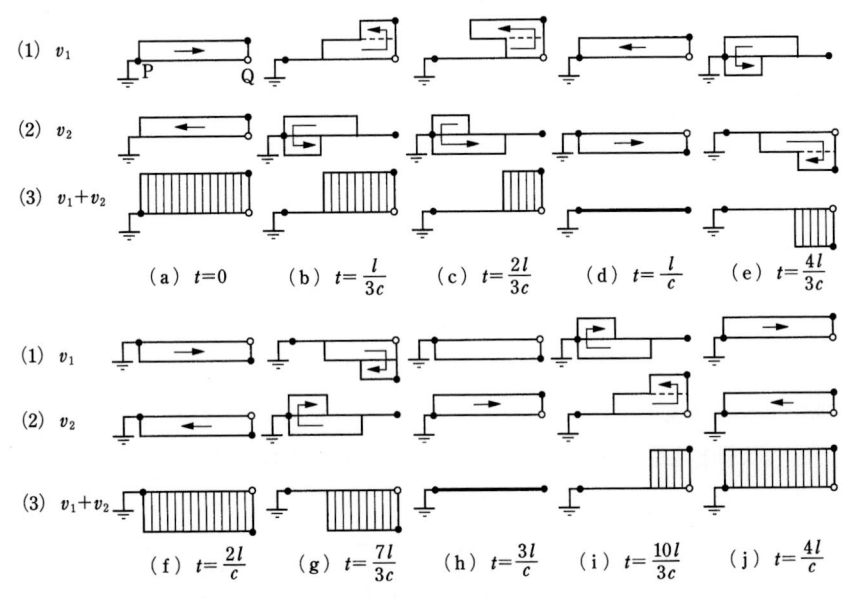

図 5・11 電圧波の自由振動 (点 P で $v=0$)

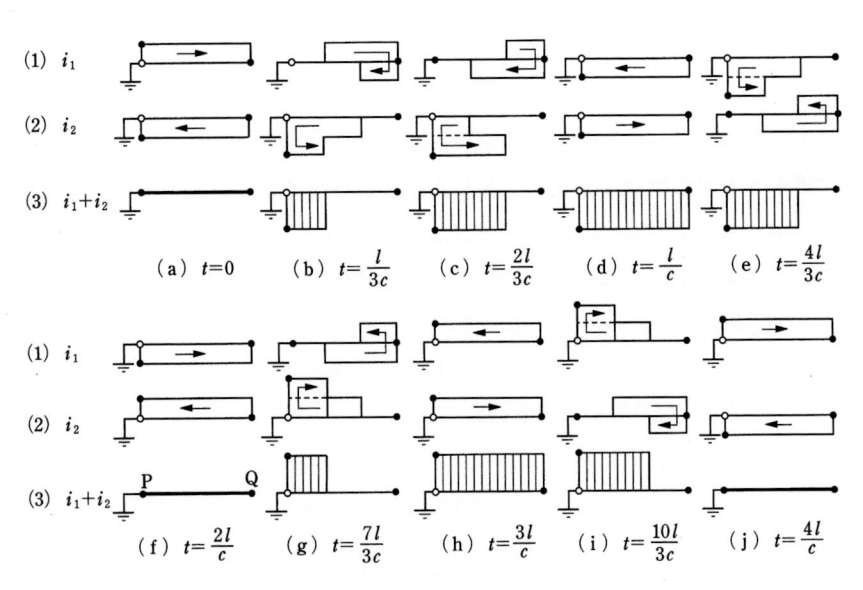

図 5・12 電流波の自由振動 (点 Q で $i=0$)

における現象を考察しよう．式(5·17)の一般解を，いわゆる**変数分離法**によって求めよう．なお，以下に述べる固有振動に関する問題は，固有振動はイミタンス関数の零点または極であるという見地からの解明が第2章2·8節に述べられているから，比較参照されたい．

いま，v を x だけの関数 $v_1(x)$ と，t だけの関数 $v_2(t)$ の積として

$$v = v_1(x)\,v_2(t) \tag{5·54}$$

とし，式(5·17)の上式に代入すると

$$v_2(t)\frac{d^2 v_1(x)}{dx^2} = \frac{1}{c^2} v_1(x)\frac{d^2 v_2(t)}{dt^2} \tag{5·55}$$

$$\therefore\quad \frac{c^2}{v_1(x)}\frac{d^2 v_1(x)}{dx^2} = \frac{1}{v_2(t)}\frac{d^2 v_2(t)}{dt^2} \tag{5·56}$$

上式の左辺は x だけの関数，右辺は t だけの関数で，これらが等しいということは，両辺とも定数であるということである．この定数を $-\omega^2$ と置くと

$$\frac{d^2 v_1(x)}{dx^2}+\frac{\omega^2}{c^2}v_1(x)=0, \quad \frac{d^2 v_2(t)}{dt^2}+\omega^2 v_2(t)=0 \tag{5·57}$$

この二つの式はいずれも単振動の式であるから，解は次のようになる．

$$\left.\begin{array}{l} v_1(x) = A e^{J(\omega/c)x} + B e^{-J(\omega/c)x} \\ v_2(t) = P e^{J\omega t} + Q e^{-J\omega t} \end{array}\right\} \tag{5·58}$$

あるいは

$$\left.\begin{array}{l} v_1(x) = A'\cos\dfrac{\omega}{c}x + B'\sin\dfrac{\omega}{c}x \\ v_2(t) = P'\cos\omega t + Q'\sin\omega t \\ v = v_1(x)\,v_2(t) \end{array}\right\} \tag{5·59}$$

電流 i は

$$-\frac{\partial i}{\partial x} = C\frac{\partial v}{\partial t} = C v_1(x)(-P'\sin\omega t + Q'\cos\omega t) \tag{5·60}$$

から

$$i = \sqrt{\frac{C}{L}}\left(A'\sin\frac{\omega}{c}x - B'\cos\frac{\omega}{c}x\right)(P'\sin\omega t - Q\cos\omega t) \tag{5·61}$$

さて，図5·13に示すような，両端を接地した長さ l の有限長無損失線路を考え，これに例えば落雷によって図のような電圧分布が発生したとする（同図

(a) 伝送線（両端接地）　　(b) ピアノ線（両端固定の弦）

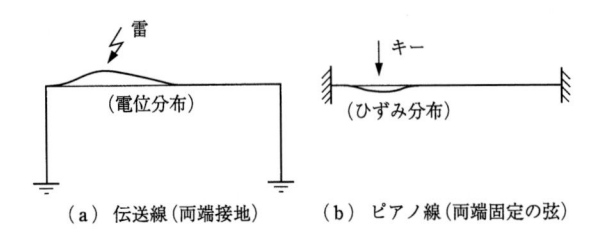

図 5・13　無損失有限長線路

(b) は，ピアノ線をキーでたたいた瞬間の図で，以後も伝送線と全く同じ物理現象を表す．図 5・15 も参照)．境界条件は

$$x=0 \text{ で } v=0 \\ x=l \text{ で } v=0 \Biggr\} \tag{5・62}$$

この条件を式 (5・59) に適用すると

$$x=0 \text{ で } v=0 \text{ から } A'=0 \tag{5・63}$$

$$x=l \text{ で } v=0 \text{ から } B'\sin\frac{\omega}{c}l=0 \tag{5・64}$$

式 (5・64) から ω が次のように決定される．

$$\frac{\omega}{c}l=n\pi, \quad \therefore \quad \omega_n=\frac{n\pi}{l}c \quad (n=1,2,3,\cdots) \tag{5・65}$$

この ω_n を**固有値**（独 Eigenwert，英 eigenvalue）という．この固有値は，この線路の**共振周波数**である．固有値が決まると，x に対する基本解が次のように決定する．

$$\sin\frac{\omega_n}{c}x=\sin\frac{n\pi}{l}x \quad (n=1,2,3,\cdots) \tag{5・66}$$

これを**固有関数**（独 Eigenfunktion，英 eigenfunction）という．$n=1, 2, 3$ に対する固有関数のようすは**図 5・14** に示すようである．これを**振動姿態** (mode) という．図 5・16 はピアノ線上のひずみの波の振動状況（進行状況）と

(a) $n=1$　　(b) $n=2$　　(c) $n=3$

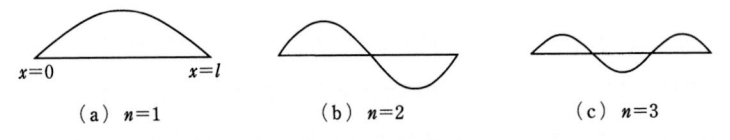

図 5・14　固有関数，振動姿態

5・4 反射と自由振動

固有振動の振動姿勢を示す．

一般に分布定数回路（線路のほか，導波管，空胴や絃（ピアノ線）などを含めて）の自由振動に関しては，境界条件から固有値や固有関数が決まり，それに対して物理的な振動姿態が対応するのである．

さて，式 (5・66) の各固有関数はいずれも境界条件を満たすから，すべて解であり，その和も解である．したがって，v は次のように表される．

$$\left.\begin{aligned}v &= \sum_{n=1}^{\infty}\left\{B_n{'}\sin\frac{n\pi}{l}x\left(P_n{'}\cos\frac{n\pi}{l}ct + Q_n{'}\sin\frac{n\pi}{l}ct\right)\right\} \\ &= \sum_{n=1}^{\infty}\left\{\sin\frac{n\pi}{l}x\left(K_n\cos\frac{n\pi}{l}ct + H_n\sin\frac{n\pi}{l}ct\right)\right\}\end{aligned}\right\} \quad (5・67)$$

ただし，$K_n = B_n{'}P_n{'}$, $H_n = B_n{'}Q_n{'}$

$$i = \frac{1}{Z_0}\sum_{n=1}^{\infty}\left\{\cos\frac{n\pi}{l}x\left(-K_n\sin\frac{n\pi}{l}ct + H_n\cos\frac{n\pi}{l}ct\right)\right\} \quad (5・68)$$

次に初期条件から K_n, H_n を決定しよう．いま，図 5・13 の線路に，$t=0$ で落雷があって図 5・15 に示すように

$$t=0\ \text{で}\ v=f(x),\quad i=g(x) \quad (5・69)$$

となったとする（ピアノ線をキーでたたいた瞬間と同じである）．これを式 (5・67) と式 (5・68) に適用すると

$$(v)_{t=0} = \sum_{n=1}^{\infty} K_n \sin\frac{n\pi}{l}x = f(x) \quad (5・70)$$

$$(i)_{t=0} = \frac{1}{Z}\sum_{n=1}^{\infty} H_n \cos\frac{n\pi}{l}x = g(x) \quad (5・71)$$

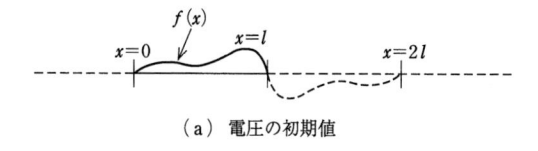

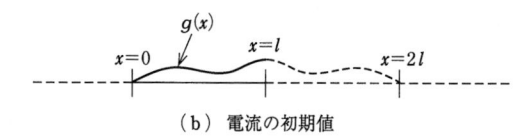

（a）電圧の初期値

（b）電流の初期値

図 5・15　初期値からフーリエ級数による積分定数の決定

上の二つの式の左辺はフーリエ級数であるから，K_n と H_n を決定するには $f(x)$ と $g(x)$ を同じ形のフーリエ級数で表せばよいことが知られる．まず，$f(x)$ を正弦だけのフーリエ級数に展開するには，図5・15(a) に示すように，$x=0$ から l までは $f(x)$，$x=l$ から $2l$ までは $f(x)$ と反対称な波形であると考え，$x=0$ から $2l$ までをフーリエ級数に展開すると，これは奇関数であるから正弦項だけとなる．しかも $x=0$ から $x=l$ までは明らかに $f(x)$ と一致する．したがって K_n は

$$K_n = \frac{1}{l}\int_0^{2l} f(x)\sin\frac{n\pi}{l}x\,dx = \frac{2}{l}\int_0^l f(x)\sin\frac{n\pi}{l}x\,dx \tag{5・72}$$

同様に $g(x)$ の展開は，図(b) のように $x=l$ で左右対称な波形と考えて展開すればよい．すなわち

$$H_n = Z_0 \frac{2}{l}\int_0^l g(x)\cos\frac{n\pi}{l}x\,dx \tag{5・73}$$

これらの K_n と H_n を式 (5・67) と式 (5・68) に代入すれば解が決定する．

ここに述べた現象は，両端を固定した長さ l の弦の振動と同じである．**図5・16** は，ピアノ線の振動を示す．始めにキーでたたかれて (a-1) の状態となり，以後ひずみは半分ずつ両方向に進行し，端で全反射する．これを繰り返す．図(a-4) で半周期で，あと半周期で初めの状態

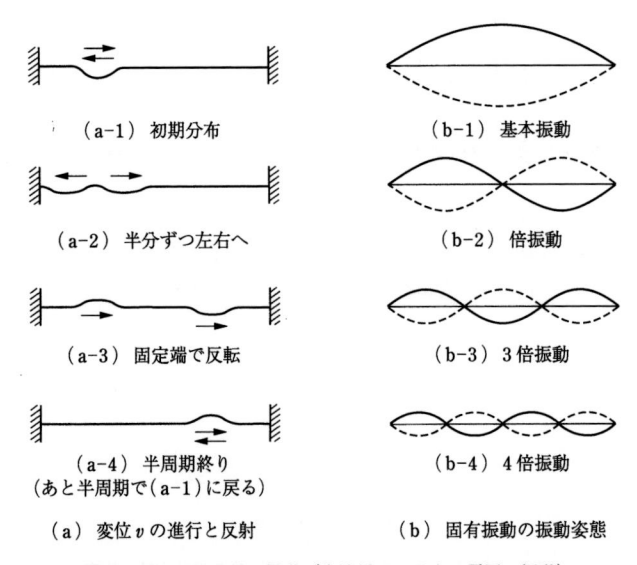

（a-1）初期分布
（a-2）半分ずつ左右へ
（a-3）固定端で反転
（a-4）半周期終り
（あと半周期で(a-1)に戻る）

（b-1）基本振動
（b-2）倍振動
（b-3）3倍振動
（b-4）4倍振動

（a）変位 v の進行と反射　　　（b）固有振動の振動姿態

図 5・16 ピアノ線の振動（半波長アンテナの電圧の振動）

(a-1) に戻る．この現象を解析するには，(a-1) の初期分布を，図(b) のような固有振動に分解し（フーリエ展開），各倍音について計算し，最終的に相加えればよい．

5・5　分布 RC 回路* と同軸ケーブル

図 5・17 に示すように線路の一次定数のうち L と G を 0 として近似される線路を**分布 RC 回路**といい，トムソン (W. Thomson) はこれを海底ケーブルの問題を解くために用いたので，**トムソンケーブル**ともいう．

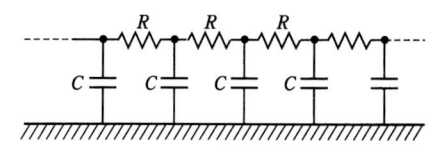

図 5・17　分布 RC 回路

式 (5・1), (5・2) において $L=G=0$ とすると

$$-\frac{\partial v}{\partial x}=Ri, \quad -\frac{\partial i}{\partial x}=C\frac{\partial v}{\partial t} \tag{5・74}$$

となり，またこれから次式が成立する．

$$\frac{\partial^2 v}{\partial x^2}=RC\frac{\partial v}{\partial t}, \quad \frac{\partial^2 i}{\partial x^2}=RC\frac{\partial i}{\partial t} \tag{5・75}$$

なお，第2章 2・4 節に述べられているように，分布 RC 回路の解析における t と RC を

$$t \to \tau, \quad \tau \triangleq t-\frac{x}{c} \quad (\tau \text{ は遅延時間という})$$

$$RC \to K, \quad K \triangleq \sqrt{\frac{\Delta k}{c}} \quad (\Delta k \text{ は式 (2・47)〜式 (2・50) 参照})$$

と書き換えると，同軸ケーブルの場合の解析となる．

〔1〕　**半無限長線路の送端に直流電圧を加えた場合**

式 (5・75) をラプラス変換すると次のようになる．

$$\frac{d^2V}{dx^2}-RCsV=0, \quad \frac{d^2I}{dx^2}-RCsI=0 \tag{5・76}$$

ただし，ここで V, I は v, i のラプラス変換を表す．式 (5・76) より V を求めると

---

* $L=0$ とすると，電波の速度 $1/\sqrt{LC}=\infty$ となって非現実的であるから，本節の分布 RC 回路についての理論は，どこまでも近似である．しかし，同軸ケーブルについては現実的である．

$$V = K_1 e^{\sqrt{RCs}\,x} + K_2 e^{-\sqrt{RCs}\,x}, \qquad (K_1,\ K_2 \text{ は積分定数}) \tag{5・77}$$

となる．次に式（5・74）の第二式をラプラス変換し，これに式（5・77）を代入すると

$$-\frac{dI}{dx} = Cs(K_1 e^{\sqrt{RCs}\,x} + K_2 e^{-\sqrt{RCs}\,x})$$

となり，これより I を求め

$$I = \sqrt{\frac{Cs}{R}}(-K_1 e^{\sqrt{RCs}\,x} + K_2 e^{-\sqrt{RCs}\,x}) \tag{5・78}$$

を得る．

いま，$t=0$，$x=0$ において E なる電圧を加える場合を考えると，境界条件は

$$\left.\begin{array}{ll} x = \infty \text{ で} & V = 0 \\ x = 0 \text{ で} & V = \mathscr{L}[Eu(t)] = \dfrac{E}{s} \end{array}\right\} \tag{5・79}$$

である．これを式（5・77）に代入すると

$$K_1 = 0, \qquad K_2 = \frac{E}{s} \tag{5・80}$$

となり，したがって

$$\left.\begin{array}{l} V = \dfrac{E}{s} e^{-\sqrt{RCs}\,x} \\[2mm] I = \sqrt{\dfrac{Cs}{R}} \cdot \dfrac{E}{s} e^{-\sqrt{RCs}\,x} = E\sqrt{\dfrac{C}{Rs}}\, e^{-\sqrt{RCs}\,x} \end{array}\right\} \tag{5・81}$$

となる．式（5・81）の第2式を逆変換すると（4章付録「ラプラス変換表」公式43) 参照）

$$i = \mathscr{L}^{-1}[I] = \mathscr{L}^{-1}\left[E\sqrt{\frac{C}{Rs}}\, e^{-\sqrt{RCs}\,x}\right]$$

$$= E\sqrt{\frac{C}{\pi Rt}}\, e^{-\{RC/(4t)\}x^2} \tag{5・82}$$

となり，これを式（5・74）に代入することにより

$$v = -E\sqrt{\frac{RC}{\pi t}} \int_0^x e^{-\{RC/(4t)\}x^2}\,dx + K \tag{5・83}$$

を得る．一方，$x=0$ において $v=E$ であるため，この関係を式（5・83）に代入すると $K=E$ となり v は次式のようになる．

$$v = E\left(1 - \sqrt{\frac{RC}{\pi t}} \int_0^x e^{-\{RC/(4t)\}x^2} dx\right)$$
$$= E\left(1 - \frac{2}{\sqrt{\pi}} \int_0^{(\sqrt{\frac{RC}{4t}})x} e^{-u^2} du\right)$$
$$(5 \cdot 84)$$

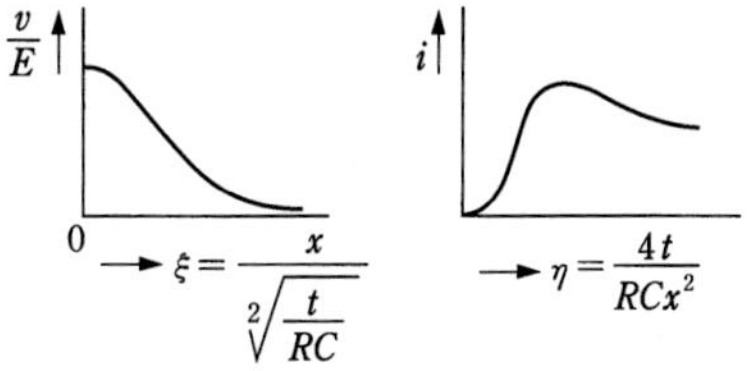

v, i の変化を図 5・18 に示す．

図 5・18　半無限長 RC 線路の電圧と電流

〔2〕 **正弦波電圧を加えた場合**

半無限長分布 RC 回路並びに同軸ケーブルに $t=0$ で正弦波電圧を加えた場合の解と計算例が第 6 章 6・4 節に示されているから参照されたい．

〔3〕 **有限長線路に直流電圧を加えた場合**

(a) **終端開放の場合**　　終端を開放した長さ l なる RC 線路の送端に E なる直流電圧を $t=0$ に加えるとする．この場合，境界条件は次のようになる．

$$x=0 \text{ で } V=\frac{E}{s}, \quad x=l \text{ で } I=0 \qquad (5 \cdot 85)$$

これを式 (5・77), (5・78) に代入することにより

$$K_1 + K_2 = \frac{E}{s}, \quad -K_1 e^{\sqrt{RCs}\,l} + K_2 e^{-\sqrt{RCs}\,l} = 0 \qquad (5 \cdot 86)$$

上式を解くことにより

$$K_1 = \frac{E e^{-\sqrt{RCs}\,l}}{2s \cosh(\sqrt{RCs}\,l)}, \quad K_2 = \frac{E e^{\sqrt{RCs}\,l}}{2s \cosh(\sqrt{RCs}\,l)} \qquad (5 \cdot 87)$$

これを式 (5・77) に代入すると

$$V = \frac{E}{2s \cosh(\sqrt{RCs}\,l)} \left(e^{\sqrt{RCs}(x-l)} + e^{-\sqrt{RCs}(x-l)}\right)$$
$$= \frac{E \cosh\sqrt{RCs}\,(l-x)}{s \cosh\sqrt{RCs}\,l} = \frac{M(s)}{sN(s)} \qquad (5 \cdot 88)$$

同様に，式 (5・87) を式 (5・78) に代入すると

$$I = E\sqrt{\frac{C}{sR}} \frac{\sinh\sqrt{RCs}\,(l-x)}{\cosh\sqrt{RCs}\,l} \qquad (5 \cdot 89)$$

を得る．

式 (5・88) において $N(s) \cong \cosh\sqrt{RCs}\,l$ の零点を s_n とすると

$$\sqrt{RCs_n}\,l = j\frac{(2n-1)}{2l}\pi \qquad (n=1, 2, \cdots)$$

$$\therefore \quad s_n = -\frac{(2n-1)^2\pi^2}{4RCl^2} \qquad (n=1, 2, \cdots) \tag{5・90}$$

となり，すべて1位の根である．したがって，V は有理形関数であり，展開定理により次のように展開することができる*．

$$V = \frac{M(s)}{sN(s)} = \frac{E}{s} + \sum_{n=1}^{\infty} \frac{M(s_n)}{s_n \left|\dfrac{dN(s)}{ds}\right|_{s=s_n}} \cdot \frac{1}{s-s_n} \tag{5・91}$$

$$\left|\frac{dN(s)}{ds}\right|_{s=s_n} = \frac{\sqrt{RC}\,l}{2\sqrt{s_n}}\sinh\sqrt{RCs_n}\,l = \frac{RCl^2}{j(2n-1)\pi}\sinh\frac{j(2n-1)\pi}{2}$$

$$= \frac{RCl^2}{(2n-1)\pi}\sin\frac{(2n-1)}{2}\pi = (-1)^n\frac{RCl^2}{(2n-1)\pi} \tag{5・92}$$

$$M(s_n) \triangleq E\cosh\frac{j(2n-1)\pi}{2}\left(\frac{l-x}{l}\right) = E\cos\frac{(2n-1)}{2}\pi\left(\frac{l-x}{l}\right)$$

$$= (-1)^n\sin\frac{(2n-1)}{2l}\pi x \tag{5・93}$$

したがって式（5・91）を逆変換することにより

$$v = \mathscr{L}^{-1}[V] = E\left[1 + \sum_{n=1}^{\infty} \frac{(-1)^n\sin\dfrac{(2n-1)}{2l}\pi x}{-\dfrac{(2n-1)^2\pi^2}{4RCl^2}(-1)^n\dfrac{RCl^2}{(2n-1)\pi}} e^{\frac{-(2n-1)^2\pi^2}{4RCl^2}t}\right]$$

$$= E\left[1 - \frac{4}{\pi}\sum_{n=1}^{\infty}\frac{1}{2n-1}e^{\frac{-(2n-1)^2\pi^2}{4RCl^2}t}\cdot\sin\left\{\frac{(2n-1)\pi}{2l}x\right\}\right] \tag{5・94}$$

同様に電流も次式のように得ることができる．

$$i = \mathscr{L}^{-1}[I] = \frac{2E}{Rl}\sum_{n=1}^{\infty}e^{\frac{(2n-1)^2\pi^2}{4RCl^2}t}\cdot\cos\left\{\frac{(2n-1)\pi}{2}x\right\} \tag{5・95}$$

式（5・94）において $x=l$ とした終端の電圧を v_out とし，v_out/E の時間変化を示すと図 **5・19** のようになる．

---

* 特異点が極だけで，しかも極の集積点が無限遠にしかない関数を有理形関数という．極の数が有限なら有理関数である．7・1節参照．

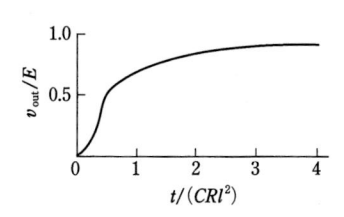

図 5・19 終端電圧の変化 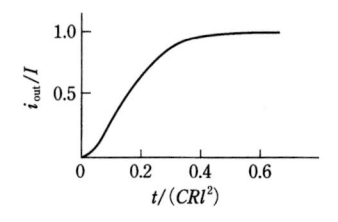　　**図 5・20** トムソンの着流曲線

(b) 受端短絡の場合　　この場合には境界条件は

$$\left. \begin{array}{l} x=0 \text{ で } \quad V=\dfrac{E}{s} \\ x=l \text{ で } \quad V=0 \end{array} \right\} \tag{5・96}$$

となり，これを式 (5・77) に代入して

$$K_1+K_2=\frac{E}{s}, \qquad K_1 e^{\sqrt{RCs}\,l}+K_2 e^{-\sqrt{RCs}\,l}=0 \tag{5・97}$$

を得る．上式より K_1, K_2 を求めると

$$K_1=\frac{-E e^{\sqrt{RCs}\,l}}{2s\sinh\sqrt{RCs}\,l}, \qquad K_2=\frac{E e^{\sqrt{RCs}\,l}}{2s\sinh\sqrt{RCs}\,l} \tag{5・98}$$

これを式 (5・77)，(5・78) に代入すると

$$\left. \begin{array}{l} V=\dfrac{E\sinh\sqrt{RCs}\,(l-x)}{s\sinh\sqrt{RCs}\,l} \\[2mm] I=E\sqrt{\dfrac{C}{sR}}\dfrac{\cosh\sqrt{RCs}\,(l-x)}{\sinh\sqrt{RCs}\,l} \end{array} \right\} \tag{5・99}$$

となる．式 (5・99) を逆変換することにより v, i を求めることができる．

いま，その結果だけを示すと次のようになる．

$$\left. \begin{array}{l} v=E\left(1-\dfrac{x}{l}\right)-\dfrac{2E}{\pi}\sum\limits_{n=1}^{\infty}\dfrac{1}{n}e^{-\frac{\pi^2 n^2}{RCl^2}t}\sin\dfrac{n\pi}{l}x \\[2mm] i=\dfrac{E}{Rl}+\dfrac{2E}{Rl}\sum\limits_{n=1}^{\infty}e^{-\frac{\pi^2 n^2}{RCl^2}t}\cos\dfrac{n\pi}{l}x \end{array} \right\} \tag{5・100}$$

$x=l$ における電流値 i_{out} とその定常値 I との比 i_{out}/I の時間変化を示すと**図 5・20** のようになる．この図と図 5・19 を比較することにより終端を短絡するほうが開放する場合に比して波形の上昇がすみやかであることが分かる．図 5・20 を**トムソンの着流曲線**と呼ぶ．

5・6 一般的な分布定数回路

R, L, C, G の 4 定数を考慮しなければならないような一般的な分布定数回路が $t<0$ で静止状態にあり，$t=0$ で送端に直流電圧 E が加えられた場合の現象を考える．このような場合には，前節までにしばしば用いてきたラプラス変換を使用するのが便利である．すなわち，v, i のラプラス変換を V, I とし，式 (5・1)，(5・2) をラプラス変換して V, I を求めると，第 2 章で述べた定常現象の場合の解の $j\omega$ を s に置き換えた形が得られ

$$\left.\begin{array}{l} V(s)=K_1 e^{\gamma(s)x}+K_2 e^{-\gamma(s)x} \\ I(s)=\dfrac{1}{Z_0(s)}(K_1 e^{\gamma(s)x}-K_2 e^{-\gamma(s)x}) \end{array}\right\} \quad (5・101)$$

となる．ただし

$$\left.\begin{array}{l} Z_0(s)=\sqrt{\dfrac{R+sL}{G+sC}} \\ \gamma(s)=\sqrt{(R+sL)(G+sC)} \end{array}\right\} \quad (5・102)$$

である．式 (5・101) に境界条件を適用して積分定数を求め，さらに V, I の逆変換を求めると任意の点の任意の時刻における電圧・電流を得ることができる．

〔1〕 半無限長線路の場合

この場合は $x=\infty$ で

$$V(s)=I(s)=0 \quad (5・103)$$

となるため，式 (5・101) より $K_1=0$ となることが分かる．したがって

$$V=K_2 e^{-\gamma(s)x}, \quad I(s)=\dfrac{K_2}{Z_0} e^{-\gamma(s)x} \quad (5・104)$$

となる．一方，$x=0$ において

$$V=\dfrac{E}{s} \quad (5・105)$$

であるため，式 (5・104) より

$$K_2=|V|_{x=0}=\dfrac{E}{s} \quad (5・106)$$

を得，V, I はそれぞれ次のようになる．

$$V=\dfrac{E}{s} e^{-\gamma(s)x}, \quad I=\dfrac{-E}{sZ_0} e^{-\gamma(s)x} \quad (5・107)$$

いま

$$\gamma(s)=\sqrt{(R+sL)(G+sC)} \cong \dfrac{1}{c}\sqrt{(s+\omega_1)(s+\omega_2)} \quad (5・108)$$

とすると，v は

$$v=\mathscr{L}^{-1}\left[\dfrac{E}{s} e^{-(x/c)\sqrt{(s+\omega_1)(s+\omega_2)}}\right] \quad (5・109)$$

となり，4 章付録「ラプラス変換表」の公式 51) において，ω を 0 とし，x の代わりに x/c と置くことより次のように計算される．

$$v = u\left(t - \frac{x}{c}\right)E\left[e^{-(a/c)x} + \frac{\beta}{c}x\int_{x/c}^{t}\frac{e^{-a\tau}I_1\left(\beta\sqrt{\tau^2 - \frac{x^2}{c^2}}\right)}{\sqrt{\tau^2 - \frac{x^2}{c^2}}}d\tau\right] \quad (5\cdot110)$$

同様に電流も次のようになる.

$$i = u\left(t - \frac{x}{c}\right)cE\left[ce^{-a(x/c)}I_0\left(\beta\sqrt{\tau^2 - \frac{x^2}{c^2}}\right) + G\int_{x/c}^{t}e^{-a\tau}I_0\left(\beta\sqrt{\tau^2 - \frac{x^2}{c^2}}\right)d\tau\right]$$
$$(5\cdot111)$$

ただし

$$a \triangleq \frac{\omega_1 + \omega_2}{2} = \frac{R}{2L} + \frac{G}{2C}, \quad \beta \triangleq \frac{\omega_1 - \omega_2}{2} = \frac{R}{2L} - \frac{G}{2C} \quad (5\cdot112)$$

であって, I_0, I_1 は変形ベッセル関数である.

〔2〕有限長線路

有限長線路の終端を開放あるいは短絡した場合には, 境界条件としてそれぞれ式 (5·85), (5·96) が成立し, したがって, 式 (5·101) に代入して K_1, K_2 を求め, V, I を逆変換しなくてはならない. これについては文献 (1), (2) を参照されたい.

演 習 問 題

(5·1) 無ひずみ線路において, 境界条件として $x=0$ で $v=P(ct)$, $i=Q(ct)$ なる条件が与えられたとする. この場合, 任意の時刻における v, i を求めよ.

(5·2) 図 P5·2 のような R_2 で終端した有限長無損失線路の送端に $t=0$ において $V_{\text{in}}=e^{j\omega t}$ なる電圧を加えた場合, 送端から x だけ離れた点における $v(x, t)$, $i(x, t)$ を求めよ.

(5·3) 図 5·13 に示されているように, 長さ l で両端接地された無損失線路に $t=0$ で電位分布が全波整流波, すなわち

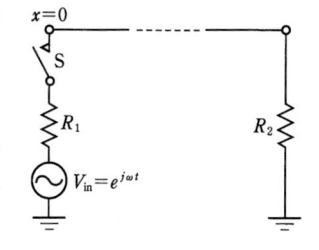

$$v(t)|_{t=0} = \left|\sin\frac{\pi}{l}x\right|, \quad i(t)|_{t=0} = 0$$

であったとする. $t>0$ における $v(x, t)$, $i(x, t)$ を求めよ.

図 P5·2

(5·4) 図 4·8 に示されている問題を, 5·4 節〔4〕項後半の方法により解析せよ.

参 考 文 献

(1) 尾崎 弘:過渡現象論—回路の時間域解析—(第 2 版), 共立出版 (1982)
(2) 林 重憲:演算子法と過渡現象, 国民科学社 (1965)

演習問題略解

(5・1)
$$v(x,t) = \frac{1}{2}[e^{-\frac{R}{L}\cdot\frac{x}{c}}\{P(ct-x)+ZQ(ct-x)\}+e^{\frac{R}{L}\cdot\frac{x}{c}}\{P(ct+x)+ZQ(ct+x)\}]$$

$$i(x,t) = \frac{1}{2Z}[e^{-\frac{R}{L}\cdot\frac{x}{c}}\{P(ct-x)+ZQ(ct-x)\}-e^{\frac{R}{L}\cdot\frac{x}{c}}\{P(ct+x)+ZQ(ct+x)\}]$$

ただし，$Z=\sqrt{\dfrac{L}{C}}$

(5・2) 正弦波を $e^{j\omega t}$ とする．$\sin\omega t$ なら最後に虚部を取ればよい．式 (5・11) に

$$V_{\text{in}}(s)=\frac{1}{s-j\omega}, \quad Z_1(s)=R_1, \quad Z_2(s)=R_2$$

$$\gamma(s)=\frac{s}{c}, \quad Z_0(s)\sqrt{\frac{L}{C}}=\text{const}$$

を代入する（$\text{Im}^{-1}[v(t)]=[\cdots]$ は，$v(t)=\text{Im}[\cdots]$ の意）．

$$\text{Im}^{-1}[v(t)]=\mathscr{L}^{-1}\left[\frac{R_2\cosh(s/c)(l-x)+Z_0\sinh(s/c)(l-x)}{(R_1+R_2)\cosh(s/c)l+(Z_0+R_1R_2/Z_0)\sinh(s/c)l}\cdot\frac{1}{s-j\omega}\right]$$

$$\text{Im}^{-1}[i(t)]=\mathscr{L}^{-1}\left[\frac{\cosh(s/c)(l-x)+(R_2/Z_0)\sinh(s/c)(l-x)}{(R_1+R_2)\cosh(s/c)l+(Z_0+R_1R_2/Z_0)\sinh(s/c)l}\cdot\frac{1}{s-j\omega}\right]$$

となる．以下の計算は例題 4・4 とほとんど同じである．式 (4・87) に相当する式は次のようになる．

$$v(t)=\frac{R_2\cosh(j\omega(l-x)/c)+Z_0\sinh(j\omega(l-x)/c)}{(R_1+R_2)\cosh(j\omega l/c)+(Z_0+R_1R_2/Z_0)\sinh(j\omega l/c)}e^{j\omega t}$$

$$+\sum_{i=0}^{\pm\infty}\frac{M(s_i)}{(s_i-j\omega)\left(\dfrac{dN_1(s)}{ds}\right)_{s=s_i}}e^{s_i t}$$

$$M(s)=R_2\cosh\frac{s}{c}(l-x)+Z_0\sinh\frac{s}{c}(l-x)$$

$$N_1(s)=(R_1+R_2)\cosh\frac{s}{c}l+\left(Z_0+\frac{R_1R_2}{Z_0}\right)\sinh\frac{s}{c}l$$

ただし，s_i は $N_1(s)=0$ の根．

(5・3) 式 (5・70) で

$$f(x)=\sin\left(\frac{\pi}{l}x\right) \quad g(x)=0$$

であるから，式 (5・73) のフーリエ係数 $H_n=0$ で K_n は式 (5・72) に上の $f(x)$ を代入することから求められる．この K_n を式 (5・67)，(5・68) に代入すればよい．なお，全波整流波のフーリエ展開は表 1・1 に示されている．ただし，表では変数が t であり，本問では x であることに注意を要する．

(5・4) 一般解を次のように式 (5・59) と (5・61) の積にとる．

$$v(x) = \left(A\cos\frac{\omega}{c}x + B\sin\frac{\omega}{c}x\right)(P\cos\omega t + Q\sin\omega t) \tag{1}$$

$$i(x) = \sqrt{\frac{C}{L}}\left(A\sin\frac{\omega}{c}x - B\cos\frac{\omega}{c}x\right)(P\sin\omega t - Q\cos\omega t) \tag{2}$$

定常項並びに過渡項をそれぞれ v_s, i_s 並びに v_t, i_t のように表すと,

$$v_s = 0, \quad i_s = 0 \tag{3}$$

次に境界条件を考える. これは次のようになる.

t のいかんにかかわらず $i(x, t)|_{x=0} = 0 \Rightarrow i_t = 0 \tag{4}$

$$v(x, t)|_{x=0} = E \Rightarrow v_t = 0 \tag{5}$$

条件式 (5) を式 (1) の v に適用すると,

$$A = 0$$

また, 条件式 (4) を式 (2) の i に適用すると

$$\cos\frac{\omega}{c}l = 0, \Rightarrow \omega_n = \frac{(2n+1)}{2l}\pi \qquad (n = 0, 1, 2, \cdots) \tag{6}$$

$$\therefore \quad v_t = \sum_{n=0}^{\infty}\left[\sin\frac{(2n+1)\pi}{2l}x\left(P_n\cos\frac{(2n+1)}{2l}\pi ct + Q_n\sin\frac{2n+1}{2l}\pi ct\right)\right] \tag{7}$$

$$i_t = \frac{1}{Z_0}\sum_{n=0}^{\infty}\left[\cos\frac{(2n+1)\pi}{2l}x\left(-P_n\sin\frac{2n+1}{2l}\pi ct + Q_n\cos\frac{2n+1}{2l}\pi ct\right)\right] \tag{8}$$

次に初期条件を考える. $t = 0$ では $x > 0$ で $v = 0$ であるから, $t = 0$ で

$$v = v_s + v_t = 0 \Rightarrow v_t = -E \tag{9}$$

電流に関しても同様に, $t = 0$ で $i = 0$ であるから

$t = 0$ で, $i = i_s + i_t = 0 \Rightarrow i_t = 0 \tag{10}$

条件式 (10) を式 (8) の i に適用すると,

$$Q_n = 0$$

また, 条件式 (9) の式 (7) の v に適用すると

$$-E = \sum_{n=0}^{\infty} K_n \sin\frac{(2n+1)\pi}{2l}x \qquad (0 < x < l) \tag{11}$$

この式の右辺は周期 $4l$ の奇関数の周期関数のフーリエ展開になっている. そこで左辺は図5・15 のような周期関数と考え (実際に必要なのは $0 \le x \le l$ である), そのフーリエ展開から P_n を求めると,

$$P_n = \frac{1}{l}\int_0^{2l}(-E)\sin\frac{(2n+1)\pi}{2l}x\,dx \tag{12}$$

となる. これから v と i は次のようになる.

$$\left.\begin{aligned}v &= E - \frac{4E}{\pi}\sum_{n=0}^{\infty}\frac{1}{2n+1}\cos\omega_n t\sin\frac{\omega}{c}x \\ i &= \frac{1}{Z_0}\cdot\frac{4E}{\pi}\sum_{n=0}^{\infty}\frac{1}{2n+1}\sin\omega_n t\cos\frac{\omega}{c}x \\ Z_0 &= \sqrt{\frac{L}{C}}, \qquad \omega_n = \frac{(2n+1)\pi}{2l\sqrt{LC}}\end{aligned}\right\} \tag{13}$$

第6章　時間関数による過渡解析

電圧・電流波の時間域表示 $f(t)$ と，周波数表示 $F(\omega)$ ($f(t)$ のスペクトル) については，すでに第1章に述べたとおりである．回路に関しても，周波数域の表示 $Z(j\omega)$ または $Z(s)$ と，時間域表示 $A(t)$ (インディシアルアドミタンス) または $y(t)$ (インパルス応答) とがある．本章は，回路の時間域表示の関数 $A(t)$，$y(t)$ と，それらによる回路の過渡解析について述べたものである．

6・1　回路の周波数域表示と時間域表示，数理モデル

第1章においては，電圧や電流の"波"というものについて，その時間域表示 $f(t)$ と，これに一対一対応する周波数域表示 $F(j\omega)$ ($f(t)$ のスペクトル) について述べられている．電気回路 (以下単に回路または**回路網** (network) という) についても同様に両表示が考えられる．これまでの章では，周波数域表示の $Z(j\omega)$ (または $Z(s)$) によって回路を表し，これによって解析を行ってきた．回路 N が与えられ，これから求めた $Z(s)=1/Y(s)$ を，回路 N の**数理モデル** (mathematical model) ということにしよう．$Z(s)$ が先に与えられたとすると，これは $Z(s)$ をインピーダンスとして持つ回路を表す．そのような回路は一つと限らないから，$Z(s)$ なるインピーダンスを持つ回路の集合 (同値類) を表しているとみるべきである．

一方，$Z(s)=1/Y(s)$ と一対一に対応するような時間関数があれば，その関数も回路の数理モデルとなり得る．以下，時間関数の数理モデルである $A(t)$ 並びに $y(t)$ とその応用について述べる．

6・2　インディシアルアドミタンスとインパルス応答

〔1〕単位ステップ関数（単位階段関数）とインディシアルアドミタンス

単位ステップ関数についてはすでに述べたが，次のような関数 $u(t)$ のことである．

$$u(t) = \begin{cases} 1 & (t>0) \\ 1/2 & (t=0) \\ 0 & (t<0) \end{cases} \tag{6・1}$$

なお，$u(+0)$，$u(-0)$ とは次の意味とする．

$$t>0 \text{ で } u(+0)=\lim_{t\to 0} u(t), \quad u(-0)=\lim_{t\to 0} u(-t) \tag{6・2}$$

$A(t)$ と $Y(s)=1/Z(s)$ の関係を求めてみよう．$Y(s)$ なるアドミタンスの回路が静止状態にあるとき，$v(t)$ なる電圧を加えた場合の電流 $i(t)$ は次のようになる．

$$I(s) = Y(s)V(s), \quad I(s) \triangleq \mathcal{L}[i(t)]$$
$$V(s) \triangleq \mathcal{L}[v(t)], \quad i(t) = \mathcal{L}^{-1}[Y(s)V(s)] \quad (6\cdot3)$$

いま，$v(t)$ が単位階段関数 $u(t)$ である場合を考えると

$$\mathcal{L}[u(t)] = \frac{1}{s} \quad (6\cdot4)$$

であるから，$i(t) \triangleq A(t)$ は次のようになる．

$$A(t) = \mathcal{L}^{-1}\left[\frac{Y(s)}{s}\right], \quad Y(s) = s \cdot \mathcal{L}[A(t)] \quad (6\cdot5)$$

$A(t)$ と $Y(s)$ は一対一に対応するから，$A(t)$ は回路を表す時間関数で**インディシアルアドミタンス** (indicial admittance) という．

〔2〕 **インパルス応答とイミタンス**

回路 $Y(s)$ に単位インパルス $u_0(t)$ (Dirac の $\delta(t)$) の電圧を加えた場合の応答電流を，**インパルス応答** (impulse response) という．これを $y(t)$ と表そう．

$y(t)$ と $Y(s)$ の関係を求めてみよう．

$$\mathcal{L}[u_0(t)] = 1 \quad (6\cdot6)$$

であるから，式 (6・3) に $V(s) = \mathcal{L}[u_0(t)] = 1$ を代入することより

$$I(s) = Y(s) \cdot 1 \quad (6\cdot7)$$
$$\therefore \quad y(t) = \mathcal{L}^{-1}[Y(s)], \quad Y(s) = \mathcal{L}[y(t)] \quad (6\cdot8)$$

この式から分かるように，$y(t)$ と $Y(s)$ は一対一に対応する．したがって，$y(t)$ は $Y(s)$ と同様に回路の**数理モデル** (mathematical model) である．$Y(s)$ を**回路の周波数域表示**とすると，$y(t)$ は**回路の時間域表示**といってもよかろう．

〔3〕 **$A(t)$ と $y(t)$ の関係**

4章付録「ラプラス変換表」の公式にあるように，$\mathcal{L}[f(t)] = F(s)$ とすると

$$\mathcal{L}\left[\int f(t)\,dt\right] = \frac{F(s)}{s} + \frac{f^{-1}(0)}{s}, \quad f^{-1}(0) = \int_{-\infty}^{0} f(\tau)\,d\tau \quad (6\cdot9)$$

となる．一方 $A(t)$ と $y(t)$ には次の関係がある．

$$\mathcal{L}[y(t)] = Y(s), \quad \mathcal{L}[A(t)] = \frac{Y(s)}{s} = \frac{\mathcal{L}[y(t)]}{s} \quad (6\cdot10)$$

これから次の関係が得られる．

$$A(t) = \int_{-\infty}^{t} y(\tau)\,d\tau \quad (6\cdot11)$$

しかるに

$$t < 0 \quad \text{で} \quad A(t) = 0, \quad y(t) = 0 \quad (6\cdot12)$$

であるから，任意の小さい正数を ε とすると

$$A(t) = \int_{-\varepsilon}^{+t} y(\tau)\,d\tau$$
$$= \int_{-\varepsilon}^{+0} y(\tau)\,d\tau + \int_{+0}^{t} y(\tau)\,d\tau = A(0) + \int_{+0}^{t} y(\tau)\,d\tau \quad (6\cdot13)$$

ただし，$A(0) \triangleq A(t)\big|_{t=0}$

逆に $A(t)$ から $y(t)$ は次のように書く．

$$y(t) = \frac{dA(t)}{dt} \qquad (6\cdot14)$$

ただし，不連続点における微分は次のように考える．すなわち，$u(t)$ の微分を

$$\frac{du(t)}{dt} = u_0(t) \qquad (6\cdot15)$$

と考え，不連続点 t_a における $A(t)$ の段差を

$$\lim_{\varepsilon \to 0}\{A(t_a+\varepsilon) - A(t_a-\varepsilon)\} \triangleq A_d(t_a) \qquad (6\cdot16)$$

とすると，

$$\left.\frac{dA(t)}{dt}\right|_{t=t_a} = \frac{d}{dt}\{a_d(t_a)\cdot u(t)\} = A_d(t_a)u_0(t) \qquad (6\cdot17)$$

と考える．この妥当性を例から確認しよう．

〔例1〕 図 6・1(a) と (b) は，抵抗回路の $A(t)$ と $y(t)$ を図示したもので，$A(t)$ の微分として

$$\frac{d(A(t)/R)}{dt} = \frac{d(u(t)/R)}{dt}$$
$$= \frac{u_0(t)}{R} = y(t) \qquad (6\cdot18)$$

とすることの妥当であることが知られる．

〔例2〕 図 6・2 は，ある回路の $A(t)$ と $y(t)$ である．$A(t)$ は $t=0$ で不連続で，段差 $A(+0)-A(-0)=A(0)$ とすると，$y(t)$ は $A(t)$ の微分として図 (b) の $t=0$ に $A(0)u_0(t)$ なる衝撃波（インパルス）が現れる．これは式 (6・18) に従って

$$\left.\frac{dA(t)}{dt}\right|_{t=0} = \frac{d}{dt}(A(0)u(t))$$
$$= A(0)u_0(t) \qquad (6\cdot19)$$

となるとみればよろしい．

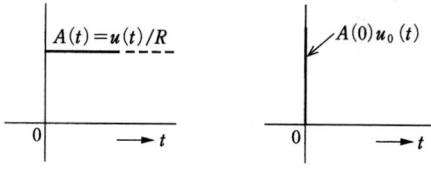

(a) $A(t) = u(t)/R$
(b) $y(t) = dA(t)/dt = u_0(t)/R$

図 6・1 抵抗回路の $A(t)$ と $y(t)$

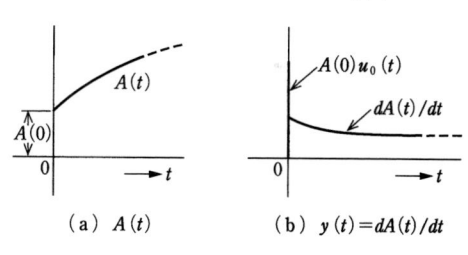

(a) $A(t)$
(b) $y(t) = dA(t)/dt$

図 6・2 $A(t)$ と $y(t)$

6・3 時間関数による過渡解析

時間関数 $A(t)$，$y(t)$ を用い，いわゆる**デュアーメル**（Duhamel）**の重ね合わせの理**によって，回路の過渡解析を行う方法について述べよう．

〔1〕 解 析 例

静止状態にある回路に単位ステップ関数の電圧を加えたとき流れる電流が**インディシアルアドミタンス**（indicial admmittance）であり，$A(t)$ で表す．例えば，図 6・3 に示す回路におい

て，$t=0$ なる時刻に S を閉じると，この回路には
$$Eu(t) \tag{6・20}$$
なる電圧が印加されることになる．この場合，電流 i は前にも述べたように
$$i = \frac{E}{R}(1 - e^{-(R/L)t}) \tag{6・21}$$
となるから，インディシアルアドミタンス $A(t)$ は
$$A(t) = \frac{1}{R}\{1 - e^{-(R/L)t}\} \quad (t>0) \tag{6・22}$$

図 6・3

インディシアルアドミタンスが分かっていると，任意の波形の電圧を静止状態にある回路に加えた場合の応答が計算される．

例えば，**図 6・4**(a) に示すような波形を図 6・3 の回路に加えた場合を考えると，図 (a) の波形は，図 (b)～(d) の波形を重ね合わせたものと考えられるので，加えられる電圧は
$$e(t) = E_1 u(t) + E_2 u(t-t_1) - (E_1+E_2) u(t-t_2) \tag{6・23}$$
と表される．上の式の右辺の各電圧に対する応答は

$$E_1 u(t) \text{ に対し，} i_1 = \begin{cases} E_1 A(t) & (t>0) \\ 0 & (t<0) \end{cases} \tag{6・24}$$

$$E_2 u(t-t_1) \text{ に対し，} i_2 = \begin{cases} E_2 A(t-t_1) & (t>t_1) \\ 0 & (t<t_1) \end{cases} \tag{6・25}$$

$$-(E_1+E_2) u(t-t_2) \text{ に対し，} i_2 = \begin{cases} -(E_1+E_2) A(t-t_2) & (t>t_2) \\ 0 & (t<t_2) \end{cases} \tag{6・26}$$

したがって，全電流 i は
$$i = i_1 + i_2 + i_3$$
$$i = \frac{E_1}{R}\{1 - e^{-(R/L)t}\} u(t) + \frac{E_2}{R}\{1 - e^{-(R/L)(t-t_1)}\} u(t-t_1)$$

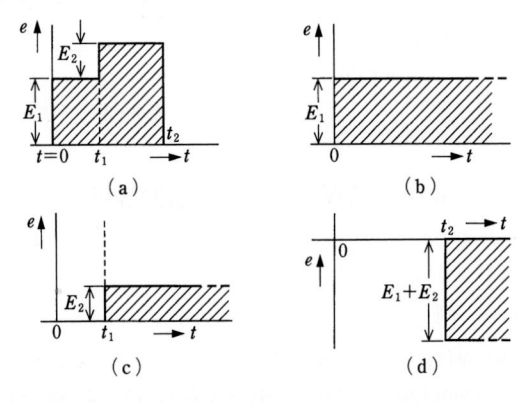

図 6・4 ある波形を階段関数波の和として表すこと

6・3 時間関数による過渡解析

$$-\frac{(E_1+E_2)}{R}\{1-e^{-(R/L)(t-t_2)}\}\,u(t-t_2) \tag{6・27}$$

これを，$u(t)$，$u(t-t_1)$ 並びに $u(t-t_2)$ を取り除いて次のように書くのは誤りである．

$$i=\frac{E_1}{R}\{1-e^{-(R/L)t}\}+\frac{E_2}{R}\{1-e^{-(R/L)(t-t_1)}\}$$
$$-\frac{(E_1+E_2)}{R}\{1-e^{-(R/L)(t-t_2)}\} \tag{6・28}$$

次に，図 **6・5** に示すような任意の波形の電圧は，これを図示したように階段波形電圧 $E_0u(t)$，$E_1u(t-t_1)$，$E_2u(t-t_2)$ などの和で近似すると，前と同様にインディシアルアドミタンスを用いて応答を計算し得るであろうと察せられる．そうして

$$\left.\begin{array}{l} \varDelta t_1=t_1-0 \\ \varDelta t_2=t_2-t_1 \\ \varDelta t_3=t_3-t_2 \\ \cdots\cdots\cdots\cdots \end{array}\right\} \tag{6・29}$$

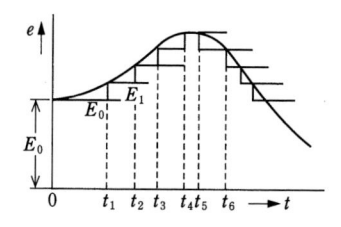

図 **6・5** 階段波形による任意波形の近似

として，この $\varDelta t_i$ を無限に小さくとっていくと，ついには曲線を完全に表すことになると察せられる．これが重ね合わせの理を応用した解法の考え方である．

〔2〕 時間関数による解析

上に述べたように，任意波形電圧を階段波形またはインパルス波形の和で近似し，インディシアルアドミタンスまたはインパルス応答を用いて応答を計算することを考えよう．図 **6・5** に示す任意波形の電圧を，$\varDelta t$ ごとに階段波形の電圧に分けて次のように近似する．

$$\left.\begin{array}{ll} t=0\ \text{で} & E_0u(t)=\{e(t)\}_{t=0}u(t) \\ t=\varDelta t\ \text{で} & E_1u(t-\varDelta t)=\left(\dfrac{de}{dt}\right)_{t=\varDelta t}\varDelta t\cdot u(t-\varDelta t) \\ t=2\varDelta t\ \text{で} & E_2u(t-2\varDelta t)=\left(\dfrac{de}{dt}\right)_{t=2\varDelta t}\varDelta t\cdot u(t-2\varDelta t) \\ & \cdots\cdots\cdots\cdots \end{array}\right\} \tag{6・30}$$

そうすると，これらおのおのの電圧に対する応答電流は，それぞれ次のようになる．

$$\left.\begin{array}{ll} E_0u(t)\ \text{に対し}, & i_0=E_0A(t)\,u(t) \\ E_1u(t-\varDelta t)\ \text{に対し}, & i_1=E_1A(t-\varDelta t)\,u(t-\varDelta t) \\ E_2u(t-2\varDelta t)\ \text{に対し}, & i_2=E_2A(t-2\varDelta t)\,u(t-2\varDelta t) \\ & \cdots\cdots\cdots \end{array}\right\} \tag{6・31}$$

結局，全電流 i は

$$i=i_0+i_1+i_2+\cdots \tag{6・32}$$

$$=A(t)\,e(0)\,u(t)+\sum_{m=1}^{\infty}\left[A(t-m\varDelta t)\left(\frac{de}{dt}\right)_{t=m\varDelta t}\varDelta t u(t-m\varDelta t)\right] \tag{6・33}$$

ここで，$\varDelta t$ を無限に小さくすると，$\varDelta t\to dt$

$$i(t)=A(t)\,e(0)+\int_0^t A(t-\tau)\,e'(\tau)\,d\tau \tag{6・34}$$

ただし，$e'(\tau) = \left(\dfrac{de}{dt}\right)_{t=\tau}$

すなわち，$A(t)$ が求まっていれば，任意波形の電圧 $e(t)$ を静止状態にある回路に加えた場合の応答が式 (6・34) から計算される．

式 (6・34) で，積分記号内の $t-\tau$ を $t-\tau=\tau_1$ と置き換えることから容易に次式が得られる．

$$i(t) = A(t)\,e(0) + \int_0^t A(\tau_1)\,e'(t-\tau_1)\,d\tau_1 \tag{6・35}$$

また，式 (6・34) を部分積分することにより次のように変形される．

$$i(t) = A(0)\,e(t) - \int_0^t A'(t-\tau)\,e(\tau)\,d\tau \tag{6・36}$$

または

$$i(t) = \frac{d}{dt}\int_0^t A(t-\tau)\,e(\tau)\,d\tau$$

あるいは，$t-\tau$ の代わりに τ と置くと

$$i(t) = A(0)\,e(t) - \int_0^t A'(\tau)\,e(t-\tau)\,d\tau \tag{6・37}$$

または

$$i(t) = \frac{d}{dt}\int_0^t A(\tau)\,e(t-\tau)\,d\tau \tag{6・38}$$

式(6・36) と (6・37) を，$y(t)$ を用いて表してみよう．なお，これらの式の誘導に当たっては，前節〔3〕項を参照されたい．

$$i(t) = y^{-1}(0)\,e(t) + \int_0^t y(t-\tau)\,e(\tau)\,d\tau \tag{6・39}$$

ただし，$y^{-1}(0) \triangleq \lim_{\varepsilon \to 0} \int_{-\varepsilon}^0 y(\tau)\,d\tau$

$$i(t) = y^{-1}(0)\,e(t) + \int_0^t y(t)\,e(t-\tau)\,d\tau \tag{6・40}$$

これらの公式のうち，いずれを使用するかは，与えられた問題によってどれが最も有利かを考えて，それを用いればよい．

なお，図 6・5 では任意の波形を階段波形の和として近似して考えて式 (6・34) を得たが，**図 6・6** のように縦に区切った細い階段波の和としても近似して考えることもできる．図の斜線を施した一つの波形は

$$e(\tau)\,u(t-\tau) - e(\tau)\,u(t-\tau-\varDelta\tau) \tag{6・41}$$

と表される．$\varDelta\tau \to d\tau$ としていくと，これに対する電流 di は

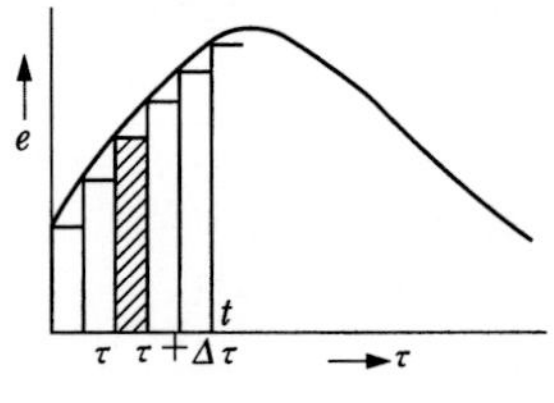

図 6・6 衝撃波による任意波形の近似

$$di = e(\tau)\,A(t-\tau) - e(\tau)\,A(t-\tau-d\tau)$$
$$= -e(\tau)\,\frac{dA(t-\tau)}{d\tau}\,d\tau \tag{6・42}$$

したがって，全電流 i は

$$i = \int di = -\int_0^t e(\tau)\,\frac{dA(t-\tau)}{d\tau}\,d\tau + e(t)\,A(0) \tag{6・43}$$

ここで，右辺第2項は $\tau=t$ なる時刻の階段波に対する応答である．式 (6・43) は式 (6・36) にほかならない．

> **例題 6・1** 図6・7に示す RL 直列回路に正弦波電圧
> $$e(t)=E_m\sin(\omega t+\theta) \tag{6・44}$$
> を突然印加した場合の電流をインディシアルアドミタンスを用いて解け．

〔解〕 まずインディシアルアドミタンスは

$$A(t)=\frac{1}{R}\{1-e^{-(R/L)t}\} \tag{6・45}$$

公式 (6・40) を用いるとすると

$$\left.\begin{aligned} y^{-1}(0)&=A(0)=0,\\ y(\tau)&=A'(\tau)=\frac{1}{L}e^{-(R/L)\tau} \end{aligned}\right\} \tag{6・46}$$

$$e(t-\tau)=E_m\sin\{\omega(t-\tau)+\theta\} \tag{6・47}$$

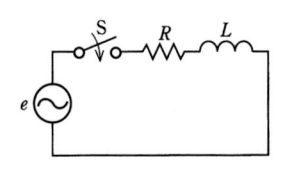

図 6・7

したがって，i は

$$\left.\begin{aligned} i&=\frac{E_m}{L}\int_0^t e^{-(R/L)\tau}\sin\{\omega(t-\tau)+\theta\}\,d\tau\\ &=\frac{E_m}{\sqrt{R^2+\omega^2 L^2}}\sin(\omega t+\theta-\phi)-\frac{E_m}{\sqrt{R^2+\omega^2 L^2}}e^{-(R/L)t}\sin(\theta-\phi) \end{aligned}\right\} \tag{6・48}$$

ただし，$\phi=\tan^{-1}\dfrac{\omega L}{R}$

6・4 応用例：分布 RC 回路並びに同軸ケーブルに正弦波電圧を加えた場合

本節では，半無限長のトムソンケーブル（分布 RC 回路）並びに同軸ケーブルに正弦波

$$e(t)=E_{\text{in}}\sin(\omega t+\phi) \tag{6・49}$$

を $t=0$ なる時刻に加えた場合を考える．2・4節〔5〕項に述べたように，遅延時間を考えると，同軸ケーブルと分布 RC 回路とは全く同様に取り扱うことができるから，両者に正弦波を加えた場合を合わせて考えていこう．

公式 (6・37) を用いて，電圧・電流を求めよう．なお，式 (6・37) の変数の代わりに u を用いる．τ は，同軸ケーブルの場合の遅延時間とする．さて

$$\begin{aligned} e(t-u)&=\sin(\omega(t-u)+\phi)\\ &=\sin(\omega t+\phi)\cos\omega u-\cos(\omega t+\phi)\sin\omega u \end{aligned} \tag{6・50}$$

で，式 (6・49) の $e(t)$ と式 (6・50) を式 (6・37) に代入すると，次のようになる．

$$\begin{aligned} x(t)=&\left[A_0+\int_0^t \cos\omega u A'(u)\,du\right]E_{\text{in}}\sin(\omega t+\phi)\\ &+\left[-\int_0^t \sin\omega u A'(u)\,du\right]E_{\text{in}}\cos(\omega t+\phi) \end{aligned} \tag{6・51}$$

ここで，$A(t)$ は，$u(t)$ に対する応答で，$u(t)$ に対する電流を $A(t)$ として上の式に代入す

ると，いまの場合の電流が求められ，$u(t)$ に対する電圧を $A(t)$ として代入すれば，いまの場合の電圧が求まってくる．まず電圧のほうを求めてみよう．$A(t)$ は式 (5・81) の V から

$$A(t) = \mathscr{L}^{-1}\left[\frac{1}{s}e^{-\sqrt{RCs}\,x}\right], \qquad \mathscr{L}[A(t)] = \frac{1}{s}e^{-\sqrt{RCs}\,x} \tag{6・52}$$

$$\frac{d}{dt}A(t) = \mathscr{L}^{-1}[s \times \mathscr{L}[A(t)]] = \mathscr{L}^{-1}[e^{-\sqrt{RCs}\,x}]$$

4章付録「ラプラス変換表」の公式から

$$\mathscr{L}^{-1}[e^{-\sqrt{RCs}\,x}] = \frac{\sqrt{RC}\,x}{2\sqrt{\pi}} \cdot \frac{e^{-\frac{RC}{4t}x^2}}{t\sqrt{t}} \tag{6・53}$$

これを式 (6・51) に代入する．いまの場合 $A_0=0$ である．

$$\left.\begin{array}{l} v(x,t) = S_u E_{\text{in}} \sin(\omega t+\phi) - C_u E_0 \cos(\omega t+\phi) \\[4pt] S_u = \dfrac{1}{\sqrt{\pi}} \displaystyle\int_0^{\frac{4t}{RCx^2}} \cos\Omega\alpha \cdot \dfrac{e^{-\frac{1}{\alpha}}}{\alpha\sqrt{\alpha}}\,d\alpha \\[8pt] C_u = \dfrac{1}{\sqrt{\pi}} \displaystyle\int_0^{\frac{4t}{RCx^2}} \sin\Omega\alpha \cdot \dfrac{e^{-\frac{1}{\alpha}}}{\alpha\sqrt{\alpha}}\,d\alpha \\[8pt] \Omega = \dfrac{RCx^2}{4}\omega, \qquad \alpha = \dfrac{4u}{RCx^2} \end{array}\right\} \tag{6・54}$$

電流に対しては，$A(t)$ は4章付録「ラプラス変換表」の公式より

$$A(t) = \sqrt{\frac{C}{\pi Rt}}\,e^{-\frac{RC}{4t}x^2}$$

$$\frac{dA(t)}{dt} = -\frac{1}{2}\sqrt{\frac{C}{\pi Rt^2}}\,e^{-\frac{RC}{4t}x^2} + \sqrt{\frac{C}{\pi Rt}} \cdot \frac{RC}{4t}x^2 \cdot \frac{1}{t^2}$$

$$= \sqrt{\frac{C}{\pi Rt^3}}\left(\frac{RCx^2}{4t^2} - \frac{1}{2}\right)e^{-\frac{RC}{4t}x^2} \tag{6・55}$$

これを式 (6・51) に代入して整理すると

$$\left.\begin{array}{l} i(x,t) = S_i E_{\text{in}} \sin(\omega t+\phi) - C_i E_{\text{in}} \cos(\omega t+\phi) \\[4pt] S_i \triangleq \dfrac{1}{Rx} \cdot \dfrac{2}{\sqrt{\pi}} \displaystyle\int_0^{\frac{4t}{RCx^2}} \cos\Omega\alpha\left(\dfrac{1}{\alpha}-\dfrac{1}{2}\right)\dfrac{e^{-\frac{1}{\alpha}}}{\alpha\sqrt{\alpha}}\,d\alpha \\[8pt] C_i \triangleq \dfrac{1}{Rx} \cdot \dfrac{2}{\sqrt{\pi}} \displaystyle\int_0^{\frac{4t}{RCx^2}} \sin\Omega\alpha\left(\dfrac{1}{\alpha}-\dfrac{1}{2}\right)\dfrac{e^{-\frac{1}{\alpha}}}{\alpha\sqrt{\alpha}}\,d\alpha \end{array}\right\} \tag{6・56}$$

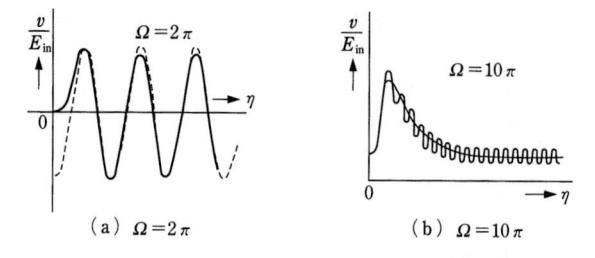

(a) $\Omega=2\pi$

(b) $\Omega=10\pi$

図 6・8 トムソン（Thomson）ケーブルに正弦波を印加した場合の電流の時間的変化

6・4 応用例：分布 RC 回路並びに同軸ケーブルに正弦波電圧を加えた場合

式 (6・54) と (6・56) から電圧・電流を求めるには数値積分を必要とする．**図6・8**(a) 及び (b) は，電子計算機のない頃に Carson* によって手計算されたもので，入力は $\cos\omega t$（すなわち，$E_{\text{in}}=1$, $\phi=\pi/2$）で，図 (a) では

$$\Omega=2\pi, \qquad \omega=\frac{4}{RCx^2}\times 2\pi$$

で，図より分かるように，1サイクルくらいで過渡現象はほとんど消失し，定常状態に達したものと見られる．図 (b) では $\Omega=10\pi$ で，周波数がこれくらいになると過渡現象が相当続くことが知られる．

図6・9は，同軸ケーブルの場合についてかつて私が手計算したものである．

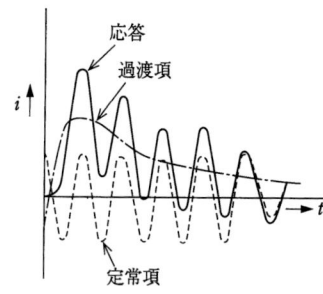

図 6・9 同軸ケーブルに正弦波を印加した場合の応答電流
$f=4$ MHz, $x=25$ km

---

* Carson: Elektrische Ausgleichsvorgänge und Operatorenrechung.

第7章　複素周波数変数を用いる回路理論
（回路網理論概説）

　回路網が先に与えられてその特性を調べることを**回路網解析**（network analysis）といい，前章までは主としてこれについて述べている．特に第1巻では，主として正弦波電源を加えた場合について考察されている．これを**周波数域解析**（frequency domain analysis）という．第3章や第5章の過渡現象論は，見方を変えると，階段波や衝撃波のような，ある波形の入力を加えた場合の応答について考察したものとみることができ，これを**時間域解析**（time domain analysis）という（第6章も同様）．

　これに対し，特性が先に与えられて，そのような特性をもつ回路網を作ることを，**回路網構成**（回路網合成（理論））（network synthesis）という．これはまた，**構成論**（合成論）と**近似論**に分けられる．前者は，実在の回路のイミタンスはどのような性質の関数であるかを調べるとともに，そのような関数が与えられた場合，これをイミタンスとする回路をどうして作るかを考察することであり，後者は，指定された特性をそのまま持つ回路は普通存在しないので，回路として実現し得る関数でその特性を近似することである．近似論には，周波数域と時間域の両方面の問題がある．

　本章の目的は，回路網構成の序論ともいうべきものを述べることであって，一端子対網を多少詳しく述べ，二端子対網については，対称二端子対網とリアクタンス二端子対網について簡単に触れてある．

　本章を読まれるに当たっては，巻末付録「複素関数論概説」を一読されることが望ましい．

7・1　イミタンス関数と複素関数

　本章の準備として，イミタンス関数と複素関数についての二，三の用語を説明しよう．

複素周波数（変数）とイミタンス関数

　4・6節に述べたように，静止状態にある回路に，$v(t)$ なる電圧源（$i(t)$ なる電流源）を印加したときの応答を $i(t)$（$v(t)$）とするとき

$$Z(s)=\frac{\mathscr{L}[v(t)]}{\mathscr{L}[i(t)]} \qquad \left(Y(s)=\frac{\mathscr{L}[v(t)]}{\mathscr{L}[i(t)]}\right) \qquad (7\cdot 1)$$

を，**インピーダンス**（**アドミタンス**）という．回路が静止状態にあるから，ラプ

ラス変換に当たっては，機械的に

$$\frac{d}{dt} \to s \quad (\text{コイルのインピーダンスは } sL)$$

$$\int dt \to \frac{1}{s} \quad \left(\text{カパシタ（コンデンサ）のインピーダンスは } \frac{1}{sC}\right)$$

として，あとは抵抗回路と同様にしてイミタンスを計算することができる．

　ラプラス変換における変数 s は複素変数であるから，イミタンス関数 $W(s)$ は複素変数の関数である．第1巻に述べられているような正弦波を加えた場合の定常状態を考えるときは，$s=j\omega$ と置いて，$W(j\omega)$ を考えることになる．s を**複素周波数** (complex frequency) という．以下，s を次のように表そう．

$$s = \sigma + j\omega, \quad \text{Re } s = \sigma, \quad \text{Im } s = \omega \tag{7・2}$$

　複素周波数の物理的な意味を考えてみよう．これまでは，線形微分方程式における重ね合わせの理を応用し，正弦波の代わりに $e^{j\omega t}$ を用い，計算した結果の実部（$\cos \omega t$ の場合）または虚部（$\sin \omega t$ の場合）を取って，所望の結果を得た．すなわち

$$e^{j\omega t} = \cos \omega t + j \sin \omega t$$

なる関係を用いた．これに対して複素周波数の場合は

$$e^{(\sigma+j\omega)t} = e^{\sigma t} \cos \omega t + j e^{\sigma t} \sin \omega t$$

となるから，上の二つの式を比較することから，複素周波数 $s = (\sigma + j\omega)$ は，次のような意味を持つものと考えることができる．

　　　$\sigma = 0$ 　（s は虚軸上）：振幅一定な正弦波
　　　$\sigma > 0$ 　（s は右半面内）：振幅が時間とともに指数的に増大する正弦波
　　　$\sigma < 0$ 　（s は左半面内）：振幅が時間とともに指数的に減少する正弦波

　以下の勉強のために，巻末付録の複素関数論概説を一読されたい．

7・2　一端子対イミタンスと正実関数

　線形受動で可逆的素子より成る一端子対（回路）網のイミタンス*$W(s)$ はどのような関数であるかということ（必要条件）と，逆に $W(s)$ がどのような性質の関数であれば，それをイミタンスとして持つ回路網が存在し得るかということ（十分条件）については，ブルーン**(O. Brune) が初めて明快に解決した．

定理7・1（ブルーンの定理）：$W(s)$ が線形受動で可逆的な集中定数素子を有限個用いてできた一端子対網のイミタンスであるための必要十分条件

---

　*　4・6節参照．
　**　ドイツ人であるから，ブルーネというのが正しいと思われるが，アメリカにいたので一般にブルーンと呼ばれている．

は，次のような関数であることである．
(ⅰ) $W(s)$ は S の実（係数）有理関数（$W(\bar{s})=\overline{W(s)}$）*
(ⅱ) $\mathrm{Re}\,s\geq0$ で $\mathrm{Re}\,W(s)\geq0$

ブルーンはこの関数を**正実関数**（positive real function）と名づけた．本節では必要条件であることを示そう．

分布定数回路，すなわち，線路や無限個の素子よりなる回路網のイミタンスは，有理関数にならないことが多い．このような回路も含めて論じるときは，正実関数の定義を拡張しなければならない．正実関数の正確な定義は下記のとおりである．

〔正実関数の定義〕
定義域：$\mathrm{Re}\,s>0$，すなわち s 平面の右半面．
虚軸上の値を考える場合は，右半面から虚軸に垂直に近づいた極限値．
$\mathrm{Re}\,s<0$ の領域の値を考えるときは，$\mathrm{Re}\,s>0$ の領域から解析接続して得られる値．
条　件：
(ⅰ) $W(\bar{s})=\overline{W(s)}$（$s$ が実数のとき実数としてもよい．定義域内（$\mathrm{Re}\,s>0$ の領域）で考えているから，$s>0$ で $W(s)>0$ としても同じである）．
(ⅱ) $\mathrm{Re}\,W(s)>0$（定義域内であることに注意）．
(ⅲ) 正則である（定義域内であることに注意)**．

正実関数の定義を上のように拡張すると，有限個の集中定数素子よりなる回路網のイミタンスは，**有理正実関数**と呼ぶべきである．本書では有理正実関数ばかりを取り扱うので，正実関数といえば有理正実関数のことであると約束する．そうでないときには断わることとする．以下，回路のイミタンスが正実関数であることを証明しよう．

〔証明〕　一般に，与えられた回路網について網目方程式を立て，それらをラプラス変換すると次のようになる．

$$\left.\begin{array}{l} E_1=z_{11}I_1+z_{12}I_2+\cdots+z_{1l}I_l \\ E_2=z_{21}I_1+z_{22}I_2+\cdots+z_{2l}I_l \\ \quad\cdots\cdots\cdots\cdots \\ E_l=z_{l1}I_1+z_{l2}I_2+\cdots+z_{ll}I_l \end{array}\right\} \quad (7\cdot3)$$

---
* $\bar{x}$ は x の共役複素数，$W(\bar{s})=\overline{W(s)}$ なる関数をブルーンは real function？（？がついていた）といったので，回路理論では実関数といっている．数学で実関数といえば，定義域も値域も実数である関数をいう．
** 有理関数の場合，条件（ⅰ）と（ⅱ）から（ⅲ）が導かれる．定理 7・3 参照．

ここで $E_2 = E_3 = \cdots = E_l = 0$, $E_1 \neq 0$ として, E_1 の端子対から見たインピーダンスを求めると

$$Z = \frac{\Delta}{\Delta_{11}}$$

$$\Delta \triangleq \begin{bmatrix} z_{11}, z_{12}, \cdots, z_{1l} \\ z_{21}, z_{22}, \cdots, z_{2l} \\ \cdots\cdots\cdots\cdots \\ z_{l1}, z_{l2}, \cdots, z_{ll} \end{bmatrix}, \quad \Delta_{11} \triangleq \begin{bmatrix} z_{22}, z_{23}, \cdots, z_{2l} \\ z_{32}, z_{33}, \cdots, z_{3l} \\ \cdots\cdots\cdots\cdots \\ z_{l2}, z_{l3}, \cdots, z_{ll} \end{bmatrix} \quad (7 \cdot 4)$$

ここで, z_{pq} は

$$z_{pq} = R_{pq} + sL_{pq} + \frac{1}{sC_{pq}} \quad (R_{pq}, L_{pq}, C_{pq} \text{ は実数}) \quad (7 \cdot 5)$$

したがって式 (7・3) から求まる $Z(s)$ は実有理関数である.

次に, $e = E_m \cos \omega t = E_m \text{ Re } e^{j\omega t}$ なる正弦波を加えたときの定常状態を考えると電流は

$$\left. \begin{aligned} i &= E_m \text{ Re } \frac{e^{j\omega t}}{Z(j\omega)} = \frac{E_m}{|Z(j\omega)|} \cos(\omega t - \theta) = I_m \cos(\omega t - \theta) \\ I_m &= \frac{E_m}{|Z(j\omega)|}, \quad \theta = \arg Z(j\omega) \end{aligned} \right\} \quad (7 \cdot 6)$$

このときの平均電力 P は

$$P = \frac{1}{2} E_m I_m \cos \theta \quad (7 \cdot 7)$$

これは電源から一端子対網に流れ込むエネルギーであるから, 非負 (non-negative) である. したがって

$$|\theta| \leq \frac{\pi}{2}$$

$$\therefore \quad \text{Re } Z(j\omega) = |Z(j\omega)| \cos \theta \geq 0 \quad (7 \cdot 8)$$

すなわち, 虚軸上で $Z(s)$ の実部は負にならないことが示された.

次に, 図 7・1 に示すように, 与えられた回路のすべての L に直列に抵抗 σL を, すべての C に並列にコンダクタンス σC を挿入した回路を考える. σ は当然

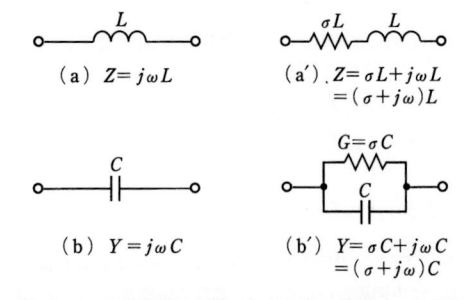

$$\sigma > 0 \quad (7 \cdot 9)$$

(a) $Z = j\omega L$

(a′) $Z = \sigma L + j\omega L$
$= (\sigma + j\omega)L$

(b) $Y = j\omega C$

(b′) $Y = \sigma C + j\omega C$
$= (\sigma + j\omega)C$

図 7・1 L と直列に抵抗 σL を, C と並列にコンダクタンス σC を挿入した回路

と選ぶ.

もとの回路に正弦波電圧を加えた場合のインピーダンスを $Z(j\omega)$ とすると，変更を加えた回路では $Z(\sigma+j\omega)$ となることは明らかである．そうすると式 (7·8) と同じ所論によって

$$\mathrm{Re}\,Z(\sigma+j\omega)\geq 0, \qquad \sigma>0 \tag{7·10}$$

となる．これから

$$\sigma=\mathrm{Re}\,s>0 \quad \text{で} \quad \mathrm{Re}\,Z(s)\geq 0 \tag{7·11}$$

が得られる．

なお，正実関数 $Z(s)$ が，s の右半面内の1点で $\mathrm{Re}\,Z(s)=0$ となった場合，Z が恒等的に0であることが示される．すなわち，すぐ後に述べるように，イミタンス関数は s の右半面で正則である．一方，関数論の定理によると，ある領域で正則な関数の実部の最大値並びに最小値は，その領域の境界上にある．そこで，$\mathrm{Re}\,Z(s)=0$ となる点を s_0 とし，s_0 を中心として右半面内に円を描くと，この円内及び周上で $\mathrm{Re}\,Z(s)\geq 0$ であり，しかも $\mathrm{Re}\,Z(s_0)=0$ であるから，この円内及び周上で $\mathrm{Re}\,Z(s)\equiv 0$ とならなければならない．したがってこの円内及び周上で $Z(s)=jC$ （C は定数）．しかも $Z(s)$ は実関数であるから $C=0$ となり，$Z(s)\equiv 0$ となる．この円の外に対しても解析接続を行うと，$Z(s)$ は右半面内で恒等的に $Z(s)\equiv 0$ となる．したがって，また全平面で0となる．

7·3 正実関数の性質

〔1〕 正実関数による写像

$\mathrm{Re}\,s\geq 0$ で $\mathrm{Re}\,W(s)\geq 0$ ということは，s の右半面が W の右半面内に写像されるということである．したがって定理 7·1 の (ii) は

正実関数 $W(s)$ は，s の右半面を，右半面内に写像する．

と言い換えることができる．あるいは正実関数の定義として

$W(s)$ が実有理関数で，s の右半面を自己の右半面内に写像するならば，$W(s)$ は正実関数である．

とすることができる．

なお，$W(s)$ は s の右半面を右半面内に一重に写像するとは限らず，二重，三重に写像することがある．一例を示そう．図 7·2(a) に示す回路のインピーダンスは，次のようになる．

(a) 例にあげた回路

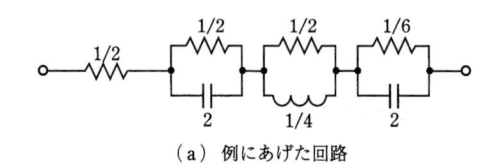

(b) s 平面

(c) Z 平面

図 7・2 正実関数によって s の右半面が二重に写像される例

$$Z(s)=\frac{1}{2}+\frac{\frac{1}{2}}{s+1}+\frac{\frac{1}{2}s}{s+2}+\frac{\frac{1}{2}}{s+3}=1+\frac{1}{(s+1)(s+2)(s+3)}$$

この Z によって図 (b) に示す s の右半面が，図 (c) のように二重に写像される（2 枚の Riemann 面を考える必要がある）．

なお，s の右半面を右半面の全面に写像する関数は，後述のリアクタンス関数である．

正実関数による写像が上記のようであることから，次の定理が容易に得られる．証明は容易であるから略する．

定理 7・2：正実関数の正実関数はまた一つの正実関数である．

つまり $w(s)$ と $W(s)$ をともに正実関数とすると，$W(w(s))$ や $w(W(s))$ はいずれも正実関数となる．この定理から次の系が得られる．

定理 7・2 系 1：正実関数の逆数は正実関数である．

$W(s)$ が正実関数なら，$1/W(s)$ も正実関数になるということである．これを証明するには，$1/s$ が正実関数であることを示せばよい．すなわち $w(s)=1/s$ とすると，$w(W(s))=1/W(s)$ となって，先の定理からこれが正実関数である

ということになるからである.

さて，$1/s$ は明らかに実有理関数である．また，$\operatorname{Re} S \geq 0$ では

$$\operatorname{Re}\frac{1}{s}=\operatorname{Re}\frac{1}{\sigma+j\omega}=\frac{\sigma}{\sigma^2+\omega^2}$$

となるから，$\operatorname{Re} s=\sigma>0$ なら $\operatorname{Re} 1/s>0$，$\operatorname{Re} s=0$ なら，$\omega=0$ の点（すなわち $s=0$ の点[*]）を除き $\operatorname{Re} 1/s=0$ である．したがって $1/s$ は正実関数である．

〔2〕 **正実関数の s の右半面における正則性**

定理 7・3：正実関数は s の右半面で正則であり，また零点もない．

このことは，有理正実関数の場合には定理 7・1 の（i）と（ii）の性質から，以下のように帰結されるが，一般の場合には正実関数の定義の中の一条件としてあげるべきものである．

いま，$W(s)$ が $s=c$ に n 位の零点を持つとすると

$$\left.\begin{array}{l} W(s)=(s-c)^n W_1(s) \\ \text{ただし，}W_1(s) \text{ は } s=c \text{ で正則で } W_1(c) \neq 0 \end{array}\right\} \quad (7\cdot12)$$

と書き表される．このとき

$$\left.\begin{array}{l} W(c)=W'(c)=W''(c)=\cdots=W^{(n-1)}(c)=0 \\ \text{ただし，}W^{(i)}(c)=\dfrac{d^{(i)}W(s)}{ds^{(i)}}\bigg|_{s=c} \end{array}\right\} \quad (7\cdot13)$$

であることから，$W(s)$ の $s=c$ におけるテイラー（Taylor）展開は

$$W(s)=\frac{W^{(n)}(c)}{n!}(s-c)^n+\frac{W^{(n+1)}(c)}{(n+1)!}(s-c)^{n+1}+\cdots \quad (7\cdot14)$$

したがって，$s=c$ の近傍では

$$W(s) \fallingdotseq \frac{1}{n!} W^{(n)}(c)\cdot(s-c)^n \quad (7\cdot15)$$

と近似される．そこで

$$\left.\begin{array}{l} (s-c)=\rho e^{j\theta}, \quad W^{(n)}(c)=\varkappa e^{j\phi} \\ \text{ただし，}\rho>0,\ \varkappa>0,\ \theta \text{ と } \phi \text{ は実数} \end{array}\right\} \quad (7\cdot16)$$

---

[*] 関数 $1/s$ において，$s=0$ は極になる．この点における実部は $\pi u_0(\omega)$ であると考えるのが妥当である．ただし $u_0(\omega)$ は単位衝撃関数（あるいは Dirac のデルタ関数 $\delta(\omega)$），これについては尾崎，黒田：回路網理論 I，（共立全書）p. 223 を参照．

と書き表すと，$W(s)$ は $s=c$ の近傍で

$$W(s) \fallingdotseq W(\rho, \theta) = \frac{1}{n!} x\rho^n e^{j(n\theta+\phi)} \tag{7・17}$$

$$\therefore \operatorname{Re} W(s) \fallingdotseq \frac{1}{n!} x\rho^n \cos(n\theta+\phi) \tag{7・18}$$

式 (7・18) から，θ を $0\sim 2\pi$ と変化させると，n 位の零点の近傍では**図 7・3** に示すように，$\operatorname{Re} W(s)$ が交互に正と負の値をとる等角の $2n$ 個の扇形で囲まれていることが知られる．したがって，もし $W(s)$ の零点が右半面内にあれば，その近傍で必ず $\operatorname{Re} W(s)<0$ の部分が生じ，これは正実関数の定義に矛盾する．したがって $W(s)$ は s の右半面内に零点を持たない．

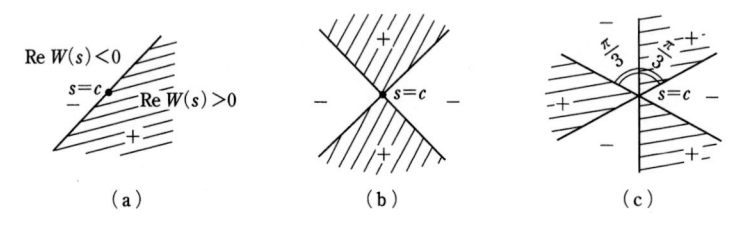

図 7・3　$W(s)$ の零点の近傍における $\operatorname{Re} W(s)$ の正負のようす

次に $W(s)$ の極* となる点を考える．この点で $1/W(s)$ は零点を持つ．したがってこの点の近傍で $\operatorname{Re}(1/W(s))$ の正負は図 7・3 のようになっている．しかるに

$$\operatorname{Re}\left(\frac{1}{W(s)}\right) = \frac{\operatorname{Re} W(s)}{|W(s)|^2} \tag{7・19}$$

であるから，$\operatorname{Re}(1/W(s))$ と $\operatorname{Re} W(s)$ とは同符号である．それゆえ $W(s)$ の極の周りにおいても $\operatorname{Re} W(s)$ の正負のようすは図 7・3 のようである．したがって $W(s)$ は右半面内に極をもたず，正則でなければならない．

〔3〕 **正実関数の s の虚軸上の性質**

定理 7・3 では，正実関数は s の右半面内において零点や極を持ち得ないことを示しているが，虚軸上ではどうであろうか？　これに対し次の定理がある．

---

*　有理関数の場合，正則でない点すなわち特異点は極だけである（7・1 節参照）．

7・3 正実関数の性質

定理 7・4: 正実関数の虚軸上の零点は1位で，その点における微係数は正である．また虚軸上の極は1位で留数は正である．

〔証明〕 $W(s)$ が虚軸上 $j\omega_0$ に2位以上の零点を持てば，図 7・4(a) のように，Re $W(s)$ の正負の値をとる等角の扇形に囲まれ，扇形の数が4以上となるから，どうしても Re $W(s)<0$ の部分が右半面内に入る．したがって2位以上の零点は虚軸上にあり得ない．次に1位の場合でも，正負の境界が図 (b) のように虚軸と交差することは許されない．同図 (c) のように，虚軸と一致しなければならない．そのためには式 (7・15) と式 (7・18) において，$n=1$ で $\phi=0$ とならなければならない．したがって

$$\frac{d}{ds}W(s)\bigg|_{s=j\omega_0}=\varkappa>0 \tag{7・20}$$

〔証明終り〕

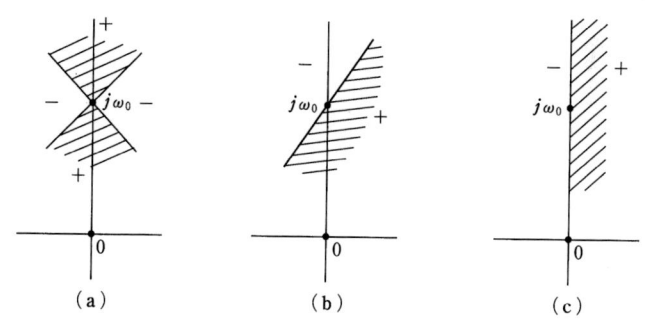

図 7・4 正実関数の虚軸上の零点は1位で留数は正であることの証明

次に $W(s)$ が虚軸上 $j\omega_0'$ に極を持つ場合，やはり1位でなければならないことは前と同様である．このとき $j\omega_0'$ における $W(s)$ のロラン (Laurent) の展開は次のようになる．

$$W(s)=\frac{c_{-1}}{s-j\omega_0'}+c_0+c_1(s-j\omega_0')+c_2(s-j\omega_0')^2+\cdots \tag{7・21}$$

$s=j\omega_0'$ の近傍では次の式で近似される．

$$W(s)\fallingdotseq\frac{c_{-1}}{s-j\omega_0'} \tag{7・22}$$

いま

$$\left.\begin{array}{l}c_{-1}=\varkappa'e^{j\phi'}, \quad s-j\omega_0'=\rho'\varepsilon^{j\theta'}\\ \text{ただし，}\varkappa'>0,\ \rho'>0,\ \phi' と \theta' は実数\end{array}\right\} \tag{7・23}$$

とすると，$s=j\omega_0'$ の近傍では

$$\operatorname{Re} W(s) \fallingdotseq \frac{\chi'}{\rho'}\cos(\phi'-\theta') \tag{7・24}$$

$\operatorname{Re} W(s)$ が右半面,すなわち $-\pi/2<\theta'<\pi/2$ で正となるためには

$$\phi'=0 \tag{7・25}$$

でなければならない.したがって留数 c_{-1} は

$$c_{-1}=\chi' e^{j0}=\chi'>0 \tag{7・26}$$

> **定理 7・4 系 1:正実関数の分母,分子の次数の差はたかだか一次である.**

〔証明〕 いま $W(s)$ を

$$W(s)=\frac{g(s)}{f(s)} \tag{7・27}$$

とし,もし $g(s)$ の次数が $f(s)$ のそれよりも二次以上高いとすると,$W(s)$ は $s=\infty$ に 2 位以上の極を持つことになる.$s=\infty$ は虚軸上の点であるから,定理 7・4 に矛盾する.また $f(s)$ が $g(s)$ よりも二次以上次数が高いとすると,$W(s)$ は $s=\infty$ に 2 位以上の 0 を持つことになり,これも同じ定理に矛盾する.したがって分母,分子の次数の差はたかだか一次である.

〔証明終り〕

> **定理 7・4 系 2:正実関数の分母,分子の多項式の係数はすべて同符号である.ただし,分母,分子は既約とする.**

〔証明〕 正実関数の零点も極もすべて虚軸上かまたは左半面内にあるから,分母,分子の多項式の因数は,すべて次のようなものからなっている.

$$s, \quad (s^2+\omega^2), \quad (s+a), \quad (s+b)^2+c^2$$

ただし,$\omega>0,\ a>0,\ b>0,\ c>0$

そこで $W(s)$ を

$$W(s)=H\cdot\frac{g_1(s)}{f_1(s)} \tag{7・28}$$

と表すことができる.ただし,$g_1(s)$ と $f_1(s)$ は上記のような因数からなる多項式で,係数はすべて正で,最高次の項の係数は 1 とし,H は実定数である.

このように表すと,結局 $H>0$ を示せばよい.s_1 を正の実数とすると

$$W(s_1)=H\cdot\frac{g_1(s_1)}{f_1(s_1)}$$

s_1 は正の実数であるから,もちろん右半面内の点であり,$W(s)$ はこの点で実部が正であるから

$$\operatorname{Re} W(s_1)=W(s_1)=H\cdot\frac{g_1(s_1)}{f_1(s_1)}>0 \tag{7・29}$$

$g_1(s_1)>0,\ f_1(s_1)>0$ であるから,$H>0$ となる. 〔証明終り〕

〔4〕 その他の性質

一端子対回路網の構成と直接関連のある次のような重要な定理がある．

定理 7・5：実有理関数 $W(s)$ が正実関数であるための必要十分条件は，次の条件を満たすことである．
(i) 虚軸上の極は 1 位で留数は正．
(ii) 虚軸上で $\operatorname{Re} W(j\omega) \geq 0$ で右半面で正則である．

〔証明〕 必要条件であることは，これまでに述べた定理から明らかであるから，十分条件であることを示そう．(i) から，$W(s)$ の虚軸上の極を取り出すと次のように表し得ることを示そう．またその物理的意味も述べる．

$$\left.\begin{aligned}W(s) &= \left\{k_\infty s + \frac{k_0}{s} + \sum_{i=1}^{n}\left(\frac{k_i}{s+j\omega_i} + \frac{k_i}{s-j\omega_i}\right)\right\} + W'(s) \\ &= \left\{k_\infty s + \frac{k_0}{s} + \sum_{i=0}^{n}\frac{2k_i s}{s^2 + \omega_i^2}\right\} + W'(s) \\ &k_\infty \geq 0,\ k_0 \geq 0,\ k_i > 0,\ \omega_i > 0 \quad (i=1,2,\cdots,n) \\ &\text{ただし，} W'(s) \text{は虚軸上で正則}\end{aligned}\right\} \quad (7\cdot30)$$

このように表されることを示そう．

(a) $W(s)$ が $s=\infty$ に極を持つ場合　　このとき $s=\infty$ における極の主部を分離すると

$$W(s) = k_\infty s + W_1(s) \quad (k_\infty > 0) \quad (7\cdot31)$$

となる．条件 (i) より留数 $k_\infty > 0$ で，残った $W_1(s)$ はもはや無限遠点に極を持たない．$W_1(s)$ の次数は $W(s)$ のそれより一次低くなっている．

このように $W(s)$ から $k_\infty s$ を分離することは，物理的には図 7・5 に示すように，$W(s)$ がインピーダンスなら図 (a) のようにコイルを直列に，アドミタンスなら図 (b) のようにキャパシタを並列に分離することに相当している．

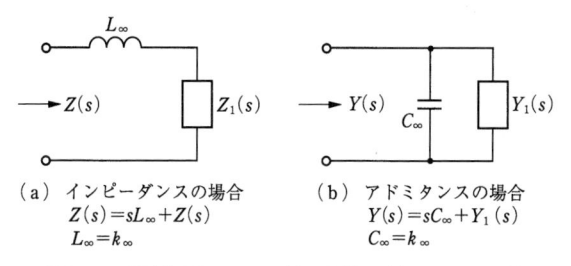

(a) インピーダンスの場合
$Z(s) = sL_\infty + Z(s)$
$L_\infty = k_\infty$

(b) アドミタンスの場合
$Y(s) = sC_\infty + Y_1(s)$
$C_\infty = k_\infty$

図 7・5　$W(s)$ より $s=\infty$ の極の分離　$W(s) = k_\infty s + W_1(s)$

(b) $W(s)$ が $s=0$ に極を持つ場合　　このとき $W_1(s)$ も極を持つことは明らかであるから，前同様にして

$$W_1(s) = \frac{k_0}{s} + W_2(s) \quad (k_0 > 0) \quad (7\cdot32)$$

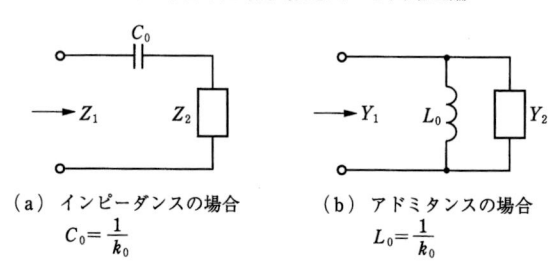

(a) インピーダンスの場合　　　（b) アドミタンスの場合
$C_0 = \dfrac{1}{k_0}$　　　　　　　　　$L_0 = \dfrac{1}{k_0}$

図 7・6 原点における極の分離

$$W_1(s) = \frac{k_0}{s} + W_2(s)$$

とすることができ，$W_2(s)$ はもはや原点に極を持たず，かつ $W_1(s)$ より次数が一次低い．

この操作の物理的意味は，図7・6 に示すように，$W_1(s)$ がインピーダンスなら，C_0 を直列に，アドミタンスなら L_0 を並列に分離することに相当する．

（c） $W(s)$ **が虚軸上有限の点** $j\omega_i$ **に極を持つ場合**　このとき，$-j\omega_i$ にも極を持つ．そうして

$$W_2(s) = \frac{g(s)}{(s^2 + \omega_i^2) f'(s)} \tag{7・33}$$

と表されるはずである．$s = \pm j\omega_i$ における留数を巻末付録の定理 A・3 を用いて求めると

$$\lim_{s \to \pm j\omega_i} (s \mp j\omega_i) \frac{g(s)}{(s^2 + \omega_i^2) f'(s)} = \frac{g(s)}{(s \pm j\omega_i) f'(s)} \bigg|_{s = \pm j\omega_i}$$

$$= \frac{g(\pm j\omega_i)}{\pm 2 j\omega_i f'(\pm j\omega_i)} \tag{7・34}$$

$g(s)/f'(s)$ は実有理関数であるから，$\pm j\omega_i$ における値は共役で，これを

$$\frac{g(\pm j\omega_i)}{f'(\pm j\omega_i)} = U \pm jV \tag{7・35}$$

とすると，留数は

$$\frac{U \pm jV}{\pm 2 j\omega_i} = \frac{V \mp jU}{2\omega_i} \tag{7・36}$$

しかるに留数は正の実数でなければならないから $U = 0$ で，$j\omega_i$ における極の留数と $-j\omega_i$ のそ

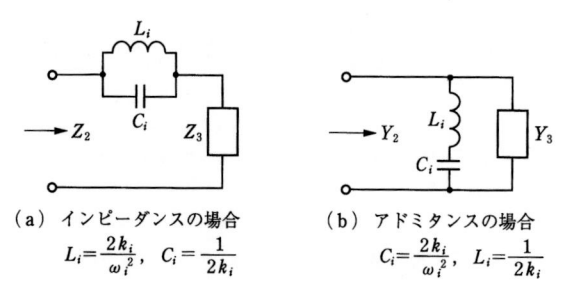

(a) インピーダンスの場合　　　（b) アドミタンスの場合
$L_i = \dfrac{2k_i}{\omega_i^2}, \quad C_i = \dfrac{1}{2k_i}$　　　　$C_i = \dfrac{2k_i}{\omega_i^2}, \quad L_i = \dfrac{1}{2k_i}$

図 7・7　$s = \pm j\omega_i$ における極の分離

$$W_2(s) = \frac{2k_i s}{s^2 + \omega_i^2} + W_3(s)$$

7・3 正実関数の性質

れとは等しく，ともに

$$k_i = \frac{V}{2\omega_i} > 0 \tag{7・37}$$

となる．

さて，$W_2(s)$ から $\pm j\omega_i$ における極を分離すると

$$W_2(s) = \left\{ \frac{k_i}{s+j\omega_i} + \frac{k_i}{s-j\omega_i} \right\} + W_3(s) \tag{7・38}$$

$$= \frac{2k_i s}{s^2+\omega_i^2} + W_3(s) \tag{7・39}$$

と表され，$W_3(s)$ は $s=\pm j\omega_i$ に極を持たず，その次数は $W_2(s)$ のそれより二次低くなる．

この操作の物理的意味は，図 **7・7** に示すとおりである*．

かくして虚軸上の極を全部分離すると，$W(s)$ は式 (7・30) のように表され，物理的には図 **7・8** に示すように，リアクタンス回路を分離したことになる．$W'(s)$ はもはや虚軸上に極を持たず，その次数は $W(s)$ のそれより低い．換言すると $W'(s)$ は $W(s)$ に比べて，より簡単な関数になる．

さて，式 (7・30) の右辺のかっこ内の項，すなわちリアクタンス回路に相当する部分は，$s=$

---

* 式 (7・39) 右辺第 1 項の

$$\frac{2k_i s}{s^2+\omega_i^2} \tag{7・39a}$$

をインピーダンスとする回路が，図 7・7(a) のように，L_i と C_i の並列接続となり

$$L_i = \frac{2k_i}{\omega_i^2}, \quad C_i = \frac{1}{2k_i} \tag{7・39b}$$

となることを記憶するのに，次のように考えると容易である．

まず，式 (7・39a) で $s \to 0$ とすると

$$\frac{2k_i s}{s^2+\omega_i^2} \fallingdotseq \frac{2k_i}{\omega_i^2} s \tag{7・39c}$$

一方，$s \to 0$ とすることは $\omega \to 0$，すなわち，きわめて低い周波数を考えることであり，その場合，図の並列回路は近似的にコイルだけを見ることができ，そのインピーダンスは

$$L_i s \tag{7・39d}$$

であるから，式 (7・39c) と式 (7・39d) を等しいとして

$$L_i = \frac{2k_i}{\omega_i^2}$$

また，逆に $s \to \infty$ とすると，式のほうは

$$\frac{2k_i s}{s^2+\omega_i^2} \fallingdotseq \frac{2k_i s}{s^2} = \frac{2k_i}{s} \tag{7・39e}$$

と近似され，回路のほうは，$s \to \infty$ は高い周波数を考えることであり，このときコイルは無視することができて，容量だけとなり，そのインピーダンスは

$$\frac{1}{C_i s} \tag{7・39f}$$

と近似される．したがって式 (7・39e) と式 (7・39f) から

$$C_i = \frac{1}{2k_i}$$

アドミタンスについても同様である．

(a) インピーダンスの場合

$$L_\infty = k_\infty, \quad C_0 = \frac{1}{k_0}, \quad L_i = \frac{2k_i}{\omega_i^2}, \quad C_i = \frac{1}{2k_i}$$

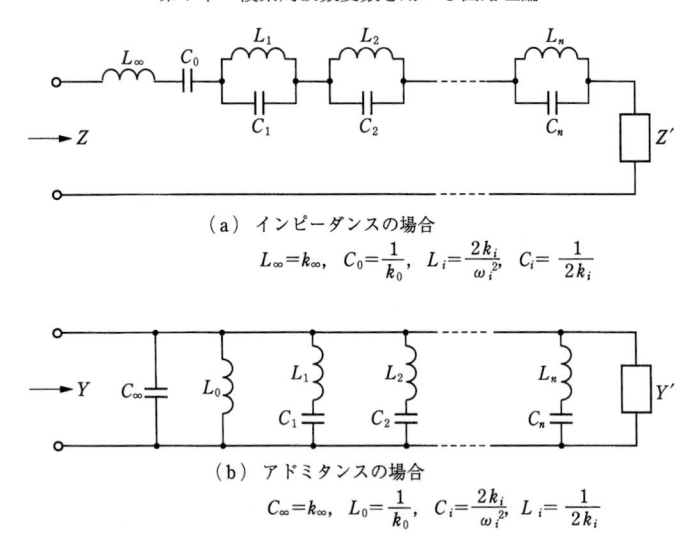

(b) アドミタンスの場合

$$C_\infty = k_\infty, \quad L_0 = \frac{1}{k_0}, \quad C_i = \frac{2k_i}{\omega_i^2}, \quad L_i = \frac{1}{2k_i}$$

図 7・8　$W(s)$ の虚軸上の極の分離

$$W(s) = \left\{ k_\infty s + \frac{k_0}{s} + \sum_{i=1}^{n} \left(\frac{2k_i s}{s^2 + \omega_i^2} \right) \right\} + W'(s)$$

$j\omega$ を代入すると

$$jk_\infty \omega - j\frac{k_0}{\omega} + \sum_{i=1}^{n} \frac{j2k_i\omega}{\omega_i^2 - \omega^2}$$

となる．つまり虚軸上で純虚数*である．それゆえ虚軸上で，$\operatorname{Re} W'(s)$ は

$$\operatorname{Re} W'(j\omega) = \operatorname{Re} W(j\omega) \geq 0 \tag{7・40}$$

しかるに前記のように，関数論の定理によれば，**ある領域で正則な関数の実部の最大値と最小値は，その領域の境界上にある**．いまの場合，$W'(s)$ は虚軸を含む右半面で正則であり，その境界すなわち虚軸上で式（7・40）に示すように，実部は非負であるから，右半面内では

$$\left. \begin{array}{l} \operatorname{Re} W'(s) \geq 0 \quad (\operatorname{Re} s > 0) \\ \text{ただし，右半面内の1点で等号が成立すれば } W'(s) \equiv 0 \end{array} \right\} \tag{7・41}$$

したがって，$W'(s)$ は正実関数である．

一方，式（7・30）の右辺のかっこ内の各項が正実関数であることは，正実関数の定義に当てはまるかどうかを調べればよく，これは簡単であるから略する．

結局 $W(s)$ が正実関数であることが証明される．　　　　　　　　〔証明終り〕

定理7・5系1：正実関数が虚軸上に極を持つ場合，その極の一部または全部を分離しても，残った関数は正実関数である．

これは，定理7・6の証明の過程から容易に知られる．

＊　前述したように，極における実部は，単位衝撃関数（の実数倍）であるから，厳密にいうと，極の点を除いて純虚数であるというべきである．

定理7・5系2: 実有理関数 $W(s)$ が正実関数であるための必要十分条件は，次の二つの条件を満たすことである．
  (i) 虚軸上の零点は1位で，その微係数は正．
  (ii) 虚軸上で $\operatorname{Re} W(j\omega) \geq 0$ で右半面に零点を有しない．

〔証明〕 上の条件(i)と(ii)が，$1/W(s)$ に対する定理7・5の条件(i)と(ii)に相当することを示そう．まず $W(s)$ の虚軸上の零点を $s_0 = j\omega_0$ とし，その微係数を h とする．$1/W(s)$ はこの点で1位の極となり，その留数を k とすると

$$k = \frac{1}{h} > 0 \qquad (7 \cdot 42)$$

となることが容易に示される．したがってこの系の条件(i)が，$1/W(s)$ に関してもとの定理の条件(i)に相当する．

次に $W(s)$ が系の(ii)を満たせば，$1/W(s)$ は定理の条件(ii)を満たすことは次のようにして示される．すなわち，$W(s)$ が右半面に零点を持たないから，$1/W(s)$ は右半面で正則である．また虚軸上で

$$\operatorname{Re}\left(\frac{1}{W(j\omega)}\right) = \frac{\operatorname{Re} W(j\omega)}{|W|^2} \qquad (7 \cdot 43)$$

であるから，系の条件(ii)から $\operatorname{Re}(1/W(j\omega)) \geq 0$ が帰結される．

結局 $W(s)$ が系の条件(i)，(ii)を満たせば，$1/W(s)$ は定理の条件(i)，(ii)を満たすことになって，$1/W(s)$ は正実関数となり，したがってその逆数 $W(s)$ も正実関数となる．

〔証明終り〕

7・4 *LC*, *RC*, *RL* 回路（網）

無損失の素子，すなわち L と C 並びに無損失の変成器だけよりなる回路網を，**LC回路** あるいは **リアクタンス回路** という．同様に，R と L と変成器よりなる **RL回路**，R と C と理想変成器からなる回路網を **RC回路** という．これらの回路のイミタンス関数は単なる正実関数ではなく，いずれも顕著な性質を持っている．またこれらの中のどれか一種について性質を調べれば，他は簡単な法則によって類推される．

〔1〕 **リアクタンス回路，フォスタ展開による構成**

リアクタンス回路のイミタンスの必要十分条件を満たす関数を **リアクタンス関数**（reactance function）といい，次のような関数である．

> **定理 7・6：リアクタンス関数は正実奇関数*（positive real odd function）である．**

〔証明〕 まず，必要条件であること，すなわち，リアクタンス一端子対網のイミタンスは正実関数であることはいうまでもないから，奇関数であることを示そう．リアクタンス回路の場合，式 (7・5) は

$$z_{pq} = sL_{pq} + \frac{1}{sC_{pq}} \tag{7・44}$$

の形となり，これは奇関数である．したがって，式 (7・4) によって Z を求めると，Δ は l 個の奇関数 z_{pq} の積の和，Δ_{11} は $(l-1)$ 個の奇関数の積の和となる．l が奇数なら Δ は奇で Δ_{11} は偶，l が偶数なら Δ は偶で Δ_{11} は奇となり，いずれの場合も Δ/Δ_{11} は奇関数となる．

〔証明終り〕

以上で必要条件の証明が終わった．十分条件の証明には，正実奇関数が与えられた場合，これをイミタンスとする回路が構成されることを示せばよい．まず，リアクタンス関数の零点と極の位置を考えるには，これはすべて虚軸上にある．なぜかというと，もし虚軸以外の点 s_1（**図 7・9** 参照）に零点があったとすると，奇関数であるから

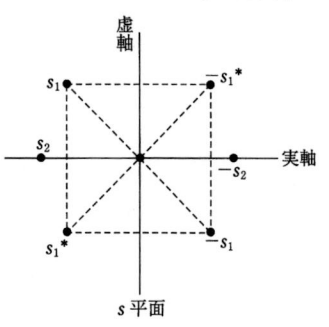

$$-W(-s_1) = W(s_1) = 0 \tag{7・45}$$

図 7・9 奇（偶）関数の零点や極は組を作ることの説明図

となって $-s_1$ も零点になる．これは右半面内の点であり，正実関数は右半面に零点を持たない（定理 7・3）というのに矛盾する．したがって s_1 は零点になり得ない．s_2 も同様である．極についても同様である．

結局，リアクタンス関数の零点と極は虚軸上に限られることが知られる．したがって，式 (7・30) のように虚軸上の極の部分を取り出した残りの $W'(s)$ は定数になる．しかもリアクタンス関数は奇関数であるから，この定数は 0 となる．結局リアクタンス関数は次のように書き表すことができる．

$$\left. \begin{array}{l} W(s) = k_\infty s + \dfrac{k_0}{s} + \displaystyle\sum_{i=1}^{n} \dfrac{2k_i s}{s^2 + \omega_i^2} \\ k_\infty \geq 0, \quad k_0 \geq 0, \quad k_i > 0, \quad \omega_i > 0 \quad (i = 1, 2, \cdots, n) \end{array} \right\} \tag{7・46}$$

---

* 奇関数と偶関数：$f(-x) = -f(x)$ であるとき f は奇関数という．$f(-x) = f(x)$ ならば偶関数という．

7・4 LC, RC, RL 回路（網）

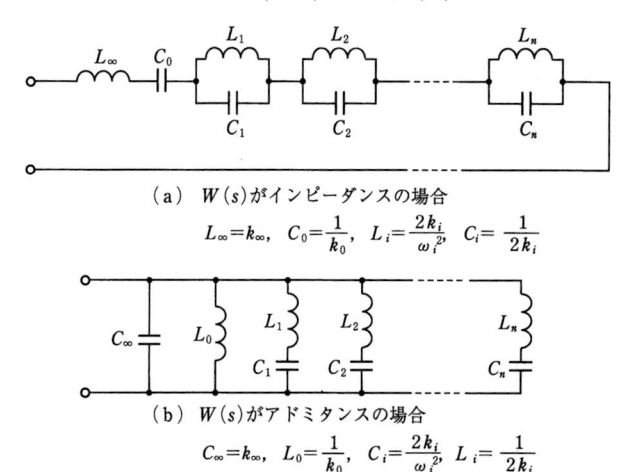

(a) $W(s)$ がインピーダンスの場合

$L_\infty = k_\infty, \quad C_0 = \dfrac{1}{k_0}, \quad L_i = \dfrac{2k_i}{\omega_i^2}, \quad C_i = \dfrac{1}{2k_i}$

(b) $W(s)$ がアドミタンスの場合

$C_\infty = k_\infty, \quad L_0 = \dfrac{1}{k_0}, \quad C_i = \dfrac{2k_i}{\omega_i^2}, \quad L_i = \dfrac{1}{2k_i}$

図 7・10　リアクタンス関数の部分分数展開による構成

$$W(s) = k_\infty s + \frac{k_0}{s} + \sum_{i=1}^{n} \frac{2k_i s}{s^2 + \omega_i^2}$$

これを**フォスタ**（Foster）**展開**または**部分分数展開**という．この $W(s)$ をイミタンスとする回路は，図 7・8 で W' を取り去った回路であるから，**図 7・10** のようになる．以上のことから直ちに次のように述べることができる．

定理 7・7：$W(s)$ がリアクタンス関数であるための必要十分条件は，式（7・46）のようにフォスタ展開されることである．

フォスタ展開の仕方　　与えられた $W(s)$ を既約形で表して

$$W(s) = \frac{g(s)}{f(s)} \tag{7・47}$$

とする．$f(s)$ が多項式なら

$$f(s) = s \prod_{i=1}^{n} (s^2 + \omega_i^2) \tag{7・48}$$

（因数 s はないこともある．そのとき後述の $k_0 = 0$ である）
と因数分解する．そうして，一応

$$W(s) = \frac{g(s)}{f(s)} = k_\infty s + \frac{k_0}{s} + \sum_{i=1}^{n} \frac{2k_i s}{s^2 + \omega_i^2} \tag{7・49}$$

と置く．ここで k_∞, k_0, k_i はこれから求めるものである．k_∞, k_0 並びに k_i は巻末

付録から次のようにして求められる*.

$$k_\infty = \left.\frac{W(s)}{s}\right|_{s=\infty}, \qquad k_0 = sW(s)|_{s=0} \tag{7・50}$$

$$k_i = (s-j\omega_i)W(s)|_{s=j\omega_i} \tag{7・51}$$

しかし，k_i は次の式から求めるほうが便利である．

$$2k_i = \left.\frac{W(s)(s^2+\omega_i^2)}{s}\right|_{s^2=-\omega_i^2} \tag{7・52}$$

例題 7・1 次のリアクタンス関数を回路網として実現せよ．
$$W(s) = \frac{s(2s^2+1)(s^2+4)}{(3s^2+1)(s^2+2)} \tag{7・53}$$

〔解〕 $W(s) = k_\infty s + \dfrac{k_0}{s} + \dfrac{2k_1 s}{s^2+1/3} + \dfrac{2k_2 s}{s^2+2}$

と置いて，k_∞, k_0, k_1, k_2 を求める．

$$k_\infty = \left.\frac{W(s)}{s}\right|_{s=\infty} = \left.\frac{(2s^2+1)(s^2+4)}{(3s^2+1)(s^2+2)}\right|_{s=\infty} = \frac{2}{3}, \qquad k_0 = sW(s)|_{s=0} = 0$$

$$2k_1 = \left.W(s)\frac{s^2+1/3}{s}\right|_{s^2=-(1/3)} = \left.\frac{(2s^2+1)(s^2+4)}{3(s^2+2)}\right|_{s^2=-(1/3)} = \frac{11}{45}$$

$$2k_2 = \left.W(s)\frac{s^2+2}{s}\right|_{s^2=-2} = \left.\frac{(2s^2+1)(s^2+4)}{3s^2+1}\right|_{s^2=-2} = \frac{6}{5}$$

$$\therefore\quad W(s) = \frac{2}{3}s + \frac{11/45}{s^2+1/3}s + \frac{6/5}{s^2+2}s \tag{7・54}$$

これは図7・11のように実現される．

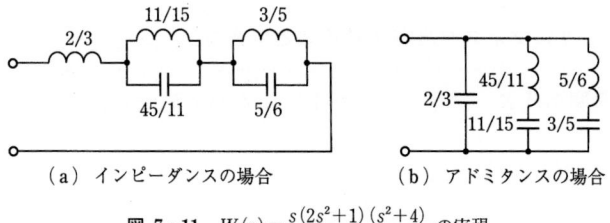

(a) インピーダンスの場合　　(b) アドミタンスの場合

図 7・11　$W(s) = \dfrac{s(2s^2+1)(s^2+4)}{(3s^2+1)(s^2+2)}$ の実現

〔2〕 **リアクタンス関数のその他の性質**

定理7・8：リアクタンス関数は原点と無限遠点では，極となるか零点となるかのいずれかである．

〔証明〕 この定理の物理的意味を考える．原点とは直流に相当し，無限遠点とは，無限大の

---

* 巻末付録の定理 A・3 のあとの［応用例］を参照されたい．

周波数に相当するとみることができる.したがって定理の意味は,リアクタンス回路のイミタンスの値は,直流と無限大の周波数に対しては0かまたは無限大であるということになる.図 7・10でいうと,図 (a) において,無限大の周波数に対するこの回路のインピーダンスは,$L_\infty=0(k_\infty=0)$ なら0で,$L_\infty>0(k_\infty>0)$ なら無限大になる.また直流に対しては,C_0 がなければ(すなわち,$C_0=\infty$,$k_0=0$ なら)0で,C_0 があれば無限大になる.

式の上でいうと,式 (7・50) において,$k_\infty=0$ なら $W(s)$ は無限遠に零点,$k_\infty>0$ なら極を持つ.また $k_0=0$ なら原点は零点,$k_0>0$ なら極となる. 〔証明終り〕

定理7・9:リアクタンス関数の虚軸上における微係数は正である.

〔証明〕 式 (7・46) よりただちに次の式を得ることができる.

$$\left.\frac{dW(s)}{ds}\right|_{s=j\omega}=k_\infty+\frac{k_0}{\omega^2}+\sum_{i=1}^{n}\frac{2k_i(\omega^2+\omega_i^2)}{(\omega_i^2-\omega^2)^2}>0 \tag{7・55}$$

定理7・10:リアクタンス関数の零点と極はすべて虚軸上にあり,1位で,互いに隔離しあう.

〔証明〕 図7・12 は,横軸に ω,縦軸に $W(s)$ の虚軸上の値,すなわち,$W(j\omega)=jX(\omega)$ の $X(\omega)$ をとったものである.前の定理から,微係数が正であり,曲線は右上がりになっていなければならない.また,虚軸上の極(いまの場合,$\omega=0,\pm\omega_2,\pm\omega_4,\cdots$)は1位であるから,曲線は極の前と後でそれぞれ正及び負でなければならない.したがって,曲線は極と極の間で横軸を少なくとも1回横切らなければならない.この横切る点が零点である.リアクタンス関数であるから,この零点は1点である(2位以上の零点なら,曲線が横軸に接する.いまの場合はそうならない).極と極の間に零点が2個以上あるような箇所があるとすると,虚軸上の零点の数が極の数より多く存在することになる.有理関数の零点の数と極の数(n位の零点は零点 n 個が重なっていると勘定する.いまの場合はすべて1位である)は相等しく,リアクタンス関数の零点と極はすべて虚軸上にあるから,極と極の間には零点は1個でなければならない.

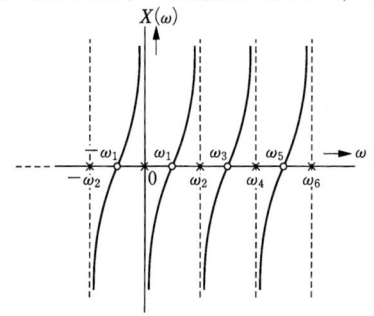

図7・12 虚軸上におけるリアクタンス関数の値,微係数は常に正.$W(j\omega)=jX(\omega)$

図7・13 リアクタンス関数の零点と極の位置(虚軸上で互いに隔離する)

すなわち，零点と極は虚軸上で隔離しあう．これを s 平面上に図示したものが図 7・13 である．
〔証明終り〕

定理 7・11： $W(s)$ がリアクタンス関数であるための必要十分条件は，次のように書き表されることである．

$$W(s) = H \frac{(s^2 + \omega_1^2)(s^2 + \omega_3^2) \cdots (s^2 + \omega_{2n+1}^2)}{s(s^2 + \omega_2^2)(s^2 + \omega_4^2) \cdots (s^2 + \omega_{2n+2}^2)} \tag{7・56}$$

$$H > 0, \quad 0 \leq \omega_1 < \omega_2 < \omega_3 < \cdots < \omega_{2n+1} < \omega_{2n+2} \leq \infty$$

上式で，$s=0, \pm j\omega_2, \pm j\omega_4$ などが極，$s=\pm j\omega_1, \pm j\omega_3$ などが零点である．$0 \leq \omega_1$ と等号が含まれているが，$\omega_1 = 0$ のときは $(s^2 + \omega_1^2) = s^2$ となり，これと分母の s が約されて，$s=0$ は極でなくなり零点となる．また $\omega_{2n+2} = \infty$ のときは，分母の $(s^2 + \omega_{2n+2}^2)$ の因数を取り去るものとする．このとき分子の次数が分母の次数より一次高くなり，$s=\infty$ に極を持つことになる．すなわち $\omega_{2n+2} \to \infty$ となったことに当たる．さて，定理の証明に移ろう．

〔証明〕 必要条件であることをまず示そう．式 (7・56) のように表されなければならないことは，定理 7・10 から明らかで，$H>0$ であることは，定理 7・4 系 2 の証明の際，式 (7・29) で示した．

次に十分条件であることを示そう．それには式 (7・56) の形の $W(s)$ をフォスタ展開したとき，留数がすべて正または 0 になることを示せばよい．留数を求めてみると

$$k_\infty = \left. \frac{W(s)}{s} \right|_{s=\infty} = \left. \frac{H(s^2+\omega_1^2)(s^2+\omega_3^2)\cdots(s^2+\omega_{2n+1}^2)}{s^2(s^2+\omega_2^2)(s^2+\omega_4^2)\cdots(s^2+\omega_{2n+2}^2)} \right|_{s=\infty} \tag{7・57}$$

先に注意したように $(s^2+\omega_{2n+2}^2)$ があれば $k_\infty = 0$ で，なければ

$$k_\infty = H > 0 \tag{7・58}$$

いずれにしろ $k_\infty \geq 0$ となる．次に k_0 は

$$k_0 = sW(s)\bigg|_{s=0} = H \frac{\omega_1^2 \omega_3^2 \cdots \omega_{2n+1}^2}{\omega_2^2 \omega_4^2 \cdots \omega_{2n+2}^2} \tag{7・59}$$

これは $\omega_1 = 0$ なら 0 で，$\omega_1 > 0$ なら正となる．すなわち

$$k_0 \geq 0 \tag{7・60}$$

次に $2k_{2i}$ は

$$2k_{2i} = \frac{W(s)(s^2+\omega_{2i}^2)}{s}\bigg|_{s^2 = -\omega_{2i}^2}$$

$$= \frac{H(-\omega_{2i}^2+\omega_1^2)(-\omega_{2i}^2+\omega_3^2)\cdots(-\omega_{2i}^2+\omega_{2n+1}^2)}{-\omega_{2i}^2(-\omega_{2i}^2+\omega_2^2)(-\omega_{2i}^2+\omega_4^2)\cdots(-\omega_{2i}^2+\omega_{2i-2}^2)}$$
$$\phantom{=\frac{H}{{}}} (-\omega_{2i}^2+\omega_{2i+2}^2)\cdots(-\omega_{2i}^2+\omega_{2n+2}^2) \tag{7・61}$$

分母と分子の因数の中で，負となる項を拾い上げると

$$-\omega_{2i}^2, (-\omega_{2i}^2+\omega_1^2), (-\omega_{2i}^2+\omega_2^2), \cdots, (-\omega_{2i}^2+\omega_{2i-1}^2)$$

で，全部で $2i$ 個である．したがって $2k_{2i}$ は正となる．
$$2k_{2i} > 0 \tag{7・62}$$
〔証明終り〕

以上述べたような事項は，フォスタ（R. M. Foster）によって明らかにされたもので，以上の内容を**フォスタのリアクタンス定理**という．

〔3〕 **連分数展開による構成**

フォスタは部分分数展開によりリアクタンス関数を実現する方法を示したが，カウエル（W. Cauer）はここに述べる連分数展開による実現法を示した．

いま $W(s)$ をリアクタンス関数であるとする．もし無限遠点に極を持てば，それを分離して

$$W(s) = k_\infty^{(0)} s + W_1(s), \quad W_1(s) = \frac{k_0}{s} + \sum_{i=1}^{n} \frac{2k_i s}{s^2 + \omega_i^2} \tag{7・63}$$

とすると，$W_1(s)$ はもはや $s=\infty$ に極を持たない．したがって定理 7・8 から零点になる．したがって $1/W_1(s)$ は $s=\infty$ に極を持つから，上と同じようにこれを分離すると

$$\frac{1}{W_1(s)} = k_\infty^{(1)} s + W_2(s) \tag{7・64}$$

と表される．$W_2(s)$ はまた $s=\infty$ で 0 であり，$1/W_2(s)$ は極を持ち

$$\frac{1}{W_2(s)} = k_\infty^{(2)} s + W_3(s) \tag{7・65}$$

と表される．順次このようにしていくと $W(s)$ より $W_1(s)$，$W_2(s)$ と，次数が一次ずつ低くなっていき，結局 $W(s)$ は次のように表される．

$$\begin{aligned}
W(s) &= k_\infty^{(0)} s + \cfrac{1}{\cfrac{1}{W_1(s)}} = k_\infty^{(0)} s + \cfrac{1}{k_\infty^{(1)} s + W_2(s)} \\
&= k_\infty^{(0)} s + \cfrac{1}{k_\infty^{(1)} s + \cfrac{1}{\cfrac{1}{W_2(s)}}} = k_\infty^{(0)} s + \cfrac{1}{k_\infty^{(1)} s + \cfrac{1}{k_\infty^{(2)} s + W_3(s)}} \\
&= k_\infty^{(0)} s + \cfrac{1}{k_\infty^{(1)} s + \cfrac{1}{k_\infty^{(2)} s + \cfrac{1}{k_\infty^{(3)} s + \cfrac{\ddots}{k_\infty^{(n)} s}}}}
\end{aligned}$$

$$= k_\infty^{(0)} s + \cfrac{1}{k_\infty^{(1)} s + \cfrac{1}{k_\infty^{(2)} s + \cdots + \cfrac{1}{k_\infty^{(n)} s}}} \quad (7\cdot 66)$$

$$k_\infty^{(0)} \geq 0, \quad k_\infty^{(i)} > 0 \quad (i=1, 2, \cdots, n)$$

実際の展開に当たっては，分子を分母で割って

$$W(s) = \frac{g(s)}{f(s)} = k_\infty^{(0)} s + \frac{g_1(s)}{f(s)} \quad (7\cdot 67)$$

次に $f(s)$ を $g_1(s)$ で割って

$$\frac{f(s)}{g_1(s)} = k_\infty^{(1)} s + \frac{f_1(s)}{g_1(s)} \quad (7\cdot 68)$$

とする．順次このように，いわゆるユークリッドの互除法によって展開していく．

式 (7·66) の展開に対応して $W(s)$ は図 7·14 のように実現される．図 (a) の回路についてこれを証明すると，L_0 を取り去って右を見たインピーダンスを $Z_1(s)$ とすると

$$Z(s) = L_0 s + Z_1(s) = k_\infty^{(0)} s + Z_1(s) \quad (7\cdot 69)$$

さらに C_1 を取り去って右を見たアドミタンスを $Y_2(s)$ とすると

$$\frac{1}{Z_1(s)} = C_1 s + Y_2(s) = k_\infty^{(1)} s + Y_2(s) \quad (7\cdot 70)$$

順次このように考えると，$W(s)$ がインピーダンスの場合，式 (7·66) に対応して図 7·14(a) の回路として構成されることが知られる．

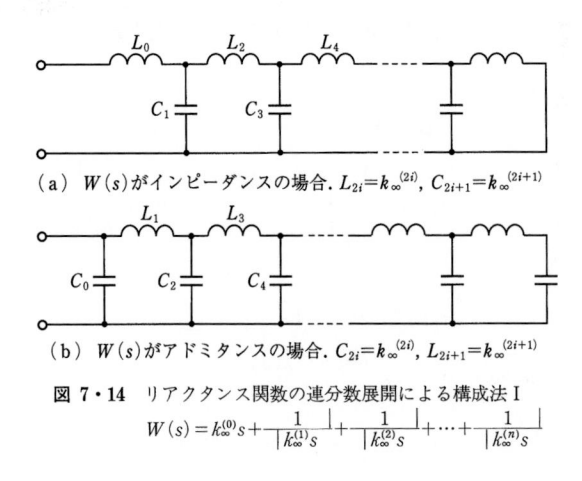

（a） $W(s)$ がインピーダンスの場合．$L_{2i} = k_\infty^{(2i)}$, $C_{2i+1} = k_\infty^{(2i+1)}$

（b） $W(s)$ がアドミタンスの場合．$C_{2i} = k_\infty^{(2i)}$, $L_{2i+1} = k_\infty^{(2i+1)}$

図 7·14　リアクタンス関数の連分数展開による構成法 I

$$W(s) = k_\infty^{(0)} s + \cfrac{1}{k_\infty^{(1)} s + \cfrac{1}{k_\infty^{(2)} s + \cdots + \cfrac{1}{k_\infty^{(n)} s}}}$$

次に，上では $W(s)$ の $s=\infty$ における極を分離することから連分数展開を行ったが，$s=0$ における極に着目して同様な展開を行うと次のようになる．

$$W(s) = \frac{k_0^{(0)}}{s} + \cfrac{1}{\cfrac{k_0^{(1)}}{s}} + \cfrac{1}{\cfrac{k_0^{(2)}}{s}} + \cdots + \cfrac{1}{\cfrac{k_0^{(n)}}{s}} \quad (7\cdot71)$$

$k_0^{(0)} \geq 0$, $k_0^{(i)} > 0$ $(i=1, 2, \cdots, n)$

この展開に対応して $W(s)$ は図 7・15 のように実現される．

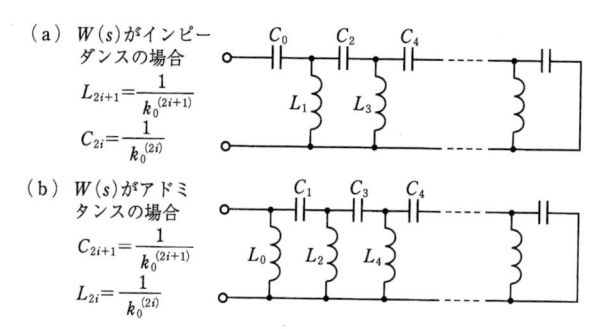

(a) $W(s)$ がインピーダンスの場合
$L_{2i+1} = \dfrac{1}{k_0^{(2i+1)}}$
$C_{2i} = \dfrac{1}{k_0^{(2i)}}$

(b) $W(s)$ がアドミタンスの場合
$C_{2i+1} = \dfrac{1}{k_0^{(2i+1)}}$
$L_{2i} = \dfrac{1}{k_0^{(2i)}}$

図 7・15 リアクタンス関数の連分数展開による構成法 II

$$W(s) = \frac{k_0^{(0)}}{s} + \cfrac{1}{k_0^{(1)}/s} + \cfrac{1}{k_0^{(2)}/s} + \cdots + \cfrac{1}{k_0^{(n)}/s}$$

以上のことから次の定理が得られる．

定理 7・12：$W(s)$ がリアクタンス関数であるための必要十分条件は，式 (7・66) のように展開されることである．

定理 7・13：$W(s)$ がリアクタンス関数であるための必要十分条件は，式 (7・71) のように展開されることである．

例題 7・2 次の関数はリアクタンス関数か，もしそうなら，これを実現せよ．

(イ) $W(s) = \dfrac{s^9 + 4s^7 + 3s^5 + 2s^3 + 2s}{s^8 + s^6 + s^4 + s^2 + 1}$
(ロ) $\dfrac{2s^5 + 9s^3 + 4s}{3s^4 + 7s^2 + 2}$

〔解〕 連分数展開をしてみて，もし係数が全部正ならリアクタンス関数であり，途中で負の係数がでてくればリアクタンス関数でないことが知られる．まず (イ) の関数は

$$s^8+s^6+s^4+s^2+1 \overline{)\begin{array}{c}s\\s^9+4s^7+3s^5+2s^3+2s\end{array}}$$

$$\underline{s^9+s^7+s^5+s^3+s}$$

$$3s^7+2s^5+s^3+\quad s/3 \overline{)s^8+s^6+s^4+s^2+1}$$

$$\underline{s^8+\tfrac{2}{3}s^6+\tfrac{s^4}{3}+\tfrac{s^2}{3}}$$

$$\tfrac{s^6}{3}+\tfrac{2s^4}{3}+\tfrac{2}{3}s^2+1 \overline{)\begin{array}{c}9s\\3s^7+2s^5+s^3+s\end{array}}$$

$$\underline{3s^7+6s^5+6s^3+9s}$$

$$-4s^5-5s^3-8s$$

ここで負の係数が現れたから,この関数はリアクタンス関数でない.次に(ロ)の関数は

$$3s^4+7s^2+2 \overline{)\begin{array}{c}\tfrac{2}{3}s\\2s^5+9s^3+4s\end{array}}$$

$$\underline{2s^5+\tfrac{14}{3}s^3+\tfrac{4}{3}s}$$

$$\tfrac{13}{3}s^3+\tfrac{8}{3}s \overline{)\begin{array}{c}\tfrac{9}{13}s\\3s^4+7s^2+2\end{array}}$$

$$\underline{3s^4+\tfrac{24}{13}s^2} = \tfrac{\tfrac{13}{67}\times\tfrac{13}{3}s}{\tfrac{67}{13}s^2+2 \overline{)\tfrac{13}{3}s^3+\tfrac{8}{3}s}}$$

$$\underline{\tfrac{13}{3}s^3+\tfrac{2\times13^2}{3\times67}s} \quad \tfrac{67\times67}{66\times13}s$$

$$\tfrac{66}{67}s \overline{)\tfrac{67}{13}s^2+2}$$

$$\underline{\tfrac{67}{13}s^2} \quad \tfrac{33}{67}s$$

$$2\overline{)\tfrac{66}{67}s}$$

したがって

$$W(s)=\tfrac{2}{3}s+\cfrac{1}{\cfrac{9}{13}s}+\cfrac{1}{\cfrac{169}{201}s}+\cfrac{1}{\cfrac{67^2}{66\times13}s}+\cfrac{1}{\cfrac{33}{67}s} \qquad (7\cdot72)$$

これによって実現すると**図7・16**のようになる.

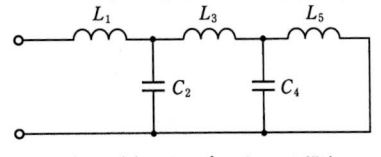

(a) $W(s)$がインピーダンスの場合
$L_1=\tfrac{2}{3}, C_2=\tfrac{9}{13}, L_3=\tfrac{169}{201}$
$C_4=\tfrac{67^2}{66\times13}, L_5=\tfrac{33}{67}$

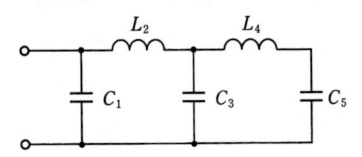

(b) $W(s)$がアドミタンスの場合
$C_1=\tfrac{2}{3}, L_2=\tfrac{9}{13}, C_2=\tfrac{169}{201}$
$L_4=\tfrac{67^2}{66\times13}, C_5=\tfrac{33}{67}$

図 7・16

〔4〕 *RC* 回路（網）並びに *RL* 回路（網）

RC 回路網の場合，式 (7·5) は次のようになる．

$$z_{pq}(s) = R_{pq} + \frac{1}{sC_{pq}} \tag{7·73}$$

いま，s の代わりに s^2 を代入した後，両辺に s を乗じると

$$sz_{pq}(s^2) = sR_{pq} + \frac{1}{sC_{pq}} \tag{7·74}$$

となり，右辺はリアクタンス回路の式 (7·44) と全く同じ形で，ただ L_{pq} の代わりに R_{pq} となっているだけである．また式 (7·4) も s の代わりに s^2 を代入した後 s を乗じると

$$sZ_{RC}(s^2) = \frac{s^l \Delta(s^2)}{s^{l-1} \Delta_{11}(s^2)} = Z_{LC}(s) \tag{7·75}$$

ただし

$$s^l \Delta(s^2) = \begin{vmatrix} sR_{11} + \dfrac{1}{sC_{11}}, & sR_{12} + \dfrac{1}{sC_{12}}, & \cdots, & sR_{1l} + \dfrac{1}{sC_{1l}} \\ sR_{21} + \dfrac{1}{sC_{21}}, & sR_{22} + \dfrac{1}{sC_{22}}, & \cdots, & sR_{2l} + \dfrac{1}{sC_{2l}} \\ \vdots & \vdots & & \vdots \\ sR_{l1} + \dfrac{1}{sC_{l1}}, & sR_{l2} + \dfrac{1}{sC_{l2}}, & \cdots, & sR_{ll} + \dfrac{1}{sC_{ll}} \end{vmatrix}$$

$s^{l-1}\delta_{11}(s^2)$ は，$s^l \Delta(s^2)$ の $sR_{11} + \dfrac{1}{sC_{11}}$ の余因子

となる．したがって *RC* 回路のインピーダンス $Z_{RC}(s)$ と，この回路のすべての R の代わりに，これと等しい値の L を入れたリアクタンス回路のインピーダンス $Z_{LC}(s)$ の間には，式 (7·75) の関係式が成立する．また，アドミタンスの場合，リアクタンス回路なら

$$y_{pq}(s) = sC_{pq} + \frac{1}{sL_{pq}} \tag{7·76}$$

であるのに対して，*RC* 回路なら

$$y_{pq}(s) = sC_{pq} + \frac{1}{R_{pq}} \tag{7·77}$$

となるから，前と同様に考えて

$$\frac{Y_{RC}(s^2)}{s} = Y_{LC}(s) \tag{7・78}$$

なる関係が成立する．

RL 回路とリアクタンス回路の関係は次のようになる．

$$\frac{Z_{RL}(s)^2}{s} = Z_{LC}(s), \qquad sY_{RL}(s^2) = Y_{LC}(s) \tag{7・79}$$

このように，RC，RL 回路とリアクタンス回路のイミタンスの間に密接な関係があるので，RC，RL 回路のイミタンスの性質は，リアクタンス回路のそれから類推することができる．注意すべきことは，リアクタンス回路の場合，アドミタンスとインピーダンスとは同じ性質の関数であったが，RC，RL 回路では多少異なっている．そうして RC 回路の Y が RL 回路の Z と，RC 回路の Z が RL 回路の Y と全く同じ性質の関数になっている．これは換言すると，RC 回路の逆回路が RL 回路であるということである．

さて，まず RC 回路について，そのアドミタンスに関する部分分数展開を，式 (7・78) の関係を用いて，導いてみよう．式 (7・78) より

$$Y_{RC}(s^2) = sY_{LC}(s) = s\left\{k_\infty s + \frac{k_0}{s} + \sum_{i=1}^{n}\frac{2k_i s}{s^2 + \omega_i^2}\right\}$$

$$\therefore \quad Y_{RC}(s^2) = k_\infty s^2 + k_0 + \sum_{i=1}^{n}\frac{2k_i s^2}{s^2 + \omega_i^2} \tag{7・80}$$

$$\therefore \quad Y_{RC}(s) = k_\infty s + k_0 + \sum_{i=1}^{n}\frac{2k_i s}{s + \omega_i^2} \tag{7・81}$$

この式から，$Y_{RC}(s)$ の極はすべて負の実軸上にあることが知られる．ここで ω_i^2 の代わりに c_i，$2k_i$ の代わりに単に k_i と置こう．こうする理由は，リアクタンス回路の場合 $s^2 + \omega_i^2 = 0$ から $s = \pm j\omega_i$ が極であったが，いまの場合は $s + \omega_i^2 = 0$ から $s = -\omega_i^2$，すなわち負の実数で極になる．負の実数を $-\omega_i^2$ と表すのは適当でないから $-c_i$ とする．また，リアクタンス回路の場合 $2k_i$ となったのは，$s = \pm j\omega_i$ なる極の留数がいずれも k_i であって，この二つの極の部分を加えて，$k_i/(s - j\omega_i) + k_i/(s + j\omega_i) = 2k_i s/(s^2 + \omega_i^2)$ となった．いまの場合とは異なっているので，単に k_i と書き改める．結局

7・4 LC, RC, RL 回路（網）

$$Y_{RC}(s) = k_\infty s + k_0 + \sum \frac{k_i s}{s + c_i}$$
$$k_\infty \geq 0, \ k_0 \geq 0 \,;\, k_i > 0, \ c_i > 0 \quad (i = 1, 2, \cdots, n) \quad (7\cdot 82)$$

となる．同様に $Z_{RC}(s)$ は次のように展開される*．

$$Z_{RC}(s) = h_\infty + \frac{h_0}{s} + \sum_{i=1}^{n} \frac{h_i}{s + d_i}$$
$$h_\infty \geq 0, \ h_0 \geq 0 \,;\, h_i > 0, \ d_i > 0 \quad (i = 1, 2, \cdots, n) \quad (7\cdot 83)$$

ここで，h_0, h_i などは留数であるが，k_i や k_∞ などは留数ではない．しかしリアクタンス関数の展開式の留数に相当するものであることは明らかであるから，留数と呼ぶことがある．

式 (7・83) 並びに式 (7・82) の展開に対応して，Z_{RC} と Y_{RC} はそれぞれ図 7・17 の (a) 及び (b) のように構成される．

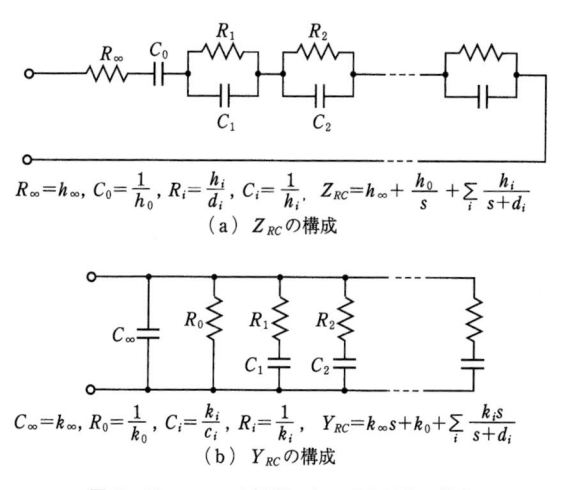

$R_\infty = h_\infty, \ C_0 = \frac{1}{h_0}, \ R_i = \frac{h_i}{d_i}, \ C_i = \frac{1}{h_i}, \ Z_{RC} = h_\infty + \frac{h_0}{s} + \sum_i \frac{h_i}{s + d_i}$
(a) Z_{RC} の構成

$C_\infty = k_\infty, \ R_0 = \frac{1}{k_0}, \ C_i = \frac{k_i}{c_i}, \ R_i = \frac{1}{k_i}, \ Y_{RC} = k_\infty s + k_0 + \sum_i \frac{k_i s}{s + d_i}$
(b) Y_{RC} の構成

図 7・17 フォスタ展開による RC 回路の構成

【留数の求め方】 $k_\infty, k_0, k_i, h_\infty, h_0, h_i$ などは次のようにして求められる．

$$k_\infty = \left.\frac{Y_{RC}(s)}{s}\right|_{s=\infty} \quad k_0 = \left.Y_{RC}(s)\right|_{s=0} \quad k_i = \left.\frac{(s + c_i) Y_{RC}(s)}{s}\right|_{s=-c_i}$$

---

* 式 (7・82) の k_i は留数ではない．$k_i s/(s+c_i) = k_i - k_i c_i/(s+c_i)$ であるから，$Y_{RC}(s)$ の $s = -c_i$ における留数は $-k_i c_i$ である．しかし，回路理論では便宜上 k_i を留数と呼ぶ．式 (7・83) の h_i は留数になっている．

$$h_\infty = Z_{RC}(s)|_{s=\infty} \qquad h_0 = sZ_{RC}(s)|_{s=0} \qquad h_i = (s+d_i)Z_{RC}(s)|_{s=-d_i}$$

次に RC 回路の零点と極はすべて負の実軸上にあり，1位で，互いに隔離し合い（**図7・18**参照），リアクタンス回路の式 (7・56) に対して，Y_{RC} と Z_{RC} は次のような形に書くことができる．

$$\left. \begin{aligned} \frac{1}{Y_{RC}(s)} &= Z_{RC}(s) = H\frac{(s+a_2)(s+a_4)\cdots(s+a_{2n})}{(s+a_1)(s+a_3)\cdots(s+a_{2n+1})} \\ H &> 0, \quad 0 \le a_1 < a_2 \cdots < a_{2n} < a_{2n+1} \le \infty \end{aligned} \right\}$$

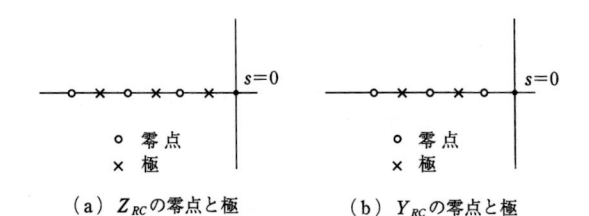

(7・84)

(a) Z_{RC} の零点と極　　(b) Y_{RC} の零点と極

○ 零点　× 極

図 7・18 RC イミタンスの零点と極の位置

次に連分数展開は次のようになる．

$$\left. \begin{aligned} Z_{RC}(s) &= h_\infty^{(0)} + \cfrac{1}{h_\infty^{(1)}s} + \cfrac{1}{h_\infty^{(2)}} + \cfrac{1}{h_\infty^{(3)}s} + \cdots \\ h_\infty^{(0)} &\ge 0 \,;\, h_\infty^{(i)} > 0 \quad (i = 1, 2, \cdots) \end{aligned} \right\}$$

(7・85)

$$\left. \begin{aligned} Z_{RC}(s) &= \frac{h_0^{(0)}}{s} + \cfrac{1}{h_0^{(1)}} + \cfrac{1}{\cfrac{h_0^{(2)}}{s}} + \cfrac{1}{h_0^{(3)}} + \cdots \\ h_0^{(0)} &\ge 0 \,;\, h_0^{(i)} > 0 \quad (i = 1, 2, \cdots) \end{aligned} \right\}$$

(7・86)

$$\left. \begin{aligned} Y_{RC}(s) &= k_\infty^{(0)}s + \cfrac{1}{k_\infty^{(1)}} + \cfrac{1}{k_\infty^{(2)}s} + \cfrac{1}{k_\infty^{(3)}} + \cdots \\ k_\infty^{(0)} &\ge 0 \,;\, k_\infty^{(i)} > 0 \quad (i = 1, 2, \cdots) \end{aligned} \right\}$$

(7・87)

7・4 LC, RC, RL 回路（網）

$$Y_{RC}(s) = k_0^{(0)} + \cfrac{1}{\cfrac{k_0^{(1)}}{s}} + \cfrac{1}{\cfrac{k_0^{(2)}}{s}} + \cfrac{1}{\cfrac{k_0^{(3)}}{s}} + \cdots$$

$$k_0^{(0)} \geq 0 \; ; \; k_0^{(i)} > 0 \quad (i=1, 2, \cdots)$$

(7・88)

式 (7・85) 並びに式 (7・86) に対応して，Z_{RC} はそれぞれ図 7・19(a) 及び (b) のように構成される．また式 (7・87) 及び式 (7・88) に対応して Y_{RC} は，それぞれ図 7・20(a) 及び (b) のように構成される．

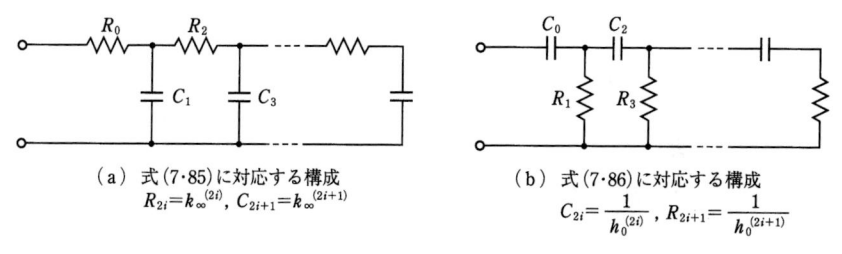

(a) 式 (7・85) に対応する構成
$R_{2i} = k_\infty^{(2i)}, \; C_{2i+1} = k_\infty^{(2i+1)}$

(b) 式 (7・86) に対応する構成
$C_{2i} = \dfrac{1}{h_0^{(2i)}}, \; R_{2i+1} = \dfrac{1}{h_0^{(2i+1)}}$

図 7・19　連分数展開による Z_{RC} の構成

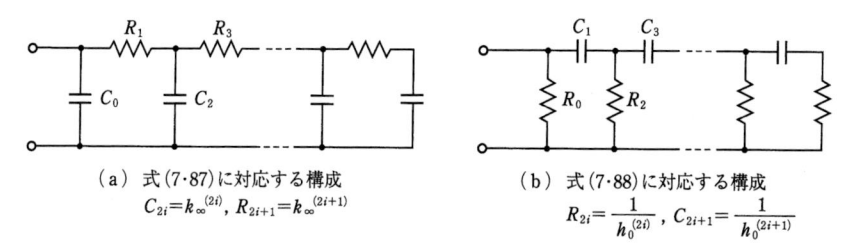

(a) 式 (7・87) に対応する構成
$C_{2i} = k_\infty^{(2i)}, \; R_{2i+1} = k_\infty^{(2i+1)}$

(b) 式 (7・88) に対応する構成
$R_{2i} = \dfrac{1}{h_0^{(2i)}}, \; C_{2i+1} = \dfrac{1}{h_0^{(2i+1)}}$

図 7・20　連分数展開による Y_{RC} の構成

RL 回路の場合，まずフォスタ展開は次のようになる．

$$\left. \begin{array}{l} Y_{RL}(s) = k_\infty + \dfrac{k_0}{s} + \sum_{i=1}^{n} \dfrac{k_i}{s+c_i} \\ k_\infty \geq 0, \; k_0 \geq 0 \; ; \; k_i > 0, \; c_i > 0 \quad (i=1, 2, \cdots, n) \end{array} \right\}$$

(7・89)

$$\left. \begin{array}{l} Z_{RL}(s) = h_\infty s + h_0 + \sum \dfrac{h_i s}{s+d_i} \\ h_\infty \geq 0, \; h_0 \geq 0 \; ; \; h_i > 0, \; d_i > 0 \quad (i=1, 2, \cdots, n) \end{array} \right\}$$

(7・90)

これらの展開式に対応して図 7・21 のように実現される．

次に零点と極の位置に着目して，RL イミタンスは次のようになる．

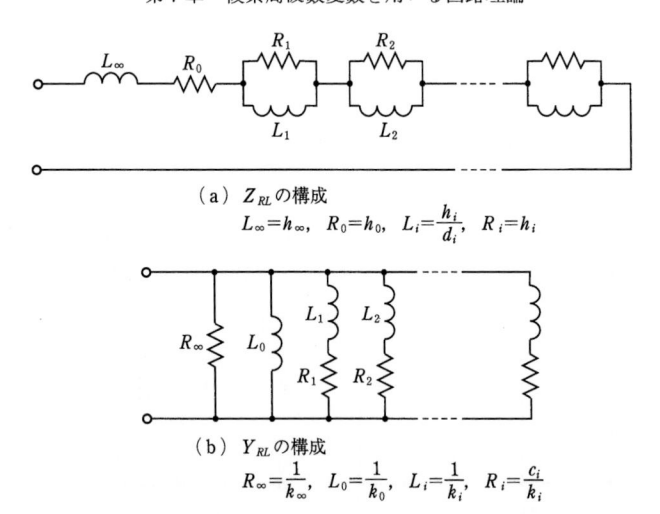

(a) Z_{RL} の構成
$$L_\infty = h_\infty, \quad R_0 = h_0, \quad L_i = \frac{h_i}{d_i}, \quad R_i = h_i$$

(b) Y_{RL} の構成
$$R_\infty = \frac{1}{k_\infty}, \quad L_0 = \frac{1}{k_0}, \quad L_i = \frac{1}{k_i}, \quad R_i = \frac{c_i}{k_i}$$

図 7・21 フォスタ展開による RL イミタンスの構成

$$\left. \begin{aligned} \frac{1}{Y_{RL}(s)} &= Z_{RL}(s) = H \frac{(s+a_1)(s+a_3)\cdots(s+a_{2n+1})}{(s+a_2)(s+a_4)\cdots(s+a_{2n})} \\ H &> 0, \quad 0 \le a_1 < a_2 < \cdots < a_{2n} < a_{2n+1} \end{aligned} \right\} \quad (7\cdot91)$$

s 平面上における零点と極の位置を図示したものが**図 7・22** である.

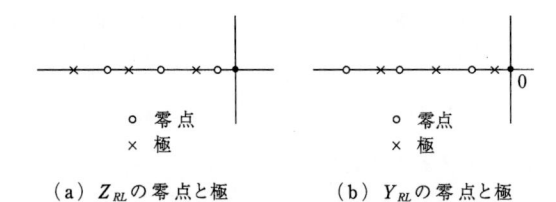

(a) Z_{RL} の零点と極   (b) Y_{RL} の零点と極

図 7・22 RL イミタンスの零点と極の位置

次に連分数展開は,まず,Z_{RL} は次のようになる.

$$\left. \begin{aligned} Z_{RL}(s) &= h_\infty^{(0)} s + \cfrac{1}{h_\infty^{(1)}} + \cfrac{1}{h_\infty^{(2)} s} + \cfrac{1}{h_\infty^{(3)}} + \cdots \\ h_\infty &\ge 0 \,;\, h_\infty^{(i)} > 0 \quad (i=1, 2, \cdots) \end{aligned} \right\}$$

$$(7\cdot92)$$

7・4 LC, RC, RL 回路 (網)

$$Z_{RL}(s) = h_0^{(0)} + \cfrac{1}{\cfrac{h_0^{(1)}}{s} + \cfrac{1}{h_0^{(2)} + \cfrac{1}{\cfrac{h_0^{(3)}}{s} + \cdots}}} \Biggr\} \quad (7 \cdot 93)$$

$$h_0^{(0)} \geq 0 \,;\, h_0^{(i)} > 0 \quad (i=1, 2, \cdots)$$

この両式に対応して $Z_{RL}(s)$ は**図 7・23** のように実現される.

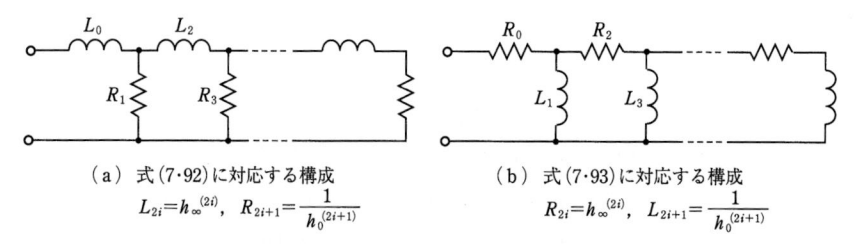

(a) 式 (7・92) に対応する構成
$L_{2i} = h_\infty^{(2i)}, \quad R_{2i+1} = \dfrac{1}{h_0^{(2i+1)}}$

(b) 式 (7・93) に対応する構成
$R_{2i} = h_\infty^{(2i)}, \quad L_{2i+1} = \dfrac{1}{h_0^{(2i+1)}}$

図 7・23 連分数展開による Z_{RL} の構成

次に Y_{RL} の連分数展開は次のようになる.

$$Y_{RL}(s) = k_\infty^{(0)} + \cfrac{1}{k_\infty^{(1)} s + \cfrac{1}{k_\infty^{(2)} + \cfrac{1}{k_\infty^{(3)} s + \cdots}}}$$

$$k_\infty^{(0)} \geq 0 \,;\, k_\infty^{(i)} > 0 \quad (i=1, 2, \cdots)$$

$$(7 \cdot 94)$$

$$Y_{RL}(s) = \dfrac{k_0^{(0)}}{s} + \cfrac{1}{k_0^{(1)} + \cfrac{1}{\cfrac{k_0^{(2)}}{s} + \cfrac{1}{k_0^{(3)} + \cdots}}}$$

$$k_0^{(0)} \geq 0 \,;\, k_0^{(i)} > 0 \quad (i=1, 2, \cdots)$$

$$(7 \cdot 95)$$

これら両式に対応して $Y_{RL}(s)$ は**図 7・24**のように実現される.

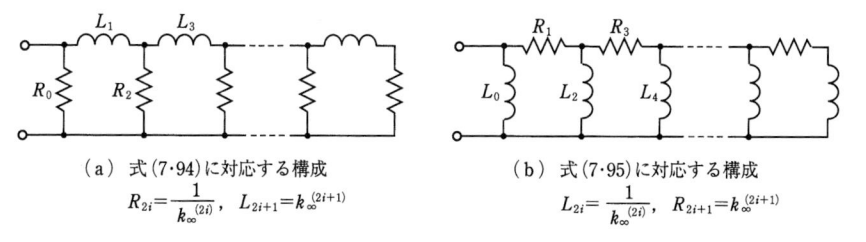

(a) 式 (7・94) に対応する構成
$R_{2i} = \dfrac{1}{k_\infty^{(2i)}}, \quad L_{2i+1} = k_\infty^{(2i+1)}$

(b) 式 (7・95) に対応する構成
$L_{2i} = \dfrac{1}{k_\infty^{(2i)}}, \quad R_{2i+1} = k_\infty^{(2i+1)}$

図 7・24 連分数展開による Y_{RL} の構成

7・5 定抵抗回路

定抵抗回路とは，第1巻第8章8・2節に述べられているように，イミタンスが周波数に無関係に一定値（定数）をとる回路である．これに関する問題は，本章に述べている関数論的回路理論によると，あざやかに解くことができる．

さて，回路が与えられて，そのインピーダンス $Z(s)$ が既約形で

$$Z(s) = \frac{a_n s^n + a_{n-1} s^{n-1} + \cdots + a_1 s + a_0}{b_m s^m + b_{m-1} s^{m-1} + \cdots + b_1 s + b_0} \tag{7・96}$$

となったとする．定理7・4より，a_i や b_i はすべて同符号であるから，これらを非負とする．この $Z(s)$ が定抵抗 R となるためには，$Z(s)|_{s=j\omega} = Z(j\omega)$ が ω のいかんにかかわらず一定，換言すると，$Z(s)$ は s の虚軸上で一定で，零点や極を持たないということである．したがって

$$m = n \tag{7・97}$$

次に，$Z(s)$ は虚軸上で一定で，しかも定理7・3より右半面で正則であるから，関数論の定理から，$Z(s)$ は右半面で一定である．したがって，$Z(s)$ は左半面でも一定となる．結局，$Z(s)$ は s の全平面で（s のいかんにかかわらず）一定となって，極も零点も持たない．これから，$Z(s)$ の分子はその分母によって割り切れ，商は R とならなければならない．すなわち

$$\frac{a_n}{b_n} = \frac{a_{n-1}}{b_{n-1}} = \cdots = \frac{a_1}{b_1} = \frac{a_0}{b_0} = R \tag{7・98}$$

これが，式（7・97）の $Z(s)$ が定数 R に等しいための必要十分条件である．

次に 例題 7・3 並びに演習問題（7・11～7・13）を参照されたい．

例題 7・3 図7・25は，第1巻158ページの図8・7(a) の回路で，これが定抵抗 R となるための条件を求めてみよう（この問題は，第1巻第8章演習問題8・4にも取り上げた）．

〔解〕 この回路のインピーダンス $Z(s)$ は次のようになる．

$$\frac{1}{Z(s)} = \frac{1}{R_1 + sL} + \frac{1}{R_2 + 1/sC} \tag{7・99}$$

$$= \frac{LCs^2 + (R_1 + R_2)Cs + 1}{R_2 LCs^2 + (L + R_1 R_2 C)s + R_1} \tag{7・100}$$

$Z(s) = R$ となるためには，式（7・98）より

$$\frac{LC}{R_2LC} = \frac{(R_1+R_2)C}{L+R_1R_2C} = \frac{1}{R_1} = \frac{1}{R} \qquad (7 \cdot 101)$$

$$\therefore \quad R_1 = R, \quad R_2 = R, \quad \frac{2RC}{L+R^2C} = \frac{1}{R}$$

$$2R^2C = L + R^2C \quad \therefore \quad R^2 = \frac{L}{C}$$

【答】 $R_1 = R_2 = R, \quad \sqrt{\dfrac{L}{C}} = R$

図 7・25

7・6 二端子対網と正実行列

一端子対網のイミタンスが，正実関数になることはすでに述べたが，二端子対網のイミタンス行列はどのような性質を持つものであるかを考えよう．以下は可逆回路について考える．なお，Z 行列を主に考察するが，Y 行列についても全く同様である．

さて，与えられた二端子対網の入力端と出力端に，理想変成器を接続し，さらに図 7・26 のような接続をしたと考える．こうすると，端子対 ab から見ると一つの一端子対網である．このインピーダンス Z_{ab} を求めてみる．与えられた回路の Z 行列を

$$[Z] = \begin{bmatrix} z_{11} & z_{12} \\ z_{21} & z_{22} \end{bmatrix}, \qquad z_{12} = z_{21} \quad (可逆回路) \qquad (7 \cdot 102)$$

とする．V, I, V_1, V_2, I_1, I_2 などを図のようにとると

$$\left. \begin{array}{l} V_1 = z_{11}I_1 + z_{12}I_2, \qquad V_2 = z_{12}I_1 + z_{22}I_2 \\ V = xV_1 + yV_2, \qquad I = \dfrac{I_1}{x} = \dfrac{I_2}{y} \end{array} \right\} \qquad (7 \cdot 103)$$

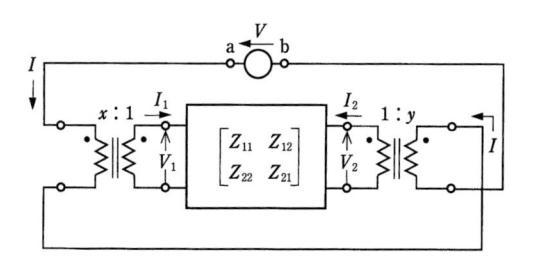

図 7・26 Z 行列の必要条件の誘導

これらの式から

$$V = x(z_{11}I_1 + z_{12}I_2) + y(z_{12}I_1 + z_{22}I_2)$$
$$= x(z_{11}xI + z_{12}yI) + y(z_{12}xI + z_{22}yI)$$
$$= (x^2 z_{11} + 2xy z_{12} + y^2 z_{22}) I \tag{7・104}$$

したがって

$$Z_{ab} = \frac{V}{I} = x^2 z_{11} + 2xy z_{12} + y^2 z_{22} \tag{7・105}$$

あるいは

$$Z_{ab} = [xy] \begin{bmatrix} z_{11} & z_{12} \\ z_{21} & z_{22} \end{bmatrix} \begin{bmatrix} x \\ y \end{bmatrix} \tag{7・106}$$

下の式は Z 行列の**二次形式**（quadratic form）である．この Z_{ab} が正実関数である．ただし，$Z_{ab} \equiv 0, \infty$ も含めるものとする．これを定理の形にすると次のようになる．

定理7・14：二端子対網の Z 行列の実変数による二次形式は正実関数である．

このような行列を**正実行列**（positive real matrix）という．

なお，z_{11} と z_{22} が正実関数であるということは，上の条件に含まれている．例えば $x=1,\ y=0$ とすると $Z_{ab}=z_{11}$ となり，Z_{ab} が正実関数にならなければならないことから，z_{11} もそうならなければならないことが導かれる．さて，正実関数の条件は次のようであった．

（i） s が実数なら実数（定義域内で）
（ii） 右半面で正則
（iii） $\mathrm{Re}\, s \geq 0$ で $\mathrm{Re}\, Z \geq 0$

したがって，式（7・105）の Z_{ab} が正実関数であるということは

（i） z_{ij} が上の条件（i）と（ii）を満たす．
（ii） $\mathrm{Re}\, s \geq 0$ で $x^2 \mathrm{Re}\, z_{11} + 2xy \mathrm{Re}\, z_{12} + y^2 \mathrm{Re}\, z_{22} \geq 0 \tag{7・107}$

ということになる．最後の式は，Z 行列の実部の二次形式が虚軸を含む右半面で負にならないことである．また，最後の式から

$$\text{Re } s \geq 0 \text{ で Re } z_{11} \geq 0, \quad \text{Re } z_{11}\text{Re } z_{22} - (\text{Re } z_{12})^2 \geq 0 \quad (7 \cdot 108)$$

が導かれる．逆も真である．したがって定理 7・14 の代わりに次のように述べることもできる．

> **定理 7・15**: 対称行列 Z が正実行列であるための必要十分条件は，z_{ij} が
> (i) 実関数
> (ii) Re $s > 0$ で正則
> (iii) Re $s \geq 0$ で Re $z_{11} \geq 0$, Re z_{11}Re $z_{22} - (\text{Re } z_{12})^2 \geq 0$

集中定数回路のような場合，z_{ij} は有理関数となり，上の定理を次のように変えることができる．

> **定理 7・15 系 1**: 可逆な集中定数二端子対網の Z 行列の成分は z_{ij} は
> (i) 実有理関数
> (ii) Re $s \geq 0$ で Re $z_{11} \geq 0$, Re z_{11}Re $z_{22} - (\text{Re } z_{12})^2 \geq 0$

このような行列を有理正実行列と呼ぶことにする．この行列は，実は回路網として実現されることがゲベルツ（Gewerz）によって示された．この一般論は本書には述べないが，対称な回路と，リアクタンス回路について以下に述べる．

7・7 対称二端子対網

〔1〕 **対称格子形回路**

第 1 巻第 9 章に述べたように，**図 7・27** のような回路を対称格子形回路という．この回路の Z 並びに Y 行列は次のようになる．

$$[Z] = \begin{bmatrix} \dfrac{Z_2+Z_1}{2} & \dfrac{Z_2-Z_1}{2} \\ \dfrac{Z_2-Z_1}{2} & \dfrac{Z_2+Z_1}{2} \end{bmatrix} \quad (7 \cdot 109)$$

$$[Y] = \begin{bmatrix} \dfrac{Y_2+Y_1}{2} & \dfrac{Y_2-Y_1}{2} \\ \dfrac{Y_2-Y_1}{2} & \dfrac{Y_2+Y_1}{2} \end{bmatrix}, \quad Y_1 = \dfrac{1}{Z_1}, \quad Y_2 = \dfrac{1}{Z_2} \quad (7 \cdot 110)$$

式（7・109）を和分解して

(a)　　　　　　(b)　　　　　　(c)

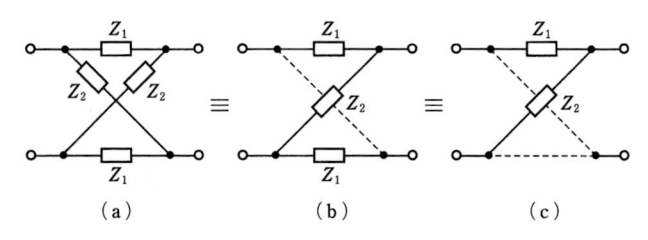

図 7・27　対称格子形回路

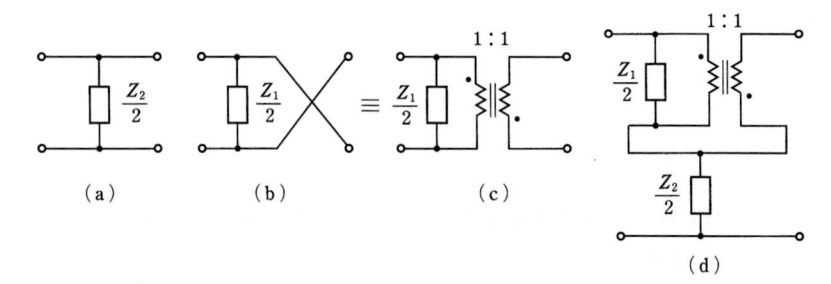

(a)　　(b)　　(c)　　　　(d)

図 7・28　リーガ回路

$$[Z] = \begin{bmatrix} \dfrac{Z_2+Z_1}{2} & \dfrac{Z_2-Z_1}{2} \\ \dfrac{Z_2-Z_1}{2} & \dfrac{Z_2+Z_1}{2} \end{bmatrix} = \begin{bmatrix} \dfrac{Z_2}{2} & \dfrac{Z_2}{2} \\ \dfrac{Z_2}{2} & \dfrac{Z_2}{2} \end{bmatrix} + \begin{bmatrix} \dfrac{Z_1}{2} & -\dfrac{Z_1}{2} \\ -\dfrac{Z_1}{2} & \dfrac{Z_1}{2} \end{bmatrix}$$

(7・111)

と書き表すと，右辺第1項は**図7・28**(a) の回路，第2項は同図 (b) あるいは (c) の回路の Z 行列となることが容易に知られる．左辺は，右辺の表す二つの回路を直列接続した回路，すなわち同図 (d) の回路の行列と等しい．つまり図 (d) の回路は対称格子形回路の等価回路で，これを**リーガ回路** (Riegger) といっている．この回路の理想変成器の巻線の電流の向きを考えに入れて引きのばして書くと**図7・29**(a) のようになる．

さらに，これは2:1のオートトランスと考えて，$Z_1/2$ を二次側に移すと，インピーダンスが $2^2=4$ 倍になって，同図 (b) となる．これはハイブリッド回路と呼ばれるものの一種である．

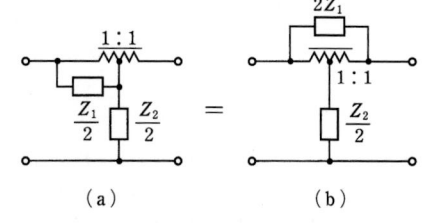

(a)　　　　　　(b)

図 7・29　ハイブリッド回路（I）

図 7・30 ヤウマン回路

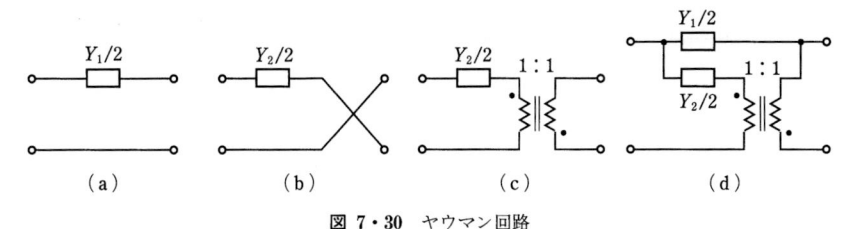

これらはいずれも対称格子形回路の等価回路である．

同様な考え方は Y 行列についても全く同様にいうことができる．すなわち式 (7・110) の Y 行列を和分解すると

$$\begin{bmatrix} \dfrac{Y_2+Y_1}{2} & \dfrac{Y_2-Y_1}{2} \\ \dfrac{Y_2-Y_1}{2} & \dfrac{Y_2+Y_1}{2} \end{bmatrix} = \begin{bmatrix} \dfrac{Y_2}{2} & \dfrac{Y_2}{2} \\ \dfrac{Y_2}{2} & \dfrac{Y_2}{2} \end{bmatrix} + \begin{bmatrix} \dfrac{Y_1}{2} & -\dfrac{Y_1}{2} \\ -\dfrac{Y_1}{2} & \dfrac{Y_1}{2} \end{bmatrix} \quad (7 \cdot 112)$$

右辺第1項並びに第2項は，それぞれ図7・30(a) 並びに (b)（または (c)）の回路を表し，左辺はこれらの回路を並列接続した同図 (d) と等価である．この等価回路を**ヤウマン**(Jaumann) **回路**といっている．なお，この回路の $Y_1/2$ のほうにも1：1の理想変成器を入れておいて，二つの変成器を一つにまとめると図7・31に示すようなハイブリッド回路の一種が得られる．

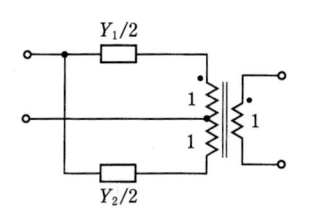

図 7・31 ハイブリッド回路 (II)

〔2〕 対称二端子対網

二端子対網の二つの端子対が，外部から見て全く同じ性質を持っているとき，**対称二端子対網** (symmetrical two-terminal pair) という．これは，Z, Y, F 行列などについていうと

$$\left. \begin{array}{l} z_{11}=z_{22} \text{ でかつ } z_{12}=z_{21}, \\ y_{11}=y_{22} \text{ でかつ } y_{12}=y_{21} \\ A=D \text{ でかつ } AD-BC=1 \end{array} \right\} \quad (7 \cdot 113)$$

ということである．回路の内部構造が対称であれば当然対称二端子対網であるが，内部構造はそうでなくても，外部から見て上の条件が満たされ，対称となる

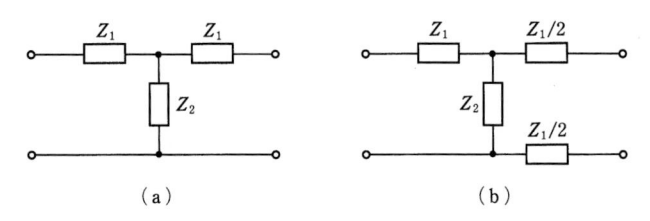

図 7・32 対称二端子対網

ことがある.例えば**図 7・32**(a) は構造上も対称,同図 (b) は構造上は対称でないが,外部から見て上の条件を満たすから対称である.これら二つの回路の Z 行列は,いずれも次のようになる.

$$z_{11}=z_{22}=Z_1+Z_2, \quad z_{12}=Z_2 \tag{7・114}$$

したがって,これら二つの回路は等価回路である.

対称二端子対網に関しては次の定理が成り立つ.

定理 7・16:対称二端子対網は,常に対称格子形回路に等価変換することができる.

〔証明〕 与えられた対称二端子対回路の Z 行列を

$$[Z]=\begin{bmatrix} z_{11} & z_{12} \\ z_{12} & z_{11} \end{bmatrix} \tag{7・115}$$

とする.これを対称格子形回路の Z 行列と比較すると

$$z_{11}=\frac{Z_2+Z_1}{2}, \quad z_{12}=\frac{Z_2-Z_1}{2}$$

$$\therefore \quad Z_1=z_{11}-z_{12}, \quad Z_2=z_{11}+z_{12} \tag{7・116}$$

したがって,この Z_1, Z_2 で対称格子形回路を作れば等価である.ただし,上の式で求めた Z_1 と Z_2 が正実関数でなければならない.これを証明しよう.式 (7・105) で $x=1, y=\pm 1$ とすると

$$Z=2(z_{11}-z_{12})=2Z_1 \tag{7・117}$$

$$Z=2(z_{11}+z_{12})=2Z_2 \tag{7・118}$$

となり,これが正実関数になるから,Z_1 も Z_2 も正実関数である. 〔証明終り〕

また,次のように考えることもできる.**図 7・33** のように,与えられた二端子対回路に理想変成器を結んだ回路を考えると

$$I_1=-I_2=I_0, \quad \begin{bmatrix} V_1 \\ V_2 \end{bmatrix}=\begin{bmatrix} z_{11} & z_{12} \\ z_{12} & z_{11} \end{bmatrix}\begin{bmatrix} I_0 \\ -I_0 \end{bmatrix} \tag{7・119}$$

7・7 対称二端子対網

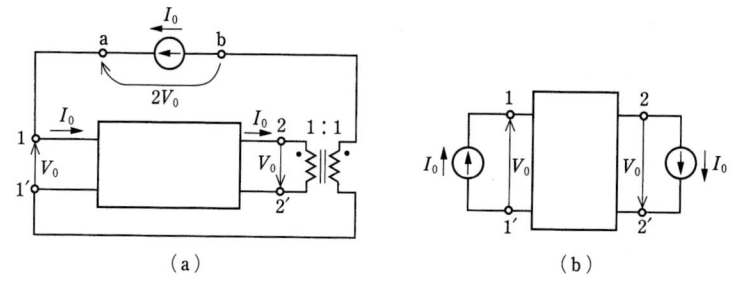

図 7・33 逆モード (odd mode)

さらに対称な回路であることから
$$V_1 = -V_2 = V_0 \tag{7・120}$$
となる．したがって
$$V_0 = (z_{11} - z_{12}) I_0 \tag{7・121}$$
したがって端子 a, b から見たインピーダンス Z_{ab} は
$$Z_{ab} = 2(z_{11} - z_{12}) = 2Z_1 \tag{7・122}$$
これは現実の回路のインピーダンスであるから正実関数である．したがって Z_1 も正実である．

同様に**図 7・34** を考えると
$$\left.\begin{array}{l} I_1 = I_2 = I_e, \quad V_1 = V_2 = V_e = (z_{11} + z_{12}) I_0 \\ Z_{ab}' = 2(z_{11} + z_{12}) = 2Z_2 \end{array}\right\} \tag{7・123}$$
となり，Z_2 も正実関数であることが知られる．

なお，図 7・33 並びに図 7・34 の (a) の各端子対の電圧・電流は，両図のそれぞれ図 (b) のようになる．これらをそれぞれ**逆モード** (odd mode) 並びに**正モード** (even mode) という．

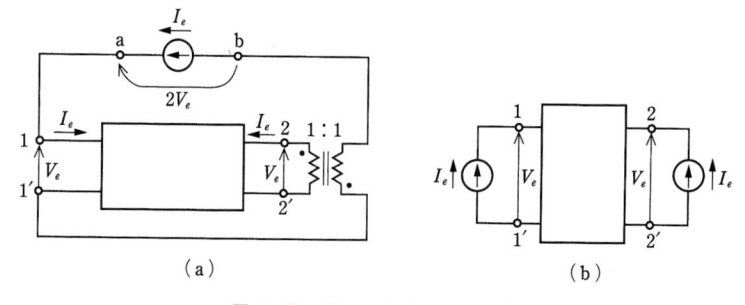

図 7・34 正モード (even mode)

〔3〕 軸対称二端子対網と二等分定理

構造の上からも左右対称である二端子対回路を**軸対称二端子対網**（axially symmetrical two-terminal pair）という．このような回路に関しては，その対称格子形等価回路の Z_1 と Z_2 を，もとの回路構造から以下に述べるように簡単に求めることができる．これを**バートレット**（Bartlett）**の二等分定理**という．

まず，**図7・35**(a) に示す正モードを考える．対称軸上の点 A_1, A_2, A_3 などにおける電流を考えるに，端子対 1-1′ の電流源によって右方に流される電流と端子対 2-2′ の電流源によって左方に流される電流とが，ちょうど打ち消し合うので，これらの点では電流は流れない．したがってこの対称軸によって回路を二等分したとしても，内部の電圧・電流の分布は不変である．このときの入力インピーダンスを考えてみると，1-1′ と 2-2′ の両方の和が式 (7・123) の $Z_{ab}' = 2Z_2$ であるから 1-1′ 並びに 2-2′ の入力インピーダンスは Z_2 である．つまり図7・35(c) の回路のインピーダンスが Z_2 となる．

次に図7・35(b) の逆モードを考えると，今度は，1-1′ の電流源によって A_1, A_2 などに生ずる電圧と，2-2′ の電流源によるものとが打ち消し合うから，図のように短絡しても電圧・電流分布は変わらず，さらに短絡した後切り離しても変わらない．このときの入力インピーダンスは，前と同様に考えると Z_1 であるこ

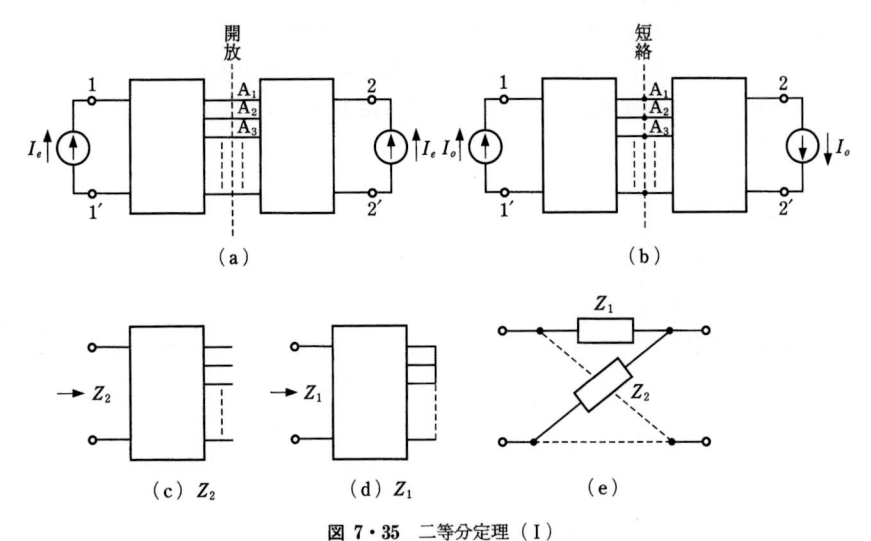

図7・35 二等分定理（I）

とが知られる．すなわち，図 (d) の回路のインピーダンスが Z_1 である．

次に図 7·36(a) のように交差する部分を持つ場合に拡張しよう．ただし交差している部分では，図のように交差して流れている電流が相等しく，これは書き換えると同図 (b) のように，$1:-1$ の理想変圧器を接続したことに相当している．この場合は，正モードでは逆に電圧が打ち消し合い，逆モードでは電流が打ち消し合う．したがって Z_1 と Z_2 はそれぞれ同図 (c) 及び (d) のようになる（図の点 P と Q は接続してはならない．演習問題 (7·14) 参照）．

この定理は，軸対称二端子対網の影像パラメータを求めるのによく利用される．これには，上記のようにして Z_1 と Z_2 を求め

$$Z_{11}=Z_{12}=Z_1=\pm\sqrt{Z_1 Z_2}, \quad \coth\frac{\theta}{2}=\sqrt{\frac{Z_2}{Z_1}} \tag{7·124}$$

から計算すればよい．

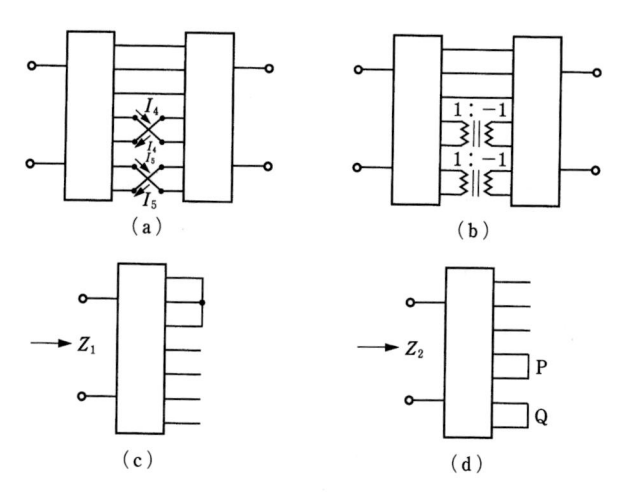

図 7·36 二等分定理 (II)

例題 7·4 図 7·37(a) に示す回路の対称格子形等価回路を求めよ．また，影像パラメータを求めよ．

〔解〕図 (a) を図 (b) のように書き改めて，二等分定理によって Z_1 と Z_2 を求めると図 (c) のようになる．これから図 (d) の等価回路が得られる．また，影像パラメータは式 (7·134) から求められる．

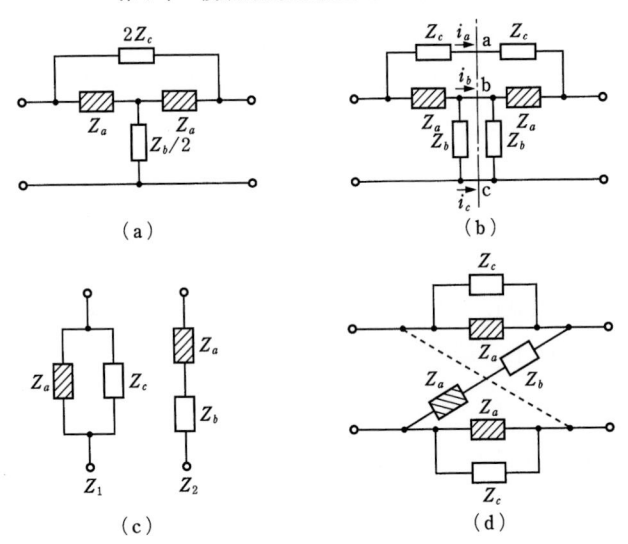

図 7・37

〔4〕 リアクタンス二端子対網

　二端子対網において最も重要なのは，リアクタンス二端子対網並びに RC 二端子対網である．これらの回路網については，集中定数回路なら，割合簡単に必要十分条件が示される．ただし，実用上重要な，変成器を必要としない条件とか，三端子網として実現されるための条件となると，特殊な場合についてしか分かっていない．ここでは一つの構成法として，直（並）列の構成法を示す．

　さて，リアクタンス回路の場合，式 (7・105) の

$$Z = x^2 z_{11} + 2xy z_{12} + y^2 z_{22} \tag{7・125}$$

は，リアクタンス関数とならなければならないことは明らかである（ここでは集中定数回路を考えるので有理リアクタンス関数となる．以下単にリアクタンス関数という）．また z_{11} と z_{22} はリアクタンス関数となることも明らかで，Z, z_{11}, z_{22} が実有理奇関数であるから，z_{12} も実有理奇関数であり，極はすべて虚軸上にあり，1位で，留数は実数となる．

　そこで，虚軸上 $s = \pm j\omega_i$ にある z_{ij} の極の留数を k_{ij} とすると，式 (7.125) の Z の極の留数 k が正であることから

7・7 対称二端子対網

$$k = x^2 k_{11}^{(i)} + 2xy k_{12}^{(i)} + y^2 k_{22}^{(i)} \tag{7・126}$$

は, x と y の任意の実数値に対して非負の実数とならなければならない. したがって $k_{ij}^{(i)}$ はすべて実数で

$$k_{11}^{(i)} \geq 0, \qquad k_{22}^{(i)} \geq 0, \qquad k_{11}^{(i)} k_{22}^{(i)} - (k_{12}^{(i)})^2 \geq 0 \tag{7・127}$$

したがって, $k_{12}^{(i)}$ は負でもよいが, $k_{11}^{(i)}$ と $k_{22}^{(i)}$ のいずれか一方でも 0 になれば $k_{12}^{(i)}$ も 0 にならなければならない. 以上のことから次の定理が得られる.

定理 7・17: $z_{ij}(s)$ が集中定数リアクタンス二端子対網の Z 行列の成分であるための必要十分条件は次のとおりである.

(i) $z_{ij}(s)$ は s の実用有関数で, かつ奇関数

(ii) $z_{ij}(s)$ の極はすべて虚軸上にあり, 1 位で, その留数を $x_{ij}^{(i)}$ とすると
$$k_{11}^{(i)} \geq 0, \qquad k_{22}^{(i)} \geq 0, \qquad k_{11}^{(i)} k_{22}^{(i)} - (k_{12}^{(i)})^2 \geq 0$$

上の条件が十分条件であることを示そう. 上の条件から

$$\left. \begin{aligned} z_{11} &= k_{11}^{(\infty)} s + \frac{k_{11}^{(0)}}{s} + \sum_{i=1} \frac{2 k_{11}^{(i)} s}{s^2 + \omega_i^2} \\ z_{12} &= k_{12}^{(\infty)} s + \frac{k_{12}^{(0)}}{s} + \sum_{i=1} \frac{2 k_{12}^{(i)} s}{s^2 + \omega_i^2} \\ z_{22} &= k_{22}^{(\infty)} s + \frac{k_{22}^{(0)}}{s} + \sum_{i=1} \frac{2 k_{22}^{(i)} s}{s^2 + \omega_i^2} \end{aligned} \right\} \tag{7・128}$$

と表される. あるいは Z 行列で書くと

$$\begin{bmatrix} z_{11} & z_{12} \\ z_{12} & z_{22} \end{bmatrix} = \begin{bmatrix} k_{11}^{(\infty)} s & k_{12}^{(\infty)} s \\ k_{12}^{(\infty)} s & k_{22}^{(\infty)} s \end{bmatrix} + \begin{bmatrix} \dfrac{k_{11}^{(0)}}{s} & \dfrac{k_{12}^{(0)}}{s} \\ \dfrac{k_{12}^{(0)}}{s} & \dfrac{k_{22}^{(0)}}{s} \end{bmatrix}$$

$$+ \sum_{i=1} \begin{bmatrix} \dfrac{2 k_{11}^{(i)} s}{s^2 + \omega_i^2} & \dfrac{2 k_{12}^{(i)} s}{s^2 + \omega_i^2} \\ \dfrac{2 k_{12}^{(i)} s}{s^2 + \omega_i^2} & \dfrac{2 k_{22}^{(i)} s}{s^2 + \omega_i^2} \end{bmatrix} \tag{7・129}$$

となる. いま一般項の一つを取り出すと

$$[Z_i] = \begin{bmatrix} \dfrac{2 k_{11}^{(i)} s}{s^2 + \omega_i^2} & \dfrac{2 k_{12}^{(i)} s}{s^2 + \omega_i^2} \\ \dfrac{2 k_{12}^{(i)} s}{s^2 + \omega_i^2} & \dfrac{2 k_{22}^{(i)} s}{s^2 + \omega_i^2} \end{bmatrix} \tag{7・130}$$

ここで，もし

$$k_{11}^{(i)} > 0, \quad k_{22}^{(i)} > 0, \quad k_{12}^{(i)} \neq 0 \quad \text{で} \quad k_{11}^{(i)} k_{22}^{(i)} - (k_{12}^{(i)})^2 = 0 \tag{7・131}$$

あるとき，**密である**（tight（英），compact（米））という．上の極が密でないならば，$k_{11}^{(i)}$ から適当な正の数 x_i を引いて密にすることができる．すなわち

$$k_{11}^{(i)} = x_i + k_{11}'^{(i)}, \quad k_{11}'^{(i)} k_{22}^{(i)} - (k_{12}^{(i)})^2 = 0 \tag{7・132}$$

そうすると，式（7・130）は

$$[Z_i] = \begin{bmatrix} \dfrac{2x_i s}{s^2 + \omega_i^2} & 0 \\ 0 & 0 \end{bmatrix} + \begin{bmatrix} \dfrac{2k_{11}'^{(i)} s}{s^2 + \omega_i^2} & \dfrac{2k_{12}^{(i)} s}{s^2 + \omega_i^2} \\ \dfrac{2k_{12}^{(i)} s}{s^2 + \omega_i^2} & \dfrac{2k_{22}^{(i)} s}{s^2 + \omega_i^2} \end{bmatrix} \tag{7・133}$$

とすることができる．右辺の第2項は書き直すと次のようになる．

$$\left. \begin{aligned} \begin{bmatrix} \dfrac{2k_{11}'^{(i)} s}{s^2 + \omega_i^2} & \dfrac{2k_{12}^{(i)} s}{s^2 + \omega_i^2} \\ \dfrac{2k_{12}^{(i)} s}{s^2 + \omega_i^2} & \dfrac{2k_{22}^{(i)} s}{s^2 + \omega_i^2} \end{bmatrix} = \begin{bmatrix} n_i^2 Z_i & n_i Z_i \\ n_i Z_i & Z_i \end{bmatrix} \\ Z_i \triangleq \dfrac{2k_{22}^{(i)} s}{s^2 + \omega_i^2}, \quad n_i \triangleq \dfrac{k_{12}^{(i)}}{k_{22}^{(i)}} \end{aligned} \right\} \tag{7・134}$$

これは**図7・38**(a)のような回路となる．図(b)と図(c)はそれぞれ極が原点の場合並びに無限遠点の場合である．

なお，$k_{12}^{(j)} = 0$ のような場合は

$$[Z_j] = \begin{bmatrix} \dfrac{2k_{11}^{(j)} s}{s^2 + \omega_j^2} & 0 \\ 0 & 0 \end{bmatrix} \tag{7・135}$$

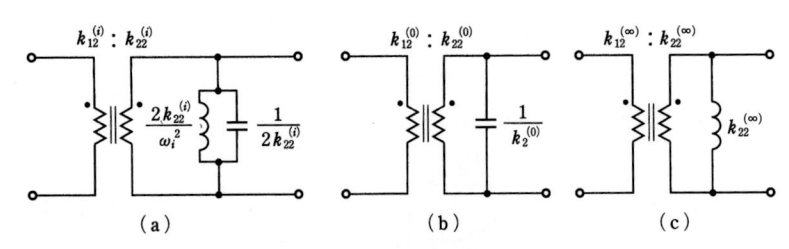

図 7・38 部分回路

7・7 対称二端子対網

$$[Z_j] = \begin{bmatrix} 0 & 0 \\ 0 & \dfrac{2k_{22}^{(j)}s}{s^2+\omega_j^2} \end{bmatrix} \tag{7・136}$$

さらには

$$[Z_j] = \begin{bmatrix} \dfrac{2k_{11}^{(j)}s}{s^2+\omega_j^2} & 0 \\ 0 & \dfrac{2k_{22}^{(j)}s}{s^2+\omega_j^2} \end{bmatrix} \tag{7・137}$$

$$= \begin{bmatrix} \dfrac{2k_{11}^{(j)}s}{s^2+\omega_j^2} & 0 \\ 0 & 0 \end{bmatrix} + \begin{bmatrix} 0 & 0 \\ 0 & \dfrac{2k_{22}^{(j)}s}{s^2+\omega_j^2} \end{bmatrix} \tag{7・138}$$

のような項となる.式 (7・137) のような項は式 (7・138) のように分けると,式 (7・135) と式 (7・136) の形の項と考えることができる.

以上の考察から,式 (7・129) は次のように表すことができる.

$$\begin{aligned}
\begin{bmatrix} z_{11} & z_{12} \\ z_{12} & z_{22} \end{bmatrix} &= \sum_i \begin{bmatrix} \dfrac{2x_i s}{s^2+\omega_i^2} & 0 \\ 0 & 0 \end{bmatrix} + \begin{bmatrix} z'_{11} & z'_{12} \\ z'_{12} & z'_{22} \end{bmatrix} + \sum_j \begin{bmatrix} 0 & 0 \\ 0 & \dfrac{2k_{22}^{(j)}s}{s^2+\omega_j^2} \end{bmatrix} \\
&= \begin{bmatrix} \sum_i \dfrac{2x_i s}{s^2+\omega_i^2} & 0 \\ 0 & 0 \end{bmatrix} + \begin{bmatrix} z'_{11} & z'_{12} \\ z'_{12} & z'_{22} \end{bmatrix} + \begin{bmatrix} 0 & 0 \\ 0 & \sum_j \dfrac{2k_{22}^{(j)}s}{s^2+\omega_j^2} \end{bmatrix}
\end{aligned} \tag{7・139}$$

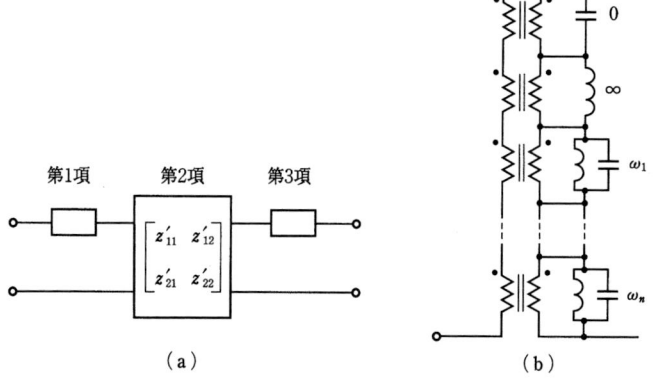

図 7・39 リアクタンス二端子対網の構成

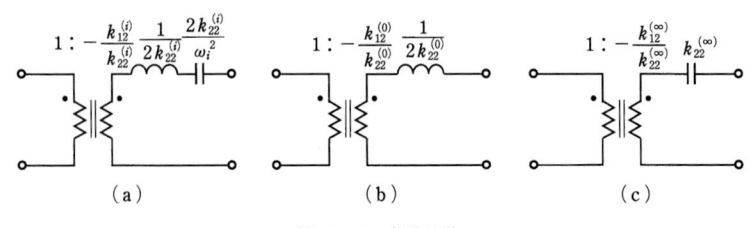

図 7・40 部分回路

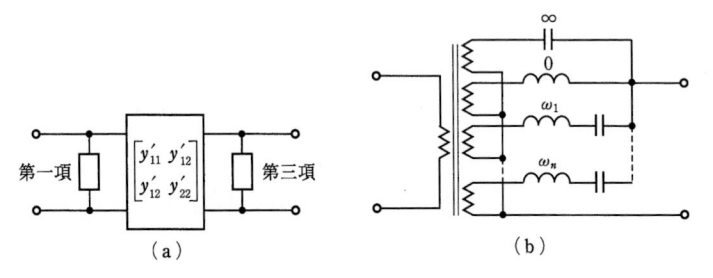

図 7・41 リアクタンス Y 行列の実現

ここで，右辺第 1 項は式 (7・133) の右辺第 1 項のような項と，式 (7・135) のような項を集めたもので，第 2 項の (z'_{ij}) は式 (7・134) のような密な項を集めたものであり，第 3 項は式 (7・136) のような項を集めたものである．全体として図 7・39(a) のようになる．第 1 項と第 3 項はリアクタンス一端子対網として簡単に構成され，第 2 項は密な項の直列接続として図 7・38 の部分回路を接続して，図 7・39(b) のように構成される．

Y 行列の場合も同様で，図 7・38 に相当するのが**図 7・40** であり，図 7・39(a) 並びに (b) に相当するのが**図 7・41**(a) 並びに同図 (b) である．

例題 7・5 次のようなインピーダンス行列を実現せよ．

$$\begin{bmatrix} z_{11} & z_{12} \\ z_{12} & z_{22} \end{bmatrix} = \begin{bmatrix} 5 & 2 \\ 2 & 2 \end{bmatrix} + \begin{bmatrix} 3s & 3s \\ 3s & 5s \end{bmatrix} + \begin{bmatrix} \dfrac{1}{s+1} & -\dfrac{1}{s+1} \\ -\dfrac{1}{s+1} & \dfrac{2}{s+1} \end{bmatrix} + \begin{bmatrix} \dfrac{s}{s^2+2} & \dfrac{2s}{s^2+2} \\ \dfrac{2s}{s^2+2} & \dfrac{4s}{s^2+2} \end{bmatrix} \quad (7・140)$$

[略解] 第1項は抵抗，第2項はコイル，第3項は RC 回路，第4項はリアクタンス回路の項，というように入り混じった例である．第4項は密であるが，その他はそうでないから，それぞれ次のように和分解する．

$$\begin{bmatrix} 5 & 2 \\ 2 & 2 \end{bmatrix} = \begin{bmatrix} 3 & 0 \\ 0 & 0 \end{bmatrix} + \begin{bmatrix} 2 & 2 \\ 2 & 2 \end{bmatrix} \tag{7·141}$$

$$\begin{bmatrix} 3s & 3s \\ 3s & 5s \end{bmatrix} = \begin{bmatrix} 3s & 3s \\ 3s & 3s \end{bmatrix} + \begin{bmatrix} 0 & 0 \\ 0 & 2s \end{bmatrix} \tag{7·142}$$

$$\begin{bmatrix} \dfrac{1}{s+1} & -\dfrac{1}{s+1} \\ -\dfrac{1}{s+1} & \dfrac{2}{s+1} \end{bmatrix} = \begin{bmatrix} \dfrac{1}{s+1} & -\dfrac{1}{s+1} \\ \dfrac{-1}{s+1} & \dfrac{1}{s+1} \end{bmatrix} + \begin{bmatrix} 0 & 0 \\ 0 & \dfrac{1}{s+1} \end{bmatrix} \tag{7·143}$$

なお，第2項は

$$\begin{bmatrix} 3s & 3s \\ 3s & 5s \end{bmatrix} = \begin{bmatrix} \dfrac{6}{5}s & 0 \\ 0 & 0 \end{bmatrix} + \begin{bmatrix} \dfrac{9}{5}s & 3s \\ 3s & 5s \end{bmatrix} \tag{7·144}$$

としてもよいが，前のほうが変成器を必要としない利点がある．第3項はどちらでもよい．

結局，与えられた式は次のように書き表すことができる．

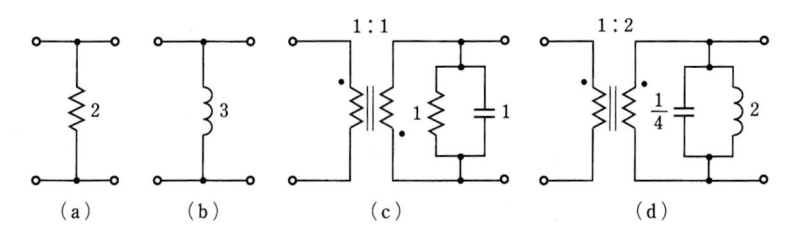

図 7·42 部分回路

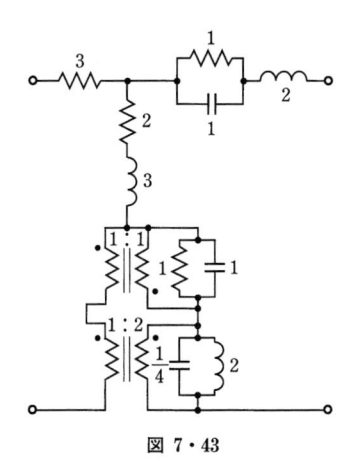

図 7·43

$$\begin{bmatrix} z_{11} & z_{12} \\ z_{12} & z_{22} \end{bmatrix} = \begin{bmatrix} 3 & 0 \\ 0 & 0 \end{bmatrix} + \left\{ \begin{bmatrix} 2 & 2 \\ 2 & 2 \end{bmatrix} + \begin{bmatrix} 3s & 3s \\ 3s & 3s \end{bmatrix} + \begin{bmatrix} \dfrac{1}{s+1} & \dfrac{-1}{s+1} \\ \dfrac{-1}{s+1} & \dfrac{1}{s+1} \end{bmatrix} \right.$$

$$\left. + \begin{bmatrix} \dfrac{s}{s^2+2} & \dfrac{2s}{s^2+2} \\ \dfrac{2s}{s^2+2} & \dfrac{4s}{s^2+2} \end{bmatrix} \right\} + \begin{bmatrix} 0 & 0 \\ 0 & \dfrac{1}{s+1} \end{bmatrix} + \begin{bmatrix} 0 & 0 \\ 0 & 2s \end{bmatrix} \qquad (7 \cdot 145)$$

{ } 内の各行列は図 7・42(a)〜(d) のように構成され,全体の回路構成は図 7・43 のようになる.

7・8　ブルーンによる一端子対網の構成法

一端子対回路のイミタンス関数は正実関数でなければならないこと,換言すると,必要条件であることは先に述べた.十分条件であることを証明するには,正実関数が与えられた場合,それをイミタンスとする回路の構成法を示せばよい.本節にはブルーンの方法を述べるが,ブルーンの後にも種々の方法が考えられている.例えば,リアクタンス二端子対回路の一対の端子対を抵抗で終端した回路としての実現法や,相互誘導を用いない実現法などである.これらの方法のうち,場合によって最も有利なものを用いるべきである.ブルーンの方法は必ずしも良い方法とはいえないが,回路理論の考え方の基礎として重要であると思われる.

与えられた正実関数を $Z(s)=1/Y(s)$ とし,これをインピーダンスとする回路の構成を考える.

(a)　虚軸上の極の分離　　$Z(s)$ が虚軸上に極を持てば,式 (7・30) のように極の部分,すなわち,リアクタンス部分を分離し,図 (7・9) のようにすることができる.残った関数 Z_1 (図 7・9(a) の $Z'(s)$) は,初めの Z より次数が低くなっている.言い換えると,より簡単になっている.

(b)　虚軸上の零点の分離　　残った $Z_1(s)$ が虚軸上に零点を持てば,$1/Z(s)$ はそこで極を持つ.それゆえ,$1/Z_1$ からリアクタンス部分を分離すると

$$\dfrac{1}{Z_1(s)} = \left\{ k_\infty s + \dfrac{k_0}{s} + \sum \dfrac{2k_i s}{s^2 + \omega_i^2} \right\} + \dfrac{1}{Z_2(s)} \qquad (7 \cdot 146)$$

となり,残った Z_2 は Z_1 より簡単な正実関数となる.回路上の関係は図 7・44 のようになる.

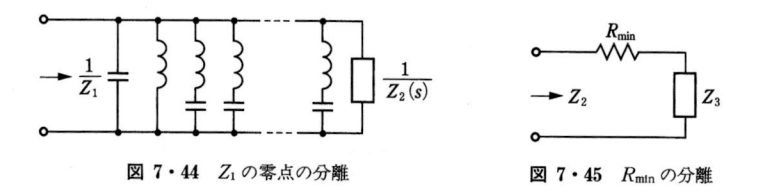

図 7・44　Z_1 の零点の分離　　　　図 7・45　$R_{\min}$ の分離

(c)　抵抗 $R_{\min}$ の分離　　Z_2 の虚軸上における実部は負にならない.この最小値を $R_{\min}$ とすると,

$$\min(\text{Re } Z_2(j\omega)) = R_{\min} \geq 0$$

もし $R_{\min}=0$ ならば,この (c) の操作は抜きにして次の (d) に進む.$R_{\min}>0$ の場合,こ

れを分離して
$$Z_2(s) = R_{\min} + Z_3(s) \tag{7・147}$$
とする．回路上では**図7・45**のようになる．残った $Z_3(s)$ は $Z_2(s)$ と次数は同じで，虚軸を含む右半面内で正則で，虚軸上で
$$\text{Re}\, Z_3(j\omega) = \text{Re}\, Z_2(j\omega) - R_{\min} \geq 0 \tag{7・148}$$
となるから正実関数である．

（d）　密結合コイルの分離（ブルーンの操作）　$Z_3(s)$ は虚軸上少なくとも1点で $\text{Re}\, Z_3(j\omega) = 0$ となる．この点が原点にくる場合，無限遠点にくる場合，有限の点 $j\omega_0$ にくる場合の三つがある．まず，原点や無限遠点にくる場合を考えよう．Z_3 を次のように偶関数部 $U(s)$ と奇関数部 $V(s)$ に分ける．
$$\left.\begin{array}{l} Z_3(s) = U(s) + V(s) \\ U(s) = \dfrac{1}{2}(Z_3(s) + Z_3(-s)), \quad V(s) = \dfrac{1}{2}(Z_3(s) - Z_3(-s)) \end{array}\right\} \tag{7・149}$$
虚軸上で $U(j\omega)$ は $\text{Re}\, Z_3(j\omega)$ に，$V(j\omega)$ は $\text{Im}\, Z_3(j\omega)$ に一致する．$V(j\omega)$ は奇関数であるから，原点は零点になるか極になるかのいずれかである．Z_3 は原点に極を持たないから，V_3 も極を持たない．したがって，$V(0) = 0$ である．全く同様に無限遠点でも $V(\infty) = 0$ である．

いま，$\text{Re}\, Z_3(j\omega)$ が原点で0ならば，$V(j\omega)$ も0であるから
$$Z_3(0) = U(0) + V(0) = 0 \tag{7・150}$$
したがって $1/Z_3(s)$ は原点に極を持つから，これを分離することができ
$$\frac{1}{Z_3(s)} = \frac{k_0}{s} + \frac{1}{Z_4(s)} \tag{7・151}$$
と表される．Z_4 は Z_3 より次数が一次低い正実関数である．回路上では**図7・46**のようになる．

図7・46　コイルの分離　　　　　**図7・47**　キャパシタの分離

また，$\text{Re}\, Z_3(j\omega)$ が無限遠点において0なら
$$Z_3(\infty) = \text{Re}\, Z_3(\infty) + \text{Im}\, Z_3(\infty) = 0 \tag{7・152}$$
で，$1/Z_3$ は無限遠点に極を持つ．したがって
$$\frac{1}{Z_3(s)} = k_\infty s + \frac{1}{Z_4(s)} \tag{7・153}$$
とすることができ，Z_4 は Z_3 より次数が一次低い正実関数である．回路上の関係は**図7・47**のようになる．

次に $\text{Re}\, Z_3(j\omega)$ の0となる点が，有限の点 $j\omega_0$ にくる場合を考えよう．$-j\omega_0$ においても0となることは明らかである．ここで，以下 Z_3 について行おうとする操作について大要を先に述べておこう．以下には，**図7・48**(a) に示すような変成器と容量を分離するのである．この変成器は密結合で（第1巻の5・8，5・9節参照）

(a) $L_p = L_1 + L_2$
    $L_s = L_3 + L_2$
    $M = L_2$
    $L_p L_s - M^2 = 0$

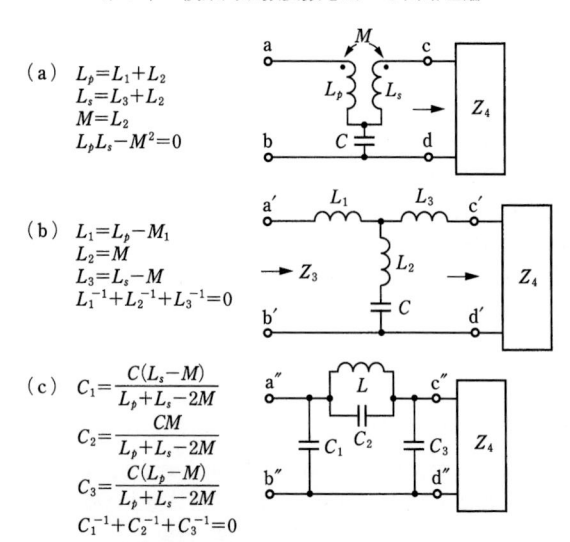

(b) $L_1 = L_p - M$
    $L_2 = M$
    $L_3 = L_s - M$
    $L_1^{-1} + L_2^{-1} + L_3^{-1} = 0$

(c) $C_1 = \dfrac{C(L_s - M)}{L_p + L_s - 2M}$
    $C_2 = \dfrac{CM}{L_p + L_s - 2M}$
    $C_3 = \dfrac{C(L_p - M)}{L_p + L_s - 2M}$
    $C_1^{-1} + C_2^{-1} + C_3^{-1} = 0$

図 7・48 密結合コイルの分離 (ブルーンの操作)

$$M = k\sqrt{L_p L_s} \qquad (k = 1) \tag{7・154}$$

なる関係がある.図 (a) の回路はまた図 (b) 及び図 (c) と等価である.ただし,これらの回路の L や C はすべて正ではなく

$$L_1^{-1} + L_2^{-1} + L_3^{-1} = 0 \tag{7・155}$$

$$C_1^{-1} + C_2^{-1} + C_3^{-1} = 0 \tag{7・156}$$

なる関係があって,L_1 または L_3 並びに C_1 または C_3 が負である(L_2 または C_2 が負の場合でも等価),以下では図 (b) または図 (c) の回路を抜き取ることができることを述べ,それらが図 (a) の回路と等価であることから,図 (a) のように実現し得ることを示す.

さて,$\mathrm{Re}\, Z_3(j\omega_0) = 0$ であるから

$$\left.\begin{array}{l} U(\pm j\omega_0) = \mathrm{Re}\, Z_3(\pm j\omega_0) = 0 \\ Z_3(\pm j\omega_0) = \mathrm{Im}\, Z_3(\pm j\omega_0) = V(\pm j\omega_0) \end{array}\right\} \tag{7・157}$$

ここで

$$Z_3(j\omega_0) = V(j\omega_0) = -j\omega_0 X \tag{7・158}$$

と置く.X は正の場合と負の場合に分けて考える.

(イ) $X > 0$ のとき:このとき*

$$Z_3'(s) \triangleq Z_3(s) + sX \tag{7・159}$$

図 7・49 負のインダクタンスの分離

と置くと,sX は正実関数であるから,$Z_3'(s)$ も正実関数である.これを

$$\left.\begin{array}{l} Z_3(s) = Z_3'(s) + s(-X) = Z_3'(s) + sL_1 \\ L_1 = -X < 0 \end{array}\right\} \tag{7・160}$$

---

* $f(x) \triangleq A$ は "$f(x)$ を A と置く",あるいは $f(x)$ を A と定義するの意.

と書き表すと，これは図7・49に示すように，負のインダクタンスL_1を分離することに相当する．残った関数$Z_3'(s)$は正実関数でZ_3より次数が一次高い．なおZ_3'は$s=\pm j\omega_0$に零点を持つ．なぜならば

$$Z_3'(j\omega_0) = Z_3(j\omega_0) + j\omega_0 X = -j\omega_0 X + j\omega_0 X = 0 \tag{7・161}$$

したがって，$1/Z_3'(s)$は$s=\pm j\omega_0$に極を持つ．これを分離すると

$$\left.\begin{array}{l}\dfrac{1}{Z_3'(s)} = \dfrac{2k_0 s}{s^2+\omega_0^2} + \dfrac{1}{Z_3''(s)} \\[2mm] 2k_0 = \dfrac{1}{Z_3'(s)} \cdot \dfrac{(s^2+\omega_0^2)}{s}\bigg|_{s^2=-\omega_0^2}\end{array}\right\} \tag{7・162}$$

となり，図7・50のようになる．残った$Z_3''(s)$は正実関数で，次数はZ_3'より二次低く，はじめのZ_3より一次低い．

残った$Z_3''(s)$は$s=\infty$に極を持つ．それは，式(7・159)において，$s=\infty$とすると，$X>0$であるから，$Z_3'(\infty)=\infty$となる．したがって，$1/Z_3'$は$s=\infty$に零点を持ち，式(7・162)の左辺は$s=\infty$で0であり，右辺第1項も0であるから，第2項$1/Z_3''$も0である．したがって，Z_3''は$s=\infty$に極を持つ．この極を分離し

$$Z_3''(s) = sL_3 + Z_4(s), \qquad L_3 = \dfrac{Z_3''(s)}{s}\bigg|_{s=\infty} > 0 \tag{7・163}$$

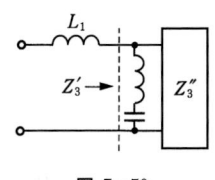

図7・50

とすると，Z_4は正実関数で，Z_3''より一次低い．

以上によって，図7・48(b)のような分離ができた．L_2とC_2は

$$L_2 = \dfrac{1}{2k_0} > 0, \qquad C = \dfrac{2k_0}{\omega_0^2} > 0 \tag{7・164}$$

となる．

ここで，L_1, L_2, L_3, CなどをZ_3から直接求める式を求めておく．いま

$$X = \dfrac{Z_3(j\omega_0)}{-j\omega_0} > 0, \qquad Y = \dfrac{dZ_3(s)}{ds}\bigg|_{s=j\omega_0} \tag{7・165}$$

とすると，L_1などをX, Y, ω_0で表すことができることを示そう．まずk_0は，

$$\dfrac{1}{k_0} = \dfrac{d}{ds}\left(\dfrac{1}{\frac{1}{Z_3'}}\right)\bigg|_{s=j\omega_0} = \dfrac{d}{ds}(Z_3+sX)\bigg|_{s=j\omega_0} = Y+X > 0 \tag{7・166}$$

したがって，L_2とCは式(7・164)から

$$L_2 = \dfrac{1}{2}(X+Y), \qquad C = \dfrac{2}{\omega_0^2(X+Y)} \tag{7・167}$$

次にL_3は

$$L_3 = \dfrac{Z_3''}{s}\bigg|_{s=\infty} \tag{7・168}$$

$$\dfrac{1}{L_3} = \dfrac{s}{Z_3''}\bigg|_{s=\infty} = \left(\dfrac{s}{Z_3+sX} - \dfrac{2k_0 s^2}{s^2+\omega_0^2}\right)\bigg|_{s=\infty}$$

$$= \dfrac{1}{X} - 2k_0 \tag{7・169}$$

結局まとめると

$$\left.\begin{aligned}&L_1=-X<0, \quad L_2=\frac{1}{2}(X+Y)>0, \quad L_3=\frac{1}{\frac{1}{X}-\frac{2}{X+Y}}\\&L_1^{-1}+L_2^{-1}+L_3^{-1}=0\\&Z_4(s)=\frac{Z_3(s)\left\{s(L_1+L_3)+\frac{1}{sC}\right\}-\frac{L_1+L_3}{C}}{s(L_1+L_2)+\frac{1}{sC}-Z_3(s)}\end{aligned}\right\} \quad (7\cdot170)$$

(ロ) $X<0$ のとき：このとき Z_3 の逆数 $1/Z_3=Y_3$ を考えると

$$Y_3(j\omega_0)=\frac{1}{-j\omega_0 X}=-j\omega_0 X', \quad \text{ただし,} \quad X'=\frac{1}{\omega_0^2|X|} \qquad (7\cdot171)$$

と表すことができる．この式は Z_3 に関する式 (7·158) と全く同じ形である．したがって，Y_3 について，前と全く双対な操作が可能となり，図 7·48(c) のような回路が分離される．

以上述べた (a)〜(d) の操作を繰り返していくと，残る関数は常に正実関数で，しかも次数がだんだん低くなり，ついに次数が 0 となって定数が残り，これは抵抗として実現される．

以上によってブルーンの構成法の説明が終わったが，図 7·48 の (a), (b) 及び (c) の等価の証明が残されているから，これを証明しよう．まず，L_p と L_s が正であることを示そう．L_3 は正実関数 Z_3'' の $s=\infty$ における極の留数であるから正で

$$L_3=\frac{X(X+Y)}{Y-X}>0, \quad \therefore \quad Y>X>0 \qquad (7\cdot172)$$

したがって

$$\left.\begin{aligned}&L_p=L_1+L_2=-X+\frac{1}{2}(X+Y)=\frac{1}{2}(Y-X)>0\\&L_s=L_2+L_3=\frac{1}{2}(X+Y)+\frac{X(X+Y)}{Y-X}>0\\&M=L_2>0, \quad L_pL_s=M^2\end{aligned}\right\} \qquad (7\cdot173)$$

次に図 7·48 の Z_4 を取り去った回路の等価を示そう．これには，インピーダンスパラメータの等しいことを示す．まず，図 (a) については

$$\left.\begin{aligned}&z_{11}=sL_p+\frac{1}{sC}\\&z_{12}=z_{21}=sM+\frac{1}{sC}\\&z_{22}=sL_s+\frac{1}{sC}\end{aligned}\right\} \qquad (7\cdot174)$$

図 (b) については

$$\left.\begin{aligned}&z_{11}=s(L_1+L_2)+\frac{1}{sC}\\&z_{12}=z_{21}=sL_2+\frac{1}{sC}\\&z_{22}=s(L_3+L_2)+\frac{1}{sC}\end{aligned}\right\} \qquad (7\cdot175)$$

これらが相等しいことは式 (7·173) から明らかである．また，$L_1^{-1}+L_2^{-1}+L_3^{-1}=0$ から

$$L_p L_s - M^2 = (L_1+L_2)(L_2+L_3) - L_2{}^2 = \frac{L_1{}^{-1}+L_2{}^{-1}+L_3{}^{-1}}{L_1 L_2 L_3} = 0 \tag{7・176}$$

となって，密結合であることが知られる．

次に図 (c) の回路については，$C_1{}^{-1}+C_2{}^{-1}+C_3{}^{-1}=0$ から

$$\left.\begin{aligned} z_{11} &= s\frac{C_2+C_3}{C_1+C_3}L + \frac{1}{s(C_1+C_3)} \\ z_{12} &= z_{21} = s\frac{C_2}{C_1+C_3}L + \frac{1}{s(C_1+C_3)} \\ z_{22} &= s\frac{C_1+C_2}{C_1+C_3}L + \frac{1}{s(C_1+C_3)} \end{aligned}\right\} \tag{7・177}$$

これが図 (b) と等価であるためには

$$C_1+C_3=C \tag{7・178}$$

$$L_1=\frac{C_3}{C_1+C_3}L, \quad L_2=\frac{C_2}{C_1+C_3}L, \quad L_3=\frac{C_1}{C_1+C_3}L \tag{7・179}$$

であればよいことが知られる．逆にこの式から C_1, C_2, C_3 および L を求めればよいということである．

$$\left.\begin{aligned} C_1 &= \frac{L_3}{L_1+L_2}C, \quad C_2=\frac{L_2}{L_1+L_3}C, \quad C_3=\frac{L_1}{L_1+L_3}C \\ L &= L_1+L_3, \quad C_1{}^{-1}+C_2{}^{-1}+C_3{}^{-1}=0 \end{aligned}\right\} \tag{7・180}$$

これから，C_1 が負なら L_3 が負，C_3 が負なら L_1 が負となることが知られる．したがって，式 (7・158) で，$X>0$ なら L_1 (したがって C_3 も) が負，$X<0$ なら L_3 (したがって L_3 も) が負となる．

演 習 問 題

(7・1) 次の諸関数は，割合簡単に正実関数であるか否かが判定できるものである．正実関数であればこれを実現し，そうでなければ次の例にならって理由を述べよ．

〔例〕 $(2s^2+3)/\{s^2(s^2+1)\}$

【答】 正実関数でない．理由は，この関数は原点に 2 位の極を持つ．原点は虚軸上の点であるから，これは定理 7・5 の (i) に矛盾する．

(イ) $\dfrac{s^2+2s}{s^4+2s^2+1}$ (ロ) $\dfrac{s(3s+1)}{(2s+1)(4s+1)}$ (ハ) $s+2-\dfrac{s}{s+3}$

(ニ) $\dfrac{(s^2+2)(2s^2+7)}{s(s^2+3)(s^2+5)}$ (ホ) $\dfrac{(s^2+3)^2}{s(s^2+2)(s^2+4)}$ (ヘ) $\dfrac{(s+2)}{s(s+1)(s+3)}$

(ト) $\dfrac{(s^2+2)(s^2+4)}{(s^2+1)(s^2+3)}$

(7・2) リアクタンス関数を $W_r(s)$ と表し，$W_r(s)\not\equiv 0$ とすると

 (i) $\operatorname{Re} s>0$ なら $\operatorname{Re} W_r(s)>0$

 (ii) $\operatorname{Re} s<0$ なら $\operatorname{Re} W_r(s)<0$

であることを示せ.

〔ヒント〕 $W_r(s)$ は正実関数であるから,(i)は当然である.$W_r(s)$ は奇関数であることから(ii)を示せ.

(7・3) 実係数有理関数 $W(s)$ が,演習問題 (7・2) の条件(i)と(ii)を満たせばリアクタンス関数となることを示せ.

〔ヒント〕 条件(i)と(ii)から,$W(s)$ は右半面内にも左半面内にも極を持たないことから,虚軸上にしか極を持たないことをいい,その極は1位で留数が正であることを示せばよい.定理7・3や定理7・4の証明に際して用いている手法を利用せよ.

(7・4) 次の関数が正実関数であるためには,$a, b, c, \alpha, \beta, \gamma$ がいかなる条件を満たさなければならないか.

(イ) $\dfrac{s+a}{(s+b)(s+c)}$ (ロ) $\dfrac{as+b}{as^2+\beta s+\gamma}$

(7・5) 正実関数を既約形で表して $W(s)=g(s)/f(s)$ とするとき,$g(s)+f(s)$ はフルウィッツ (Hurwitz) 多項式であることを証明せよ.

〔ヒント〕 $W(s)+1=\{g(s)+f(s)\}/f(s)$ の零点を考えよ.

(7・6) $W(s)$ に対し

$$\gamma(s) = \frac{W(s)-R}{W(s)+R} \qquad (0<R<\infty)$$

$$\left(\therefore \quad W(s) = R\frac{1+\gamma(s)}{1-\gamma(s)}\right)$$

を反射係数という.$W(s)$ が正実関数ならば,$\gamma(s)$ は

(i) 実有理関数

(ii) s の虚軸を含む右半面で,$|\gamma(s)|\leq 1$

となることを示せ.逆もまた真であることを示せ.

〔ヒント〕 W の右半面が,γ の単位円内に写像されることを示し,これを利用せよ.

(7・7) 図 P7・7 の回路のイミタンスパラメータを求めよ.また $T(s)=V_2/V_1$ を求め,

$R=R_1=R_2$, $C=C_1=C_2$

$R_3=\dfrac{R}{2}$, $C_3=2C$

であるとき,$T(s)=0$ となる角周波数を求めよ(この回路を並列T形回路という).

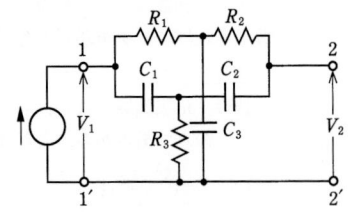

図 P7・7 並列T形 (twin T) 回路

(7・8) 図 P7・8 の回路の対称格子形等価回路を求めよ.

(7・9) 次のような要素を持つイミタンス行列を実現せよ.

(イ) $y_{11}(s) = 3s + \dfrac{2}{s} + \dfrac{1s}{s^2+1} + \dfrac{5s}{s^2+2} + \dfrac{s}{s^2+3}$, $y_{12}(s) = \dfrac{-2}{s} + \dfrac{2s}{s^2+1} + \dfrac{-2s}{s^2+2}$

$y_{22}(s) = \dfrac{3}{s} + \dfrac{4s}{s^2+1} + \dfrac{2s}{s^2+2} + \dfrac{2s}{s^2+3}$

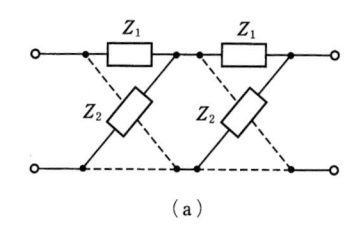

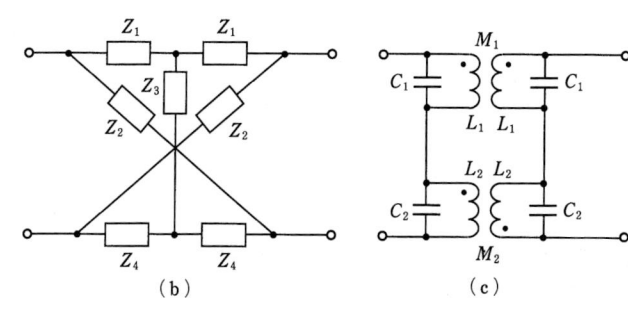

図 P7·8

(ロ) $z_{11}=2s+5+\dfrac{2s}{s+1}+\dfrac{10s}{s+2}$, $z_{12}=3+\dfrac{2s}{s+1}-\dfrac{2s}{s+2}$

$z_{22}=3+\dfrac{4s}{s+1}+\dfrac{s}{s+2}+\dfrac{2s}{s^2+3}$

(7·10) 図 P7·10 の回路 (1) と (2) がそれぞれ等価であることを示せ．また，$Z_1=Z_2$ なるとき，それぞれ回路 (3) とも等価になることを示せ．

(7·11) 図 P7·11 の回路において，Z_1 と Z_2 が

(a) リアクタンス回路の場合

(b) RLC 回路の場合

について，インピーダンス $Z(s)$ が定抵抗 R となるために，Z_1, Z_2, R_1, R_2 が満たすべき条件を求めよ．

〔ヒント〕 この問題は第1巻の知識ではかなり難問である．しかし，本章に述べられている関数論的回路理論によれば難解ではない．さて，Z が定抵抗 R であるということ，すなわち $Z(s)$ が定数であるということは，$Z(s)$ が s に無関係で，極も零点も持たないということである．Z_1 や Z_2 は極や零点は持つが，それが Z に現れてこない．また，Z_1 や Z_2 が $s=j\omega$ で虚部を持つことがあるが，これも Z に現れてこないのである．

(7·12) 図 P7·12 の回路の影像インピーダンスが，定抵抗 R に等しいための条件を求めよ．

〔ヒント〕 二等分定理を用いよ．

(7·13) 前問において，L と C の代わりにそれぞれリアクタンス回路 Z_a 並びに Z_b で置き換えた場合の同じ条件を求めよ．

図 P7・10

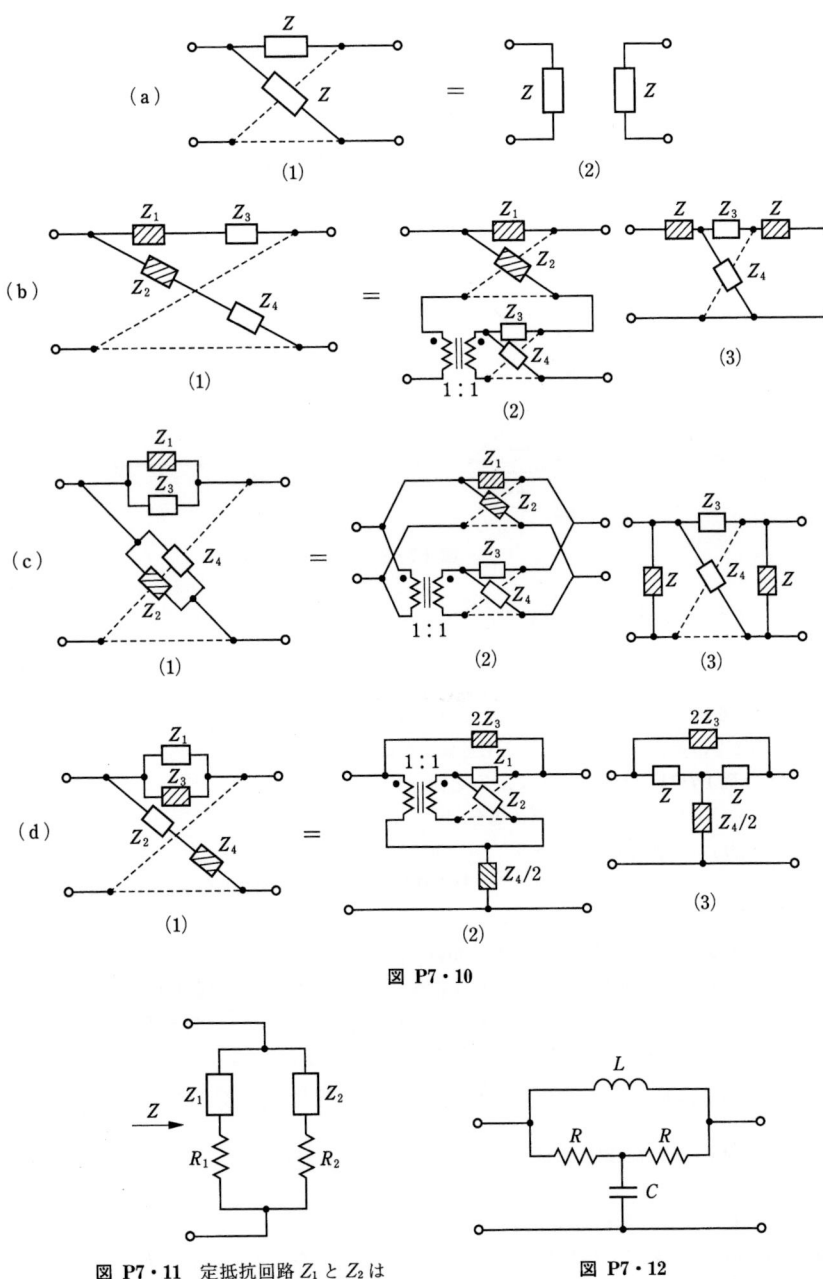

図 P7・11　定抵抗回路 Z_1 と Z_2 はリアクタンス

図 P7・12

(7・14) 図7・36(a)のように，交差部分を二つ以上持っている軸対称二端子対網について の二等分定理について述べよ．図7・36(d)の点PとQは接続してはいけないことを 示せ．

〔**ヒント**〕 図**P7・14**は図7・36(a)の回路について，両端子対に電流源I_eが印加さ れた場合を，重ね合わせの理を応用し，二つの場合に分けて図示したものである．図 (a)と図(b)の二つの場合の電圧や電流の重ね合わせを考えるに，点A_1, A_2, A_3で は，電流が打ち消されて0となるから，これらの点を開放しても電圧・電流は何らの 変化も起きない．

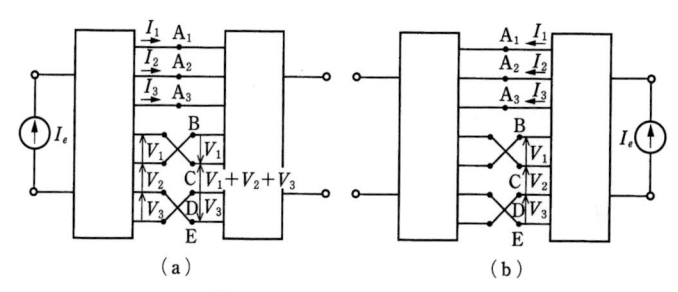

図 **P7・14** 二等分定理の証明

以下，便宜上，点Bと点Cの電位差をV_{BC}のように表そう．図(a)と図(b)の 電圧・電流を重ね合わせた場合，V_{BC}とV_{CD}は次のようになる．

$V_{BC} = -V_1 + V_1 = 0$

$V_{DE} = -V_3 + V_3 = 0$

したがって点Bと点C並びに点Dと点Eはそれぞれ短絡しても電圧・電流の変化は 生じない．

しかるに，V_{CD}については，

$V_{CD} = V_1 + V_2 + V_3 + V_2 = V_1 + 2V_2 + V_3$

となるから，点CとD(図7・36の点Pと点Q)を短絡すると，$V_{CD} = 0$となって，電 圧・電流の変化を生ずる．したがって点Cと点Dは短絡してはならない．

上の〔**ヒント**〕を参考にし，読者は問題(7・14)の解を完成されよ．

参 考 文 献

本章に続いて回路網構成に関して勉強するのに適当と思われる書物をあげる．ただし良書ではあるが， 絶版などの理由により入手困難なものは除いてある．下記文献も絶版ゆえ，図書館などで調べられよ．
(1) W. Cauer : Theorie der Linearen Wechselstromschaltungen, Bd. 1, Julius Springer(英訳あり)
(2) 尾崎 弘，黒田一之：回路網理論 I，共立出版 (1959)
(3) E. A. Guillemin : Synthesis of Passive Network, Jonh Wiley & Sons. Inc.
(4) D. F. Tuttle, Jr. : Network Synthesis, 1, John Wiley
現在(2000年)では，これらの著書はいずれも入手が容易ではない．

演習問題略解

(7・1) (イ) 分母は $(s^2+1)^2$ となり，この関数は虚軸上 $s=\pm j1$ に 2 位の極を持つから正実関数ではない．

(ロ) 書き直すと
$$\frac{3}{8}\frac{s(s+1/3)}{(s+1/4)(s+1/2)}$$
となり，式 (7・91) の形をしているから正実関数で，Y_{RC} か Z_{RL} として実現される．

(ハ) $s+(s+6)/(s+3)$ となり正実関数

(ニ) リアクタンス関数になる．

(ホ) $s=\pm j\sqrt{3}$ に 2 位の 0 点を持つから正実関数でない．

(ヘ) $s=\infty$ に 2 位の 0 点を持つから正実関数でない．

(ト) $s=j\omega$ と置いて虚軸上の実部を考えよ．

(7・2)，(7・3) ヒントから考えられたい．

(7・4) (イ) 右半面で極も零点も持ってはいけないから
$$a\geq 0, \quad b\geq 0, \quad c\geq 0$$
ただし $a>0$ で $b=c=0$ は除く．

ただし書きをつけたのは，もし $a>0$ で $b=c=0$ なら
$$\frac{s+a}{(s+b)(s+c)}=\frac{s+a}{s^2}$$
となって，原点に 2 位の極を持つことになるからである．以下定理 7・6 に当てはまるかを調べよ．(i) は上に示した条件で解決ずみであるから，(ii) の条件を考えよ．

(ロ) 分母，分子の多項式の係数が同符号でなければならないから，それを正とすると
$$a\geq 0, \quad b\geq 0, \quad \alpha\geq 0, \quad \beta\geq 0, \quad \gamma\geq 0$$
ただし，$a>0$，$b>0$ で $\beta=\gamma=0$ を除く．

以下 (イ) と同様に考えよ．

(7・5) ヒントからただちに分かるであろう．

(7・6) $\gamma=(W-R)/(W+R)$ によって W の右半面が γ の単位円に写像されることを証明し，これを利用せよ．

(7・7) 図 S7・7 のように二つの回路に分けて，おのおの y パラメータを求め，その和からもとの回路の y パラメータを求めると楽である．また $T(s)$ は
$$T(s)=\frac{-y_{12}}{y_{22}}$$
となるから，これを 0 と置いて所望の角周波数を求めよ． 【答】 $\omega=1/RC$

(7・8) 二等分定理を用いよ．図 P7・8(b) と (c) には交差している端子対があるから，図 7・36 に示した注意を忘れてはいけない．図 (c) の回路については，変成器を T 形等価回路に

図S7・7

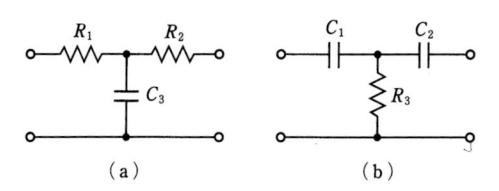

置き換えるとわかりやすい．下のほうの変成器の等価回路は**図S7・8**のようになる．

(7・9) （イ） 与えられた行列を次のように分けるのが最も良さそうである．

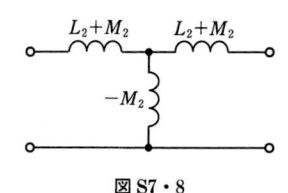

$$\begin{bmatrix} y_{11} & y_{12} \\ y_{12} & y_{22} \end{bmatrix} = \begin{bmatrix} 3s + \dfrac{3s}{s^2+2} + \dfrac{s}{s^2+3} & 0 \\ 0 & 0 \end{bmatrix}$$

$$+ \begin{bmatrix} \dfrac{2}{s} & -\dfrac{2}{s} \\ -\dfrac{2}{s} & \dfrac{2}{s} \end{bmatrix} + \begin{bmatrix} \dfrac{s}{s^2+1} & \dfrac{2s}{s^2+1} \\ \dfrac{2s}{s^2+1} & \dfrac{4s}{s^2+1} \end{bmatrix}$$

$$+ \begin{bmatrix} \dfrac{2s}{s^2+2} & \dfrac{-2s}{s^2+2} \\ \dfrac{-2s}{s^2+2} & \dfrac{2s}{s^2+2} \end{bmatrix} + \begin{bmatrix} 0 & 0' \\ 0 & \dfrac{1}{s} + \dfrac{2s}{s^2+3} \end{bmatrix}$$

図S7・8

こうすると，右辺第3番目の行列にだけ理想変成器を必要とするが，その他は不要である．

（ロ） 上の（イ）と同様に考えるとよい．

(7・10) いずれもイミタンスパラメータを求めて，これが等しいことを示せばよい．図P7・10(b) を例にとって考えると，(1) の回路の Z_a と Z_b は

$$Z_a = Z_1 + Z_3, \quad Z_b = Z_2 + Z_4$$

$$\therefore \begin{bmatrix} z_{11} & z_{12} \\ z_{12} & z_{11} \end{bmatrix} = \begin{bmatrix} \dfrac{(Z_2+Z_4)+(Z_1+Z_3)}{2} & \dfrac{(Z_2+Z_4)-(Z_1+Z_3)}{2} \\ \dfrac{(Z_2+Z_4)-(Z_1+Z_3)}{2} & \dfrac{(Z_2+Z_4)-(Z_1+Z_3)}{2} \end{bmatrix}$$

$$= \begin{bmatrix} \dfrac{Z_2+Z_1}{2} & \dfrac{Z_2-Z_1}{2} \\ \dfrac{Z_2-Z_1}{2} & \dfrac{Z_2+Z_1}{2} \end{bmatrix} + \begin{bmatrix} \dfrac{Z_4+Z_3}{2} & \dfrac{Z_4-Z_3}{2} \\ \dfrac{Z_4-Z_3}{2} & \dfrac{Z_4+Z_3}{2} \end{bmatrix}$$

この式の右辺は図P7・10(b)(2) のように二つの対称格子形回路の直列接続であることを示している．ここで $Z_1 = Z_2$ のとき，(a) の等価を利用すれば図(3) と等価なことが分かる．

(c) については y パラメータについて，(b) と全く同様にすればよい．

(7・11) この回路の全インピーダンス $Z(s)$ は次のようになる．

$$Z^{-1} = (Z_1+R_1)^{-1} + (Z_2+R_2)^{-1} = R^{-1} \tag{1}$$

まず，(a) の場合を考える．Z_1 と Z_2 がリアクタンス関数であるから，定理7・10か

ら，これらの極や零点はすべて虚軸上にある．極や零点を考えてみよう．
(i) $Z_1=0$ の点 $(Z_2 \cong jX_2)$
$$Z^{-1}=R_1^{-1}+(jX_2+R_2)^{-1}=R^{-1}$$
∴ $Z_2=0$ または $Z_2=\infty$ $(Z_1=0)$ (2)

(ii) $Z_1=\infty$ の点
$$Z^{-1}=(jX_2+R_2)^{-1}=R^{-1}$$
∴ $Z_2=0$, $R_2=R$, $(Z_1=\infty)$ (3)

Z_2 についても同様のことがいえる．すなわち

(iii) $Z_2=0$ で $Z_1=0$ または ∞ (4)

(iv) $Z_2=\infty$ で $Z_1=0$, $R_1=R$ (5)

これら四つの式を検討するのに，$Z_1=Z_2=0$ となれば $R_1^{-1}+R_2^{-1}=R^{-1}$ となり，これは式 (3) や式 (5) と矛盾する．したがって

$Z_1=0$ で $Z_2=\infty$, $R_1=R$
$Z_1=\infty$ で $Z_2=0$, $R_2=R$

∴ $Z_2=\dfrac{k}{Z_1}$ $(k>0)$

これを式 (1) に代入すると
$$R^{-1}=(Z_1+R)^{-1}+\left(\dfrac{k}{Z_1}+R^{-1}\right)=\dfrac{Z_1(Z_1+R)+k+RZ_1}{(Z_1+R)(k+RZ_1)}$$

分母を払って整理することより
$$2R^2Z_1=R^2Z_1+kZ_1, \quad ∴ \quad k=R^2$$

【a の答】 $R_1=R_2=R$, $Z_1Z_2=R^2$

次に (b) の場合を考える．Z_1 の零点を $s=s_t$ とすると，これは虚軸上にあるとは限らず，左半面にあることもある．$s=s_t$ における Z_2 の値，すなわち $Z_2(s_t)$ は実数でなければならない．その理由は，式 (1) は $s=s_t$ で
$$R^{-1}=R_1^{-1}+(Z_2+R_2)^{-1}$$
となり，左辺は実数であるから，右辺も実数とならなければならないからである．いま，$Z_2(s_t)$ を次のように置く．

$Z_2(s_t) \cong \varepsilon_2$ (ただし，ε_2 は実数，s_t は Z_1 の零点) (1)

Z_2 は Z_1 のすべての零点 s_t において同じ値 ε_2 を取らなければならない．同様に s_t' を Z_2 の零点とし

$Z_1(s_t') \cong \varepsilon_1$ (ただし，ε_1 は実数，s_t' は Z_2 の零点) (2)

とする．さらに，Z_1', Z_2', R_1', R_2' を次のように置く． (3)

$Z_1' \cong Z_1-\varepsilon_1$, $Z_2' \cong Z_2-\varepsilon_2$
$R_1' \cong R_1+\varepsilon_1$, $R_2' \cong R_2+\varepsilon_2$

以下，詳しい証明は略するが，Z_1', Z_2', R_1', R_2' に関して，先の (i)〜(iv) と同様なことがいえて，式 (6) と同じ式

$$Z_2' = k/Z_1'$$

が得られる．その後も同様な証明過程を経て，次の結論が得られる．

$$R_1 + \varepsilon_1 = R_2 + \varepsilon_2 = R, \quad (Z_1 - \varepsilon_1)(Z_2 - \varepsilon_2) = R^2 \quad (\varepsilon_1, \varepsilon_2 \text{ は式 (1), (2) 参照})$$

(7・12) 等価な対称格子形回線の Z_1 と Z_2 は，二等分定理より求めると**図 S7・12** のようになる．すなわち

$$Z_1 = \left(\frac{1}{R} + \frac{2}{sL}\right)^{-1}, \qquad Z_2 = R + \frac{2}{sC}$$

$Z_{11} = Z_{12} = Z_I$ は式 (7・124) より

$$Z_I = \sqrt{Z_1 Z_2} = \sqrt{\left(R + \frac{2}{sC}\right) / \left(\frac{1}{R} + \frac{2}{sL}\right)}$$

$$= \sqrt{\frac{R^2 LC_s + 2RL}{LC_s + 2RC}}$$

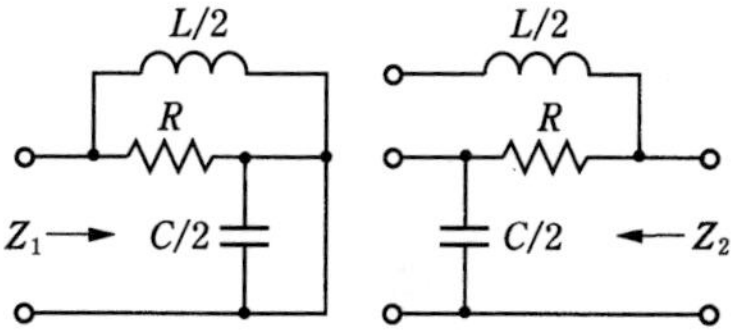

これが R に等しいのであるから

$$R^2 = \frac{R^2 LC_s + 2RL}{LC_s + 2RC}$$

分母を払うと

$$R^2 LC_s + 2RL = R^2 LC_s + 2R^3 C$$

$$\therefore \quad L = R^2 C, \qquad R = \sqrt{L/C} \qquad \qquad \text{【答】} \quad R = \sqrt{L/C}$$

図 S7・12

(7・13) Z_1 と Z_2 はそれぞれ次のようになる．

$$Z_1 = \left(\frac{1}{R} + \frac{2}{Z_a}\right)^{-1}, \qquad Z_2 = R + 2Z_b \tag{1}$$

$$Z_I^2 = \frac{R + 2Z_b}{1/R + 2/Z_a} = \frac{R^2 Z_a + 2RZ_a Z_b}{2R + Z_a} \quad (= R^2 \text{ とならなければならない}) \tag{2}$$

これが R^2 に等しい．いま，$Z_a = 0$ となる点 $j\omega_{a_1}, j\omega_{a_2}, \cdots, j\omega_{a_n}$ を考えると

$$R^2 = \frac{2RZ_a(j\omega_{a_i})Z_b(j\omega_{a_i})}{2R}$$

この式が成立するためには，Z_a の零点 $j\omega_{a_i}$ で Z_b は極となり

$$Z_a Z_b = R^2 \quad (s = j\omega_{a_1}, j\omega_{a_2}, \cdots, j\omega_{a_n})$$

とならなければならない．同様に Z_a の極となる点を考えると式 (2) は

$$R^2 + 2RZ_b = R^2$$

$$\therefore \quad Z_b = 0$$

結局，Z_a のすべての零点で $Z_b = \infty$，Z_a のすべての極で $Z_b = 0$ となり

$$Z_b = k/Z_a \qquad (k > 0) \tag{3}$$

となる．式 (3) の Z_b を式 (2) に代入することより

$$k = R^2, \qquad \therefore \quad Z_b = R^2/Z_a \qquad \qquad \text{【答】} \quad Z_a Z_b = R^2$$

(7・14) 省略

付録　複素関数論概説

以下，複素関数について概説する*.

〔1〕 数平面と数球面

複素数は通常
$$z = x + jy$$
と表すが，回路理論では
$$s = \sigma + j\omega$$
と書き表す．本節に限り $z \fallingdotseq x + jy$ を用いる．

複素数を平面上の点に一対一対応させたものを**数平面**という．同じく，球面上の点に対応づけたものを，**数球面**という．図 A・1 は数平面並びに数球面を示したものである．z の数平面についていうと，図のように

　　　　右半面（内）：Re $z > 0$ の領域，　　左半面（内）：Re $z < 0$ の領域

　　　　虚　軸（上）：Re $z = 0$，　　このとき $z = jy$，　$-\infty < y < \infty$

などと呼ぶ．その他正負の実軸や虚軸は図示のとおりである．**原点**（origin）は O（オーで 0 ではない）と表す．

原点と**無限遠点**は同じような性質を持つ点で，次の性質を持つ．

（ⅰ）実軸と虚軸の交点で，実軸上の点でもあり，虚軸上の点でもある．

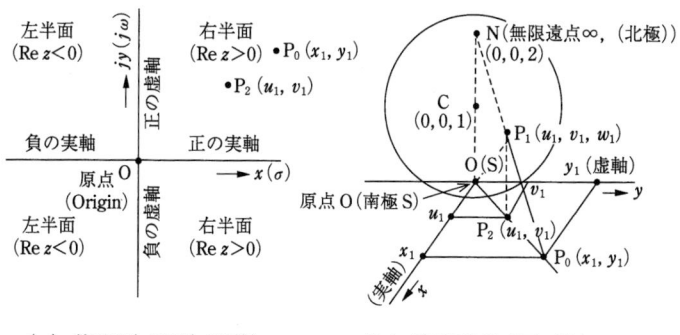

（a）数平面（z 平面（s 平面））
　　　原点の近傍

（b）数平面と数球面の対応
　　　（立体写映）

図 A・1　数平面と数球面

＊　回路理論には次のような数学が必要である．(1) 線形微分方程式論，(2) 線形代数，(3) フーリエ変換，(4) グラフ理論，(5) 複素関数論．

(ii) 実軸並びに虚軸を正負に分ける．

図(a)は数平面の原点の近傍を示したもので，無限遠点の近傍はこの図で正負の実軸の位置が逆になっている．これを理解しやすくしたものが数球面である．図(b)において，球の南極Sを数平面の原点Oと一致させている．平面上の点$P_0(x_1, y_1)$に対応する点$P_1(u_1, v_1, w_1)$は，P_0と北極Nを結ぶ直線と球面との交点となっている．$P_0=(x_1, y_1)$と$P_1(u_1, v_1, w_1)$の対応づけは次のとおりである（図A・1を参照し，入試問題を解くつもりで証明されたい）．

$P_0=(x_1, y_1)$が先に与えられた場合(u, v, w)は

$$u=\frac{4x_1}{4+(x_1^2+y_1^2)}, \quad v=\frac{4y_1}{4+(x_1^2+y_1^2)}, \quad w=\frac{2(x_1^2+y_1^2)}{4+(x_1^2+y_1^2)} \quad (A\cdot 1)$$

$P_1=(u, v, w)$が先に与えられた場合，x_1, y_1は

$$x_1=\frac{2u}{2-w}, \quad y_1=\frac{2v}{2-w}, \quad \left(x_1^2+y_1^2=r^2=\frac{4w}{2-w}\right) \quad (A\cdot 2)$$

数球面と数平面の対応づけを，**立体写影**（stereographic projection）という．数球面によって，無限遠点は次のように理解される．図**A・2**は数球面を実軸に垂直な面によって裁断した面を示す．数平面上の点Aに対し，数球面上の点A′が対応する．Aが矢印の方向に増大すると，A′は円周上北極方向に動き，Aが無限大になると，A′は北極Nに一致することは明らかである．Aが負の実軸上無限大に向かうと，A′は図の円の左側の半円上を通ってNに近づく．

原点と無限遠点は，それへの接近の方向によって，次のような値と見ることができる．

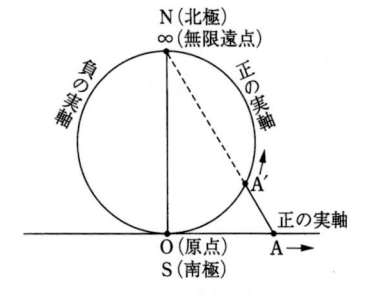

図**A・2** 数球面の断面

原　　点：$\pm 0, \pm j0, \pm 0 \pm j0$（単に0と表すことがある）

無限遠点：$\pm \infty, \pm j\infty, \pm \infty \pm j\infty$（単に$\infty$と表すことがある）

〔2〕 複素関数，コーシー・リーマン（Cauchy-Riemann）の方程式

$f(z)$を変数zの関数とし，zを

$$z=x+jy \quad (A\cdot 3)$$

とすると，$f(z)$は複素関数で，その実部と虚部をそれぞれR並びにXとすると，

$$f(z)=R(x, y)+jX(x, y) \quad (A\cdot 4)$$

と表される．RとXはともに実変数xとyの実変数関数である．しかし逆に，RとXがxとyの実変数関数であれば常に式（A・4）のように$R+jX$がzの複素関数となるとは限らない．例えば，$R=x^3$，$X=x^2+y$というような場合，$R+jX=x^3+j(x^2+y)$はzの複素関数として書き表し得ない．これから分かるように，$R(x, y)+jX(x, y)$がzの複素関数として表れるためには，$R(x, y)$と$X(x, y)$の間に何らかの関係が成立しなければならないことが察知される．これを調べてみよう．

いま，$f(z)$をx及びyで微分すると，

$$\left.\begin{array}{l}\dfrac{\partial f}{\partial x}=\dfrac{df(z)}{dz}\dfrac{\partial z}{\partial x}=\dfrac{df(z)}{dz}\\[2mm]\dfrac{\partial f}{\partial y}=\dfrac{df(z)}{dz}\dfrac{\partial z}{\partial y}=j\dfrac{df(z)}{dz}\end{array}\right\} \quad (\text{A}\cdot 5)$$

$$\therefore \quad j\dfrac{\partial f}{\partial x}=\dfrac{\partial f}{\partial y} \quad (\text{A}\cdot 6)$$

一方

$$\dfrac{\partial f}{\partial x}=\dfrac{\partial R}{\partial x}+j\dfrac{\partial X}{\partial x}, \quad \dfrac{\partial f}{\partial y}=\dfrac{\partial R}{\partial y}+j\dfrac{\partial X}{\partial y} \quad (\text{A}\cdot 7)$$

であるから式 (A·6) より

$$j\left(\dfrac{\partial R}{\partial x}+j\dfrac{\partial X}{\partial x}\right)=\dfrac{\partial R}{\partial y}+j\dfrac{\partial X}{\partial y} \quad (\text{A}\cdot 8)$$

$$\left.\therefore \begin{array}{l}\dfrac{\partial R}{\partial x}=\dfrac{\partial X}{\partial y}\\[2mm]\dfrac{\partial X}{\partial x}=-\dfrac{\partial R}{\partial y}\end{array}\right\} \quad (\text{コーシー・リーマンの方程式}) \quad (\text{A}\cdot 9)$$

〔証明〕 この式を**コーシー・リーマン**(Cauchy-Riemann) **の方程式**(以下 **C-R 方程式**と略す) という. この式は $f(z)=R(x,y)+jX(x,y)$ が, z の複素関数であるとき, R と X が満たさなければならない必要条件である. これが十分条件でもあることを示そう. これを証明するには, 式 (A·9) が成立していれば式 (A·6) が成立することを示せばよい. しかるに

$$\dfrac{\partial f}{\partial x}=\dfrac{\partial R}{\partial x}+j\dfrac{\partial X}{\partial x}, \quad \dfrac{\partial f}{\partial y}=\dfrac{\partial R}{\partial y}+j\dfrac{\partial X}{\partial y} \quad (\text{A}\cdot 10)$$

であり, これに C-R 方程式の関係を代入すると式 (A·6) が得られる. 〔証明終り〕

C-R 方程式が満たされているとき, $f(z)$ は**正則** (regular) であるという.

〔3〕 零点, 特異点, 極, 定義域

$f(z)$ が $z=z_b$ で 0 (零) となるとき, z_b を $f(z)$ の**零点** (null point) という. 後述の式 (A·15) において, $f(z)$ は分子に $(z-a_1)^a$ なる係数を持っている. このとき, a_1 は $f(z)$ の a 位の零点であるといい, a を**位数** (degree) という.

正則でない点を**特異点** (singular point) という. a を一つの特異点とするとき, a を中心とする十分小さい円を描いた場合, その内部に a 以外の特異点がなければ, この a を**孤立特異点**という. これに反して, a の任意の近傍に他の特異点が無数にあれば, a を**集積特異点**という. 例えば $1/(z-a)$ における点 a は孤立特異点であるが, $1/\sin(1/z)$ においては, z を実軸上 0 に近づけると無数に多くの特異点があるから, $z=0$ は集積特異点である.

$f(z)$ の孤立特異点を a とするとき, $\lim\limits_{z\to a}f(z)$ が有限確定値をとれば, a は実は正則点であって特異点ではない (証明を要するが略する). もし

$$\lim_{z\to a}f(z)=\infty \quad (\text{A}\cdot 11)$$

ならば, a を**極** (pole) という. 例えば $1/(z-a)$ における点 a は極である. これに対して, 上の極限が有限確定でもなければ ∞ でもないときは**真性特異点** (essentially singular point) という. 例えば $\sin(1/z)$ は実軸上 $z\to 0$ とすると確定した値を持たず, ∞ ともいえないから,

原点は $\sin(1/z)$ の真性特異点である。前記の集積特異点も真性特異点の中に入れる。

後述の式 (A・14) の関数 $f(z)$ は分母に $(z-b_1)^{\beta_1}$ なる因数を持つから，b_1 は $f(z)$ の極である。b_1 を $f(z)$ の β_1 位の極といい，μ_1 を極の位数 (degree) という。

関数を定義する場合，正則な領域 (全域と限らない) を指定する。これを**定義域** (domain) という。z が定義域内の値を取るとき，$f(z)$ のとる値の領域を**値域** (range) という。

〔4〕 実関数，有理関数，有理形関数

定義域も値域も実数である関数を**実関数** (real function) というが，回路理論では，$z>0$ のとき $f(z)$ が実数となる複素関数を実関数といっている。あるいは，次の式を満すような関数といってもよい。

$$f(\bar{z}) = \overline{f(z)} \qquad (A \cdot 12)$$

(実変数関数と混同してはならない。)。係数がすべて実数ならば実関数である。また極以外の特異点を持たず，極の数が有限な関数を**有理関数** (rational function) という。有理関数は一般に

$$f(z) = \frac{N(z)}{D(z)} = \frac{\alpha_0 + \alpha_1 z + \alpha_2 z^2 + \cdots + \alpha_n z^n}{\beta_0 + \beta_1 z + \beta_2 z^2 + \cdots + \beta_m z^m} \qquad (A \cdot 13)$$

なる形に書き表される。回路理論において問題となる関数はすべて実関数で，集中定数回路の場合は実有理関数を，分布定数回路の場合は実無理関数を取り扱う必要がある。

有理関数の極となる点を考えるに，分母 $D(z)=0$ の根は明らかに極である。さらに式 (A・13) で $n>m$ ならば，$z=\infty$ で $f(z)$ は $(n-m)$ 位の無限大となるから，$z=\infty$ は $f(z)$ の $(n-m)$ 位の極と考えられる。次に零点については，$N(z)=0$ の根の外に，もし $n<m$ ならば $z=\infty$ で $f(z)$ は明らかに $(m-n)$ 位の 0 となる。有理関数の零点と極については次の定理がある。

> **定理 A・1**：有理関数の極の数と零点の数とは相等しい。ただし，n 位の極は n 個の極が一致したものとして，n 個と数えるものとする。零点についても同じ。

〔証明〕 もし $m<n$ なら，極は分母 $D(z)$ の根が m 個 (等根は重複度も数える) あるから，これによる極が m 個となり，零点は $N(z)$ の根より n 個と，<u>$z=\infty$ に $(m-n)$ の位の零点があるから</u>，全体として $n+(m-n)=m$ となって極の数と等しい。また $m<n$ なら，極は分母の根による m 個と，<u>$z=\infty$ に $(n-m)$ 位の極があって</u>，合計 $m+(n-m)=n$ となる。これに対し，零点は分子の多項式の根として n 個となるから，極の数と相等しい。要するに極あるいは零点の数は，分母と分子の多項式の中，次数の高い方の多項式の次数に等しい (この数を有理関数の**次数** (degree) という)。〔証明終り〕

有理関数は，その分母分子を因数分解すると，次のように表される。

$$f(z) = H \frac{(z-a_1)^{\alpha_1}(z-a_2)^{\alpha_2}\cdots(z-a_m)^{\alpha_m}}{(z-b_1)^{\beta_1}(z-b_2)^{\beta_2}\cdots(z-b_n)^{\beta_n}} \qquad (A \cdot 14)$$

有理関数の極 b_k における主部 (後述の Laurent の展開参照) を

$$H_k = \frac{c_1}{z-b_k} + \frac{c_2}{(z-b_k)^2} + \cdots + \frac{c_\beta}{(z-b_k)^{\beta_k}} \qquad (A \cdot 15)$$

とすると，

$$f(z) = H_1(z) + H_2(z) + \cdots + H_n(z) + K_\infty z + C \qquad (A \cdot 16)$$

ただし K_∞ と C は定数．これを**部分分数展開**（partial fraction exposition）という．これには証明を要するが略する．

有理関数に近い性質を持つ関数に**有理形関数**がある．これは，有限の領域には特異点として有限個の極しか持たない関数である．したがって，有理形関数は無限遠点に真性特異点を持っている．

回路理論では有理形関数が現れることが多い．ラプラス変換が有理形関数となる関数の逆変換には，展開定理（4・2節〔6〕項参照）が利用できる．有限の領域における極がすべて1位である場合，有理形関数 $f(s)$ は次のように展開される．

$$f(s) = f(0) + \sum_{n=1}^{\infty} \frac{A_n}{s-c_n}$$

$f(s)$ が（ラプラス変換の）下位関数であるとすると，$\mathcal{L}^{-1}[f(s)]$ は次のようになる．

$$\mathcal{L}^{-1}[f(s)] = f(0)u_0(t) + \sum_{n=1}^{\infty} A_n e^{c_n t}$$

〔5〕 複素関数の微分

複素関数 $f(z)$ の，z に関する微分係数は実変数関数と同様に

$$\frac{df(z)}{dz} = \lim_{h \to 0} \frac{f(z+h) - f(z)}{h} \quad (\text{A}\cdot 17)$$

で定義される．複素変数関数の微分が実変数関数の場合と異なる点は，後者では h の 0 への近づき方が，実軸上に限られているが，前者の場合は数平面上無数の近づき方があることである（**図A・3** 参照）．いま

$$h = \Delta x + j\Delta y, \quad \frac{\Delta y}{\Delta x} = c \text{ (定数)} \quad (\text{A} \cdot 18)$$

とし，c によって h の近づく方向を規定すると，

図A・3 $h \to 0$ の近づけ方

$$\frac{f(z+h) - f(z)}{h} = \frac{\left(\frac{\partial R}{\partial x} + j\frac{\partial X}{\partial x}\right)\Delta x + \left(\frac{\partial R}{\partial y} + j\frac{\partial X}{\partial y}\right)\Delta y}{\Delta x + j\Delta y}$$

$$= \frac{\left(\frac{\partial R}{\partial x} + j\frac{\partial X}{\partial x}\right) + \left(\frac{\partial R}{\partial y} + j\frac{\partial X}{\partial y}\right)c}{1 + jc} \quad (\text{A}\cdot 19)$$

すなわち，一般に $df(z)/dz$ は h の方向 c に関係する．c に無関係であるためには

$$j\left(\frac{\partial R}{\partial x} + j\frac{\partial X}{\partial x}\right) = \frac{\partial R}{\partial y} + j\frac{\partial X}{\partial y} \quad (\text{A}\cdot 20)$$

でなければならない．上の式の実部と虚部をそれぞれ等しいとしてみるとC-R方程式が得られる．換言すると，C-R方程式が満たされていれば，微係数は h の→0 の方向に無関係に決まる．このとき $f(z)$ はその点で正則なのである．

> **定理A・2**：$f(z)$ が h の近づき方に無関係に一定の微係数を持てば，その点で $f(z)$ は正則である．またその逆も真である．

$f(z)$ が領域 D 内のすべての点で正則ならば，$f(z)$ は D 内で正則であるという．$f(z)$ が正

則な点において,
$$\left.\begin{array}{c}\dfrac{f(z+h)-f(z)}{h}\fallingdotseq f'(z)+\varDelta\\f(z+h)\fallingdotseq f(z)+h\{f'(z)+\varDelta\}\end{array}\right\} \quad (\text{A}\cdot 21)$$

と置くと
$$\lim_{h\to 0}\varDelta=0$$

であり,特に $f'(z)$ が考える点で連続ならば,$\varDelta$ は z に無関係に正の数 δ を適当にとれば,$|h|<\delta$ なる限り任意の正数 ε に対し,

$$\left|\frac{f(z+h)-f(z)}{h}-f'(z)\right|=|\varDelta|<\varepsilon \quad (\text{A}\cdot 22)$$

とすることができる〔証明略〕.

〔6〕複 素 積 分

実変数の関数では,積分は上限と下限を実軸上の点として指定されればよかったが,複素積分では,下限から上限にいたる曲線いかんによって積分の値が異なることがある.例えば,$f(z)=1/z$ として積分

$$\int_{+a}^{-a}f(z)dz=\int_{+a}^{-a}\frac{1}{z}dz \quad (\text{A}\cdot 23)$$

を考える.**積分路**(integral path)として図 **A**·**4** に示すように,原点を中心とし,半径 a の円周の上半分 C をとった場合と,下半分 C' を取った場合を比較してみよう.図のように Z なるベクトルが実軸となす角を θ とすると,円周上では,

$$z=ae^{j\theta}, \qquad dz=jae^{j\theta}d\theta$$

となるから,C に沿っての積分は,

$$\int_{C(a,-a)}\frac{dz}{z}=j\int_0^{\pi}d\theta=-j\pi$$

となり,C' に沿ってこの積分は

$$\int_{C'(a,-a)}\frac{dz}{z}=j\int_0^{-\pi}d\theta=-j\pi$$

図 **A**·**4** 複素積分の積分路

となって,両者は相異なる.円周上を**反時計方向**(counter clock weise)に一周する積分は,次のようになる.

$$\oint\frac{dz}{z}=j2\pi \quad (\text{A}\cdot 24)$$

このように,積分路によって積分値が異なるのは,後に述べるように,二つの積分路に囲まれた領域内(上の例では半径 a の円内)に正則でない点(上の例では原点)がある場合であって,そうでないときは上限と下限が決まれば $\int_a^b f(z)dz$ は積分路如何に関せず一定の値をとるし,閉じた曲線に沿っての積分 $\oint f(z)dz$ は 0 となる.これについては後に Cauchy(コーシー)の定理で述べるが,例をあげておこう.

〔例〕 上の積分において,$z=0$ なる点は不正則点であるから,この点を含まない閉じた曲線に沿った

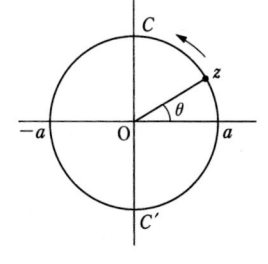

積分を考えてみよう。図 A・5 において、点 a から→C→$-a$→C'→a と円を一周し、a から a' にいき、a' から→C_2'→$-a'$→C_2→a' に戻り、a' から a に至る閉じた積分路をとってみる。a→C→$-a$→C'→a に沿っての積分は前述のように

$$\int_{(a,C,-a,C',a)} \frac{dz}{z} = 2\pi j \quad (A・25)$$

であり、また a'→a と a→a' の積分は打ち消し合って 0 で、中の小円周上の積分は

$$\int_{(a,C_2',-a',C_2,a')} \frac{dz}{z} = -2\pi j \quad (A・26)$$

となって、全体としては 0 になる。

曲線 C に沿っての積分は図 A・5 のように z_ν をとり、

$$\int_a^b f(z)\,dz = \lim_{\nu\to\infty}\sum_\nu f(\zeta_\nu)(z_\nu - z_{\nu-1})$$
$$= \lim_{\Delta z_\nu\to 0}\sum_\nu f(\zeta_\nu)\Delta z_\nu \quad (A・27)$$

で定義される。ただし曲線 C は普通連続で、図 A・6 のように細かく区分し、区分された点が z_ν で、ζ_ν は z_ν と $z_{\nu-1}$ の間の任意の点とし、ν を無限大とするとともに、すべての $|z_\nu - z_{\nu-1}|$ を 0 に近づけるものとする。$\int_a^b f(z)\,dz$ は積分路を明記するために、

$$\int_{C(a,b)} f(z)\,dz \quad (A・28)$$

などと表す。

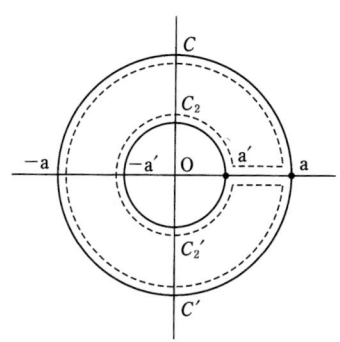

図 A・5 不正則点 $z=0$ を含まない積分路の例

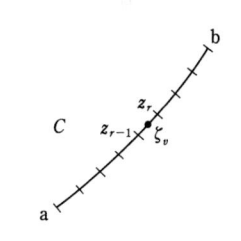

図 A・6 線積分の定義の説明図

〔7〕 Cauchy の定理

ここに述べようとする Cauchy の定理は、複素関数論における基本的な大定理である。

> **Cauchy の定理**：関数 $f(z)$ が z 平面上有限の面分 S の周囲並びに内部で連続で、内部の至るところで正則なるとき、周 C に沿って一周する積分路をとれば
> $$\int_{(C)} f(z)\,dz = 0 \quad\quad (A・29)$$

この定理を証明するためにまず実積分に関する次の定理を証明しよう。

> **Green の定理（または Gauss の定理）**：二つの実関数 $P(x,y)$ 並びに $Q(x,y)$ が、単一な閉曲線* C の上並びに内部において連続な偏導関数を持つときは、
> $$\int_{(C)}(P\,dx + Q\,dy) = \iint_{(C)}\left(\frac{\partial Q}{\partial x} - \frac{\partial P}{\partial y}\right)dx\,dy \quad (A・30)$$

ここで左辺の積分は曲線 C に沿って正の方向（内部を常に左手に見るような方向）に一周する積分路について行うとし、その定義は式 (A・27) と同様であるものとする。また右辺の積分

---
* 単一な閉曲線とは、一点から出発してまたその点に帰る曲線で途中で自ら交わらない曲線である。

は，C を囲む全面積について積分するものとする．

いま，図 **A·7** に示すように，C を挟んで y 軸に平行な二つの接線を $x=a$，$x=b$ とし，その C に接する点を A，B とする．また y 軸に平行な任意の直線が C と交わる点を E_1，E_2 とし，その座標をそれぞれ (x, y_1)，(x, y_2) とする．そうすると，

$$\begin{aligned}
\int_{(C)} Pdx &= \int_{AE_1B} Pdx + \int_{BE_2A} Pdx = \int_{AE_1B} Pdx - \int_{AE_2B} Pdx \\
&= \int_a^b P(x, y_1)\, dx - \int_a^b P(x, y_2)\, dx \\
&= \int_a^b \{P(x, y_1) - P(x, y_2)\}\, dx \\
&= \int_a^b \left\{ \int_{y_2}^{y_1} \frac{\partial P}{\partial y}\, dy \right\} dx \\
&= -\int_a^b \left\{ \int_{y_2}^{y_1} \frac{\partial P}{\partial y}\, dy \right\} dx \\
&= -\iint_{(C)} \frac{\partial P}{\partial y}\, dxdy \quad\quad (\text{A}\cdot 31)
\end{aligned}$$

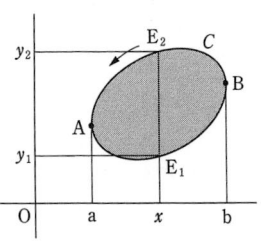

図 A·7 Green の定理における積分路

同様に

$$\int_{(C)} Qdy = \iint_{(C)} \frac{\partial Q}{\partial x}\, dxdy \tag{A·32}$$

よって，定理は真である．

この Green の定理を用いて Cauchy の定理を証明しよう．式 (A·29) は

$$\int_{(C)} f(z)\, dz = \int_{(C)} (Rdx - Xdy) + j \int_{(C)} (Xdx + Rdy) \tag{A·33}$$

しかるにグリーンの定理より，

$$\left.\begin{aligned}
\int_{(C)} (Rdx - Xdy) &= \iint_{(C)} \left(-\frac{\partial X}{\partial x} - \frac{\partial R}{\partial y} \right) dxdy \\
\int_{(C)} (Xdx + Rdy) &= \iint_{(C)} \left(\frac{\partial R}{\partial x} - \frac{\partial X}{\partial y} \right) dxdy
\end{aligned}\right\} \tag{A·34}$$

それゆえ，

$$\int_{(C)} f(z)\, dz = -\iint_{(C)} \left(\frac{\partial X}{\partial x} + \frac{\partial R}{\partial y} \right) dxdy + j\iint_{(C)} \left(\frac{\partial R}{\partial x} - \frac{\partial X}{\partial y} \right) dxdy \tag{A·35}$$

さらに $f(z)$ は C の内部で正則であるから，C-R 方程式が満たされている．したがって上式の右辺の被積分関数はともに 0 となって

$$\int_{(C)} f(z)\, dz = 0 \tag{A·36}$$

となる．

> **系**：$f(z)$ が面分 S 内で正則ならば，S 内の点 A から B に至る線積分は，積分路を S 内にとる限り一定である．

例えば，図 **A·8** において A から B までの積分を考えるに，Cauchy の定理より，

$$0 = \int_{ADBD'A} f(z)\, dz = \int_{ADB} f(z)\, dz - \int_{AD'B} f(z)\, dz$$

$$\therefore \int_{ADB} f(z)\,dz = \int_{AD'B} f(z)\,dz \tag{A・37}$$

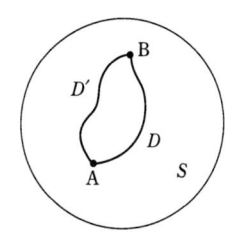

図 A・8 正則関数の定積分は，積分路に無関係

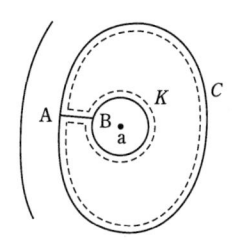

図 A・9 積分路

[8] 留数，Cauchy の積分表示

Cauchy の定理は正則な面分内での閉曲線に沿っての積分が 0 であることを述べたものである．正則点でない点があればどうなるかを考えてみよう．

図 A・9 において，S 内の一つの不正則点を a とし，a を含む S 内の曲線 C 上の積分を考える．C 内では a 以外のすべての点において正則であるとする．点 a を中心とする十分小さい半径の円を K とする．C 上で積分したものと K 上で積分したものとは相等しい．なぜかといえば，図 A・9 の点線で示したように，曲線 C を逆に回り，A から K 上の点 B に至り，B から円 K を正方向に一周して B に戻り，再び A に行く積分路を考えると，この積分路に囲まれた領域内には不正則点はないからコーシーの定理より，

$$\int_{(-C)} + \int_{(AB)} + \int_{(K)} + \int_{(BA)} = 0 \tag{A・38}$$

となる．したがって

$$\int_{(C)} = \int_{(C)} + \left\{ \int_{(-C)} + \int_{(K)} + \int_{(AB)} + \int_{(BA)} \right\} = \int_{(K)} \tag{A・39}$$

要するに，積分路 C を点 a を含むいかなる形に変形しようとも積分値は不変である．

さて，ここで

$$A \triangleq \frac{1}{2\pi j} \int_{(K)} f(z)\,dz \tag{A・40}$$

なる A を，点 $z=a$ における留数という．留数 A はまた次のようにして求められる．

定理 A・3：$z \to a$ なるとき，$(z-a)f(z)$ が有限確定値を持てば，その値が留数 A である．すなわち，

$$A = \lim_{z \to a} (z-a) f(z) \tag{A・41}$$

〔証明〕 これは次のようにして証明される．A は

$$A = \frac{1}{2\pi j} \int_{(K)} f(z)\,dz = \frac{1}{2\pi j} \int_{(K)} (z-a) f(z) \frac{dz}{z-a} \tag{A・42}$$

ここで
$$z-a \triangleq re^{j\theta} = r(\cos\theta + j\sin\theta) \quad (A \cdot 43)$$
と置くと
$$\frac{dz}{z-a} = \frac{re^{j\theta}jd\theta}{re^{j\theta}} = jd\theta \quad (A \cdot 44)$$
$$\therefore \quad A = \frac{1}{2\pi}\int_0^{2\pi}(z-a)f(z)\,d\theta \quad (A \cdot 45)$$
$z \to a$ のとき $(z-a)f(z) \to m$ とすると,円 K を小さくしていくと
$$A \to \frac{1}{2\pi}\int_0^{2\pi} m\,d\theta \to m \quad (A \cdot 46)$$

[応用例] リアクタンス回路(抵抗を含まず,L と C のみからなる回路)のイミタンス $W(s)$ は,次のように展開される(第7章参照).なお,ここでは複素変数を $s=\sigma+j\omega$ と表す.
$$W(s) = a_\infty s + \frac{a_0}{s} + \sum_{i=1}^n \left(\frac{a_i/2}{s-j\omega_i} + \frac{a_i/2}{s+j\omega_i}\right)$$
$$= a_\infty s + \frac{a_0}{s} + \sum_{i=1}^n \frac{a_i s}{s^2+\omega_i^2}$$

a_0 並びに二つの $a_i/2$ は,それぞれ $s=0$ 並びに $\pm j\omega_i$ における極の留数である.a_∞ を $s=\infty$ における極の留数という.これは数学における(無限遠点における)留数の定義と異なるが,回路理論ではこの a_∞ を留数といい,有用な量である.これら各留数は前記の定理を用いて次のようにして求められる.読者は確かめられよ.
$$a_\infty = \lim_{s\to\infty} W(s)/s$$
$$a_0 = \lim_{s\to 0} sW(s)$$
$$\frac{a_i}{2} = \lim_{s\to\pm j\omega}(s\pm j\omega)W(s)$$
または $\quad a_i = \lim_{s^2\to -\omega_i^2}\dfrac{s^2+\omega_i^2}{s}W(s)$

> **系 A・3**:$f(z)$ が S 内に n 個の不正則点を持ち,その留点を $A_1, A_2, \cdots, A_n$ とすると,
> $$\int_{(C)} f(z)\,dz = 2\pi j(A_1 + A_2 + \cdots + A_n) \quad (A \cdot 47)$$

これは証明するまでもないことであろう.

> **定理(Cauchy の積分表示)**:関数 $f(z)$ が z 平面上の有限な面分 S の周囲および内部で連続で,内部で正則ならば,S 内の点 z_0 における $f(z)$ の値は,
> $$f(z_0) = \frac{1}{2\pi j}\int_{(C)} \frac{f(z)}{z-z_0}\,dz \quad (A \cdot 48)$$
> によって求められる.ただし,C は S の全周で,積分は正方向をとるものとする.

〔証明〕 $f(z)$ は正則であるから,$f(z)/(z-z_0)$ の不正則点は $z=z_0$ だけである.そうして z_0 における留数は
$$\lim_{z\to z_0}(z-z_0)\left(\frac{f(z)}{z-z_0}\right) = f(z_0) \quad (A \cdot 49)$$
であり,前定理の系より
$$\int_{(C)}\frac{f(z)}{z-z_0}\,dz = 2\pi j f(z_0) \quad (A \cdot 50)$$

よって定理は真である。　　　　　　　　　　　　　　　　　　　　　　　〔証明終り〕

〔9〕 正則関数の導関数と Taylor 展開

正則関数の導関数に関しては次の定理がある。

> **定理 A・4**: $f(z)$ が z 平面上の有限な正則曲線（閉曲線と限らない）C 上で連続で，a が C の上にない点ならば，
> $$F(a) = \frac{1}{2\pi j} \int_{(C)} \frac{f(z)}{z-a} dz \qquad (\text{A}\cdot 51)$$
> なる $F(a)$ は，a の正則関数でその導関数は，
> $$F'(a) = \frac{1}{2\pi j} \int_{(C)} \frac{f(z)}{(z-a)^2} dz \qquad (\text{A}\cdot 52)$$
> である。

〔証明〕 a の近傍で，C の上にない1点 $a+h$ を考えると，(A・51)より，

$$\begin{aligned}
F(a+h) &= \frac{1}{2\pi j}\int_{(C)} \frac{f(z)}{z-a-h}dz \\
\therefore\quad \frac{F(a+h)-F(a)}{h} &= \frac{1}{2\pi j}\int_{(C)} \frac{f(z)}{h}\left(\frac{1}{z-a-h}-\frac{1}{z-a}\right)dz \\
&= \frac{1}{2\pi j}\int_{(C)} f(z)\left(\frac{1}{(z-a)^2}+\varDelta\right)dz
\end{aligned} \qquad (\text{A}\cdot 53)$$

$\left(\text{ただし，}\varDelta \triangleq \dfrac{h}{(z-a-h)(z-a)^2}\right)$

a 及び $a+h$ より C に至る各最短距離の短いほうを ρ とすると，

$$\frac{1}{|z-a|}<\frac{1}{\rho}, \quad \frac{1}{|z-a-h|}<\frac{1}{\rho}, \quad \therefore\ |\varDelta|\le\frac{|h|}{\rho^3} \qquad (\text{A}\cdot 54)$$

したがって C 上における $|f(z)|$ の最大値を M とすると，

$$\left|\int_{(C)} f(z)\varDelta dz\right| \le \frac{Ml|h|}{\rho^3}, \quad (\text{ただし，}l\text{ は }C\text{ の全長}) \qquad (\text{A}\cdot 55)$$

$h\to 0$ なら $Ml|h|/\rho^3 \to 0$ であるから $\left|\int f(z)\varDelta dz\right|\to 0$ で

$$F'(a) = \lim_{h\to 0}\frac{F(a+h)-F(a)}{h} = \frac{1}{2\pi j}\int_{(C)} \frac{f(z)}{(z-a)^2}dz \qquad (\text{A}\cdot 56)$$

〔証明終り〕

以上によって $F(a)$ が $F'(a)$ なる有限確実な微係数を持つことより，$F(a)$ が正則であることが証明された。同様の論法を繰り返すと，

> **系 A・4**: $F(a)$ の高次微係数は次のようになる。
> $$F^{(n)}(a) = \frac{n!}{2\pi j}\int_{(C)} \frac{f(z)}{(z-a)^{n+1}}dz \qquad (\text{A}\cdot 57)$$

しかるに，$F^{(n)}(a)$ が存在することは $F^{(n-1)}(a)$ が正則であることを示すから，$F(a)$ の逐次導関数がすべて正則であるということになる。また Cauchy の積分表示の定理より，$f(z)$ が正則なる領域内ではその中に単一な閉曲線 C を描くと

$$f(z) = \frac{1}{2\pi j}\int_{(C)} \frac{f(\zeta)}{\zeta-z}d\zeta \qquad (\text{A}\cdot 58)$$

なる形で表されるから，次の定理が得られる．

> **Goursat（グルサ）の定理**：正則関数の導関数は同じ領域で正則である．したがってまた，正則関数の逐次導関数はすべて正則である．

次に，実変数関数における Taylor 展開に相当する複素関数の巾（べき）級数展開を考える．図 A・10 において，$f(z)$ は面分 S 内で正則であるとし，S 内の一点 a を中心とし，S 内に円 K を描く．ζ をその円周上の点とし，z を円内の点とすると，Cauchy の積分表示より

$$f(z) = \frac{1}{2\pi j} \int_{(K)} \frac{f(\zeta)}{\zeta - z} d\zeta \tag{A・59}$$

また，

$$|z - a| < |\zeta - a| \tag{A・60}$$

であるから

$$\frac{1}{\zeta - z} = \frac{1}{(\zeta - a) - (z - a)}$$
$$= \frac{1}{\zeta - a} + \frac{z - a}{(\zeta - a)^2} + \frac{(z - a)^2}{(\zeta - a)^3} + \cdots \tag{A・61}$$

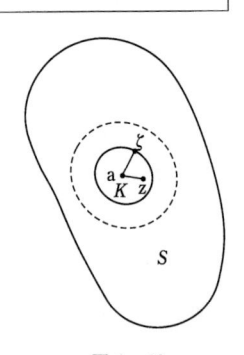

図 A・10

となり，この級数は ζ に関して一様に収束する．従って (A・61) を (A・59) に代入すると項別積分が可能で，$f(z)$ は次のように展開される．

> **Taylor の展開式**：Taylor 級数は
> $$f(z) = \frac{1}{2\pi j} \int_{(K)} \frac{f(\zeta)}{\zeta - a} d\zeta + \frac{z - a}{2\pi j} \int_{(K)} \frac{f(\zeta)}{(\zeta - a)^2} d\zeta + \cdots$$
> $$= f(a) + \frac{f'(a)}{1!}(z - a) + \frac{f''(a)}{2!}(z - a)^2 + \frac{f^{(3)}(a)}{3!}(z - a)^3 + \cdots \tag{A・62}$$
> **a を展開の中心**という．

[10] 解 析 接 続

a を関数 $f(z)$ の正則な点とすると，式 (A・62) のような Taylor 展開がただ一通り決まる．この展開式は円 K 内で関数 $f(z)$ を表している．円 K の半径を大きくしても，円内は不正則点が入らない限り，式 (A・62) は関数 $f(z)$ を表している．しかし $f(z)$ が定数でない限り円 K の半径を大にしていけば，いずれはその周が $f(z)$ の特異点を通るようになる．例えば，図 A・11 のように，$f(z)$ の特異点を S_1, S_2, S_3 とすると，図の点 a を中心とする展開式が成立するのは円 K_0 内であって，これ以上の大きい円を描くと，点 S_1 が円内に入り，式 (A・62) はもはや $f(z)$ を表さなくなる．換言する

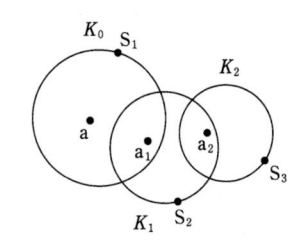

図 A・11　解析接続

と, 円 K_0 外の点はすべて式 (A·62) で求められない. そこで円 K_0 内の点 a_1 をとり, これを中心とする $f(z)$ の展開式を作る. 以下点 a_1 などの座標を a_1 などと表す. 点 a_1 は円 K_0 内にあるから, 式 (A·62) より

$$\left.\begin{array}{l}f(a_1)=f(a)+f'(a)(a_1-a)+\dfrac{f''(a)}{2!}(a_1-a)^2+\cdots \\ f'(a_1)=f'(a)+f''(a)(a_1-a)+\dfrac{f'''(a)}{2!}(a_1-a)^2+\cdots \\ f''(a_1)=f''(a)+f'''(a)(a_1-a)+\dfrac{f^{(4)}(a)}{2!}(a_1-a)^2+\cdots\end{array}\right\} \quad (A\cdot63)$$

などとして求められる. したがって, a_1 を中心とする Taylor 展開は,

$$f(z)=f(a_1)+f'(a_1)(z-a_1)+\frac{1}{2!}f''(a_1)(z-a_1)^2+\cdots \quad (A\cdot64)$$

となる. この式の成立する範囲, すなわち収束域は a_1 を中心とし, a_1 に一番近い不正則点 S_2 を通る円 K_1 である.

円 K_0 にも K_1 にも含まれない点は当然式 (A·62) 並びに (A·64) で表されない. それゆえ, 円 K_0 または K_1 内の点 a_2 (図では円 K_1 内にある) を中心とする展開を前と同様にして求める. いまの場合は式 (A·64) より

$$f(z)=f(a_2)+f'(a_2)(z-a_2)+\frac{1}{2!}f''(a_2)(z-a_2)^2+\cdots \quad (A\cdot65)$$

この式の収束域は, 点 a_2 に一番近い不正則点を通る円 K_2 である.

このように順次展開の中心を移して得られる展開式を式 (A·62) の **解析接続** (analytic continuation) という. $f(z)$ の一つの展開式から出発して, その解析接続を無限に作っていくと, それによって $f(z)$ のすべての値が計算される. すなわち, 一つの巾級数とそのすべての解析接続は一つの関数 $f(z)$ を決定するということができる. このように定義される関数を **解析関数** (analytic function) という. 有理関数, 指数関数, 三角関数はすべて解析関数である. それらの関数はいずれも Taylor 展開され, その解析接続によって関数の値が求められるからである.

解析関数を表す各展開式 (A·64), (A·65) などを **原素** という. 各原素はそれぞれ固有の収束円を持つが, そのすべての内部を総合した面分をその関数の **領域** (domain) という. 換言すると, 関数の領域とは, その関数の不正則点を除いた全域である.

〔11〕 **特異点, 極, Laurent (ロラン)* の展開**

$f(z)$ が $z=a$ に n 位の極を持つとすると, $f(z)$ は

$$f(z)=\frac{g(z)}{(z-a)^n}$$

と表され, $g(z)$ は $z=a$ で正則である. そこで, $g(z)$ を Taylor 展開すると

$$(z-a)^n f(z)=g(z)$$

---

* Laurent はフランス人であるからロランと読む. アクセントもランのほうにある. 英語式のローランではない.

$$= g(a) + \frac{g'(a)}{1!}(z-a) + \frac{g''(a)}{2!}(z-a)^2 + \cdots$$

したがって，$f(z)=g(z)/(z-a)^n$ は，上式の両辺を $(z-a)^n$ を割ることにより，次のように得られる．

Laurent（ロラン）の展開
$$f(z) = \frac{g(a)}{(z-a)^n} + \frac{g'(a)}{1!(z-a)^{n-1}} + \cdots + \frac{g^{(n)}(a)}{n!} + \frac{g^{(n+1)}(a)}{(n+1)!}(z-a) + \cdots$$
$$= c_{-n}(z-a)^{-n} + c_{-(n-1)}(z-a)^{-(n-1)} + \cdots$$
$$+ c_0 + c_1(z-a) + c_2(z-a)^2 + \cdots$$
$$c_m = \frac{1}{2\pi j} \int_{(K)} f(\zeta)(\zeta-a)^{-m-1} d\zeta$$

点 $z=a$ が真性特異点の場合は $m=\infty$ となる．なお，
$$H_a = c_{-n}(z-a)^{-n} + c_{-(n-1)}(z-a)^{-(n-1)} + \cdots + c_{-1}(z-a)^{-1}$$
を**主部**という．

一般に
$$\left. \begin{array}{l} \int_{(C)} (z-a)_m dz = 0, \quad (m \neq -1) \\ \int_{(C)} \frac{dz}{z-a} = 2\pi j \end{array} \right\} \quad (\text{A} \cdot 66)$$

$$\therefore \quad \frac{1}{2\pi j} \int_{(C)} f(z) dz = c_{-1} \quad (\text{A} \cdot 67)$$

これから，留数は Laurent の展開における $1/(z-a)$ の係数 c_{-1} に等しいことが知られる．

索　引

ア　行

RL 回路（網） ……………………221, 231
RLC 直並列回路 ………………………124
RLC 直列回路 …………………………104
RL 積分回路 ……………………122, 123
RL 直列回路 ……………………………97
RL 微分回路 …………………………124
RC 回路（網） ……………………221, 231
RC 直列回路 …………………………92
RC 微分回路 …………………………119

位　数 ……………………………………271
位相速度 …………………………………50
位相定数 …………………………………50
位置角 ……………………………………76
イミタンス ………………………………154
イミタンス関数 …………………………207
イミタンス関数と複素関数 ……………207
インディシアルアドミタンス …………197
インパルス応答 …………………………198
インピーダンス …………………………24
インピーダンス関数 ……………………154
インピーダンス整合 ……………………67
インピーダンスの定義 1・1 ……………31
インピーダンスの定義 1・2 ……………32

LC 回路 …………………………………221

カ　行

解析接続 …………………………………280
重ね合わせの理 …………………………33

奇関数 ……………………………………7
基本音 ……………………………………6
基本解 ……………………………………49

基本波 ……………………………………6
境界条件 …………………………………56
共　振 ……………………………………69
強制振動 …………………………………89
極 ……………………………………271, 281

偶関数 ……………………………………6
Green の定理 …………………………275

［形式 3］のフーリエ変換 ………………18
原　点 ……………………………………269

高域通過 RC 回路 ………………………119
高速フーリエ変換 ………………………38
高調波 ……………………………………6
Cauchy の積分表示 ………………277, 278
Cauchy の定理 …………………………275
コーシー・リーマン（Cauchy-Riemann）
　の方程式 ……………………………270
固有関数 …………………………3, 72, 184
固有関数列 ………………………………3
固有振動 ……………………………69, 181
固有値 ………………………………72, 181
孤立特異点 ……………………………271

サ　行

鎖交磁束不変の理 ……………………113
サンプリング定理 ………………………35

時間域における標本化定理 ……………37
時間域表示 ………………………………30
時間関数による解析 ……………………201
時間関数による過渡解析 …………197, 199
軸対称二端子対網 ……………………246
実関数 …………………………………272
時定数 …………………………………101

周期関数 …………………………………… 2	Taylor 展開 ………………………………… 279
周期関数のフーリエ変換 …………………… 28	Taylor の展開式 …………………………… 280
自由振動 ……………………………… 89, 93, 181	展開定理 …………………………………… 142
集積特異点 ………………………………… 271	電荷量不変の理 …………………………… 114
集中定数回路 ……………………………… 43	電信方程式 ………………………………… 46
周波数域における標本化定理 …………… 35	伝搬定数 ……………………………… 49, 50
周波数域表示 ……………………………… 30	伝搬方程式 ………………………………… 46
初期値の決定 ……………………………… 113	電力工学とひずみ波 ……………………… 14
初期値を考慮した等価回路 ……………… 147	
進行波 ……………………………………… 176	透過係数 …………………………………… 62
振動姿態 …………………………………… 184	等価正弦波 ………………………………… 16
	透過波 ……………………………………… 62
衰減定数 …………………………………… 50	同軸ケーブル ……………………… 55, 187
数球面 ……………………………………… 269	同次式の解 ………………………………… 89
数平面 ……………………………………… 269	特異点 ………………………………… 271, 281
数理モデル ………………………………… 198	特 解 ……………………………………… 89
スペクトル ……………………………… 2, 18	特性インピーダンス ……………… 49, 51
スミス図表 ………………………………… 77	特性方程式 ………………………………… 90
	トムソンケーブル ………………………… 187
正規直交関数列 …………………………… 3	
正実関数 …………………………………… 209	**ナ 行**
正実関数による写像 ……………………… 211	二端子対網と正実行列 …………………… 239
正実関数の性質 …………………………… 211	二等分定理 ………………………………… 246
正実関数の定義 …………………………… 209	入射波 ……………………………………… 62
正則関数の導関数 ………………………… 279	
正負対称波 ………………………………… 7	**ハ 行**
	波形率 ……………………………………… 15
相似定理 …………………………………… 142	波高率 ……………………………………… 15
相乗定理 …………………………………… 141	波動インピーダンス …………………… 176
	波動方程式 ………………………………… 47
タ 行	反共振 ……………………………………… 69
対称二端子対網 ……………………… 241, 243	反射係数 …………………………………… 61
第1種初期値 ……………………………… 113	反射現象 ……………………………… 59, 61
第2種初期値 ……………………………… 113	反射と自由振動 …………………………… 179
単位インパルス(関数) ……………… 25, 137	反射波 ……………………………………… 62
単位ステップ(関数) ………………… 27, 134	
	ひずみ波 …………………………………… 14
遅延時間 …………………………………… 55	ひずみ率 …………………………………… 15
	非同次式の特解 …………………………… 91
定義域 ……………………………………… 271	標本化定理 ………………………………… 35
定在波 ……………………………………… 65	
定在波比 …………………………………… 65	フォスタ展開 ……………………… 221, 223
定抵抗回路 ………………………………… 238	複素関数 …………………………………… 270

複素関数の微分	273
複素関数論	269
複素周波数(変数)	154, 207
複素積分	274
フーリエ級数	2
フーリエ係数	2
フーリエ展開	2
フーリエ変換	17
フーリエ変換による解	49
ブルーンの定理	208
分布 $RLCG$ 回路	47
分布 RC 回路	187
分布定数回路	43
分布定数回路の過渡現象	169
平面波	46
ヘビサイド	154
変時定理	142
変数分離法	48
補 解	89

マ 行

無限遠点	269
無線伝送路	45
無損失線路	53, 172
無反射終端	67
無ひずみ条件	53
無ひずみ線路	53, 177

ヤ 行

有限長線路	59
有線伝送路	45
有理形関数	272
有理関数	272
有理正実関数	209

ラ 行

ラプラス変換	133
ラプラス変換によるイミタンスの定義	153
リアクタンス回路	221
リアクタンス関数のその他の性質	224
離散フーリエ変換	38
留 数	277
両無限長線路	58
零 点	271
Laurent(ロラン)の展開	281

〈著者略歴〉

尾崎　弘（おざき　ひろし）
昭和17年　大阪帝国大学工学部卒業
　　　　　工学博士
　　　　　大阪大学名誉教授

- 本書の内容に関する質問は，オーム社ホームページの「サポート」から，「お問合せ」の「書籍に関するお問合せ」をご参照いただくか，または書状にてオーム社編集局宛にお願いします．お受けできる質問は本書で紹介した内容に限らせていただきます．なお，電話での質問にはお答えできませんので，あらかじめご了承ください．
- 万一，落丁・乱丁の場合は，送料当社負担でお取替えいたします．当社販売課宛にお送りください．
- 本書の一部の複写複製を希望される場合は，本書扉裏を参照してください．

JCOPY　〈出版者著作権管理機構　委託出版物〉

大学課程　電気回路（2）（第3版）

1969年　5月20日　第1版第1刷発行
1980年　9月20日　第2版第1刷発行
2000年　1月20日　第3版第1刷発行
2024年　9月10日　第3版第21刷発行

著　者　尾崎　弘
発行者　村上和夫
発行所　株式会社オーム社
　　　　郵便番号　101-8460
　　　　東京都千代田区神田錦町3-1
　　　　電話　03(3233)0641（代表）
　　　　URL　https://www.ohmsha.co.jp/

© 尾崎　弘 2000

印刷　中央印刷　製本　協栄製本
ISBN978-4-274-13195-0　Printed in Japan

関連書籍のご案内

電気工学分野の金字塔、充実の改訂!

1951年にはじめて出版されて以来、電気工学分野の拡大とともに改訂され、長い間にわたって電気工学にたずさわる広い範囲の方々の座右の書として役立てられてきたハンドブックの第7版。すべての工学分野の基礎として、幅広く広がる電気工学の内容を網羅し収録しています。

編集・改訂の骨子

- 基礎・基盤技術を固めるとともに、新しい技術革新成果を取り込み、拡大発展する関連分野を充実させた。
- 「自動車」「モーションコントロール」などの編を新設、「センサ・マイクロマシン」「産業エレクトロニクス」の編の内容を再構成するなど、次世代社会において貢献できる技術の取り込みを積極的に行った。
- 改版委員会、編主任、執筆者は、その分野の第一人者を選任し、新しい時代を先取りする内容となった。
- 目次・和英索引と連動して項目検索できる本文PDFを収録したDVD-ROMを付属した。

電気工学ハンドブック 第7版

一般社団法人 電気学会[編]

- B5判・2706頁・上製函入
- 本文PDF収録DVD-ROM付
- 定価(本体45000円[税別])

主要目次
数学/基礎物理/電気・電子物性/電気回路/電気・電子材料/計測技術/制御・システム/電子デバイス/電子回路/センサ・マイクロマシン/高電圧・大電流/電線・ケーブル/回転機一般・直流機/永久磁石回転機・特殊回転機/同期機・誘導機/リニアモータ・磁気浮上/変圧器・リアクトル・コンデンサ/電力開閉装置・避雷装置/保護リレーと監視制御装置/パワーエレクトロニクス/ドライブシステム/超電導および超電導機器/電気事業と関係法規/電力系統/水力発電/火力発電/原子力発電/送電/変電/配電/エネルギー新技術/計算機システム/情報処理ハードウェア/情報処理ソフトウェア/通信・ネットワーク/システム・ソフトウェア/情報システム・監視制御/交通/自動車/産業ドライブシステム/産業エレクトロニクス/モーションコントロール/電気加熱・電気化学・電池/照明・家電/静電気・医用電子・一般/環境と電気工学/関連工学

もっと詳しい情報をお届けできます。
◎書店に商品がない場合または直接ご注文の場合も右記宛にご連絡ください。

ホームページ http://www.ohmsha.co.jp/
TEL/FAX TEL.03-3233-0643 FAX.03-3233-3440

(定価は変更される場合があります)

21世紀の総合電気工学の高等教育用標準教科書

EE Text シリーズ

電気学会−オーム社共同出版企画

企画編集委員長　正田英介（東京大学名誉教授）
編集幹事長　　　桂井　誠（東京大学名誉教授）

- 従来の電気工学の枠にとらわれず、電子・情報・通信工学を融合して再体系化
- 各分野の著名教授陣が、豊富な経験をもとに編集・執筆に参加
- 講義時間と講義回数を配慮した、教えやすく学びやすい内容構成
- 視覚に訴える教材をCD-ROMやWebサイトで提供するなど、マルチメディア教育環境に対応
- 豊富な演習問題、ノートとして使える余白部分など、斬新な紙面レイアウト

EE Text シリーズ

電気エネルギー工学通論
原　雅則　編著　■B5判・228頁■

〔主要目次〕エネルギー資源とエネルギーシステム／電気エネルギー工学の基礎／電力システムと電力機器／従来の発電システム／新発電方式と分散電源／電力輸送システム／電力輸送の安定性と制御／パワーエレクトロニクス基礎／パワーエレクトロニクスの応用／電動機応用／照明・電気加熱・電気化学／空気調和／エネルギーの有効利用／エネルギーと環境

高電圧パルスパワー工学
秋山　秀典　編著　■B5判・184頁■

〔主要目次〕高電圧パルスパワーの概要／気体の性質と荷電粒子の振舞／気体の絶縁破壊／液体、固体および真空の絶縁破壊／プラズマの性質と生成／大電流密度現象／高電圧の発生と計測／エネルギー貯蔵システム／パルス伝送線路の基礎／パルスパワー発生システム／パルスパワーの計測／環境保全技術への応用／エレクトロニクス・材料への応用／バイオ・医療、その他への応用

超電導エネルギー工学
仁田　旦三　編著　■B5判・240頁■

〔主要目次〕超電導エネルギー工学を学ぶにあたって／超電導体の電磁現象／超電導材料／超電導線材とバルク材／超電導コイル化技術と冷凍・冷却技術／超電導応用機器

放電プラズマ工学
行村　建　編著　■B5判・248頁■

〔主要目次〕プラズマとは／プラズマの発生形態と回路技術／気体および荷電粒子の運動／プラズマの集団的性質とプラズマ計測／環境改善へのプラズマの応用／材料プロセスへのプラズマ応用／プラズマの光源への応用／熱プラズマ加工技術

もっと詳しい情報をお届けできます。
◎書店に商品がない場合または直接ご注文の場合は右記宛にご連絡ください。

ホームページ　http://www.ohmsha.co.jp/
TEL/FAX　TEL.03-3233-0643　FAX.03-3233-3440

新インターユニバーシティシリーズ のご紹介

- 全体を「共通基礎」「電気エネルギー」「電子・デバイス」「通信・信号処理」「計測・制御」「情報・メディア」の6部門で構成
- 現在のカリキュラムを総合的に精査して、セメスタ制に最適な書目構成をとり、どの巻も各章1講義、全体を半期2単位の講義で終えられるよう内容を構成
- 現在の学生のレベルに合わせて、前提とする知識を並行授業科目や高校での履修課目にてらしたもの
- 実際の講義では担当教員が内容を補足しながら教えることを前提として、簡潔な表現のテキスト、わかりやすく工夫された図表でまとめたコンパクトな紙面
- 研究・教育に実績のある、経験豊かな大学教授陣による編集・執筆

電子回路
岩田 聡 編著 ■A5判・168頁

【主要目次】 電子回路の学び方/信号とデバイス/回路の働き/等価回路の考え方/小信号を増幅する/組み合わせて使う/差動信号を増幅する/電力増幅回路/負帰還増幅回路/発振回路/オペアンプ/オペアンプの実際/MOSアナログ回路

ディジタル回路
田所 嘉昭 編著 ■A5判・180頁

【主要目次】 ディジタル回路の学び方/ディジタル回路に使われる素子の働き/スイッチングする回路の性能/基本論理ゲート回路/組合せ論理回路（基礎/設計）/順序論理回路/演算回路/メモリとプログラマブルデバイス/A-D, D-A変換回路/回路設計とシミュレーション

電気・電子計測
田所 嘉昭 編著 ■A5判・168頁

【主要目次】 電気・電子計測の学び方/計測の基礎/電気計測（直流/交流）/センサの基礎を学ぼう/センサによる物理量の計測/計測値の変換/ディジタル計測制御システムの基礎/ディジタル計測制御システムの応用/電子計測器/測定値の伝送/光計測とその応用

システムと制御
早川 義一 編著 ■A5判・192頁

【主要目次】 システム制御の学び方/動的システムと状態方程式/動的システムと伝達関数/システムの周波数特性/フィードバック制御系とブロック線図/フィードバック制御系の安定解析/フィードバック制御系の過渡特性と定常特性/制御対象の同定/伝達関数を用いた制御系設計/時間領域での制御系の解析・設計/非線形システムとファジィ・ニューロ制御/制御応用例

パワーエレクトロニクス
堀 孝正 編著 ■A5判・170頁

【主要目次】 パワーエレクトロニクスの学び方/電力変換の基本回路とその応用例/電力変換回路で発生するひずみ波形の電圧、電流、電力の取扱い方/パワー半導体デバイスの基本特性/電力の変換と制御/サイリスタコンバータの原理と特性/DC-DCコンバータの原理と特性/インバータの原理と特性

電気エネルギー概論
依田 正之 編著 ■A5判・200頁

【主要目次】 電気エネルギー概論の学び方/限りあるエネルギー資源/エネルギーと環境/発電機のしくみ/熱力学と火力発電のしくみ/核エネルギーの利用/力学的エネルギーと水力発電のしくみ/化学エネルギーから電気エネルギーへの変換/光から電気エネルギーへの変換/熱エネルギーから電気エネルギーへの変換/再生可能エネルギーを用いた種々の発電システム/電気エネルギーの伝送/電気エネルギーの貯蔵

電力システム工学
大久保 仁 編著 ■A5判・208頁

【主要目次】 電力システム工学の学び方/電力システムの構成/送電・変電機器・設備の概要/送電線路の電気特性と送電容量/有効電力と無効電力の送電特性/電力システムの運用と制御/電力系統の安定性/電力システムの故障計算/過電圧とその保護・協調/電力システムにおける開閉現象/配電システム/直流送電/環境にやさしい新しい電力ネットワーク

電子デバイス
水谷 孝 編著 ■A5判・176頁

【主要目次】 電子デバイスの学び方/半導体の基礎/pn接合/バイポーラトランジスタ/pn接合を用いた複合素子/絶縁体-半導体界面/MOS型電界効果トランジスタ(MOSFET)/MOS型電界効果トランジスタの諸現象と複合素子/ショットキー接合とヘテロ接合/ショットキーゲート電界効果トランジスタと高電子移動度トランジスタ/ヘテロ接合バイポーラトランジスタ/量子効果デバイス/デバイスの集積

もっと詳しい情報をお届けできます。
◎書店に商品がない場合または直接ご注文の場合も右記宛にご連絡ください。

ホームページ http://www.ohmsha.co.jp/
TEL/FAX TEL.03-3233-0643 FAX.03-3233-3440

数学公式II (微分と積分)

(4) 微分と積分の基本公式
(以下, $f(x)$ の微分を $f'(x)$ とも表す)

(4-1) 積の微分
$$\frac{d}{dx}(f(x)g(x)) = f'(x)g(x) + f(x)g'(x)$$

(4-2) 逆数の微分
$$\frac{d}{dx}\left(\frac{1}{f(x)}\right) = \frac{f'(x)}{-(f(x))^2}$$

(4-3) $\dfrac{d}{dx}(\log f(x)) = \dfrac{f'(x)}{f(x)}$

(4-4) 商の微分
$$\frac{d}{dx}\left(\frac{g(x)}{f(x)}\right) = \frac{g'(x)f(x) - g(x)f'(x)}{(f(x))^2}$$

(4-5) $u = \varphi(x)$ のとき
$$\frac{d}{dx}f(u) = \frac{df}{du} \cdot \frac{d\varphi}{dx}$$

(4-6) 微分の逆 $\dfrac{dx}{dy} = 1 \Big/ \dfrac{dy}{dx}$

(4-7) $x = \phi(t),\ y = \psi(t)$ のとき
$$\frac{dy}{dx} = \frac{dy}{dt} \Big/ \frac{dx}{dt} = \frac{d\psi}{dt} \Big/ \frac{d\phi}{dt}$$

(4-8) 陰関数の微分, $f(x, y) = 0$ のとき
$$\frac{dy}{dx} = -\left(\frac{\partial f}{\partial x} \Big/ \frac{\partial f}{\partial y}\right)$$

(4-9) 部分積分
$$\int f\frac{dg}{dx}dx = f \cdot g - \int g\frac{df}{dx}dx$$

(4-10) 変数変換 $x = \varphi(z),\ z = \varphi^{-1}(x)$ のとき
$$\int_a^b f(x)\,dx = \int_{\varphi^{-1}(a)}^{\varphi^{-1}(b)} f[\varphi(z)]\frac{d\varphi}{dz}dz$$

(5) 基礎関数の微分
(以下, m, n は整数)

(5-1) $\dfrac{d}{dx}x^n = nx^{n-1}$ (ここでの n は複素数)

(5-2) $\dfrac{d}{dx}e^{ax} = ae^{ax}$

(5-3) $\dfrac{d}{dx}a^{nx} = na^{nx}\log a^{nx}$

(5-4) $\dfrac{d}{dx}\log_a x = \dfrac{1}{x\log_e a}$

(5-5) $\dfrac{d}{dx}\log_a f(x) = f'(x)/f(x)\log_e a$

(5-6) $\dfrac{d}{dx}\sin ax = a\cos ax$

(5-7) $\dfrac{d^n}{dx^n}\sin x = \sin\left(x + n\dfrac{\pi}{2}\right)$

(5-8) $\dfrac{d}{dx}\cos ax = -a\sin ax$

(5-9) $\dfrac{d^n}{dx^n}\cos x = \cos\left(x + n\dfrac{\pi}{2}\right)$

(5-10) $\dfrac{d}{dx}\tan ax = a\sec^2 ax$

(5-11) $\dfrac{d}{dx}\cot ax = -a\operatorname{cosec}^2 ax$

(5-12) $\dfrac{d}{dx}\sec ax = a\tan ax \sec ax$

(5-13) $\dfrac{d}{dx}\operatorname{cosec} ax = -a\cot ax \operatorname{cosec} ax$

(5-14) $\dfrac{d}{dx}\sin^{-1} ax = \dfrac{a}{\sqrt{1-a^2x^2}}$
$(-\pi/2 < \sin^{-1} ax < \pi/2)$

(5-15) $\dfrac{d}{dx}\cos^{-1} ax = -\dfrac{a}{\sqrt{1-a^2x^2}}$
$(0 < \cos^{-1} ax < \pi)$

(5-16) $\dfrac{d}{dx}\tan^{-1} ax = \dfrac{a}{1+a^2x^2}$

(5-17) $\dfrac{d}{dx}\sinh ax = a\cosh ax$

(5-18) $\dfrac{d}{dx}\cosh ax = a\sinh ax$

(5-19) $\dfrac{d}{dx}\tanh ax = a\operatorname{sech}^2 ax$

(5-20) $\dfrac{d}{dx}\coth ax = -a\operatorname{cosech}^2 ax$

(5-21) $\dfrac{d}{dx}\operatorname{sech} ax = -a\operatorname{sech} ax \tanh ax$

(5-22) $\dfrac{d}{dx}\operatorname{cosech} ax = -a\operatorname{cosech} ax \coth ax$

(6) 不定積分

(6-1) $\displaystyle\int (ax+b)^n dx = \dfrac{(ax+b)^{n+1}}{a(n+1)}$ $(n \neq -1)$

(6-2) $\displaystyle\int \dfrac{dx}{ax+b} = \dfrac{1}{a}\log(ax+b)$

(6-3) $\displaystyle\int \dfrac{dx}{x^2+a^2} = \dfrac{1}{a}\tan^{-1}\dfrac{x}{a}$

(6-4) $\displaystyle\int \dfrac{dx}{x^2-a^2} = \dfrac{1}{2a}\log\left|\dfrac{x-a}{x+a}\right|$

(6-5) $\displaystyle\int \sqrt{x^2 \pm a^2}\,dx = \dfrac{1}{2}(x\sqrt{x^2 \pm a^2}$
$\pm a^2\log|x + \sqrt{x^2 \pm a^2}|)$
$= \dfrac{1}{2}\left(x\sqrt{x^2 \pm a^2} \pm a^2\sinh^{-1}\dfrac{x}{a}\right)$

(6-6) $\displaystyle\int \sqrt{a^2-x^2}\,dx$
$= \dfrac{1}{2}\left(x\sqrt{a^2-x^2} + a^2\sin^{-1}\dfrac{x}{a}\right)$

(6-7) $\displaystyle\int \dfrac{dx}{\sqrt{a^2-x^2}} = \sin^{-1}\dfrac{x}{a}$